普通高等教育机械工程类专业应用型人才培养教材

模态分析理论与应用实践

主　编　刘琴琴　蒋冬清　赵汝和
副主编　刘　影　周光钱　孟　姝
主　审　李三雁　谢　驰　刘　念

西南交通大学出版社
·成　都·

图书在版编目（CIP）数据

模态分析理论与应用实践 / 刘琴琴，蒋冬清，赵汝和主编. -- 成都 : 西南交通大学出版社，2024. 12.
ISBN 978-7-5774-0029-7

Ⅰ. O32

中国国家版本馆 CIP 数据核字第 20249KR177 号

Motai Fenxi Lilun yu Yingyong Shijian

模态分析理论与应用实践

主　编 / 刘琴琴　蒋冬清　赵汝和

策划编辑 / 李芳芳　李华宇
责任编辑 / 李华宇
封面设计 / 墨创文化

西南交通大学出版社出版发行
（四川省成都市金牛区二环路北一段 111 号西南交通大学创新大厦 21 楼　610031）
营销部电话：028-87600564　　028-87600533
网址：https://www.xnjdcbs.com
印刷：四川森林印务有限责任公司

成品尺寸　185 mm × 260 mm
印张　16　　字数　400 千
版次　2024 年 12 月第 1 版　　印次　2024 年 12 月第 1 次

书号　ISBN 978-7-5774-0029-7
定价　49.80 元

课件咨询电话：028-81435775

前　言

随着我国现代化建设的发展，大量的工程振动问题不断出现，如大型旋转机械的振动，航空航天飞行器的颤振，高速行驶的车辆、船舶等交通运输工具的振动等，因此振动特性的分析研究越来越受到重视。在振动理论及其相关技术的推动下，模态分析为各种产品的结构设计和性能评估提供了一个强有力的工具。利用模态分析得到的模态参数等结果进行大型设备状态监测与故障诊断，已成为一种非常可靠而且重要的故障诊断和安全分析方法。目前，模态分析正在与人工智能、大数据、云计算、物联网、孪生技术融合，这一技术发展成为解决工程中振动问题的重要手段，已经在航空航天、机械工程、土木工程等领域得到了广泛应用。

本书共分 6 章，系统地介绍模态分析及参数识别方法、各种频域及时域参数计算方法、模态测试技术、动态测试数据处理及模态综合实验技术，并给出大量应用实例。第 1 章介绍模态分析的基本概念及发展趋势；第 2 章介绍模态分析理论基础及参数识别方法，包括振动系统的数学模型、模态分析的基本步骤以及模态参数的提取方法；第 3 章介绍模态测试技术相关的模态测试系统与测试方法；第 4 章介绍动态测试数据处理方法；第 5 章介绍模态分析在机械工程中的应用实例，展示模态分析在不同领域的应用，如结构动力特性分析、故障诊断、振动控制等；第 6 章介绍模态分析实验的硬件与软件平台。本书可作为高等院校机械工程类专业本科生及研究生教材，也可供相关工程技术人员参考。

本书由成都锦城学院刘琴琴副教授、蒋冬清副教授、赵汝和副教授担任主编，由电子科技大学刘影副教授、成都锦城学院周光钱讲师和孟姝讲师担任副主编，由成都锦城学院李三雁教授、谢驰教授，四川大学刘念教授担任主审。

本书在编写过程中，参考了国内许多同行专家、学者的研究成果及文献资料，在此向他们致谢！

由于作者学识水平有限，书中难免有不足之处，恳请同行和读者批评指正。

编　者

2024 年 5 月

目　录

第 1 章　绪　论

1.1　振动问题的基本类型及振动分类

机械振动的概念：

（1）振动：振动泛指物体在某一位置的往复运动。机械或者结构在平衡位置附近微小地来回运动，这种往复运动通常称为机械振动，简称振动。机械振动是一种常见的力学现象，任何物体只要有惯性和弹力，在激励作用下就会发生振动。

（2）系统：在振动理论中，通常将所研究的结构或者机械统称为系统。

（3）激励：外界对系统的作用和机器运动产生的力称为激励或输入。

（4）响应：机械和结构在激励作用下的振动称为响应或输出。

1.1.1　振动问题的基本类型

一般的振动问题由激励（输入）、振动结构（系统）和响应（输出）三部分组成，如图 1-1 所示。根据研究目的不同，可将一般振动问题分为以下三种基本类型。

图 1-1　振动的组成

1. 已知激励和振动结构，求系统响应

激励振动结构响应这是振动的正问题，称为系统动力响应分析，是输入系统输出研究得最早、最多的一类振动问题。人们发现静力分析不能满足产品设计要求时，便开始详细研究基于动力学理论的系统动力响应问题。根据已知的载荷条件，对振动结构进行简化而得到可求解的数学模型，通过一定的数学方法求解出振动结构上关心点的位移、应力、应变等结果，以此为依据对已设计好的振动结构进行考核。不满足动态设计要求时，需修改结构。这一基本分析过程至今仍广泛用于工程问题中，特别是基于线性模型假设的振动理论，已发展至十分成熟的阶段，而许多工程问题应用这一理论能得到相当满意的结果。

工程中求解系统动力响应最成功、最实用的方法莫过于有限元法（FEM）。通过对振动结构离散化并考虑适当的边界条件和连接条件，可以容易求解各种复杂结构在复杂激励作用下的响应。如果模型合理，能得到比较满意的结果。这为振动理论的实用化提供了有利条件，特别是仅根据图纸便可以方便地得到振动结构修改后的动态效果。

2. 已知激励和响应，求系统参数

这是振动问题的一类反问题，称为系统识别（辨识）。这一类问题的提出实际是源于第一类基本问题，尽管已知激励和振动结构可求得响应，但许多情况下响应结果并不满足要求，需要修改结构。这时结构修改往往只凭经验，带有很大的盲目性，不仅效果常常不满意，效率也很低，经常反复多次才能达到基本满意的结果。有限元法是进行结构修改的有力工具，然而有限元初始建模往往存在较大误差。鉴于此，人们开始探索根据激励和响应反推振动结构参数的规律和方法。对大多数问题，输入、系统和输出三者有着确定性的关系，只有少数非线性问题，这种确定性关系并不存在。因此，人们以一定假设（如线性、定常、稳定假设）为前提，以一定理论（如线性振动理论）为基础研究得到了系统重构（识别）的多种方法。当然，这些方法的实施有赖于其他若干种理论和方法。

经常把一个系统（振动结构）模型分为三种：① 物理参数模型，即以质量、刚度、阻尼为特征参数的数学模型，这三种参数可完全确定一个振动系统；② 模态参数模型，即以模态频率、模态向量（振型）和衰减系数为特征参数的数学模型和以模态质量、模态刚度、模态阻尼、模态向量（留数）为特征参数组成的另一类模态参数模型，这两类模态参数都可完整描述一个振动系统；③ 非参数模型，即频响函数或传递函数、脉冲响应函数、功率谱或相关函数等，它们是反映振动系统特性的非参数模型。

根据上述分类方法，系统识别也分为三种：① 物理参数识别，是以物理参数为目标的系统识别方法，是进行结构动力修改的基础；② 模态参数识别，是以模态参数模型为基础，以模态参数为目标的系统识别方法，因为模态参数较物理参数更能从整体上反映系统的动态固有特性，而且参数少得多，所以进行模态参数识别是进行系统识别的基本要求，也是进行物理参数识别的基础，许多问题实际只做到模态参数识别即可达到目的，模态参数识别是模态分析的主要任务；③ 非参数识别，即根据激励和响应确定系统的频响函数（或传递函数）和脉冲响应函数等非参数模型。一般来讲，非参数模型的辨识不是进行系统识别的最终目的，但可通过非参数模型进一步确定模态参数或物理参数。

以上三种系统识别的关系是从已知激励和响应求系统的角度论述的，事实上，三种模型等价。广义地讲，从一种模型可以确定另外两种模型，如从系统的物理参数模型可得到模态参数模型，进而导出非参数模型，这实际是振动理论的基本内容之一，也是进行系统识别的理论基础。

3. 已知系统和响应，求激励

这是另一类振动反问题。如车、船、飞机的运行，地震、风、波浪引起的建筑物振动等，在这些问题中，已知振动结构并且较容易测得振动引起的动力响应，但激励却不易确定。为了进一步研究在这些特定激励下原结构或修改后结构的动力响应，需要确定这些激励。当然，大多数情况下需用统计特性描述，这样的问题通常称为环境预测或环境模拟。另外一些问题，如旋转机械的振动、爆炸冲击引起的振动等，也难以知道激励情况，需通过结构和响应反推激励。故这类问题也称载荷识别。

1.1.2　振动分类

实际振动的物体系统往往是很复杂的，在理论分析中，根据研究的侧重点不同，可从不同的角度对振动进行分类。

1. 按对系统的激励类型分类

（1）自由振动：受初始激励后，不再受外界激扰，系统所做的振动。

（2）强迫振动：系统在外界激励下所做的振动。

（3）自激振动：系统受到由其自身运动导致的激励作用而产生并维持的振动。例如，列车轮对由于踏面形状在运动过程中引起的蛇形运动属于自激振动。

（4）参数振动：系统受到自身参数随时间变化而引起的振动。例如，秋千受到激励以摆长随时间变化的形式出现，而摆长的变化由人体的下蹲及站直造成，因此，秋千在初始小摆角下被越荡越高，形成参数振动。

2. 按系统的响应类型分类

根据响应存在时间的长短分为瞬态振动和稳态振动。瞬态振动只在较短的时间中发生；稳态振动可在充分长的时间中进行。根据系统响应是否具有周期性可分为以下几种。

（1）简谐振动：响应为时间的正弦或余弦函数。

（2）周期振动：响应为时间的周期函数，故可用谐波分析的方法展开为一系列简谐振动的叠加。

（3）准周期振动：若干个周期不可通约的简谐振动组合而成的振动。

（4）混沌振动：响应为时间的始终有限的非周期函数。

（5）随机振动：响应不是时间的确定性函数，只能用概率统计的方法描述振动规律。

3. 按系统的性质分类

（1）确定性系统和随机性系统：确定性系统的系统特征可用时间的确定性函数给出；随机性系统的系统特征不能用时间的确定性函数给出，只具有统计规律性。

（2）离散系统和连续系统：离散系统是由有限个质量元件、弹簧和阻尼器构成的系统，具有有限个自由度，数学描述为常微分方程；实际工程结构的物理参数，例如板壳、梁、轴、杆等的质量及弹性一般是连续分布的，具有无穷多个自由度，数学描述为偏微分方程，保持这种特征抽象出的模型所代表的系统称为连续系统。

（3）定常系统和参变系统：定常系统是系统特性不随时间改变的系统，数学描述为常系数微分方程；参变系统是系统特性随时间变换的系统，数学描述为变系数微分方程。

（4）线性系统和非线性系统：线性系统是质量不变且弹性力和阻尼力与运动参数成线性关系的系统，数学描述为线性微分方程；非线性系统是不能简化为线性系统的系统，数学描述为非线性微分方程。

4. 按系统的自由度分类

（1）单自由度系统振动：只用一个独立坐标就能确定系统运动的系统振动。

（2）多自由度系统振动：需用多个独立坐标才能确定系统运动的系统振动。

（3）弹性体振动：要用无限多个独立坐标才能确定系统运动的系统振动，也称为无限自由度系统。

对于相同的振动问题，在不同条件下可以采用不同的振动模型。振动模型的建立及分析结论必须通过科学实验或生产实践的检验，只有那些符合或大体符合客观实际的振动模型和结论，才是正确或基本正确的。

1.2　周期振动与非周期振动的谐波分析

1.2.1　周期振动的谐波分析

简谐振动是一种最简单的周期振动，实际振动问题中更多的是非简谐的周期振动，一般的周期振动可以通过傅里叶级数理论分解成简谐振动。

若周期为 T 的实值函数 $x_T(t)$，即

$$x_T(t) = x_T(t+nT) \tag{1-1}$$

在 $\left[-\frac{T}{2},\frac{T}{2}\right]$ 满足狄利克雷（Dirichlet）条件，即 $x_T(t)$ 在 $\left[-\frac{T}{2},\frac{T}{2}\right]$ 上满足：① 连续或只有有限个第一类间断点；② 只有有限个极值点。则在 $x_T(t)$ 的连续点处可表示为如下傅里叶级数：

$$x_T(t) = a_0 + \sum_{k=1}^{\infty}(a_k \cos\omega_k t + b_k \sin\omega_k t) \tag{1-2}$$

其中：

$$\omega_k = k\frac{2\pi}{T} = k\omega_0 \qquad a_0 = \frac{1}{T}\int_{-\frac{T}{2}}^{\frac{T}{2}} x_T(t)\mathrm{d}t$$

$$a_0 = \frac{2}{T}\int_{-\frac{T}{2}}^{\frac{T}{2}} x_T(t)\cos\omega_k t\mathrm{d}t \quad a_0 = \frac{2}{T}\int_{-\frac{T}{2}}^{\frac{T}{2}} x_T(t)\sin\omega_k t\mathrm{d}t$$

式中，a_k,b_k 为傅里叶级数的第 k 阶分量，ω_k 为第 k 阶圆频率，$\omega_0 = \frac{2\pi}{T}$ 为基频或第 1 阶圆频率，$\omega_1 = 1\cdot\omega_0$。

运用欧拉公式：

$$\cos\omega_k t = \frac{1}{2}(\mathrm{e}^{-\mathrm{j}\omega_k t} + \mathrm{e}^{\mathrm{j}\omega_k t}), \quad \sin\omega_k t = \frac{\mathrm{j}}{2}(\mathrm{e}^{-\mathrm{j}\omega_k t} - \mathrm{e}^{\mathrm{j}\omega_k t}), \quad \mathrm{j} = \sqrt{-1}$$

代入式（1-1），有

$$\begin{aligned} x_T(t) &= a_0 + \sum_{k=1}^{\infty}(a_k \cos\omega_k t + b_k \sin\omega_k t) \\ &= a_0 + \sum_{k=1}^{\infty}\left[\frac{a_k}{2}(\mathrm{e}^{-\mathrm{j}\omega_k t} + \mathrm{e}^{\mathrm{j}\omega_k t}) + \frac{\mathrm{j}b_k}{2}(\mathrm{e}^{-\mathrm{j}\omega_k t} - \mathrm{e}^{\mathrm{j}\omega_k t})\right] \\ &= a_0 + \sum_{k=1}^{\infty}\left(\frac{a_k - \mathrm{j}b_k}{2}\mathrm{e}^{\mathrm{j}\omega_k t} + \frac{a_k + \mathrm{j}b_k}{2}\mathrm{e}^{-\mathrm{j}\omega_k t}\right) \end{aligned} \tag{1-3}$$

令 $c_0 = a_0, c_k = \frac{1}{2}(a_k - \mathrm{j}b_k), c_{-k} = \frac{1}{2}(a_k + \mathrm{j}b_k)$，则

$$c_k = \frac{1}{T}\int_{-\frac{T}{2}}^{\frac{T}{2}} x_T(t)\mathrm{e}^{-\mathrm{j}k\omega_0 t}\mathrm{d}t, c_{-k} = \frac{1}{T}\int_{-\frac{T}{2}}^{\frac{T}{2}} x_T(t)\mathrm{e}^{-\mathrm{j}(-k)\omega_0 t}\mathrm{d}t \quad k = 0, \pm 1, \pm 2, \cdots \tag{1-4}$$

将式（1-4）综合为一个公式，则

$$c_k = \frac{1}{T}\int_{-\frac{T}{2}}^{\frac{T}{2}} x_T(t)\mathrm{e}^{-\mathrm{j}k\omega_0 t}\mathrm{d}t \quad k = 0, \pm 1, \pm 2, \cdots \tag{1-5}$$

从而，可得傅里叶级数的复指幂函数形式为

$$x_T(t) = a_0 + \sum_{k=1}^{\infty}(c_k \mathrm{e}^{\mathrm{j}\omega_k t} + c_{-k}\mathrm{e}^{-\mathrm{j}\omega_k t}) = \sum_{k=-\infty}^{+\infty} c_k \mathrm{e}^{\mathrm{j}k\omega_0 t} \tag{1-6}$$

在式（1-1）中，若令 $A_k = \sqrt{a_k^2 + b_k^2}, A_0 = a_0$，则

$$x_T(t) = A_0 + \sum_{k=1}^{+\infty} A_k \sin(\omega_k + \theta_k) \tag{1-7}$$

这里 A_k 反映了频率为 k_ω 的谐波在 $x_T(t)$ 中所占的份额，称为振幅。

在复指数形式中，第 k 次谐波为

$$c_k \mathrm{e}^{\mathrm{j}\omega_k t} + c_{-k}\mathrm{e}^{-\mathrm{j}\omega_k t} \tag{1-8}$$

其中，$c_k = \frac{1}{2}(a_k - \mathrm{j}b_k), c_{-k} = \frac{1}{2}(a_k + \mathrm{j}b_k)$，则

$$|c_k| = |c_{-k}| = \frac{1}{2}\sqrt{a_k^2 + b_k^2}$$

则 $A_k = 2|c_k|,\ k = 0, \pm 1, \pm 2, \cdots$

它反映了各次谐波的振幅随频率变化的分布情况，因此称 A_k 为周期函数 $x_T(t)$ 的振幅频率。因为 $k = 0, \pm 1, \pm 2, \cdots$，所以频谱 A_k 的图形不连续，称为离散频谱。

把一个周期函数展开成一个傅里叶级数，即展开成一系列简谐函数之和，称为谐波分析。谐波分析是函数分析中一种常用的方法，用于振动理论便可以把一个周期振动分解为一系列简谐振动的叠加，这对于分析振动位移、速度和加速度的波形，以及分析周期激振力等都是很重要的。

1.2.2　非周期振动与积分变换

周期振动可以用傅里叶级数做谐波分析，而非周期性振动则可以傅里叶变换作谐波分析，傅里叶变换可以通过令傅里叶级数中的周期趋向无穷大而得到。

先在区间 $\left(-\frac{T}{2}, \frac{T}{2}\right)$ 上截取一段非周期振动，即令

$$x_T(t)=x(t),\ -\frac{T}{2}<t<\frac{T}{2} \tag{1-9}$$

非周期振动 $x_T(t)$ 按周期性要求拓展到区间 $(-\infty,\ \infty)$，$x_T(t)$ 便成为周期函数。$x_T(t)$ 可以展开为

$$x_T(t)=\sum_{k=-\infty}^{\infty}\bar{X}_k\mathrm{e}^{\mathrm{j}k\omega_0 t} \tag{1-10}$$

其中 $\omega_k=k\dfrac{2\pi}{T}$，$\bar{X}_k$ 为

$$\bar{X}_k=\frac{1}{T}\int_{-\frac{T}{2}}^{\frac{T}{2}}x_T(t)\mathrm{e}^{-\mathrm{j}k\omega_0 t}\mathrm{d}t\ ,\quad k=0,\pm1,\pm2,\cdots \tag{1-11}$$

令 $\Delta\omega=\omega_0$，$X_k=X_k(\omega_k)=T\bar{X}_k=\dfrac{2\pi}{\Delta\omega}$，则式（1-10）可写成

$$x_T(t)=\frac{1}{2\pi}\sum_{k=-\infty}^{\infty}\bar{X}_k(\omega_k)\mathrm{e}^{\mathrm{j}k\omega_0 t}\Delta\omega \tag{1-12}$$

其中

$$X_k(\omega_k)=\int_{-\frac{T}{2}}^{\frac{T}{2}}x_T(t)\mathrm{e}^{-\mathrm{j}k\omega_0 t}\mathrm{d}t\ ,\quad k=0,\pm1,\pm2,\cdots \tag{1-13}$$

当 $T\to\infty$ 时，ω_k 成为连续变量，$\Delta\omega$ 成为微分 $\mathrm{d}\omega$。这样，式（1-12）与式（1-13）成为

$$x(t)=\frac{1}{2\pi}\int_{-\infty}^{\infty}X(\omega)\mathrm{e}^{\mathrm{j}\omega t}\mathrm{d}\omega \tag{1-14}$$

$$X(\omega)=\int_{-\infty}^{\infty}x(t)\mathrm{e}^{-\mathrm{j}\omega t}\mathrm{d}t \tag{1-15}$$

式（1-14）称为傅里叶积分，只要式（1-14）的 $X(\omega)$ 存在，就可以用傅里叶积分表示非周期振动 $x(t)$。而欲保证 $X(\omega)$ 存在，$x(t)$ 必须在区间 $(-\infty,\ \infty)$ 上满足狄利克雷条件，并且绝对可积，即

$$\int_{-\infty}^{\infty}|x(t)|\mathrm{d}t<\infty \tag{1-16}$$

相当多的非周期振动是满足上述条件的。式（1-14）和式（1-15）又被称为傅里叶变换对，其中 $X(\omega)$ 称为 $x(t)$ 的傅里叶变换，记为

$$X(\omega)=F[x(t)] \tag{1-17}$$

而 $x(t)$ 称为 $X(\omega)$ 的傅里叶逆变换，记为

$$x(t)=F^{-1}[X(\omega)] \tag{1-18}$$

还可以写成更为对称的形式

$$X(t)=\frac{1}{2\pi}\int_{-\infty}^{\infty}X(f)\mathrm{e}^{\mathrm{j}2\pi ft}\mathrm{d}f \tag{1-19}$$

$$X(f)=\int_{-\infty}^{\infty}x(t)\mathrm{e}^{-\mathrm{j}2\pi ft}\mathrm{d}t \tag{1-20}$$

比较式（1-14）的傅里叶积分与式（1-6）的复数傅里叶级数，可知一个非周期振动仍然能够表示成无穷简谐振动的叠加，但这些简谐振动的频率在范围 $(-\infty,\ \infty)$ 内不再是离散分布，而是连续分布，$X(\omega)\mathrm{d}\omega$ 可以视为频率在区间 $(\omega,\ \omega+\mathrm{d}\omega)$ 内的简谐振动 $\mathrm{e}^{\mathrm{j}\omega t}$ 对非周期振动 $x(t)$ 的贡献。

$X(\omega)$ 是 ω 的复数函数，用图像表示 $|X(\omega)|$ 与 ω 和 $\arg X(\omega)$ 与 ω 的函数关系，即得到非周期振动 $x(t)$ 的振幅频谱图及相位频谱图，因此 $X(\omega)$ 又称为 $x(t)$ 的频谱函数。从这个意义上说，对一个非周期振动 $x(t)$ 求傅里叶变换 $X(\omega)$，即表示对 $x(t)$ 作频谱分析。

下面就傅里叶变换作如下说明。

1. 傅里叶变换的定义

对于任何一个非周期函数 $x(t)$，作周期为 T 的函数 $x_T(t)$，使得它在 $\left[-\frac{T}{2},\frac{T}{2}\right]$ 之内与 $x(t)$ 相等，而在 $\left[-\frac{T}{2},\frac{T}{2}\right]$ 之外按周期 T 向左向右延拓到整个实轴上。当 T 越大时，$x_T(t)$ 与 $x(t)$ 相等范围也越大；当 $T\to\infty$ 时，周期函数 $x_T(t)$ 便可转化为 $x(t)$，即

$$x(t)=\lim_{T\to\infty}x_T(t) \tag{1-21}$$

由式（1-6）有

$$x(t)=\lim_{T\to\infty}x_T(t)=\lim_{T\to\infty}\sum_{k=-\infty}^{+\infty}c_k\mathrm{e}^{\mathrm{j}k\omega_0 t}=\lim_{T\to\infty}\sum_{k=-\infty}^{+\infty}\left[\frac{1}{T}\int_{-\frac{T}{2}}^{\frac{T}{2}}x_T(\tau)\mathrm{e}^{-\mathrm{j}\omega_0\tau}\mathrm{d}\tau\right]\mathrm{e}^{\mathrm{j}k\omega_0 t} \tag{1-22}$$

当 k 取一切正整数时，$\omega_k=k\omega$ 所对应的点分布在整个数轴上，将相邻两点间的距离记为 $\Delta\omega$，即 $\Delta\omega=\omega_k-\omega_{k-1}=\omega=\frac{2\pi}{T}$，则

$$x(t)=\frac{1}{2\pi}\lim_{\Delta\omega\to 0}\sum_{k=-\infty}^{+\infty}\left[\int_{-\frac{\pi}{\Delta\omega}}^{\frac{\pi}{\Delta\omega}}x_T(\tau)\mathrm{e}^{-\mathrm{j}\omega_k\tau}\mathrm{d}\tau\mathrm{e}^{\mathrm{j}\omega_k t}\right]\Delta\omega \tag{1-23}$$

这是一个和式极限，在下面定理的条件下，可以用傅里叶积分公式来表示。

2. 傅里叶积分定理

如果定义在 $(-\infty,\ \infty)$ 上的函数 $x(t)$ 满足以下条件：

（1）$x(t)$ 在任一有限区间上满足狄利克雷条件。

（2）$x(t)$ 在 $(-\infty,\ \infty)$ 上绝对可积（即 $\int_{-\infty}^{+\infty}x(t)\mathrm{d}t$ 收敛），则有傅里叶积分公式收敛，且

$$\frac{1}{2\pi}\int_{-\infty}^{+\infty}\left[\int_{-\infty}^{+\infty}x(\tau)\mathrm{e}^{-\mathrm{j}\omega\tau}\mathrm{d}\tau\right]\mathrm{e}^{\mathrm{j}\omega t}\mathrm{d}\omega=\begin{cases}x(t) & \text{当}t\text{是}x(t)\text{的连续点时}\\ \dfrac{f(t+0)+f(t-0)}{2}, & \text{当}t\text{是}x(t)\text{的间断点时}\end{cases} \tag{1-24}$$

若令

$$X(\omega)=\int_{-\infty}^{+\infty}x(t)\mathrm{e}^{-\mathrm{j}\omega t}\mathrm{d}t \tag{1-25}$$

则有

$$x(t)=\frac{1}{2\pi}\int_{-\infty}^{+\infty}X(\omega)\mathrm{e}^{\mathrm{j}\omega t}\mathrm{d}\omega \tag{1-26}$$

由上面两式可以看出，$x(t)$ 与 $X(\omega)$ 可以通过类似的积分运算相互表达。式（1-25）称为 $x(t)$ 的傅里叶变换，函数 $X(\omega)$ 称为 $x(t)$ 的傅里叶变换的象函数，记为 $X(\omega)=F[x(t)]$；式（1-26）称为 $X(\omega)$ 的傅里叶逆变换，$x(t)$ 称为 $X(\omega)$ 的原函数，记为 $x(t)=F^{-1}[X(\omega)]$。可见，象函数 $X(\omega)$ 与象原函数 $x(t)$ 构成了一对傅里叶变换对。

在频谱分析中，$X(\omega)$ 又称为 $x(t)$ 的频谱函数，而频谱函数的模 $|X(\omega)|$ 称为 $x(t)$ 的振幅频谱。ω 由于是连续变化的，所以称为连续频谱。

1.3 δ 函数及其应用

在工程实际问题中，许多物理现象具有一种脉冲特征值，它们不是在某一段时间间隔内出现，而是在某一瞬间或某一点才出现。

工程技术中常用一个长度为 1 的有向线段表示 δ 函数，如图 1-2 所示的线段长度表示 $\delta(t)$ 的积分值，称为 δ 函数的强度。

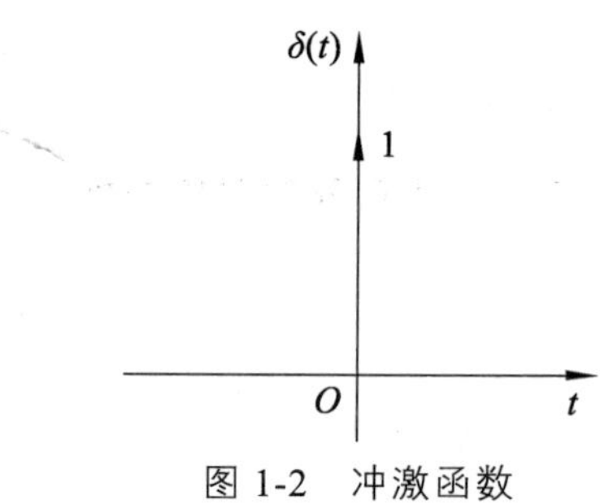

图 1-2　冲激函数

1. δ 函数的定义

$$\delta(t)=\begin{cases}\infty, t=0\\ 0, t\neq 0\end{cases} \text{满足} \int_{-\infty}^{\infty}\delta(t)\mathrm{d}t=1 \tag{1-27}$$

δ 函数的实质是在时间间隔 ε 内面积为 1 的矩形脉冲，在 $\varepsilon\to 0$ 时的极限情况。根据上述定义，将 δ 函数与函数 $f(t)$ 相乘并积分，可得

$$\int_{-\infty}^{\infty}\delta(t)f(t)\mathrm{d}t=\int_{-\infty}^{\infty}\delta(t)f(0)\mathrm{d}t=f(0)\int_{-\infty}^{\infty}\delta(t)\mathrm{d}t=f(0) \tag{1-28}$$

式（1-28）称为 δ 函数的抽样特性。

根据上述对 $\delta(t)$ 的定义，可以定义延时 δ 函数 $\delta(t-t_0)$，即

$$\delta(t-t_0)=\begin{cases}\infty, t=t_0\\ 0, t\neq t_0\end{cases} \text{满足} \int_{-\infty}^{\infty}\delta(t-t_0)\mathrm{d}t=1 \tag{1-29}$$

运用 $\delta(t-t_0)$ 可在 t_0 时刻抽样，即

$$\int_{-\infty}^{\infty}\delta(t-t_0)f(t)\mathrm{d}t=f(t_0) \tag{1-30}$$

δ 函数具有下列性质：

性质 1 对任意的有连续导数的函数 $f(t)$，都有

$$\int_{-\infty}^{\infty}\delta'(t)f(t)\mathrm{d}t=-f'(t) \tag{1-31}$$

性质 2 函数为偶函数，即 $\delta(-t)=\delta(t)$。

性质 3 设 $u(t)$ 为单位阶跃函数，即

$$u(t)=\begin{cases}1, t>0\\ 0, t<0\end{cases} \tag{1-32}$$

则有

$$\int_{-\infty}^{t}\delta(t)\mathrm{d}t=u(t), u'(t)=\delta(t) \tag{1-33}$$

δ 函数另一重要特性是：它与其他函数 $x(t)$ 的卷积的结果，就是简单地将 $x(t)$ 移到发生脉冲函数的坐标位置上（以此作为原点）。简单证明如下：

$$x(t)\cdot\delta(t)=\int_{-\infty}^{\infty}x(\tau)\delta(t-\tau)\mathrm{d}\tau=\int_{-\infty}^{\infty}x(\tau)\delta(\tau-t)\mathrm{d}\tau=x(t) \tag{1-34}$$

脉冲函数为 $\delta(t+T)$ 时，则有

$$x(t)\cdot\delta(t+T)=\int_{-\infty}^{\infty}x(\tau)\delta(t+T-\tau)\mathrm{d}\tau=x(t+T) \tag{1-35}$$

2. δ 函数的傅里叶变换

由傅里叶变换的定义，容易求出

$$F[\delta(t)]=\int_{-\infty}^{\infty}\delta(t)\mathrm{e}^{-\mathrm{j}\omega t}\mathrm{d}t=\mathrm{e}^0=1 \tag{1-36}$$

$$F^{-1}[2\pi\delta(\omega)]=\int_{-\infty}^{\infty}\delta(\omega)\mathrm{e}^{-\mathrm{j}\omega t}\mathrm{d}\omega=1 \tag{1-37}$$

可见 $\delta(t)$ 与 1，$2\pi\delta(\omega)$ 与 1 均构成一个傅里叶变换对，所以

$$F^{-1}[1]=\frac{1}{2\pi}\int_{-\infty}^{\infty}\mathrm{e}^{\mathrm{j}\omega t}\mathrm{d}\omega=\delta(t) \tag{1-38}$$

$$F[1]=\int_{-\infty}^{\infty}\mathrm{e}^{-\mathrm{j}\omega t}\mathrm{d}t=2\pi\delta(\omega) \tag{1-39}$$

根据傅里叶变换的对称性质和时移、频移性质，可得到下列傅里叶变换对，即

$$\begin{cases} \delta(t) \Leftrightarrow 1, 1 \Leftrightarrow \delta(f) \\ \delta(t-t_0) \Leftrightarrow \mathrm{e}^{-\mathrm{j}2\pi f t_0}, \mathrm{e}^{-\mathrm{j}2\pi f t_0} \Leftrightarrow \delta(f-f_0) \end{cases} \tag{1-40}$$

容易验证，$\delta(t-t_0)$ 与 $\mathrm{e}^{-\mathrm{j}\omega t_0}$ 也构成一个傅里叶变换对。要注意的是，以上积分已经不再是傅里叶变换定义中的积分，故称上述函数的傅里叶变化为广义傅里叶变换。利用这一概念，可以给出一些绝对可积的常见函数的傅里叶变换。

1.4　模态分析概念及发展过程

1.4.1　模态分析概念

至此，尚未对模态分析给出定义。一般地，以振动理论为基础，以模态参数为目标的分析方法，称为模态分析。更确切地说，模态分析是研究系统物理参数模型、模态参数模型和非参数模型的关系，并通过一定手段确定这些系统模型的理论及其应用的一门学科。按照振动结构非线性程度大小，可将系统简化为线性系统和非线性系统。因而，所进行的系统识别也有线性系统识别和非线性系统识别之分。经典的模态分析均限于线性系统，即线性模态分析。近年来，不断有人提出并研究非线性模态分析的问题，但远远未达到线性模态分析那样的成熟地步。由于线性模态分析在处理非线性系统时存在较大误差，相信基于非线性振动理论的非线性模态分析将会越来越受到重视。本书仅限于讨论线性模态分析。

根据研究模态分析的手段和方法不同，模态分析可分为理论模态分析和实验模态分析。理论模态分析又称模态分析的理论过程，是指以线性振动理论为基础，研究激励、振动结构与响应三者的关系，即已知物理参数模型，通过一定理论和方法求模态参数模型和非参数模型，如图 1-3 所示。

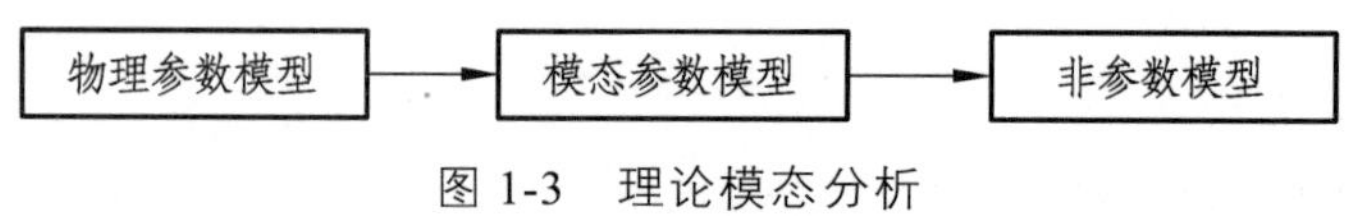

图 1-3　理论模态分析

实验模态分析（EMA）又称模态分析的实验过程，是理论模态分析的逆过程，如图 1-4 所示。首先，实验测得激励和响应的时间历程（或仅响应），运用数字信号处理技术获得频响函数（传递函数）、脉冲响应函数、响应功率谱或相关函数，从而得到系统的非参数模型；其次，运用参数识别方法，求得系统模态参数；最后，如果有必要，进一步确定系统的物理参数。因此，实验模态分析是综合运用线性振动理论、动态测试技术、数字信号处理和参数识别等手段，进行系统识别的过程。本书主要讨论实验模态分析。

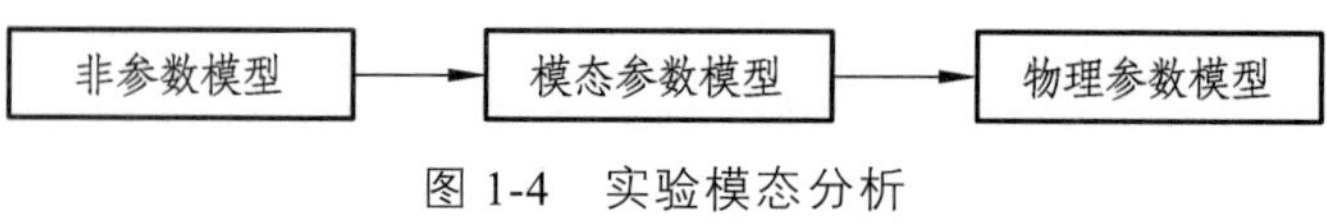

图 1-4　实验模态分析

计算模态分析实际上是一种理论建模过程，主要是运用有限元法对振动结构进行离散，建立系统特征值问题的数学模型，用各种近似方法求解系统特征值和特征向量。阻尼难以准确处理，因此通常不考虑小阻尼系统的阻尼，解得的特征值和特征向量即系统的固有频率和固有振型向量。

模态参数识别是实验模态分析的核心。模态参数识别已有多种成熟的方法，最常用的方法是基于最小二乘法的曲线拟合法。其含义是，根据理论模态分析选择适当的数学模型，使测得的实验模型与数学模型之差最小。

经典的模态参数识别分为频域模态参数识别和时域模态参数识别。以频响函数（传递函数）为基础的参数识别称为频域参数识别；以时域信号（脉冲响应函数或自由振动响应）为基础的参数识别称为时域参数识别。频域法已发展得相当成熟、实用。由于时域法所用设备简单，尤其是只根据自由响应而无须激励就可进行参数识别而受到普遍重视。

在识别除振型外的其他模态参数时，按照使用响应信号的数目可分为局部识别和整体识别两种。如果一次使用一个响应信号，则对应的参数识别称为局部识别；如果同时测量多个响应信号并进行参数识别，则称为整体识别。按照使用激励和响应的数目可分为单入单出（SISO）识别、单入多出（SIMO）识别和多入多出（MIMO）识别。SISO 属于局部识别，SIMO 和 MIMO 属于整体识别。在 SISO 频域模态参数识别中，按照模态密集程度不同，可分为单模态识别和多模态识别。前者将待识别的各阶模态看作与其他模态独立的单自由度系统，适于阻尼较小、模态较分散的情形；后者将待识别的几阶模态看作耦合的，并考虑拟合频段以外的模态影响。对于阻尼较大、模态较密集的情况，必须用多模态参数识别。

近年来，仅基于环境激励或自然激励（Natural Excitation Technique，NEXT）响应的模态参数识别方法得到迅速发展，对应的模态分析又称为工作模态分析（Operational Modal Analysis，OMA）。在这些方法中，通过同时测量结构在环境激励下的响应，基于响应的功率谱或相关函数进行模态参数识别。因此，工作模态分析实际是整体识别，且包含频域识别和时域识别两种情况。

在模态分析中，阻尼是一个较难处理的问题。根据结构性质的不同，常将系统阻尼简化为无阻尼、比例阻尼（黏性比例阻尼、结构比例阻尼）、一般黏性阻尼与结构阻尼等四种情形。在不同阻尼模型下，振动系统模态参数的性质不同。根据模态向量是实向量还是复向量，振动系统可分为实模态系统和复模态系统。无阻尼和比例阻尼系统属于实模态系统，而一般黏性阻尼和结构阻尼系统属于复模态系统。因此，对应的模态分析有实模态分析和复模态分析两种。

1.4.2　模态分析发展过程

经过半个多世纪的发展，模态分析已经成为振动工程中一个重要的分支。早在 20 世纪四五十年代，在航空工业中就采用共振实验确定系统的固有频率。20 世纪 60 年代，发展了多点单相正弦激振、正弦多频单点激励，通过调力调频分离模态，制造出商用模拟式频响函数分析仪。20 世纪 60 年代后期到 70 年代，出现了各种瞬态和随机激振的频域模态参数识别技术。随着 FFT（快速傅里叶变换）数字式动态测试技术和计算机技术的飞速发展，使得以单入单出及单入多出为基础识别方式的模态分析技术普及到各个工业领域，模态分析得到快速发展并日趋成熟，商用数字分析仪和软件大量出现。20 世纪 80 年代后期，主要是多入多出随机激振技术和识别技术得到发展。20 世纪 80 年代中期至 90 年代，模态分析在各个工程领域得到普及和深层次应用，在结构性能评价、结构动态修改、动态设计、故障诊断和状态监测以及声控分析等方面的应用研究异常活跃，尤其是基于 FEM（有限元法）、EMA（指数移动平均值）和最优控制理论的结构动态修改和动态设计取得了丰硕成果。进入 21 世纪以后，基于环境激励或自然激励的工作模态分析得到快速发展，为解决一些特殊工程问题的模态分析提供了条件。同时，基于新型测量技术（如激光）的分析走向实用。目前，模态分析技术已经成为一门重要的工程技术，而不仅仅是研究单位从事研究的理论课题。

习题与思考题

1. 振动的三类基本问题是什么？
2. 描述振动系统有哪几种模型？这几种模型有何关系？
3. 对于振动结构，系统识别有哪几种情形？其关系如何？
4. 什么是模态分析？
5. 模态分析有哪两种分析过程？分别画简图说明。
6. 什么叫模态参数识别？模态分析有哪几种参数识别方法？（分别按不同方法分类）
7. 模态分析中常用的阻尼模型有哪几种？分别属于何种模态分析系统？

第 2 章　模态分析理论基础

本书讨论的是线性系统，并且假设系统是定常与稳定的，即线性时不变系统。线性是指描述系统振动的微分方程为线性方程，其响应对激励具有叠加性。设系统在激励 $f_1(t)$、$f_2(t)$ 单独作用下的响应是 $x_1(t)$、$x_2(t)$，则系统在 $\alpha_1 f_1(t)+\alpha_2 f_2(t)$ 作用下的响应是 $\alpha_1 x_1(t)+\alpha_2 x_2(t)$，其中 α_1、α_2 为常数。定常是指振动系统的动态特性（如质量、阻尼、刚度等）不随时间变化。线性定常系统具有频率保持性，即如系统受到简谐激励 $f(t)=F\mathrm{e}^{\mathrm{j}\omega t}$ 作用，则系统的稳态响应 $x(t)=X\mathrm{e}^{\mathrm{j}\omega t}$ 的频率也为 ω。稳定是指系统对有限激励将产生有限响应，即系统满足傅里叶变换和拉普拉斯变换的条件。此外，还常假设系统遵从 Maxwell 互易性原理，即线性系统的物理参数矩阵具有对称性。

一个振动系统可以有多种分类方法。从空间角度来分，有离散（有限自由度）系统和连续（无限自由度）系统两种；从时间角度来分，有连续时间系统和离散时间系统两种。连续时间系统是指激励和响应是连续时间 t 的函数。离散时间系统是指激励和响应是离散时间点的函数，即对连续（模拟信号）采样后得到的离散信号（数字信号）。本章只讨论空间离散的连续时间系统，后续章节中会涉及空间和时间都离散的系统。

本章研究振动系统的物理参数模型、模态参数模型和非参数模型的关系，即三种模型的理论建模问题。研究方法有坐标变换法与拉普拉斯变换法。坐标变换法适用于简谐激励的情形，它能给出各种模型及参数的明确物理意义，所以用较多篇幅进行讨论。拉普拉斯变换法简明，且适用于一般激励情形，并能给出对传递函数或频响函数更多的理解。

不论何种方法，总是先建立结构的物理参数模型，即以质量、阻尼、刚度为参数的关于位移的振动微分方程；其次是研究其特征值问题，求得特征对（特征值和特征向量），进而得到模态参数模型，即系统的模态频率、模态向量、模态阻尼，或模态质量、模态刚度、模态阻尼等参数，为了研究模态参数模型的物理意义，有时也讨论自由响应；最后在讨论以上两种模型的基础上，通过研究强迫动力响应问题，可以得到系统的非参数模型，如频响函数（或传递函数）和脉冲响应函数。非参数模型是进行实验模态分析的基础，故对非参数模型的研究显得尤其重要。

根据阻尼模型的不同，可分为无阻尼、比例阻尼、一般黏性阻尼和结构阻尼四种情形进行讨论。

2.1　单自由度系统频响函数分析

单自由度系统是最简单的离散振动系统。研究单自由度系统振动的意义是：① 由此给出有关基本概念；② 单自由度系统的理论在单模态系统识别中可直接应用。

2.1.1 黏性阻尼系统

黏性阻尼是指阻尼力与质点速度成正比且反向（超前速度 180°）的阻尼模型。

图 2-1 所示单自由度振动系统的物理参数模型（振动微分方程）为

$$m\ddot{x}+c\dot{x}+kx=f(t) \tag{2-1}$$

式中，m 为质量；c 为黏性阻尼系数；k 为刚度，$x,\dot{x},\ddot{x}$ 分别为位移、速度、加速度；t 为时间；$f(t)$ 为激振力。

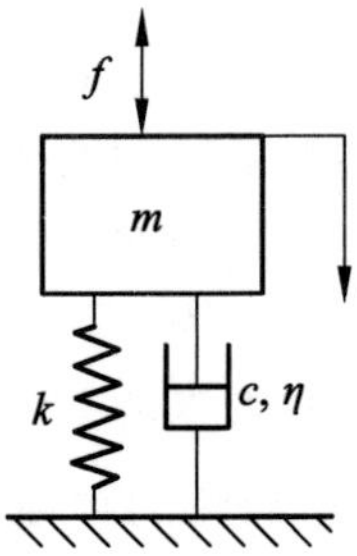

图 2-1 单自由度振动系统

1. 自由振动

令 $f(t)=0$，式（2-1）成为

$$m\ddot{x}+c\dot{x}+kx=0 \tag{2-2}$$

或写成正则形式：

$$\ddot{x}+2\sigma\dot{x}+\omega_0^2x=0 \tag{2-3}$$

式中，$\sigma=\dfrac{c}{2m}$ 为衰减系数（衰减指数）；$\omega_0=\sqrt{\dfrac{k}{m}}$ 为无阻尼固有频率（固有频率）。

引入阻尼比（无量纲阻尼系数）：

$$\zeta=\frac{\sigma}{\omega_0}=\frac{c}{2m\omega_0}=\frac{c}{2\sqrt{mk}}$$

式（2-3）进一步可写为

$$\ddot{x}+2\zeta\omega_0\dot{x}+\omega_0^2x=0 \tag{2-4}$$

设式（2-2）的特解为

$$x=\varphi e^{\lambda t} \tag{2-5}$$

式中，λ 为系统的特征值。将 x 代入式（2-2），得

$$(m\lambda^2+c\lambda+k)\varphi=0 \tag{2-6}$$

为使系统有非零解，应有

$$m\lambda^2+c\lambda+k=0 \tag{2-7}$$

式（2-7）称为系统的特征方程。上述问题称为系统的特征值问题。

式（2-7）的解为

$$\lambda_{1,2}=-\sigma\pm \mathrm{j}\omega_{\mathrm{d}} \tag{2-8}$$

式中，$\mathrm{j}=\sqrt{-1},\ \omega_{\mathrm{d}}=\sqrt{\omega_0^2-\sigma^2}=\omega_0\sqrt{1-\zeta^2}$ 称为阻尼固有频率。

根据阻尼大小不同，系统的运动分三种情形：

（1）$\zeta > 1(\sigma > \omega_0)$，过阻尼，系统不产生振动；

（2）$\zeta = 1(\sigma = \omega_0)$，临界阻尼，无振动发生；

（3）$\zeta < 1(\sigma < \omega_0)$，欠阻尼，系统产生振动。

今后讨论的系统总是欠阻尼情形。

式（2-8）说明，系统的特征值实部、虚部分别代表系统的衰减系数和阻尼固有频率，特征值的模$|\lambda_{1,2}| = \omega_0$，所以在振动理论中，有时也把特征值称为复频率。容易求得方程（2-2）的通解即自由振动响应

$$x = A\mathrm{e}^{-\sigma t}\sin(\omega_\mathrm{d} t + \theta) \tag{2-9}$$

式中，A, θ 为由初始条件确定的常数。如果初始条件 $t = 0$ 时 $x = x_0, \dot{x} = \dot{x}_0$，则

$$\left.\begin{aligned} A &= \sqrt{x_0^2 + \left(\frac{\dot{x}_0 + \sigma x_0}{\omega_\mathrm{d}}\right)^2} \\ \theta &= \arctan\frac{x_0\omega_\mathrm{d}}{\dot{x}_0 + \sigma x_0} \end{aligned}\right\} \tag{2-10}$$

2. 频响函数

设系统受简谐激励作用

$$f(t) = F\mathrm{e}^{\mathrm{j}\omega t} \tag{2-11}$$

式中，F 为激励幅值；ω 为激励频率。此时，系统稳态位移响应

$$x = X\mathrm{e}^{\mathrm{j}\omega t} \tag{2-12}$$

式中，X 为稳态位移响应幅值；ω 为稳态响应频率。将式（2-11）和（2-12）代入式（2-1），得

$$(k - m\omega^2 + \mathrm{j}\omega c)X = F \tag{2-13}$$

在简谐激励下，定义系统位移频响函数为稳态位移响应与激励幅值之比，即

$$H(\omega) = \frac{X}{F} = \frac{1}{k - m\omega^2 + \mathrm{j}\omega c} \tag{2-14}$$

则

$$X = H(\omega)F \tag{2-15}$$

除位移频响函数外，尚有速度频响函数 $H_V(\omega)$、加速度频响函数 $H_A(\omega)$，即

$$H_V(\omega) = \frac{V}{F} = \frac{\mathrm{j}\omega X}{F} = \mathrm{j}\omega H(\omega) = \frac{\mathrm{j}\omega}{k - m\omega^2 + \mathrm{j}\omega c} \tag{2-16}$$

$$H_A(\omega) = \frac{A}{F} = \frac{\mathrm{j}\omega V}{F} = \mathrm{j}\omega H_V(\omega) = -\omega^2 H(\omega) = -\frac{\omega^2}{k - m\omega^2 + \mathrm{j}\omega c} \tag{2-17}$$

位移频响函数、速度频响函数和加速度频响函数统称为频响函数。

从频响函数的表达式可知，频响函数与 m、k、c 有关，所以它是反映系统固有特性的量，是以外激励频率 ω 为参变量的非参数模型。对无阻尼系统，频响函数为实函数，反映响应与激励之间没有相位差；对有阻尼系统，频响函数为复函数，反映响应与激励之间存在相位差。

若考虑系统受任意激励作用，频响函数可定义为系统的稳态响应与激励的傅里叶变换之比，即

$$H(\omega)=\frac{X(\omega)}{F(\omega)}$$

$$X(\omega)=H(\omega)F(\omega)$$

频响函数的倒数称为阻抗。分析问题时，有时使用阻抗更加方便。三种阻抗定义为

$$\left.\begin{aligned}&\text{位移阻抗}\quad Z(\omega)=\frac{1}{H(\omega)}=k-m\omega^2+\mathrm{j}\omega c\\&\text{速度阻抗}\quad Z_V(\omega)=\frac{1}{H_V(\omega)}=\frac{k-m\omega^2+\mathrm{j}\omega c}{\mathrm{j}\omega}\\&\text{加速度阻抗}\quad Z_A(\omega)=\frac{1}{H_A(\omega)}=-\frac{k-m\omega^2+\mathrm{j}\omega c}{\omega^2}\end{aligned}\right\}\tag{2-18}$$

三种频响函数与三种阻抗的含义见表 2-1。注意：频响函数和阻抗都是有量纲量，读者可以根据定义分析不同频响函数和阻抗的量纲，并理解其含义。

表 2-1　机械阻抗及导纳的符号、名称、表达式及单位

符号	名称	表达式	单位
$H(\omega)$	动柔度，位移导纳	X/F	m/N，$\mathrm{s^2/kg}$
$H_V(\omega)$	导纳，速度导纳	V/F	m/s/N，s/kg
$H_A(\omega)$	加速度导纳	A/F	$\mathrm{m/s^2/N}$，1/kg
$Z(\omega)$	动刚度，位移阻抗	F/X	N/m，$\mathrm{kg/s^2}$
$Z_V(\omega)$	机械阻抗，速度阻抗	F/V	N/m/s，kg/s
$Z_A(\omega)$	动质量，表观质量，加速度阻抗	F/A	$\mathrm{N/m/s^2}$，kg

3. 脉冲响应函数

振动系统在单位脉冲力作用下的自由响应称为单位脉冲响应函数，简称脉冲响应函数。单位脉冲力是指冲量为 1、作用时间无限短的瞬时力。显然，用 δ 函数描述单位脉冲力为

$$\delta(t)=\begin{cases}\infty & t=0\\0 & t\neq 0\end{cases}\tag{2-19}$$

且

$$\int_{-\infty}^{\infty}\delta(t)\mathrm{d}t=1\tag{2-20}$$

对单自由度系统，质点受到单位脉冲力后获得的动量 $m\dot{x}_0 = 1$，则自由振动的初始条件（$t = 0$）为

$$x_0 = 0, \dot{x}_0 = \frac{1}{m} \tag{2-21}$$

代入式（2-10），由式（2-9）可得系统的自由振动响应，即脉冲响应函数

$$h(t) = \frac{1}{m\omega_{\mathrm{d}}} \mathrm{e}^{-\sigma t} \sin \omega_{\mathrm{d}} t \tag{2-22}$$

易证脉冲响应函数与频响函数是一傅里叶变换对。对单位脉冲力 $\delta(t)$ 和脉冲响应函数 $h(t)$ 分别作傅里叶变换

$$F(\omega) = \mathscr{F}[\delta(t)] = 1 \text{（}\delta\text{ 函数的性质）}$$

$$X(\omega) = \mathscr{F}[h(t)]$$

由频响函数定义，有

$$H(\omega) = \frac{X(\omega)}{F(\omega)} = X(\omega) = \mathscr{F}\left[h(t)\right]$$

可见，$H(\omega)$ 与 $h(t)$ 是一傅里叶变换对。

脉冲响应函数与频响函数一样是反映振动系统动态特性的量，只不过频响函数在频域内描述系统固有特性，而脉冲响应函数在时域内描述系统固有特性。因此，频响函数与脉冲响应函数都构成系统的非参数模型，它们是进行系统识别的基础。

顺便指出，由式（2-9）、式（2-22）可看出，系统的自由响应与脉冲响应函数只差一常数因子，故自由响应也可以作为非参数模型进行系统识别。

2.1.2　结构阻尼系统

1. 结构阻尼模型

研究表明，许多振动结构的阻尼并不适于用黏性阻尼描述，因为这类结构的阻尼主要来源于材料内阻或部件结合面之间的干摩擦。为此，引入结构阻尼模型。结构阻尼又称迟滞阻尼。

实验指出，在简谐激励作用下，大多数金属结构（如钢和铝）内部阻尼每一循环消耗的能量在广泛频率范围内与频率无关，而与振幅的平方成正比，即

$$\Delta E = \alpha X^2 \tag{2-23}$$

式中，α 是与结构有关的常量。

结构阻尼是一种非黏性阻尼。对非黏性阻尼，通常引入两个无量纲量表示阻尼大小：

阻尼比容　$$r = \frac{\Delta E}{U} \tag{2-24}$$

损耗因子 $$\eta=\frac{r}{2\pi}=\frac{\Delta E}{2\pi U} \tag{2-25}$$

式中，U 是振动系统一个周期内的最大势能，即

$$U=\frac{1}{2}kX^2 \tag{2-26}$$

式中，k 为等效弹性系数。

为了确定非黏性阻尼力，常从能量等效原则出发求得等效黏性阻尼系数 c_e，即认为非黏性阻尼力在一个振动周期内消耗的能量 ΔE 与等效黏性阻尼力在一个周期内消耗的能量 ΔW 相等。设单自由度系统响应 $x=X\sin\omega t$，则

$$\Delta W=\oint c_e\dot{x}\mathrm{d}x=\int_0^{\frac{2\pi}{\omega}}c_eX^2\omega^2\cos^2\omega t\mathrm{d}t=\pi c_e\omega X^2$$

令 $\Delta W=\Delta E$，则 $\pi c_e\omega X^2=\Delta E$，等效黏性阻尼系数

$$c_e=\frac{\Delta E}{\pi\omega X^2} \tag{2-27}$$

由式（2-24）至式（2-26），可得用阻尼比容 r 和损耗因子 η 表示的等效黏性阻尼系数

$$c_e=\frac{rk}{2\pi\omega}=\frac{g}{\omega} \tag{2-28}$$

$$c_e=\frac{\eta k}{\omega} \tag{2-29}$$

式中，$g=\frac{rk}{2\pi}=\eta k$ 称为结构阻尼系数，具有刚度量纲；η 又称为结构阻尼比。

对于结构阻尼，将式（2-23）代入式（2-24）和式（2-25），考虑式（2-26）的阻尼比容和损耗因子

$$r=\frac{2\alpha}{k},\eta=\frac{\alpha}{\pi k} \tag{2-30}$$

由式（2-27）至式（2-29）中任一式可得结构阻尼的等效黏性阻尼系数

$$c_e=\frac{\alpha}{\pi\omega} \tag{2-31}$$

则结构阻尼力

$$R=-c_e\dot{x}=-\frac{\alpha}{\pi\omega}\dot{x} \tag{2-32}$$

事实上，经常用结构阻尼系数 g、结构阻尼比 η（损耗因子）直接表示结构阻尼力

$$R=-\frac{g}{\omega}\dot{x}=--\frac{\eta k}{\omega}\dot{x} \tag{2-33}$$

由于 $x = X\mathrm{e}^{\mathrm{j}\omega t}$，$\dot{x} = \mathrm{j}\omega X\mathrm{e}^{\mathrm{j}\omega t} = \mathrm{j}\omega x$，所以 $R = -\mathrm{j}gx = -\mathrm{j}\eta kx$　　（2-34）

可见，结构阻尼力是大小与位移成正比、方向与速度相反的一种阻尼力。这就是结构阻尼力的物理意义。

2. 振动微分方程和复刚度

根据图 2-1 所示单自由度振动系统的物理模型，考虑结构阻尼力式（2-34），易得单自由度结构阻尼系统的振动微分方程

$$m\ddot{x} + (k + \mathrm{j}g)x = f(t) \tag{2-35}$$

或

$$m\ddot{x} + (1 + \mathrm{j}\eta)kx = f(t) \tag{2-36}$$

式中将结构阻尼力与弹性力合并为一项，称 $k + \mathrm{j}g = (1 + \mathrm{j}\eta)k$ 为复刚度。

3. 特征值问题

通常不讨论结构阻尼振动系统的自由响应。事实上，上述结构阻尼模型是建立在稳态简谐激励、稳态简谐响应基础上的，故由式（2-35）或式（2-36）求自由响应将无意义。而从数学角度来讲，仍可以分析式（2-35）或式（2-36）对应的特征值问题。

令 $f(t) = 0$，式（2-36）成为

$$m\ddot{x} + (1 + \mathrm{j}\eta)kx = 0 \tag{2-37}$$

设其特解为

$$x = \psi \mathrm{e}^{\lambda t} \tag{2-38}$$

将其代入式（2-37），得特征方程

$$m\lambda^2 + (1 + \mathrm{j}\eta)k = 0 \tag{2-39}$$

解得特征值

$$\lambda_{1,2} = \pm v \pm \mathrm{j}\omega_{\mathrm{g}} \tag{2-40}$$

其中

$$\left.\begin{aligned} v &= \frac{\sqrt{2}}{2}\omega_0\sqrt{\sqrt{1+\eta^2} - 1} \\ v &= \frac{\sqrt{2}}{2}\omega_0\sqrt{\sqrt{1+\eta^2} + 1} \end{aligned}\right\} \tag{2-41}$$

式中，v 为结构阻尼系统的衰减系数；ω_{g} 为结构阻尼系统的特征频率。

4. 频响函数

设作用在结构阻尼系统上的简谐激励 $f(t) = F\mathrm{e}^{\mathrm{j}\omega t}$，稳态简谐响应 $x = X\mathrm{e}^{\mathrm{j}\omega t}$，代入式（2-36），得

$$X = H(\omega)F \tag{2-42}$$

单自由度结构阻尼系统的频响函数

$$H(\omega)=\frac{1}{k-m\omega^2+\mathrm{j}\eta k} \tag{2-43}$$

5. 结构阻尼与黏性阻尼的换算关系

结构阻尼系统的衰减系数

$$v=\frac{\sqrt{2}}{2}\omega_0\sqrt{\sqrt{1+\eta^2}-1}$$

在小阻尼情况下，$\eta \ll 1$，$\sqrt{1+\eta^2}\approx 1+\frac{1}{2}\eta^2$，则

$$v\approx\frac{1}{2}\eta\omega_0 \tag{2-44}$$

其对应等效黏性阻尼系统的衰减系数为

$$\sigma=\zeta\omega_0 \tag{2-45}$$

比较式（2-44）与式（2-45），有

$$\eta\approx 2\zeta \tag{2-46}$$

可见，在小阻尼情况下，结构阻尼比η近似等于两倍的黏性阻尼比ζ。

2.2 单自由度系统频响函数的各种表达形式及其特征

为深入理解频响函数的物理意义，本节进一步讨论频响函数的各种表达形式及其数字与图形特征，它是进行单模态参数识别的理论基础。由于结构阻尼系统位移频响函数的特征较有规律，故先介绍结构阻尼系统，再介绍黏性阻尼系统。

2.2.1 结构阻尼系统

1. 频响函数的基本表达式

式（2-43）即频响函数的基本表达式，可进一步写成

$$H(\omega)=\frac{1}{k-m\omega^2+\mathrm{j}\eta k}=\frac{1}{m}\cdot\frac{1}{\omega_0^2-\omega^2+\mathrm{j}\eta\omega_0^2}=\frac{1}{k}\cdot\frac{1}{1-\Omega^2+\mathrm{j}\eta} \tag{2-47}$$

式中，$\Omega=\frac{\omega}{\omega_0}$为频率比，即无量纲频率。

2. 频响函数的极坐标表达式（复指数形式）

此表达式为

$$H(\omega)=\left|H(\omega)\right|\mathrm{e}^{\mathrm{j}\varphi(\omega)} \tag{2-48}$$

其中

$$\left|H(\omega)\right|=\frac{1}{k}\cdot\frac{1}{\sqrt{(1-\Omega^2)^2+\eta^2}} \tag{2-49}$$

$$\varphi(\omega)=\arctan\left(\frac{-\eta}{1-\Omega^2}\right) \tag{2-50}$$

分别称为频响函数的幅频特性和相频特性。

图 2-2 为导纳的幅频特性曲线和相频特性曲线，在曲线上分别注有若干特殊点，现分别说明如下：

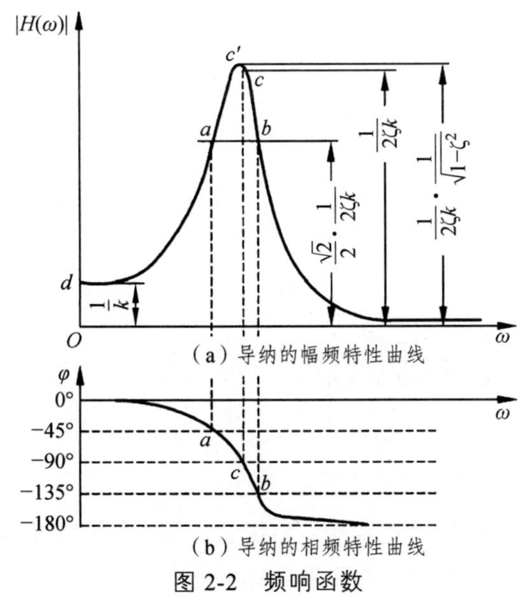

图 2-2　频响函数

（1）c 点。该点对应 $\omega_c=\Omega_n$；在小阻尼情况下，该点可认为是峰值点，其值为

$$\left|H(\omega)\right|_c=\frac{1}{2\zeta k}$$

（2）c' 点为共振幅值点

$$\left|H(\omega)\right|_{c'}=\frac{1}{2\zeta k}\frac{1}{\sqrt{1-\zeta^2}}$$

该点所对应的频率为

$$\omega_{c'}=\omega_0\sqrt{1-2\zeta^2}$$

显然，当 ζ 很小时

$$\omega_{c'} = \Omega_n = \omega_c$$

（3）a，b 两点。这两点称为半功率点，定义如下：在 a，b 点

$$\left|H(\omega)\right|_a = \left|H(\omega)\right|_b = \frac{1}{\sqrt{2}}\left|H_{\omega}\omega\right|_c = \frac{1}{\sqrt{2}} \times \frac{1}{2\zeta k}$$

可以证明，这两点所对应的频率分别为

$$\omega_a \approx \Omega_n\sqrt{1-2\zeta}\text{ ，}\quad \omega_b = \Omega_n\sqrt{1+2\zeta}$$

（4）d 点。$\omega_d = 0$，$\left|H(\omega)\right|_d = \dfrac{1}{k}$，该点反映静变形。在相频曲线上，$a$，$b$，$c$ 点所对应相位分别为

$$\varphi_a = -45°\text{ ，}\quad \varphi_b = -135°\text{ ，}\quad \varphi_c = -90°$$

只要将 a，b，c 各点上所对应频率代入 φ 的表达式，即可得到上面各点对应的角度值。

3. 频响函数的直角坐标表达式（复数形式）

此表达式为

$$H(\omega) = H^R(\omega) + \mathrm{j}H^I(\omega) \tag{2-51}$$

其中

$$H^R(\omega) = \frac{1}{k} \cdot \frac{1-\Omega^2}{(1-\Omega^2)^2+\eta^2} \tag{2-52}$$

$$H^I(\omega) = \frac{1}{k} \cdot \frac{-\eta}{(1-\Omega^2)^2+\eta^2} \tag{2-53}$$

分别称为频响函数的实频特性和虚频特性。根据式（2-51）和式（2-52），可画出频响函数的实部和虚部与频率之间的关系曲线，称为实频图和虚频图，如图 2-3 和 2-4 所示。

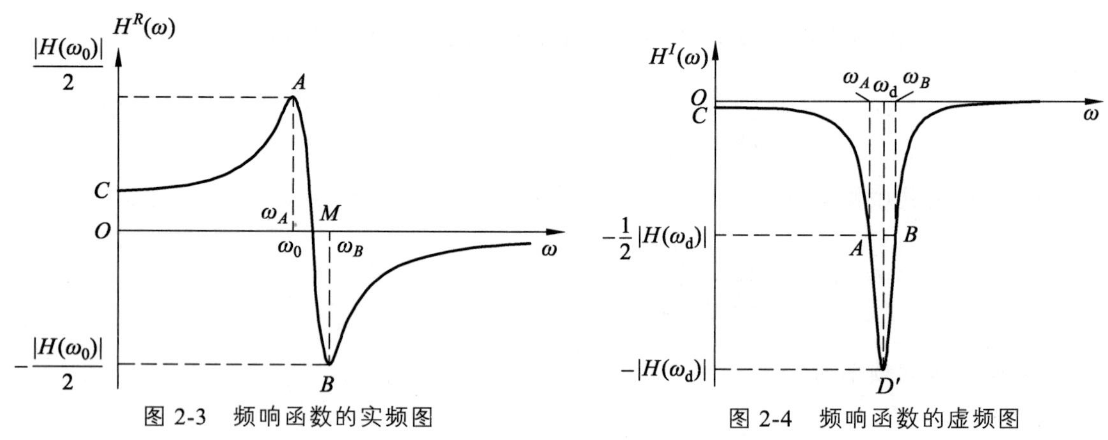

图 2-3　频响函数的实频图　　　　图 2-4　频响函数的虚频图

图 2-3 和图 2-4 为实频曲线和虚频曲线。实频曲线特性如下：

（1）零点 $M: \Omega = 1(\omega = \omega_D = \omega_0)$ 对应位移谐振点。

（2）半功率点（A、B）：正负极值绝对值相等，且为幅频曲线极值的一半

$$H^R(\omega_A)=-H^R(\omega_B)=\frac{1}{2k\eta}=-\frac{|H(\omega_0)|}{2}$$

在虚频曲线上，在小阻尼情况下，它的峰值频率对应于 Ω_n，峰值为 $\frac{1}{2\zeta k}$。虚频曲线的半峰值处所对应的频率则为 ω_A 和 ω_B。

（1）负极值点 $M:\Omega=1(\omega=\omega_D=\omega_0)$ 对应位移谐振点，最大位移响应 $H^I(\omega_0)=-\frac{1}{k\eta}$，绝对值与幅值曲线极大值 $H(\omega_0)$ 相等。

（2）半功率点（A、B）：虚频曲线上 1/2 峰值处两点 A、B 对应半功率点

$$H^I(\omega_A)=H^I(\omega_B)=\frac{1}{2}H^I(\omega_0)=-\frac{1}{2k\eta}$$

以上两曲线的固有频率由零点 M 确定，阻尼比由半功率带宽确定，即

$$\eta=\frac{\omega_B-\omega_A}{\omega_0}=\frac{\Delta\omega}{\omega_0}$$

4. 频响函数的矢量表达式

此表达式为

$$\boldsymbol{H}(\omega)=\boldsymbol{H}^R(\omega)\mathbf{i}+\boldsymbol{H}^I(\omega)\mathbf{j} \tag{2-54}$$

式中，$\mathbf{i}$、$\mathbf{j}$ 为单位矢量；$\boldsymbol{H}^R(\omega)$、$\boldsymbol{H}^I(\omega)$ 如式（2-52）、式（2-53）所示。

导纳图和伯德图如图 2-5 和图 2-6 所示。导纳图特性如下：

（1）曲线为圆，此圆的圆心为 o_0，半径为 $\frac{1}{2k\eta}=\frac{|\boldsymbol{H}(\omega_0)|}{2}$。

（2）起点 $C:\Omega=0(\omega=0)$，其坐标为 $\left(\frac{1}{k(1+\eta^2)},\frac{-\eta}{k(1+\eta^2)}\right)$。

（3）共振点 $M:\Omega=1(\omega=\omega_0)$，即位移谐振点，矢量 $\boldsymbol{H}(\omega)$ 幅角变化率 $\frac{\mathrm{d}\varphi}{\mathrm{d}\omega}$ 或矢端弧长变化率 $\frac{\mathrm{d}s}{\mathrm{d}\omega}$ 具有极大值。

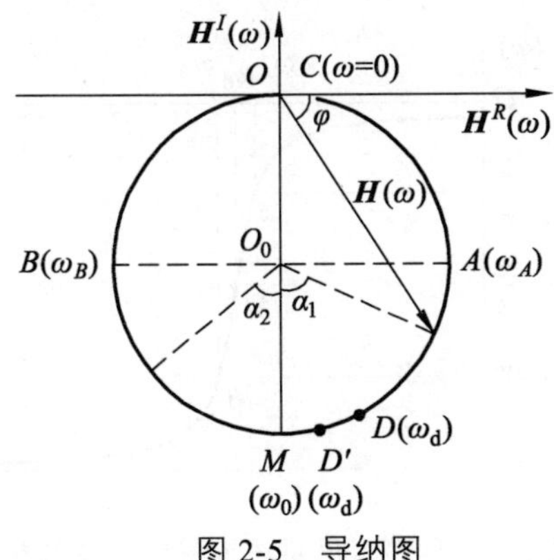

图 2-5　导纳图

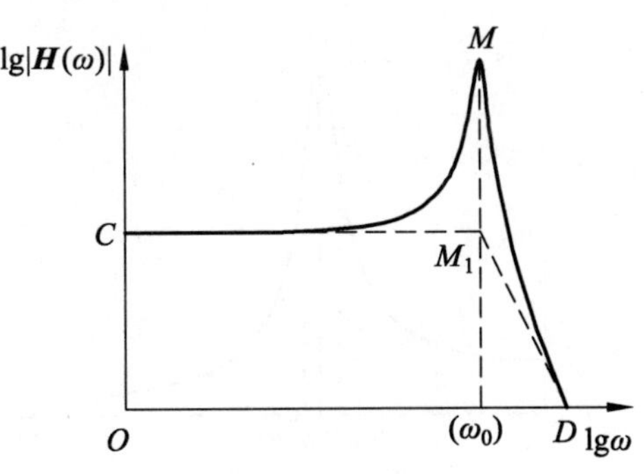

图 2-6　伯德图

（4）半功率点 A、B：对应圆水平直径的两端点。

（5）终点 $O:\Omega=\infty(\omega=\infty)$，对应坐标原点 O（0，0）。

对数幅频图的特征如下：

（1）共振点 $M:\Omega=1(\omega=\omega_0)$，即位移谐振点，极值 $\lg\dfrac{1}{k\eta}$。

（2）刚度线：伯德图上低频段近似为一条水平直线，低频段响应主要决定于系统刚度，故称为刚度线。

（3）质量线：伯德图上高频段近似为一条斜率为 − 2 的直线，高频段响应主要决定于系统质量，故称为质量线。

（4）刚度线和质量线又称为基架线，其交点 M_1 对应位移谐振频率 $\omega=\omega_0$。

2.2.2 黏性阻尼系统

1. 频响函数的基本表达式

式（2-14）即频响函数的基本表达式，可进一步写成

$$H(\omega)=\frac{1}{k-m\omega^2+\mathrm{j}\omega c}=\frac{1}{m}\cdot\frac{1}{\omega_0^2-\omega^2+\mathrm{j}2\sigma\omega}=\frac{1}{k}\cdot\frac{1}{1-\Omega^2+\mathrm{j}2\zeta\Omega}\tag{2-55}$$

2. 频响函数的极坐标表达式（复指数形式）

$$H(\omega)=|H(\omega)|\mathrm{e}^{\mathrm{j}\varphi(\omega)}\tag{2-56}$$

其中

$$|H(\omega)|=\frac{1}{k}\cdot\frac{1}{\sqrt{(1-\Omega^2)^2+4\zeta^2\Omega^2}}\tag{2-57}$$

$$\varphi(\omega)=\arctan\left(\frac{-2\zeta\Omega}{1-\Omega^2}\right)\tag{2-58}$$

分别称为黏性阻尼系统频响函数的幅频特性和相频特性。其特性曲线如图 2-7 和图 2-8 所示。

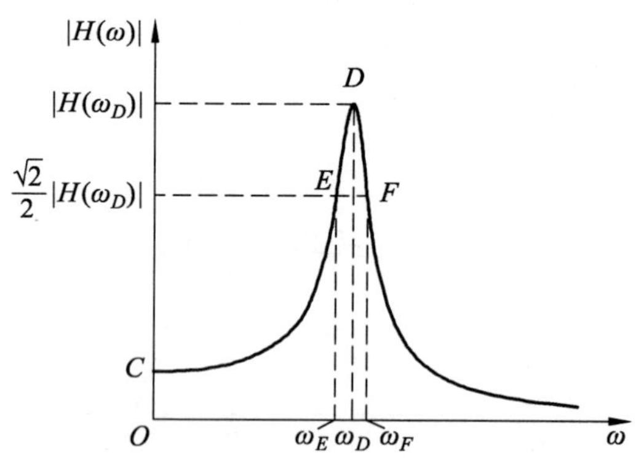

图 2-7 黏性阻尼系统位移频响函数幅频特性

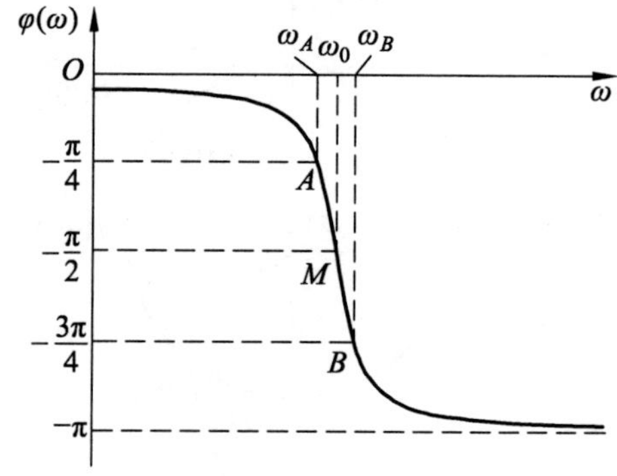

图 2-8 黏性阻尼系统位移频响函数相频特性

3. 频响函数的直角坐标表达式（复数形式）

此表达式为

$$H(\omega)=H^{R}(\omega)+\mathrm{j}H^{I}(\omega) \tag{2-59}$$

其中

$$H^{R}(\omega)=\frac{1}{k}\cdot\frac{1-\Omega^{2}}{(1-\Omega^{2})^{2}+4\zeta^{2}\Omega^{2}} \tag{2-60}$$

$$H^{I}(\omega)=\frac{1}{k}\cdot\frac{-2\zeta\Omega}{(1-\Omega^{2})^{2}+4\zeta^{2}\Omega^{2}} \tag{2-61}$$

分别称为黏性阻尼系统频响函数的实频特性和虚频特性，如图 2-9 和图 2-10 所示。

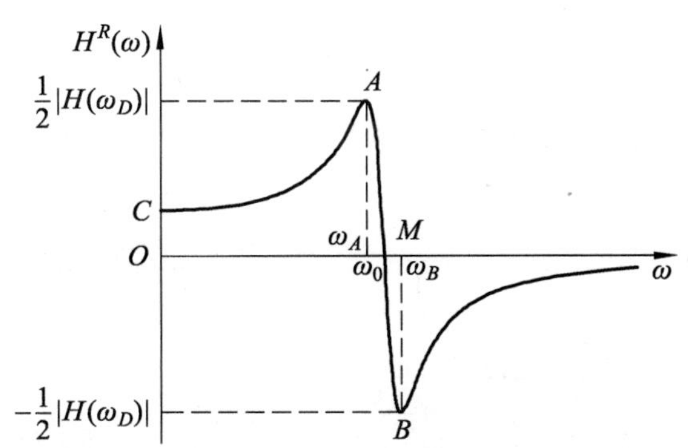

图 2-9　黏性阻尼系统位移频响函数实频曲线

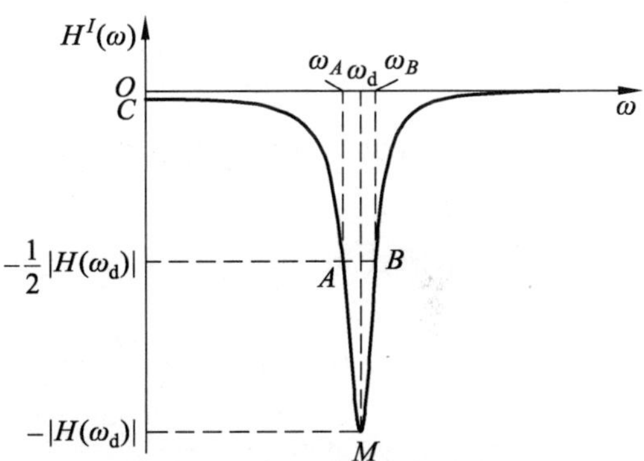

图 2-10　黏性阻尼系统位移频响函数虚频曲线

4. 频响函数的矢量表达式

此表达式为

$$\boldsymbol{H}(\omega)=\boldsymbol{H}^{R}(\omega)\mathbf{i}+\boldsymbol{H}^{I}(\omega)\mathbf{j} \tag{2-62}$$

式中，$\boldsymbol{H}^{R}(\omega)$、$\boldsymbol{H}^{I}(\omega)$ 如式（2-60）、式（2-61）所示。其导纳图和伯德图分别如图 2-11 和图 2-12 所示。

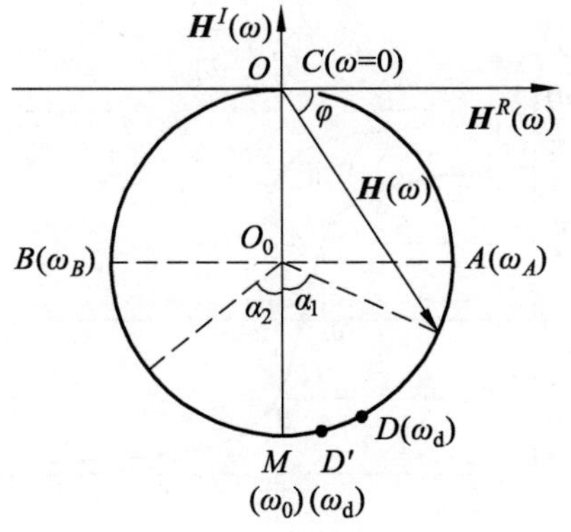

图 2-11　黏性阻尼系统位移频响函数导纳图

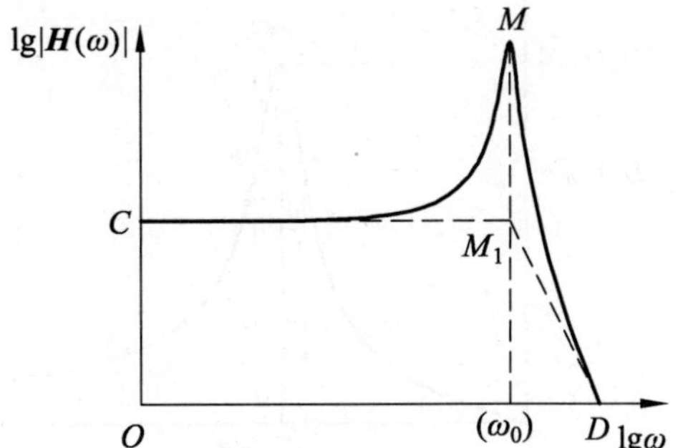

图 2-12　黏性阻尼系统位移频响函数伯德图

黏性阻尼系统位移频响函数各种曲线不像结构阻尼系统那样具有较简单的特征，不仅不同曲线对应的特征点不尽相同，而且同一曲线上的特征频率也不一定相同。例如黏性阻尼系统具有三种不相等的谐振频率，即位移谐振频率 ω_D 、阻尼谐振频率 ω_d 和无阻尼谐振频率 ω_0 ，这三种谐振频率具有如下关系

$$\omega_D < \omega_d < \omega_0$$

在小阻尼时，它们近似相等。又如，黏性阻尼系统的奈奎斯特图也不再是圆，而是一个近似圆形的图形。不过，在小阻尼情形下，使用奈奎斯特图作参数识别时仍可将其视为圆处理。事实上，只有相频曲线的特征点较为简单，拐点对应无阻尼固有频率， $-\frac{\pi}{4}$ 和 $-\frac{3\pi}{4}$ 对应半功率点频率。

值得注意的是，黏性阻尼系统半功率带宽与阻尼比的关系为

$$2\zeta = \frac{\Delta\omega}{\omega_0} = \Delta\Omega$$

鉴于上述原因，对黏性阻尼系统也常利用速度频响函数进行系统参数识别。下面简单介绍其各种表达式及特征。

（1）基本形式为

$$H_V(\omega) = \frac{\mathrm{j}\omega}{k - m\omega^2 + \mathrm{j}\omega c} = \frac{\omega_0}{k} \cdot \frac{\Omega}{-\mathrm{j}(1-\Omega^2) + 2\zeta\Omega} \tag{2-63}$$

（2）极坐标形式为

$$H_V(\omega) = |H_V(\omega)| \mathrm{e}^{\mathrm{j}\varphi_V(\omega)} \tag{2-64}$$

其中，幅频特性 $$|H_V(\omega)| = \frac{\omega_0}{k} \cdot \frac{\Omega}{\sqrt{(1-\Omega^2)^2 + 4\zeta^2\Omega^2}} \tag{2-65}$$

相频特性 $$\varphi_V(\omega) = \arctan\frac{\omega_0}{k}\left(\frac{1-\Omega^2}{2\zeta\Omega}\right) \tag{2-66}$$

其幅频曲线和相频曲线如图 2-13 和图 2-14 所示。

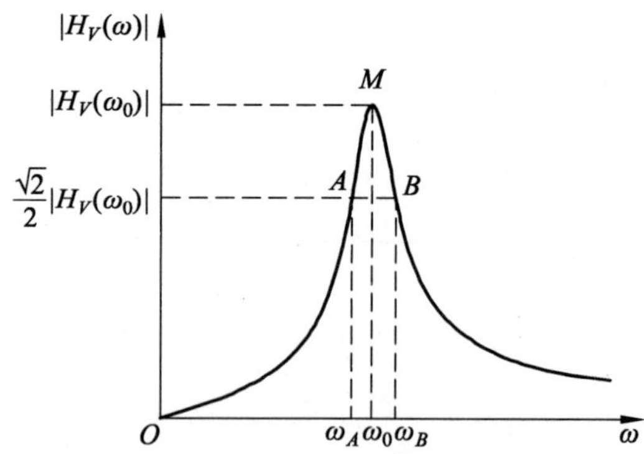

图 2-13　黏性阻尼系统速度频响函数幅频曲线

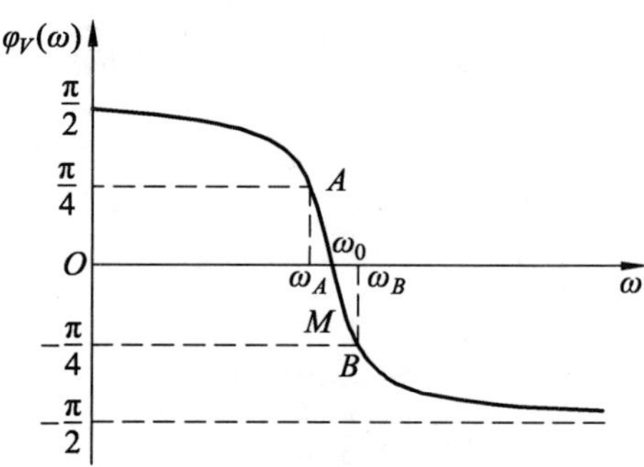

图 2-14　黏性阻尼系统速度频响函数相频曲线

（3）直角坐标形式为

$$H_V(\omega)=H_{V}^{R}(\omega)+\mathrm{j}H_{V}^{I}(\omega) \tag{2-67}$$

其中，实频特性　$H_{V}^{R}(\omega)=\dfrac{\omega_0}{k}\cdot\dfrac{2\zeta\Omega^2}{(1-\Omega^2)^2+4\zeta^2\Omega^2}$　（2-68）

虚频特性　$H_{V}^{R}(\omega)=\dfrac{\omega_0}{k}\cdot\dfrac{\Omega(1-\Omega^2)}{(1-\Omega^2)^2+4\zeta^2\Omega^2}$

其实频曲线和虚频曲线分别如图 2-15 和图 2-16 所示。

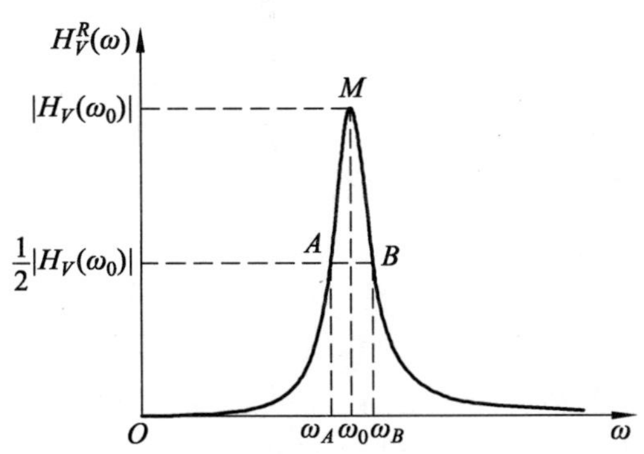

图 2-15　黏性阻尼系统速度频响函数实频曲线

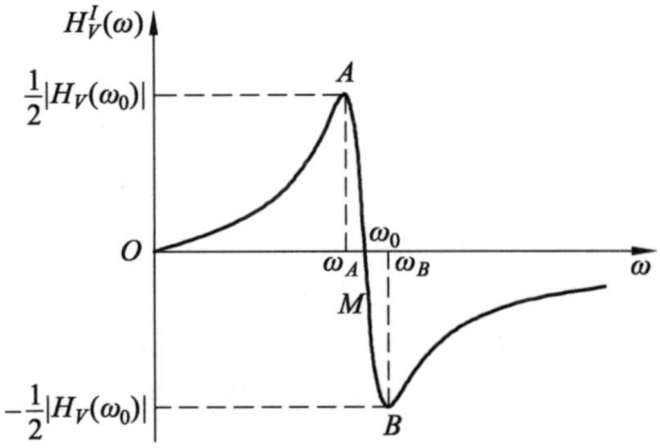

图 2-16　黏性阻尼系统速度频响函数虚频曲线

（4）矢量形式为

$$\boldsymbol{H}_V(\omega)=H_V^R(\omega)\mathbf{i}+H_V^I(\omega)\mathbf{j} \tag{2-69}$$

其伯德图如图 2-17 所示。

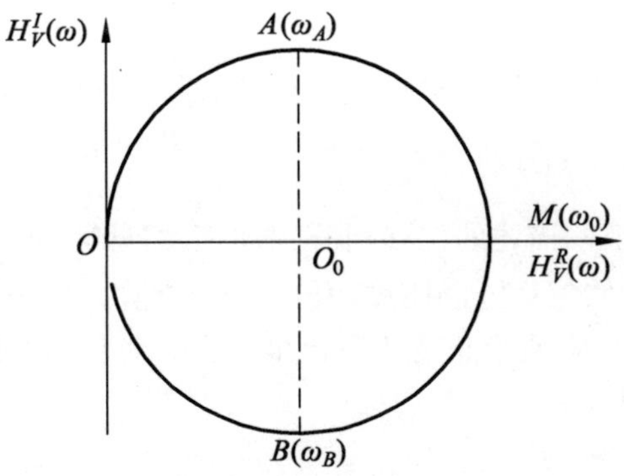

图 2-17　黏性阻尼系统速度频响函数伯德图

可见，黏性阻尼系统速度频响函数的各种曲线与结构阻尼系统位移频响函数的曲线一样，都具有明显而简单的特征。注意，速度频响函数伯德图并不具有位移频响函数伯德图那样的刚度线和质量线特征，因此并未画出。

2.3 多自由度系统实模态分析

绝大多数振动结构可离散成为有限个自由度的多自由度系统。多自由度系统与单自由度系统有本质的区别。对一个有 n 个自由度的振动系统，需用 n 个独立的物理坐标描述其物理参数动力学模型。在线性范围内，物理坐标系中的自由振动响应为 n 个主振动的线性叠加，每个主振动都是一种特定形态的自由振动（简谐振动或衰减振动），振动频率即系统的主频率（固有频率或阻尼固有频率），振动形态即系统的主振型（模态或固有振型），对应阻尼系统的每个主振动有相应的模态阻尼。一般地，n 个自由度系统有 n 个主频率、n 个主振型及 n 个模态阻尼。多自由度系统具有多个主振型是区别于单自由度系统的最本质之处。为构建模态参数识别的理论模型，重点关注多自由度系统的频响函数和脉冲响应函数，即系统的非参数模型。本节和 2.4 节仍假设系统受简谐激励，用坐标变换法研究模态参数模型和非参数模型。

坐标变换法的基础是求解系统特征值问题。在系统强迫振动微分方程中令激励为零，得齐次方程。设特解 $x=\varphi^{\lambda t}$，代入齐次方程，归结为数学上的特征值问题。这一特征值问题与一个特定的振动系统相联系，反映了系统的固有特性。特征值与模态频率和模态阻尼相联系（不一定就是模态频率），特征向量与模态向量相联系（不一定就是模态向量）。所有独立的特征向量构成一向量空间的完备正交基，这一向量空间称为模态空间。特征向量具有特定的加权正交性，以其按列组合构成的特征向量矩阵作为变换矩阵，可将物理空间和模态空间相联系。在模态坐标系中可将系统的振动方程解耦，进而求得物理坐标系中的响应，频响函数和脉冲响应函数也随之而得。对无阻尼和比例阻尼系统，表示系统主振型的模态向量是实数向量，故称为实模态系统，相应的模态分析过程称为实模态分析。本节首先研究实模态分析的基本理论。

2.3.1 无阻尼系统

无阻尼系统又称保守系统。具有 n 个自由度的无阻尼系统的振动微分方程为

$$\boldsymbol{M}\ddot{\boldsymbol{x}}+\boldsymbol{K}\boldsymbol{x}=\boldsymbol{f}(t) \tag{2-70}$$

式中，$\boldsymbol{x}, \ddot{\boldsymbol{x}}$ 分别是用物理坐标描述的位移列阵和加速度列阵，n 阶；$\boldsymbol{f}(t)$ 是外部激励列阵，n 阶；$\boldsymbol{M}, \boldsymbol{K}$ 分别是系统的质量矩阵和刚度矩阵，$n\times n$ 阶，均是实对称矩阵。

$\boldsymbol{M}$ 是正定矩阵，$\boldsymbol{K}$ 是正定或半正定矩阵。事实上，对任何非零位移 $\boldsymbol{x}$ 和速度 $\dot{\boldsymbol{x}}$，系统的动能 T 和势能 U 为

$$T=\frac{1}{2}\dot{\boldsymbol{x}}^{\mathrm{T}}\boldsymbol{M}\dot{\boldsymbol{x}}>0,\quad U=\frac{1}{2}\boldsymbol{x}^{\mathrm{T}}\boldsymbol{K}\boldsymbol{x}\geqslant 0$$

式中，上角标“T”表示转置。若 $\boldsymbol{K}$ 是正定矩阵，$U>0$，系统没有刚体位移，称为正定系统；若 $\boldsymbol{K}$ 是半正定矩阵，$U\geqslant 0$，系统将出现刚体位移，称为半正定系统。一个振动系统是正定或半正定，与结构边界条件和连接条件有关。

1. 自由振动

令 $\boldsymbol{f}(t)=\boldsymbol{0}$，则式（2-70）成为

$$\boldsymbol{M}\ddot{\boldsymbol{x}}+\boldsymbol{K}\boldsymbol{x}=\boldsymbol{0} \tag{2-71}$$

1）特征值问题

设特解

$$\boldsymbol{x}=\boldsymbol{\varphi}\mathrm{e}^{\mathrm{j}\omega t} \tag{2-72}$$

式中，$\boldsymbol{\varphi}$ 是自由响应的位移幅值列阵，n 阶。将式（2-72）代入式（2-71），得

$$(\boldsymbol{K}-\omega^2\boldsymbol{M})\boldsymbol{\varphi}=\boldsymbol{0} \tag{2-73}$$

当 $\boldsymbol{\varphi}$ 为非零时，这是一个广义特征值问题，ω^2 为特征值，$\boldsymbol{\varphi}$ 为特征向量。式（2-73）也是以 $\boldsymbol{\varphi}$ 中元素为未知量的 n 阶齐次代数方程组，$(\boldsymbol{K}-\omega^2\boldsymbol{M})$ 为其系数矩阵。该方程有非零解的充要条件是其系数行列式为零，即

$$\left|\boldsymbol{K}-\omega^2\boldsymbol{M}\right|=0 \tag{2-74}$$

称为特征值问题式（2-73）的特征方程，它是关于 ω^2 的 n 次代数方程。设无重根，解此方程得 ω 的 n 个互异正根 $\omega_{0i}(i=1,2,\cdots,n)$，通常按升序排列，则

$$0<\omega_{01}<\omega_{02}<\cdots<\omega_{0n}$$

ω_{0i} 为振动系统的第 i 阶主频率（模态频率），此时对应无阻尼振动系统，主频率即无阻尼固有频率。

将每一个 $\omega_{0i}(i=1,2,\cdots,n)$ 代入式（2-73），得到关于 $\boldsymbol{\varphi}_i$ 中元素的具有 $n-1$ 个独立方程的代数方程组。共解得 n 个线性无关的非零向量 $\boldsymbol{\varphi}_i$ 的比例解，通常选择一定方法进行归一化，称为主振型（模态振型、模态向量或模态），因对应无阻尼振动系统，故为固有振型。此时为实向量，也称为纯模态向量（纯模态），且

$$\boldsymbol{\varphi}_i=\begin{bmatrix}\varphi_{1i} & \varphi_{2i} & \cdots & \varphi_{ni}\end{bmatrix}^{\mathrm{T}} \quad (i=1,2,\cdots,n) \tag{2-75}$$

特征值与特征向量称为系统的特征对。将 n 个特征向量按列排成一个 $n\times n$ 阶矩阵

$$\boldsymbol{\phi}=\begin{bmatrix}\boldsymbol{\varphi}_1 & \boldsymbol{\varphi}_2 & \cdots & \boldsymbol{\varphi}_n\end{bmatrix} \tag{2-76}$$

称为系统的特征向量矩阵，此时特征向量即为模态向量，故又称为模态矩阵。

2）特征向量的正交性

任一特征对均满足式（2-73）。将 ω_{0i}^2 、$\boldsymbol{\varphi}_i$ 代入式（2-73）并左乘 $\boldsymbol{\varphi}_k^{\mathrm{T}}$，得

$$\boldsymbol{\varphi}_k^{\mathrm{T}}(\boldsymbol{K}-\omega_{0i}^2\boldsymbol{M})\boldsymbol{\varphi}_i=0 \tag{2-77}$$

再将 ω_{0k}^2、$\boldsymbol{\varphi}_k$ 代入式（2-73），转置后右乘 $\boldsymbol{\varphi}_i$，注意 $\boldsymbol{K}^{\mathrm{T}}=\boldsymbol{K}$，$\boldsymbol{M}^{\mathrm{T}}=\boldsymbol{M}$，得

$$\boldsymbol{\varphi}_k^{\mathrm{T}}(\boldsymbol{K}-\omega_{0k}^2\boldsymbol{M})\boldsymbol{\varphi}_i=0 \tag{2-78}$$

式（2-77）－式（2-78），得

$$(\omega_{0k}^2-\omega_{0i}^2)\boldsymbol{\varphi}_k^{\mathrm{T}}\boldsymbol{M}\boldsymbol{\varphi}_i=0$$

系统无重根，$i\neq k$ 时，$\omega_{0k}^2-\omega_{0i}^2\neq 0$，则

$$\boldsymbol{\varphi}_k^{\mathrm{T}}\boldsymbol{M}\boldsymbol{\varphi}_i=0\ (i\neq k) \tag{2-79}$$

当 $i=k$ 时，定义模态质量（主质量）

$$m_i=\boldsymbol{\varphi}_i^{\mathrm{T}}\boldsymbol{M}\boldsymbol{\varphi}_i \tag{2-80}$$

$\boldsymbol{M}$ 正定，故 $m_i>0$。

将式（2-79）代入式（2-77），得

$$\boldsymbol{\varphi}_k^{\mathrm{T}}\boldsymbol{K}\boldsymbol{\varphi}_i=0(i\neq k) \tag{2-81}$$

当 $i=k$ 时，定义模态刚度（主刚度）

$$k_i=\boldsymbol{\varphi}_i^{\mathrm{T}}\boldsymbol{K}\boldsymbol{\varphi}_i \tag{2-82}$$

$\boldsymbol{K}$ 正定或半正定，故 $k_i\geqslant 0$。

将式（2-80）、式（2-82）代入式（2-77），有

$$\omega_{0i}^2=\frac{k_i}{m_i} \tag{2-83}$$

上述诸式中，i和k 的值为 1，2，…，n。

式（2-79）、式（2-80）、式（2-81）、式（2-82）写在一起，即

$$\boldsymbol{\varphi}_k^{\mathrm{T}}\boldsymbol{M}\boldsymbol{\varphi}_i=\begin{cases}0 & i\neq k\\ m_i & i=k\end{cases}\quad (i,k=1,2,\cdots,n) \tag{2-84}$$

$$\boldsymbol{\varphi}_k^{\mathrm{T}}\boldsymbol{K}\boldsymbol{\varphi}_i=\begin{cases}0 & i\neq k\\ k_i & i=k\end{cases}\quad (i,k=1,2,\cdots,n) \tag{2-85}$$

式（2-84）表明，第 k 阶模态惯性力在第 i 阶模态运动中做功为零；式（2-85）表明，第 k 阶模态弹性力在第 i 阶模态运动中做功为零，即各阶模态运动之间不发生能量交换，这是线性振动系统的特征，但每阶模态运动的能量（动能＋势能）是守恒的。上述性质称为特征向量关于 $\boldsymbol{M},\boldsymbol{K}$ 加权正交。

由式（2-84）、式（2-85）看出，模态质量 m_i 和模态刚度 k_i 均与 $\boldsymbol{\varphi}_i$ 的大小有关。而 $\boldsymbol{\varphi}_i$ 中各元素比例固定、大小不定。归一化方法不同，$\boldsymbol{\varphi}_i$ 大小不同，故得到的 m_i、k_i 值不同。所以，仅讨论故得到的 m_i、k_i 的数值大小无直接意义，其比值关系是确定的，如式（2-83）所示。

式（2-83）至式（2-85）也可写成矩阵形式

$$\boldsymbol{\phi}^{\mathrm{T}}\boldsymbol{M}\boldsymbol{\phi}=\mathrm{diag}[m_i] \tag{2-86}$$

$$\boldsymbol{\phi}^{\mathrm{T}}\boldsymbol{K}\boldsymbol{\phi}=\mathrm{diag}[k_i] \tag{2-87}$$

$$\Lambda=\mathrm{diag}[\omega_{0i}^2] \tag{2-88}$$

以上三式分别称为模态（主）质量矩阵、模态（主）刚度矩阵、谱矩阵。diag 表示对角矩阵。

3）实模态坐标系中的自由响应

根据特征向量的正交性，n 个线性无关的特征向量 $\boldsymbol{\varphi}_i$ 构成一个 n 维向量空间的完备正交基，这一 n 维空间称为模态空间或模态坐标系。对实模态系统，以 n 个模态向量构造的模态空间为实线性空间。设物理坐标系中向量 $\boldsymbol{x}$ 在模态坐标系中的模态坐标为 y_i（$i=1,2,\cdots,n$），则

$$\boldsymbol{x}=\sum_{i=1}^{n}\boldsymbol{\varphi}_i y_i=\boldsymbol{\phi}\boldsymbol{y} \tag{2-89}$$

它是以 $\boldsymbol{\phi}$ 为变换矩阵的线性变换，反映了物理坐标系与模态坐标系的关系，也称为模态展开定理。

将式（2-89）代入式（2-70），左乘 $\boldsymbol{\phi}^{\mathrm{T}}$，注意模态向量的正交性式（2-86）、式（2-87），得

$$\mathrm{diag}[m_i]\ddot{\boldsymbol{y}}+\mathrm{diag}[k_i]\boldsymbol{y}=\boldsymbol{0}$$

可见，在模态坐标系中，无阻尼自由振动方程变成一组解耦的振动微分方程，写成正则形式为

$$\ddot{\boldsymbol{y}}+\mathrm{diag}[\omega_{0i}^2]\boldsymbol{y}=\boldsymbol{0}$$

考虑初始条件

$$\boldsymbol{y}_0=\boldsymbol{\phi}^{-1}\boldsymbol{x}_0=\mathrm{diag}\left[\frac{1}{m_i}\right]\boldsymbol{\phi}^{\mathrm{T}}\boldsymbol{M}\boldsymbol{x}_0 \tag{2-90}$$

$$\dot{\boldsymbol{y}}_0=\boldsymbol{\phi}^{-1}\dot{\boldsymbol{x}}_0=\mathrm{diag}\left[\frac{1}{m_i}\right]\boldsymbol{\phi}^{\mathrm{T}}\boldsymbol{M}\dot{\boldsymbol{x}}_0 \tag{2-91}$$

得模态坐标系中的自由响应

$$y_i=Y_i\sin(\omega_{oi}t+\theta_i) \tag{2-92}$$

其中

$$\left.\begin{aligned}Y_i&=\sqrt{y_{0i}^2+\frac{\dot{y}_{0i}^2}{\omega_{0i}^2}}\\ \theta_i&=\arctan\frac{\omega_{0i}y_{0i}}{\dot{y}_{0i}}\end{aligned}\right\} \tag{2-93}$$

为与初始条件有关的常量。

4）物理坐标系中的自由响应

将式（2-92）代入式（2-89），得物理坐标系中的自由响应

$$\boldsymbol{x}=\sum_{i=1}^{n}\boldsymbol{\varphi}_i Y_i\sin(\omega_{0i}t+\theta_i)=\sum_{i=1}^{n}\boldsymbol{D}_i\sin(\omega_{0i}t+\theta_i)$$

其中

$$\boldsymbol{D}_i = \boldsymbol{\varphi}_i Y_i (i = 1, 2, \cdots, n) \tag{2-94}$$

如果系统以某阶固有频率 ω_{0i} 振动，则振动规律为

$$\boldsymbol{x}_i = \boldsymbol{D}_i \sin(\omega_{0i} t + \theta_i) \quad (i = 1, 2, \cdots, n) \tag{2-95}$$

此即无阻尼系统的主振动。由式（2-94）可知，因 Y_i 是与初始条件有关的常量，则 $\boldsymbol{D}_i \propto \boldsymbol{\varphi}_i$，可见，系统以某阶固有频率 ω_{0i} 做自由振动时，振动形态 $\boldsymbol{D}_i$ 与主振型 $\boldsymbol{\varphi}_i$ 完全相同。这就是主振型的物理意义。

下面进一步讨论主振型的性态。考察主振动下各个物理坐标的振动情况，写出式（2-95）中 $\boldsymbol{x}_i$ 的每个元素

$$x_{ki} = D_{ki} \sin(\omega_{0i} t + \theta_i) = \varphi_{ki} Y_i \sin(\omega_{0i} t + \theta_i) \quad (k = 1, 2, \cdots, n)$$

在第 i 个主振动中，θ_i 为与初始条件有关的常值，与物理坐标 k 无关。所以，在每个主振动中各物理坐标 x_{ki} 的初始相位角 θ_i 相同。各物理坐标振动的相位角不是同相（相差 0°）就是反相（相差 180°），即同时达到平衡位置和最大位置。这说明无阻尼振动系统的主振型具有模态（振型）保持性，或“驻波形式”。这是实模态系统的模态特征。

2. 频响函数

1）频响函数矩阵

设无阻尼振动系统受简谐激励

$$\boldsymbol{f}(t) = \boldsymbol{F} \mathrm{e}^{\mathrm{j}\omega t} \tag{2-96}$$

式中，$\boldsymbol{F}$ 为激励幅值列阵，n 阶，则系统稳态位移响应

$$\boldsymbol{x} = \boldsymbol{X} \mathrm{e}^{\mathrm{j}\omega t} \tag{2-97}$$

式中，$\boldsymbol{X}$ 为稳态位移响应幅值列阵，n 阶。将式（2-96）、式（2-97）代入式（2-71），得

$$(\boldsymbol{K} - \omega^2 \boldsymbol{M}) \boldsymbol{X} = \boldsymbol{F}$$

或

$$\boldsymbol{X} = \boldsymbol{H}(\omega) \boldsymbol{F} \tag{2-98}$$

其中

$$\boldsymbol{H}(\omega) = (\boldsymbol{K} - \omega^2 \boldsymbol{M})^{-1} \tag{2-99}$$

称为无阻尼振动系统的频响函数矩阵，$n \times n$ 阶，是实对称矩阵。

2）频响函数的模态展式

将坐标变换式（2-89）代入式（2-70），左乘 $\boldsymbol{\phi}^{\mathrm{T}}$，并注意正交性式（2-86）、式（2-87），得模态坐标系中的强迫振动方程

$$\mathrm{diag}[m_i] \ddot{\boldsymbol{y}} + \mathrm{diag}[k_i] \boldsymbol{y} = \boldsymbol{\phi}^{\mathrm{T}} \boldsymbol{f}(t) \tag{2-100}$$

设稳态位移响应

$$\boldsymbol{y}=\boldsymbol{U}\mathrm{e}^{\mathrm{j}\omega t} \tag{2-101}$$

式中，$\boldsymbol{U}$ 为模态坐标系中稳态位移响应列阵，n 阶。将式（2-101）代入式（2-100）并考虑式（2-96），得

$$\mathrm{diag}[k_i-\omega^2 m_i]\boldsymbol{U}=\boldsymbol{\phi}^{\mathrm{T}}\boldsymbol{F}$$

则

$$\boldsymbol{U}=\mathrm{diag}\left[\frac{1}{k_i-\omega^2 m_i}\right]\boldsymbol{\phi}^{\mathrm{T}}\boldsymbol{F} \tag{2-102}$$

将式（2-97）、式（2-101）代入式（2-89）并注意式（2-102），有

$$\boldsymbol{X}=\boldsymbol{\phi U}=\boldsymbol{\phi}\mathrm{diag}\left[\frac{1}{k_i-\omega^2 m_i}\right]\boldsymbol{\phi}^{\mathrm{T}}\boldsymbol{F}=\sum_{i-1}^{n}\frac{\boldsymbol{\varphi}_i\boldsymbol{\varphi}_i^{\mathrm{T}}}{k_i-\omega^2 m_i}\boldsymbol{F}$$

与式（2-98）比较，有

$$\boldsymbol{H}(\omega)=\sum_{i-1}^{n}\frac{\boldsymbol{\varphi}_i\boldsymbol{\varphi}_i^{\mathrm{T}}}{k_i-\omega^2 m_i} \tag{2-103}$$

称为无阻尼振动系统频响函数的模态展式。

由式（2-99）也可直接写出频响函数的模态展式（2-103）。事实上有

$$\begin{aligned}\boldsymbol{H}(\omega)&=\boldsymbol{\phi\phi}^{-1}(\boldsymbol{K}-\omega^2\boldsymbol{M})^{-1}(\boldsymbol{\phi}^{\mathrm{T}})^{-1}\boldsymbol{\phi}^{\mathrm{T}}\\&=\boldsymbol{\phi}[\boldsymbol{\phi}^{\mathrm{T}}(\boldsymbol{K}-\omega^2\boldsymbol{M})\boldsymbol{\phi}]^{-1}\boldsymbol{\phi}^{\mathrm{T}}\\&=\boldsymbol{\phi}[\mathrm{diag}(K-\omega^2 M)]^{-1}\boldsymbol{\phi}^{\mathrm{T}}\\&=\sum_{i-1}^{n}\frac{\boldsymbol{\varphi}_i\boldsymbol{\varphi}_i^{\mathrm{T}}}{k_i-\omega^2 m_i}\end{aligned}$$

频响函数的模态展式中显含各种模态参数，它是频域法参数识别的基础。

3．脉冲响应函数

无论从脉冲响应函数物理意义还是从与频响函数的关系，都容易求得多自由度无阻尼振动系统的脉冲响应函数。

频响函数模态展式（2-103）写成

$$\boldsymbol{H}(\omega)=\sum_{i-1}^{n}\frac{1}{m_i}\cdot\frac{\boldsymbol{\varphi}_i\boldsymbol{\varphi}_i^{\mathrm{T}}}{\omega_{0i}^2-\omega^2} \tag{2-104}$$

其傅里叶逆变换即脉冲响应函数矩阵

$$\boldsymbol{h}(t)=\vartheta^{-1}[\boldsymbol{H}(\omega)]=\sum_{i=1}^{n}\frac{\boldsymbol{\varphi}_i\boldsymbol{\varphi}_i^{\mathrm{T}}}{m_i\omega_{0i}}\sin\omega_{0i}t\quad(t\geqslant 0) \tag{2-105}$$

为 $n\times n$ 阶实对称矩阵，其中第 e 行、第 f 列元素 $h_{ef}(t)$ 表示仅在第 f 个物理坐标作用单位脉冲力，在第 e 个物理坐标产生的脉冲响应，即

$$h_{ef}(t)=\sum_{i=1}^{n}\frac{\varphi_{ei}\varphi_{fi}}{m_i\omega_{0i}}\sin\omega_{0i}t \quad (t\geqslant 0) \tag{2-106}$$

2.3.2 黏性比例阻尼系统

具有黏性阻尼的 n 自由度系统振动微分方程

$$\boldsymbol{M}\ddot{\boldsymbol{x}}+\boldsymbol{C}\dot{\boldsymbol{x}}+\boldsymbol{K}\boldsymbol{x}=\boldsymbol{f}(t) \tag{2-107}$$

式中，$\boldsymbol{C}$ 为黏性阻尼矩阵，是正定或半正定对称矩阵，$n\times n$ 阶；$\dot{\boldsymbol{x}}$ 为速度列阵，n 阶。其余符号含义同前。

黏性阻尼矩阵 $\boldsymbol{C}$ 一般不能利用 2.2 节模态向量的正交性对角化，故不能应用坐标变换直接将式（2-107）解耦。但在特殊情况下 $\boldsymbol{C}$ 可以利用正交性对角化，如 Rayleigh 提出的黏性比例阻尼模型

$$\boldsymbol{C}=\alpha\boldsymbol{M}+\beta\boldsymbol{K} \tag{2-108}$$

式中，α、β 分别为与系统外、内阻尼有关的常数。显然，这时 $\boldsymbol{C}$ 可对角化。对某些小阻尼振动系统，这一模型是有效的。

Fawzy 论证了更一般的可对角化的黏性阻尼矩阵 $\boldsymbol{C}$ 应满足下列三个条件之一，即

$$\left.\begin{aligned}\boldsymbol{M}\boldsymbol{C}^{-1}\boldsymbol{K}=\boldsymbol{K}\boldsymbol{C}^{-1}\boldsymbol{M}\\ \boldsymbol{K}\boldsymbol{M}^{-1}\boldsymbol{C}=\boldsymbol{C}\boldsymbol{M}^{-1}\boldsymbol{K}\\ \boldsymbol{C}\boldsymbol{K}^{-1}\boldsymbol{M}=\boldsymbol{M}\boldsymbol{K}^{-1}\boldsymbol{C}\end{aligned}\right\} \tag{2-109}$$

1. 自由振动

令 $\boldsymbol{f}(t)=\boldsymbol{0}$，则式（2-107）成为

$$\boldsymbol{M}\ddot{\boldsymbol{x}}+\boldsymbol{C}\dot{\boldsymbol{x}}+\boldsymbol{K}\boldsymbol{x}=\boldsymbol{0} \tag{2-110}$$

式中，$\boldsymbol{C}$ 为满足式（2-108）的黏性比例阻尼矩阵。

1）特征值问题

设特解

$$\boldsymbol{x}=\boldsymbol{\varphi}\mathrm{e}^{\lambda t} \tag{2-111}$$

式中，$\boldsymbol{\varphi}$ 为自由响应位移幅值列阵，n 阶。将式（2-111）代入式（2-110），得特征值问题

$$(\lambda^2\boldsymbol{M}+\lambda\boldsymbol{C}+\boldsymbol{K})\boldsymbol{\varphi}=\boldsymbol{0} \tag{2-112}$$

特征方程

$$\left|\lambda^2\boldsymbol{M}+\lambda\boldsymbol{C}+\boldsymbol{K}\right|=0 \tag{2-113}$$

这是 λ 的 $2n$ 次实系数代数方程。设无重根，解得 $2n$ 个共轭对形式的互异特征值

$$\left.\begin{aligned}\lambda_i &= -\sigma_i + j\omega_{di}\\ \lambda_i^* &= -\sigma_i - j\omega_{di}\end{aligned}\right\}$$

且

$$|\lambda_i| = |\lambda_i^*| = \sqrt{\sigma^2 + \omega_{di}^2} = \omega_{0i} \quad (i = 1,2,\cdots,n)$$

式中，λ_i 的实部代表衰减系数，虚部 ω_{di} 即阻尼固有频率。λ_i 的模等于无阻尼固有频率 ω_{0i}。可见，λ_i 反映了系统的固有特性，且具有频率量纲，称为复频率。

将 $2n$ 个特征值 λ_i、λ_i^* 分别代入式（2-112），解得 $2n$ 个共轭特征向量 $\boldsymbol{\varphi}_i$、$\boldsymbol{\varphi}_i^*$，通常需要按一定方式归一化。可以证明，它们为实向量，且与无阻尼振动系统的特征向量相等，因此黏性比例阻尼系统具有与无阻尼振动系统相同的纯模态特性。此时，$\boldsymbol{\varphi}_i = \boldsymbol{\varphi}_i^*$，故独立的特征向量只有 n 个。将这 n 个特征向量 $\boldsymbol{\varphi}_i$，按列排列，得特征向量矩阵即模态矩阵 $\boldsymbol{\phi}$，$n \times n$ 阶。

2）特征向量的正交性

特征向量 $\boldsymbol{\varphi}_i$ 或模态矩阵 $\boldsymbol{\phi}$ 不仅具有关于 $\boldsymbol{M}$、$\boldsymbol{K}$ 的正交性式（2-84）至（2-87），还关于黏性比例阻尼矩阵 $\boldsymbol{C}$ 加权，即

$$\boldsymbol{\phi}^{\mathrm{T}}\boldsymbol{C}\boldsymbol{\phi} = \mathrm{diag}[\alpha m_i + \beta k_i] = \mathrm{diag}[c_i] \tag{2-114}$$

其中，$c_i = \alpha m_i + \beta k_i$ 称为模态黏性比例阻尼系数；$\mathrm{diag}[c_i]$ 称为模态黏性比例阻尼矩阵。

3）实模态坐标系中的自由响应

将坐标变换式（2-89）代入式（2-110），并考虑特征向量的正交性，得一组解耦方程

$$\mathrm{diag}[m_i]\ddot{\boldsymbol{y}} + \mathrm{diag}[c_i]\dot{\boldsymbol{y}} + \mathrm{diag}[k_i]\boldsymbol{y} = \boldsymbol{0} \tag{2-115}$$

或写成正则形式

$$\ddot{\boldsymbol{y}} + \mathrm{diag}[2\sigma_i]\dot{\boldsymbol{y}} + \mathrm{diag}[\omega_{0i}^2]\boldsymbol{y} = \boldsymbol{0} \tag{2-116}$$

其中

$$2\sigma_i = \frac{c_i}{m_i} \quad (i = 1,2,\cdots,n)$$

考虑初始条件式（2-90）、式（2-91），得方程（2-116）的解

$$y_i = Y_i \mathrm{e}^{-\sigma_i t}\sin(\omega_{di}t + \theta_i) \tag{2-117}$$

其中

$$\left.\begin{aligned}Y_i &= \sqrt{y_{0i}^2 + \left(\frac{\dot{y}_{0i} + \sigma_i y_{0i}}{\omega_{di}}\right)^2}\\ \theta_i &= \arctan\frac{\omega_{di}y_{0i}}{\dot{y}_{0i} + \sigma_i y_{0i}}\end{aligned}\right\} \tag{2-118}$$

为与初始条件有关的常数。

4）物理坐标系中的自由响应

将式（2-117）代入式（2-89），得

$$\boldsymbol{x}=\sum_{i-1}^{n}\boldsymbol{\varphi}_i Y_i \mathrm{e}^{-\sigma_i t}\sin(\omega_{di}t+\theta_i)=\sum_{i-1}^{n}\boldsymbol{D}_i \mathrm{e}^{-\sigma_i t}\sin(\omega_{di}t+\theta_i) \tag{2-119}$$

式中，$\boldsymbol{D}_i$ 见式（2-94）。

如果系统以某阶阻尼固有频率振动，则振动规律为

$$\boldsymbol{x}_i=\boldsymbol{D}_i \mathrm{e}^{-\sigma_i t}\sin(\omega_{di}t+\theta_i) \tag{2-120}$$

此即黏性比例阻尼系统的主振动，振动形态为 $\boldsymbol{D}_i \propto \boldsymbol{\varphi}_i$，所以主振型 $\boldsymbol{\varphi}_i$ 反映了系统主振动的形态。

式（2-120）中 $\boldsymbol{x}_i$ 的每个元素即在第 i 阶主振动下各个物理坐标的自由响应

$$x_{ki}=D_{ki}\mathrm{e}^{-\sigma_i t}\sin(\omega_{di}t+\theta_i)=\varphi_{ki}Y_i\mathrm{e}^{-\sigma_i t}\sin(\omega_{di}t+\theta_i)\quad(k=1,2,\cdots,n) \tag{2-121}$$

可见，系统在第 i 阶主振动中，各物理坐标做自由衰减振动的初相位相同，均为 θ_i。与无阻尼振动系统相同，黏性比例阻尼系统也具有模态保持性。

2. 频响函数

1）频响函数矩阵

设系统受简谐激励如式（2-96），稳态位移响应如式（2-97），将此式代入式（2-107），得

$$(\boldsymbol{K}-\omega^2\boldsymbol{M}+\mathrm{j}\omega\boldsymbol{C})\boldsymbol{X}=\boldsymbol{F} \tag{2-122}$$

或

$$\boldsymbol{X}=\boldsymbol{H}(\omega)\boldsymbol{F} \tag{2-123}$$

其中，频响函数矩阵

$$\boldsymbol{H}(\omega)=(\boldsymbol{K}-\omega^2\boldsymbol{M}+\mathrm{j}\omega\boldsymbol{C})^{-1} \tag{2-124}$$

为复对称矩阵，$n\times n$ 阶。

2）频响函数的模态展式

将坐标变换式（2-89）代入式（2-107），左乘 $\boldsymbol{\phi}^{\mathrm{T}}$ 并注意正交性式（2-86）、式（2-87）、式（2-114），得解耦方程组

$$\mathrm{diag}[m_i]\ddot{\boldsymbol{y}}+\mathrm{diag}[c_i]\dot{\boldsymbol{y}}+\mathrm{diag}[k_i]\boldsymbol{y}=\boldsymbol{\phi}^{\mathrm{T}}\boldsymbol{f}(t) \tag{2-125}$$

将稳态位移响应式（2-101）代入式（2-125），并考虑式（2-96），得

$$\mathrm{diag}[k_i-\omega^2 m_i+\mathrm{j}\omega c_i]\boldsymbol{U}=\boldsymbol{\phi}^{\mathrm{T}}\boldsymbol{F}$$

则

$$\boldsymbol{U}=\mathrm{diag}\left[\frac{1}{k_i-\omega^2 m_i+\mathrm{j}\omega c_i}\right]\boldsymbol{\phi}^{\mathrm{T}}\boldsymbol{F} \tag{2-126}$$

将式（2-97）、式（2-101）代入式（2-89），并注意式（2-126），有

$$\boldsymbol{X}=\boldsymbol{\phi}\boldsymbol{U}=\boldsymbol{\phi}\mathrm{diag}\left[\frac{1}{k_i-\omega^2 m_i+\mathrm{j}\omega c_i}\right]\boldsymbol{\phi}^{\mathrm{T}}\boldsymbol{F}=\sum_{i=1}^{n}\frac{\boldsymbol{\varphi}_i\boldsymbol{\varphi}_i^{\mathrm{T}}}{k_i-\omega^2 m_i+\mathrm{j}\omega c_i}\boldsymbol{F} \tag{2-127}$$

与式（2-123）比较，得频响函数的模态展式

$$\boldsymbol{H}(\omega)=\sum_{i=1}^{n}\frac{\boldsymbol{\varphi}_i\boldsymbol{\varphi}_i^{\mathrm{T}}}{k_i-\omega^2 m_i+\mathrm{j}\omega c_i} \tag{2-128}$$

此外，也可由式（2-123）直接导出式（2-128）。

3. 脉冲响应函数

将式（2-128）写成

$$\boldsymbol{H}(\omega)=\sum_{i=1}^{n}\frac{1}{m_i}\frac{\boldsymbol{\varphi}_i\boldsymbol{\varphi}_i^{\mathrm{T}}}{(\mathrm{j}\omega+\sigma)^2+\omega_{di}^2} \tag{2-129}$$

作傅里叶逆变换，得脉冲响应函数矩阵

$$\boldsymbol{h}(t)=\sum_{i=1}^{n}\frac{\boldsymbol{\varphi}_i\boldsymbol{\varphi}_i^{\mathrm{T}}}{m_i\omega_{di}}\mathrm{e}^{-\sigma_i t}\sin\omega_{di}t \tag{2-130}$$

2.3.3　结构比例阻尼系统

具有结构阻尼的 n 自由度系统振动微分方程为

$$\boldsymbol{M}\ddot{\boldsymbol{x}}+(\boldsymbol{K}+\mathrm{j}\boldsymbol{G})\boldsymbol{x}=\boldsymbol{F}\mathrm{e}^{\mathrm{j}\omega t} \tag{2-131}$$

式中，G 为结构阻尼矩阵，为正定或半正定实对称矩阵，$n\times n$ 阶；$(\boldsymbol{K}+\mathrm{j}\boldsymbol{G})$ 称为复刚度矩阵，$n\times n$ 阶复对称矩阵。

如果

$$\boldsymbol{G}=\alpha\boldsymbol{M}+\beta\boldsymbol{K} \tag{2-132}$$

则称为结构比例阻尼。

1. 特征值问题

设 $\boldsymbol{F}=\boldsymbol{0}$，则式（2-131）成为

$$\boldsymbol{M}\ddot{\boldsymbol{x}}+(\boldsymbol{K}+\mathrm{j}\boldsymbol{G})\boldsymbol{x}=\boldsymbol{0} \tag{2-133}$$

设其特解 $\boldsymbol{x}=\boldsymbol{\varphi}\mathrm{e}^{\lambda t}$，代入式（2-131）得

$$(\lambda^2\boldsymbol{M}+\boldsymbol{K}+\mathrm{j}\boldsymbol{G})\boldsymbol{\varphi}=\boldsymbol{0} \tag{2-134}$$

这是以 λ^2 为特征值、$\boldsymbol{\varphi}$ 为特征向量的广义特征值问题。

特征方程

$$\left|\lambda^2\boldsymbol{M}+\boldsymbol{K}+\mathrm{j}\boldsymbol{G}\right|=0 \tag{2-135}$$

解之，得 n 个互异复特征值 λ_i^2。对结构比例阻尼系统，λ_i^2 可按无阻尼振动系统特征值求法求出。事实上，将式（2-132）代入式（2-135），得

$$[(\lambda^2+\mathrm{j}\alpha)\boldsymbol{M}+(1+\mathrm{j}\beta)\boldsymbol{K}]\boldsymbol{\varphi}=\mathbf{0} \tag{2-136}$$

这是关于 $(\lambda^2+\mathrm{j}\alpha)$ 的广义特征值问题。参考无阻尼系统特征值问题的求法，有

$$\lambda_i^2+\mathrm{j}\alpha=-(1+\mathrm{j}\beta)\omega_{0i}^2 \tag{2-137}$$

即

$$\lambda_i^2=-\omega_{0i}^2-\mathrm{j}(\alpha+\beta\omega_{0i}^2)=-\omega_{0i}^2(1+\mathrm{j}\eta_2) \tag{2-138}$$

其中

$$\eta_i=\frac{\alpha}{\omega_{0i}^2}+\beta \quad (i=1,2,\cdots,n) \tag{2-139}$$

为无量纲模态阻尼比，ω_{0i} 为无阻尼固有频率。可见，λ_i^2 特征值 λ 反映了系统固有频率与模态阻尼的特性。

将每个 λ_i^2 逐一代入式（2-135），得 n 个实特征向量，通常需要按一定方式归一化。结构比例阻尼系统与无阻尼振动系统特征向量相同，因此也可获得系统的纯模态。将 $\boldsymbol{\varphi}_i$ 按列排列成模态矩阵 $\boldsymbol{\phi}$，可证 $\boldsymbol{\varphi}_i$ 或 $\boldsymbol{\phi}$ 具有式（2-84）至式（2-87）形式的正交性，并且

$$\boldsymbol{\phi}^{\mathrm{T}}\boldsymbol{G}\boldsymbol{\phi}=\mathrm{diag}[\alpha m_i+\beta k_i]=\mathrm{diag}[g_i] \tag{2-140}$$

其中

$$g_i=\alpha m_i+\beta k_i=\left(\frac{\alpha}{\omega_{0i}^2}+\beta\right)k_i=\eta_i k_i \tag{2-141}$$

$$\omega_{0i}^2=\frac{k_i}{m_i}$$

式中，g_i 称为模态结构比例阻尼系数；$\mathrm{diag}[g_i]$ 称为模态结构比例阻尼矩阵。

2. 频响函数

1）频响函数矩阵

设式（2-131）的稳态位移响应如式（2-97）所示，将此式代入式（2-131），得

$$(\boldsymbol{K}-\omega^2\boldsymbol{M}+\mathrm{j}\boldsymbol{G})\boldsymbol{X}=\boldsymbol{F} \tag{2-142}$$

或

$$\boldsymbol{X}=\boldsymbol{H}(\omega)\boldsymbol{F} \tag{2-143}$$

其中，频响函数矩阵

$$\boldsymbol{H}(\omega)=(\boldsymbol{K}-\omega^2\boldsymbol{M}+\mathrm{j}\boldsymbol{G})^{-1} \tag{2-144}$$

为复对称矩阵，$n\times n$ 阶。

2）频响函数的模态展式

将坐标变换式（2-89）代入式（2-131），左乘 $\boldsymbol{\phi}^{\mathrm{T}}$，并利用正交关系式（2-86）、式（2-87）、式（2-140），得解耦方程组

$$\mathrm{diag}[m_i]\ddot{\boldsymbol{y}} + \mathrm{diag}[k_i + \mathrm{j}g_i]\boldsymbol{y} = \boldsymbol{\phi}^{\mathrm{T}}\boldsymbol{F}\mathrm{e}^{\mathrm{j}\omega t} \tag{2-145}$$

将稳态位移响应式（2-101）代入式（2-145），得

$$\mathrm{diag}[k_i - \omega^2 m_i + \mathrm{j}g_i]\boldsymbol{U} = \boldsymbol{\phi}^{\mathrm{T}}\boldsymbol{F} \tag{2-146}$$

则

$$\boldsymbol{U} = \mathrm{diag}\left[\frac{1}{k_i - \omega^2 m_i + \mathrm{j}g_i}\right]\boldsymbol{\phi}^{\mathrm{T}}\boldsymbol{F} \tag{2-147}$$

将式（2-97）、式（2-101）代入式（2-89），并注意式（2-147），有

$$\boldsymbol{X} = \boldsymbol{\phi}\boldsymbol{U} = \boldsymbol{\phi}\mathrm{diag}\left[\frac{1}{k_i - \omega^2 m_i + \mathrm{j}g_i}\right]\boldsymbol{\phi}^{\mathrm{T}}\boldsymbol{F} = \sum_{i=1}^{n}\frac{\boldsymbol{\varphi}_i\boldsymbol{\varphi}_i^{\mathrm{T}}}{k_i - \omega^2 m_i + \mathrm{j}g_i}F \tag{2-148}$$

与式（2-143）比较，得频响函数模态展式

$$\boldsymbol{H}(\omega) = \sum_{i=1}^{n}\frac{\boldsymbol{\varphi}_i\boldsymbol{\varphi}_i^{\mathrm{T}}}{k_i - \omega^2 m_i + \mathrm{j}\eta_i k_i} \tag{2-149}$$

也可由式（2-144）直接导出式（2-149）。

2.4　多自由度系统复模态分析

具有一般黏性阻尼和一般结构阻尼振动系统的模态向量是复向量，故称该种系统为复模态系统，对应的模态分析基本理论称为复模态分析。

2.4.1　一般黏性阻尼系统

一般黏性阻尼系统的振动微分方程见式（2-107）：

$$\boldsymbol{M}\ddot{\boldsymbol{x}} + \boldsymbol{C}\dot{\boldsymbol{x}} + \boldsymbol{K}\boldsymbol{x} = \boldsymbol{f}(t)$$

式中，$\boldsymbol{C}$ 为一般黏性阻尼矩阵，设为正定对称矩阵，且不满足对角化条件式（2-108）或式（2-109）。

对一般黏性阻尼系统，虽然可直接构造方程（2-107）的特征值问题，但求出的特征向量不具有关于 $\boldsymbol{M}$、$\boldsymbol{K}$、$\boldsymbol{C}$ 的加权正交性。如果将物理坐标方程（2-107）转化为状态坐标方程，则可解决这一问题。引入辅助方程

$$\boldsymbol{M}\dot{\boldsymbol{x}} - \boldsymbol{M}\boldsymbol{x} = \boldsymbol{0}$$

与式（2-107）合写为

$$\boldsymbol{P}\dot{\boldsymbol{x}}'+\boldsymbol{Q}\boldsymbol{x}'=\boldsymbol{f}'(t) \tag{2-150}$$

其中

$$\boldsymbol{x}'=\begin{bmatrix}\boldsymbol{x}\\ \dot{\boldsymbol{x}}\end{bmatrix}\text{[}2n\text{阶，称为状态向量（状态坐标）]} \tag{2-151}$$

$$\boldsymbol{f}'(t)=\begin{bmatrix}\boldsymbol{f}(t)\\ \boldsymbol{0}\end{bmatrix}\text{（}2n\text{阶）} \tag{2-152}$$

$$\boldsymbol{P}=\begin{bmatrix}\boldsymbol{C} & \boldsymbol{M}\\ \boldsymbol{M} & \boldsymbol{0}\end{bmatrix}\text{（}2n\times 2n\text{阶对称矩阵，正定）} \tag{2-153}$$

$$\boldsymbol{Q}=\begin{bmatrix}\boldsymbol{K} & \boldsymbol{0}\\ \boldsymbol{0} & -\boldsymbol{M}\end{bmatrix}\text{（}2n\times 2n\text{阶对称矩阵，正定或半正定）} \tag{2-154}$$

式（2-150）称为系统的状态空间方程，由 $2n$ 个一阶线性微分方程组成。

1. 自由振动

式（2-150）中令 $\boldsymbol{f}'(t)=\boldsymbol{0}$，得

$$\boldsymbol{P}\dot{\boldsymbol{x}}'+\boldsymbol{Q}\boldsymbol{x}'=\boldsymbol{0} \tag{2-155}$$

1）特征值问题

设特解为

$$\boldsymbol{x}'=\boldsymbol{\psi}'\mathrm{e}^{\lambda t} \tag{2-156}$$

式中，$\boldsymbol{\psi}'$ 为 $\boldsymbol{x}'$ 的幅值列阵，$2n$ 阶。将式（2-156）代入式（2-155），得广义特征值问题

$$(\lambda\boldsymbol{P}+\boldsymbol{Q})\boldsymbol{\psi}'=\boldsymbol{0} \tag{2-157}$$

特征方程

$$|\lambda\boldsymbol{P}+\boldsymbol{Q}|=0 \tag{2-158}$$

这是关于 λ 的 $2n$ 次实系数代数方程。为考察这一特征方程的解，先讨论式（2-107）的特征方程根的情况。式（2-107）特征方程如式（2-113）所示，其根以共轭对出现，共 $2n$ 个。式（2-107）与式（2-150）所表示的系统为同一系统，故应有相同的特征值。所以，式（2-158）有 $2n$ 个以共轭对出现的互异复特征值 λ_i、λ_i^*（设无重根），即复频率

$$\left.\begin{aligned}\lambda_i&=-\sigma_{mi}+j\omega_{mdi}\\ \lambda_i^*&=-\sigma_{mi}-j\omega_{mdi}\end{aligned}\right\}\quad(i=1,2,\cdots,n) \tag{2-159}$$

将 $2n$ 个特征值 λ_i、λ_i^* 代入式（2-157），得 $2n$ 个共轭复特征向量 $\boldsymbol{\psi}_i'$、$\boldsymbol{\psi}_i'^*$，$2n$ 维，记为

$$\boldsymbol{\psi}_i'=\begin{bmatrix}\boldsymbol{\psi}_i\\ \lambda_i\boldsymbol{\psi}_i\end{bmatrix},\quad \boldsymbol{\psi}_i'^*=\begin{bmatrix}\boldsymbol{\psi}_i^*\\ \lambda_i^*\boldsymbol{\psi}_i^*\end{bmatrix}\quad(i=1,2,\cdots,n) \tag{2-160}$$

式中，$\boldsymbol{\psi}_i$、$\boldsymbol{\psi}_i^*$ 即为系统的模态向量，为 n 维复向量。事实上，$\boldsymbol{\psi}_i$、$\boldsymbol{\psi}_i^*$ 是对应式（2-107）特征值问题的特征向量。注意：$\boldsymbol{\psi}_i'$ 与 $\boldsymbol{\psi}_i'^*$ 是对应状态方程式（2-150）特征值问题的特征向量，故不称为模态向量，而 $\boldsymbol{\psi}_i$、$\boldsymbol{\psi}_i^*$ 既可称为特征向量，又可称为模态向量。

复模态向量 $\boldsymbol{\psi}_i$、$\boldsymbol{\psi}_i^*$ 不具备关于 $\boldsymbol{M}$、$\boldsymbol{K}$、$\boldsymbol{C}$ 的加权正交性，故不以它们构造特征向量矩阵作为坐标变换矩阵，而是以 $\boldsymbol{\psi}_i'$ 与 $\boldsymbol{\psi}_i'^*$ 来构造。按列排列成矩阵

$$\boldsymbol{\psi}'=\begin{bmatrix}\boldsymbol{\psi}_1' & \boldsymbol{\psi}_2' & \cdots & \boldsymbol{\psi}_n' & \boldsymbol{\psi}_1'^* & \boldsymbol{\psi}_2'^* & \cdots & \boldsymbol{\psi}_n'^*\end{bmatrix}=\begin{bmatrix}\boldsymbol{\psi} & \boldsymbol{\psi}^* \\ \Lambda\boldsymbol{\psi} & \Lambda^*\boldsymbol{\psi}^*\end{bmatrix} \tag{2-161}$$

其中

$$\left.\begin{aligned}&\boldsymbol{\psi}=[\boldsymbol{\psi}_1 \quad \boldsymbol{\psi}_2 \quad \cdots \quad \boldsymbol{\psi}_n]\\&\boldsymbol{\psi}^*=[\boldsymbol{\psi}_1^* \quad \boldsymbol{\psi}_2^* \quad \cdots \quad \boldsymbol{\psi}_n^*]\\&\Lambda=\mathrm{diag}[\lambda_i],\Lambda^*=\mathrm{diag}[\lambda_i^*]\end{aligned}\right\} \tag{2-162}$$

它们均为 $n\times n$ 阶复矩阵，$\boldsymbol{\psi}$ 称为复模态矩阵，Λ 称为谱矩阵或复频率矩阵，$\boldsymbol{\psi}'$ 称为特征向量矩阵。

2）复特征向量的正交性

设特征方程无重根，将两组特征对代入式（2-157），稍加整理，得复特征向量的正交性

$$\boldsymbol{\psi}_k'^{\mathrm{T}}\boldsymbol{P}\boldsymbol{\psi}_i'=\begin{cases}0 & i\neq k\\ a_i & i=k\end{cases} \quad (i,k=1,2,\cdots,n) \tag{2-163}$$

$$\boldsymbol{\psi}_k'^{H}\boldsymbol{P}\boldsymbol{\psi}_i'^*=\begin{cases}0 & i\neq k\\ a_i^* & i=k\end{cases} \quad (i,k=1,2,\cdots,n) \tag{2-164}$$

$$\boldsymbol{\psi}_k'^{\mathrm{T}}\boldsymbol{Q}\boldsymbol{\psi}_i'=\begin{cases}0 & i\neq k\\ b_i & i=k\end{cases} \quad (i,k=1,2,\cdots,n) \tag{2-165}$$

$$\boldsymbol{\psi}_k'^{H}\boldsymbol{Q}\boldsymbol{\psi}_i'^*=\begin{cases}0 & i\neq k\\ b_i^* & i=k\end{cases} \quad (i,k=1,2,\cdots,n) \tag{2-166}$$

且

$$\lambda_i=-\frac{b_i}{a_i},\lambda_i^*=-\frac{b_i^*}{a_i^*} \quad (i=1,2,\cdots,n) \tag{2-167}$$

注意：$\boldsymbol{P}$ 为正定矩阵，故 $a_i\neq 0,a_i^*\neq 0$。式（2-163）至式（2-166）说明特征向量 $\boldsymbol{\psi}_i'$ 关于 $\boldsymbol{P}$、$\boldsymbol{Q}$ 的加权正交，a_i,b_i 称为广义模态参数，为复数。

式（2-163）至式（2-166）可写成矩阵形式

$$\boldsymbol{\psi}'^{\mathrm{T}}\boldsymbol{P}\boldsymbol{\psi}'=\mathrm{diag}[a_{i,}a_i^*] \tag{2-168}$$

$$\boldsymbol{\psi}'^{\mathrm{T}}\boldsymbol{Q}\boldsymbol{\psi}'=\mathrm{diag}[b_{i,}b_i^*] \tag{2-169}$$

式中，$\mathrm{diag}[a_{i,}a_i^*]$ 表示对角矩阵，其前 n 个对角元素为 a_i，后 n 个对角元素为 a_i^*；$\mathrm{diag}[b_{i,}b_i^*]$ 含义相同。

将式（2-163）至式（2-166）展开，可写成

$$\boldsymbol{\psi}_k^{\mathrm{T}}[(\lambda_i+\lambda_k)\boldsymbol{M}+\boldsymbol{C}]\boldsymbol{\psi}_i=\begin{cases}0 & i\neq k\\ a_i & i=k\end{cases} \tag{2-170}$$

$$\boldsymbol{\psi}_k^{H}[(\lambda_i^*+\lambda_k^*)\boldsymbol{M}+\boldsymbol{C}]\boldsymbol{\psi}_i^*=\begin{cases}0 & i\neq k\\ a_i^* & i=k\end{cases} \tag{2-171}$$

$$\boldsymbol{\psi}_k^{\mathrm{T}}(\boldsymbol{K}-\lambda_i\lambda_k\boldsymbol{M})\boldsymbol{\psi}_i=\begin{cases}0 & i\neq k\\ b_i & i=k\end{cases} \tag{2-172}$$

$$\boldsymbol{\psi}_k^{H}(\boldsymbol{K}-\lambda_i^*\lambda_k^*\boldsymbol{M})\boldsymbol{\psi}_i^*=\begin{cases}0 & i\neq k\\ b_i^* & i=k\end{cases} \tag{2-173}$$

可见，复模态向量$\boldsymbol{\psi}_i$不具备实模态系统中模态向量$\boldsymbol{\varphi}_i$那样关于$\boldsymbol{M}$、$\boldsymbol{K}$、$\boldsymbol{C}$的正交性。

将式（2-168）分块展开，得

$$\boldsymbol{\psi}^{\mathrm{T}}(2\Lambda\boldsymbol{M}+\boldsymbol{C})\boldsymbol{\psi}=\mathrm{diag}[a_i] \tag{2-174}$$

$$\boldsymbol{\psi}^{H}(2\Lambda^*\boldsymbol{M}+\boldsymbol{C})\boldsymbol{\psi}^*=\mathrm{diag}[a_i^*] \tag{2-175}$$

$$\boldsymbol{\psi}^{H}(2\,\mathrm{Re}\,\Lambda\boldsymbol{M}+\boldsymbol{C})\boldsymbol{\psi}=\boldsymbol{0} \tag{2-176}$$

式中，$\mathrm{Re}\,\Lambda=\mathrm{diag}[\mathrm{Re}\,\lambda_i]$

将式（2-169）分块展开，得

$$\boldsymbol{\psi}^{\mathrm{T}}(\boldsymbol{K}-\Lambda^2\boldsymbol{M})\boldsymbol{\psi}=\mathrm{diag}[b_i] \tag{2-177}$$

$$\boldsymbol{\psi}^{H}(\boldsymbol{K}-\Lambda^{*2}\boldsymbol{M})\boldsymbol{\psi}^*=\mathrm{diag}[b_i^*] \tag{2-178}$$

$$\boldsymbol{\psi}^{H}(\boldsymbol{K}-\Lambda\Lambda^*\boldsymbol{M})\boldsymbol{\psi}=\boldsymbol{0} \tag{2-179}$$

式（2-174）至式（2-179）同样说明，复模态向量$\boldsymbol{\psi}_i$不具备关于$\boldsymbol{M}$、$\boldsymbol{K}$、$\boldsymbol{C}$的正交性。

定义复模态质量m_{mi}、复模态刚度k_{mi}和复模态阻尼c_{mi}为

$$\left.\begin{aligned}m_{mi}&=\boldsymbol{\psi}_i^H\boldsymbol{M}\boldsymbol{\psi}_i\\ k_{mi}&=\boldsymbol{\psi}_i^H\boldsymbol{K}\boldsymbol{\psi}_i\\ c_{mi}&=\boldsymbol{\psi}_i^H\boldsymbol{C}\boldsymbol{\psi}_i\end{aligned}\right\}(i=1,2,\cdots,n) \tag{2-180}$$

由式（2-176）、式（2-179）可得（对角线元素）

$$2\,\mathrm{Re}\,\lambda_i m_{mi}+c_{mi}=0\ (i=1,2,\cdots,n) \tag{2-181}$$

$$k_{mi}-\lambda_i\lambda_i^* m_{mi}=0\quad(i=1,2,\cdots,n) \tag{2-182}$$

由式（2-181）得$\mathrm{Re}\,\lambda_i=-\dfrac{C_{mi}}{2M_{mi}}$，定义复模态阻尼衰减系数

$$\sigma_{mi}=\frac{c_{mi}}{2m_{mi}} \tag{2-183}$$

则

$$\mathrm{Re}\,\lambda_i=-\sigma_{mi} \tag{2-184}$$

由式（2-182）得$|\lambda_i|^2=\dfrac{k_{mi}}{m_{mi}}$，定义复模态固有频率

$$\omega_{mi}=\sqrt{\frac{k_{mi}}{m_{mi}}} \tag{2-185}$$

则
$$|\lambda_i|=\omega_{mi} \tag{2-186}$$

所以 $\mathrm{Im}\lambda_i=\sqrt{|\lambda_i|^2-(\mathrm{Re}\lambda_i)^2}=\sqrt{\omega_{mi}^2-\sigma_{mi}^2}$ 。定义复模态阻尼固有频率（特征频率）ω_{mdi} 及复模态阻尼比 ζ_{mi} 分别为

$$\omega_{mdi}=\sqrt{\omega_{mi}^2-\sigma_{mi}^2}=\omega_{mi}\sqrt{1-\zeta_{mi}^2} \tag{2-187}$$

$$\zeta_{mi}=\frac{\sigma_{mi}}{\omega_{mi}} \tag{2-188}$$

$$\left.\begin{aligned}\lambda_i&=-\sigma_{mi}+\mathrm{j}\omega_{mdi}=-\zeta_{mi}\omega_{mi}+\mathrm{j}\omega_{mi}\sqrt{1-\zeta_{mi}^2}\\ \lambda_i^*&=-\sigma_{mi}-\mathrm{j}\omega_{mdi}=-\zeta_{mi}\omega_{mi}-\mathrm{j}\omega_{mi}\sqrt{1-\zeta_{mi}^2}\end{aligned}\right\} \tag{2-189}$$

以上诸式中均设 $i=1,2,\cdots,n$ 。

上面定义的复模态参数 m_{mi}、k_{mi}、c_{mi}、σ_{mi}、ζ_{mi}、ω_{mi}、ω_{mdi} 均为实数，它们与实模态系统中 m_i、k_i、c_i、σ_i、ζ、ω_{0i}、ω_{di} 并不相等。当为黏性比例阻尼时，复模态参数退化为实模态参数。

3）复模态坐标系中的自由响应

根据一般黏性阻尼系统复特征向量 $\boldsymbol{\psi}_i'$、$\boldsymbol{\psi}_i'^*$ 的正交性，这 $2n$ 个线性无关的复向量构成了一个 $2n$ 维复向量空间的完备正交基。该复向量空间与状态空间可由变换

$$\boldsymbol{x}'=\boldsymbol{\psi}'\boldsymbol{y}' \tag{2-190}$$

相联系，其中

$$\boldsymbol{y}'=\begin{bmatrix}\boldsymbol{y}\\ \boldsymbol{y}^*\end{bmatrix} \tag{2-191}$$

为 $\boldsymbol{x}'$ 在这一复向量空间中的坐标向量，$2n$ 维，$\boldsymbol{y}$、$\boldsymbol{y}^*$ 为 n 阶列阵。

将式（2-190）代入式（2-155），左乘 $\boldsymbol{\psi}'^{\mathrm{T}}$ 并利用复特征向量正交性式（2-168）、式（2-169），得解耦方程组

$$\mathrm{diag}[a_i,a_i^*]\dot{\boldsymbol{y}}'+\mathrm{diag}[b_i,b_i^*]\boldsymbol{y}'=\boldsymbol{0} \tag{2-192}$$

它是 $2n$ 个一阶微分方程的方程组，前 n 个方程与后 n 个方程是共轭关系。

易得式（2-192）的解

$$\boldsymbol{y}'=\mathrm{diag}[\mathrm{e}^{\lambda_i t},\mathrm{e}^{\lambda_i^* t}]\boldsymbol{y}'(0) \tag{2-193}$$

其中初始条件

$$\boldsymbol{y}'(0)=\begin{bmatrix}\boldsymbol{y}(0)\\ \boldsymbol{y}^*(0)\end{bmatrix}=\boldsymbol{\psi}'^{-1}\boldsymbol{x}'(0)=\mathrm{diag}\left[\frac{1}{a_i},\frac{1}{a_i^*}\right]\boldsymbol{\psi}'^{\mathrm{T}}\boldsymbol{P}\boldsymbol{x}'(0) \tag{2-194}$$

4）物理坐标系中的自由响应

将式（2-193）代入坐标变换式（2-190），取前 n 个元素，得物理坐标系中的位移自由响应

$$\boldsymbol{x}=\boldsymbol{\psi}\mathrm{diag}[\mathrm{e}^{\lambda_i t}]\boldsymbol{y}(0)+\boldsymbol{\psi}^*\mathrm{diag}[\mathrm{e}^{\lambda_i^* t}]\boldsymbol{y}^*(0)$$
$$=\sum_{i=1}^{n}[\boldsymbol{\psi}_i y_i(0)\mathrm{e}^{\lambda_i t}+\boldsymbol{\psi}_i^* y_i^*(0)\mathrm{e}^{\lambda_i^* t}] \tag{2-195}$$

设 $y_i(0)=T_i\mathrm{e}^{\mathrm{j}\theta_i},y_i^*(0)=T_i\mathrm{e}^{-\mathrm{j}\theta_i}\quad(i=1,2,\cdots,n)$

注意到式（2-189），则式（2-195）可写成

$$\boldsymbol{x}=\sum_{i=1}^{n}T_i\mathrm{e}^{-\sigma_{mi}t}[\boldsymbol{\psi}_i\mathrm{e}^{\mathrm{j}(\omega_{mdi}t+\theta_i)}+\boldsymbol{\psi}_i^*\mathrm{e}^{-\mathrm{j}(\omega_{mdi}t+\theta_i)}] \tag{2-196}$$

当系统以某阶复模态频率 ω_{mdi} 作主振动时，振动规律

$$\boldsymbol{x}_i=T_i\mathrm{e}^{-\sigma_{mi}t}[\boldsymbol{\psi}_i\mathrm{e}^{\mathrm{j}(\omega_{mdi}t+\theta_i)}+\boldsymbol{\psi}_i^*\mathrm{e}^{-\mathrm{j}(\omega_{mdi}t+\theta_i)}]\quad(i=1,2,\cdots,n) \tag{2-197}$$

每个物理坐标点的振动规律

$$x_{ki}=T_i\mathrm{e}^{-\sigma_{mi}t}[\psi_{ki}\mathrm{e}^{\mathrm{j}(\omega_{mdi}t+\theta_i)}+\psi_{ki}^*\mathrm{e}^{-\mathrm{j}(\omega_{mdi}t+\theta_i)}]\quad(k=1,2,\cdots,n) \tag{2-198}$$

设

$$\psi_{ki}=\eta_{ki}\mathrm{e}^{\mathrm{j}\gamma ki},\psi_{ki}^*=\eta_{ki}\mathrm{e}^{-\mathrm{j}\gamma ki}\quad(i=1,2,\cdots,n)$$

则

$$x_{ki}=2T_i\eta_{ki}\mathrm{e}^{-\sigma_{mi}t}\cos(\omega_{mdi}t+\theta_i+\gamma_{ki})\quad(i,\ k=1,2,\cdots,n) \tag{2-199}$$

可见，一般黏性阻尼系统以某阶主振动做自由振动时，每个物理坐标的初相位 $(\theta_i+\gamma_{ki})$ 不仅与该阶主振动有关，还与物理坐标 k 有关，即各物理坐标初相位不同。因而，每个物理坐标振动时并不同时达到平衡位置和最大位置，即主振型节点（线）是变化的。由式（2-197）也可看出，$\boldsymbol{x}_i$ 的幅值或振动形态不像实模态系统那样能保持与模态向量相同的状态，没有 $\boldsymbol{D}_i\propto\boldsymbol{\varphi}_i$ 那样的关系，即不具备模态保持性，主振型不再是驻波形式，而是行波形式。这是复模态系统的特点。图 2-18 以简支梁为例给出复模态振型与实模态振型的区别。

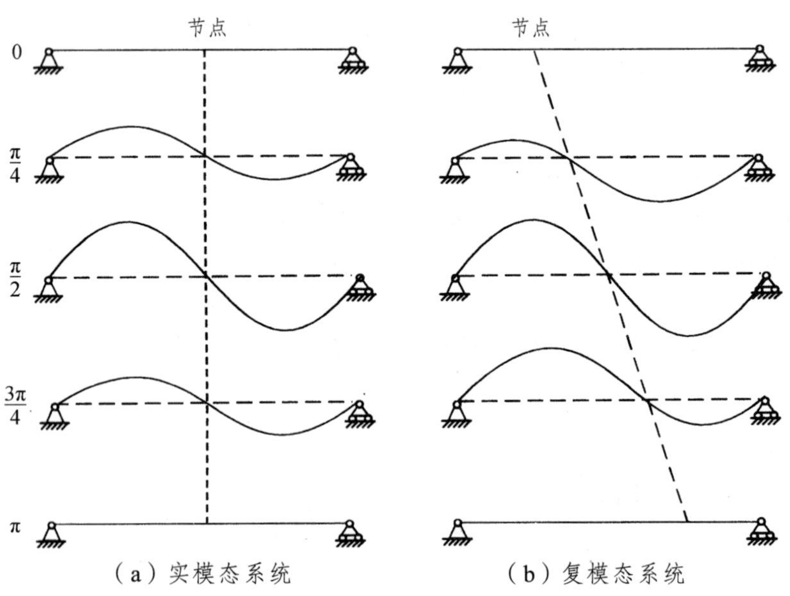

（a）实模态系统　　（b）复模态系统

图 2-18　简支梁二阶振型半个周期内的变化

2. 频响函数

1）频响函数矩阵

设系统受到的简谐激励见式（2-96）：$\boldsymbol{f}(t)=\boldsymbol{F}\mathrm{e}^{\mathrm{j}\omega t}$ 及式（2-97）的稳态位移响应：$\boldsymbol{x}=\boldsymbol{X}\mathrm{e}^{\mathrm{j}\omega t}$，将式（2-96）、式（2-97）代入振动方程（2-107），得

$$(\boldsymbol{K}-\omega^2\boldsymbol{M}+\mathrm{j}\omega\boldsymbol{C})\boldsymbol{X}=\boldsymbol{F} \tag{2-200}$$

或

$$\boldsymbol{X}=\boldsymbol{H}(\omega)\boldsymbol{F} \tag{2-201}$$

其中，频响函数矩阵

$$\boldsymbol{H}(\omega)=(\boldsymbol{K}-\omega^2\boldsymbol{M}+\mathrm{j}\omega\boldsymbol{C})^{-1} \tag{2-202}$$

为 $n\times n$ 阶复对称矩阵。

2）频响函数的模态展式

将坐标变换式（2-190）代入状态方程（2-150），左乘 $\boldsymbol{\psi}'^{\mathrm{T}}$ 并注意正交性式（2-168）、式（2-169），得解耦方程组

$$\mathrm{diag}[a_i,a_i^*]\dot{\boldsymbol{y}}'+\mathrm{diag}[b_i,b_i^*]\boldsymbol{y}'=\boldsymbol{\psi}'^{\mathrm{T}}\boldsymbol{f}'(t) \tag{2-203}$$

设稳态响应

$$\boldsymbol{y}'=\begin{bmatrix}\boldsymbol{U}\\ \boldsymbol{V}\end{bmatrix}\mathrm{e}^{\mathrm{j}\omega t} \tag{2-204}$$

式中，$\boldsymbol{U}$、$\boldsymbol{V}$ 为 n 阶列阵，分别表示稳态位移和速度响应幅值。将式（2-204）代入式（2-203）并考虑式（2-96），得

$$\mathrm{diag}[\mathrm{j}\omega a_i+b_i,\mathrm{j}\omega a_i^*+b_i^*]\begin{bmatrix}\boldsymbol{U}\\ \boldsymbol{V}\end{bmatrix}=\boldsymbol{\psi}'^{\mathrm{T}}\begin{bmatrix}\boldsymbol{F}\\ \boldsymbol{0}\end{bmatrix}$$

则

$$\begin{bmatrix}\boldsymbol{U}\\ \boldsymbol{V}\end{bmatrix}=\mathrm{diag}\left[\frac{1}{\mathrm{j}\omega a_i+b_i},\frac{1}{\mathrm{j}\omega a_i^*+b_i^*}\right]\boldsymbol{\psi}'^{\mathrm{T}}\begin{bmatrix}\boldsymbol{F}\\ \boldsymbol{0}\end{bmatrix} \tag{2-205}$$

将式（2-97）、式（2-204）代入式（2-190）并考虑式（2-205），有

$$\begin{bmatrix}\boldsymbol{X}\\ \mathrm{j}\omega\boldsymbol{X}\end{bmatrix}=\boldsymbol{\psi}'\begin{bmatrix}\boldsymbol{U}\\ \boldsymbol{V}\end{bmatrix}=\boldsymbol{\psi}'\mathrm{diag}\left[\frac{1}{\mathrm{j}\omega a_i+b_i},\frac{1}{\mathrm{j}\omega a_i^*+b_i^*}\right]\boldsymbol{\psi}'^{\mathrm{T}}\begin{pmatrix}\boldsymbol{F}\\ \boldsymbol{0}\end{pmatrix}$$

从而

$$\begin{aligned}\boldsymbol{X}&=\left(\boldsymbol{\psi}\mathrm{diag}\left[\frac{1}{\mathrm{j}\omega\alpha_i+b_i}\right]\boldsymbol{\psi}^{\mathrm{T}}+\boldsymbol{\psi}^*\mathrm{diag}\left[\frac{1}{\mathrm{j}\omega\alpha_i^*+b_i^*}\right]\boldsymbol{\psi}^{*\mathrm{T}}\right)\boldsymbol{F}\\&=\sum_{i=1}^{n}\left(\frac{\boldsymbol{\psi}_i\boldsymbol{\psi}_i^{\mathrm{T}}}{\mathrm{j}\omega\alpha_i+b_i}+\frac{\boldsymbol{\psi}_i^*\boldsymbol{\psi}_i^{*\mathrm{T}}}{\mathrm{j}\omega\alpha_i+b_i}\right)F\end{aligned} \tag{2-206}$$

与式（2-201）比较，得频响函数的模态展式

$$\boldsymbol{H}(\omega)=\sum_{i=1}^{n}\left(\frac{\boldsymbol{\psi}_i\boldsymbol{\psi}_i^{\mathrm{T}}}{\mathrm{j}\omega\alpha_i+b_i}+\frac{\boldsymbol{\psi}_i^*\boldsymbol{\psi}_i^{*\mathrm{T}}}{\mathrm{j}\omega\alpha_i+b_i}\right) \tag{2-207}$$

或写成

$$\boldsymbol{H}(\omega)=\sum_{i=1}^{n}\left(\frac{1}{a_i}\cdot\frac{\boldsymbol{\psi}_i\boldsymbol{\psi}_i^{\mathrm{T}}}{\mathrm{j}\omega-\lambda_i}+\frac{1}{a_i^*}\cdot\frac{\boldsymbol{\psi}_i^*\boldsymbol{\psi}_i^{*\mathrm{T}}}{\mathrm{j}\omega-\lambda_i^*}\right) \tag{2-208}$$

3. 脉冲响应函数

对频响函数模态展式（2-208）做傅里叶逆变换，得脉冲响应函数矩阵

$$\boldsymbol{h}(t)=\sum_{i=1}^{n}\left(\frac{\boldsymbol{\psi}_i\boldsymbol{\psi}_i^{\mathrm{T}}}{a_i}\mathrm{e}^{\lambda_i t}+\frac{\boldsymbol{\psi}_i^*\boldsymbol{\psi}_i^{*\mathrm{T}}}{a_i^*}\mathrm{e}^{\lambda_i^* t}\right) \tag{2-209}$$

该矩阵为 $n\times n$ 阶实对称矩阵。

如果系统为黏性比例阻尼系统，则频响函数式（2-208）退化为式（2-128）。

2.4.2　一般结构阻尼系统

一般结构阻尼系统的振动微分方程如式（2-131）所示。式中，$\boldsymbol{G}$ 不满足比例阻尼的条件式（2-132），故不能在模态坐标系中对角化。但由下面推证可以看出，复刚度矩阵 $(\boldsymbol{K}+\mathrm{j}\boldsymbol{G})$ 可对角化。由于结构阻尼系统的这一特性，使得不像黏性阻尼系统那样需在状态空间中描述，而是直接通过坐标变换解振动方程（2-131）。

1. 特征值问题

1）特征值和特征向量

令 $\boldsymbol{F}=\boldsymbol{0}$，则式（2-131）对应的齐次方程为

$$\boldsymbol{M}\ddot{\boldsymbol{x}}+(\boldsymbol{K}+\mathrm{j}\boldsymbol{G})\boldsymbol{x}=\boldsymbol{0} \tag{2-210}$$

设特解

$$\boldsymbol{x}=\boldsymbol{\psi}\mathrm{e}^{\lambda t} \tag{2-211}$$

代入式（2-210），得

$$(\lambda^2\boldsymbol{M}+\boldsymbol{K}+\mathrm{j}\boldsymbol{G})\boldsymbol{\psi}=\boldsymbol{0} \tag{2-212}$$

这是以 λ^2 为特征值、$\boldsymbol{\psi}$ 为特征向量的广义特征值的问题。

特征方程

$$\left|\lambda^2\boldsymbol{M}+\boldsymbol{K}+\mathrm{j}\boldsymbol{G}\right|=0 \tag{2-213}$$

设其无重根，可解得 n 个互异复特征值 $\lambda_i^2(i=1,2,\cdots,n)$。

将 n 个特征值 λ_i^2 逐一代入式（2-212），得 n 个复特征向量 ψ_i，按列排列成复特征向量（模态矩阵）

$$\boldsymbol{\psi}=[\boldsymbol{\psi}_1\quad\boldsymbol{\psi}_2\quad\cdots\quad\boldsymbol{\psi}_n] \tag{2-214}$$

2）特征向量的正交性

将两组特征对 λ_i^2、$\boldsymbol{\psi}_i$ 和 λ_k^2、$\boldsymbol{\psi}_k$ 分别代入式（2-212），经简单处理易得

$$\boldsymbol{\psi}_k^{\mathrm{T}}\boldsymbol{M}\boldsymbol{\psi}_i=\begin{cases}0 & i\neq k\\ m_{Di} & i=k\end{cases} \tag{2-215}$$

$$\boldsymbol{\psi}_k^{\mathrm{T}}(\boldsymbol{K}+\mathrm{j}\boldsymbol{G})\boldsymbol{\psi}_i=\begin{cases}0 & i\neq k\\ k_{Di}+\mathrm{j}g_{Di} & i=k\end{cases} \tag{2-216}$$

式中，m_{Di} 为复数，k_{Di}、g_{Di} 均为实数。这三个量分别称为复特征质量、复特征刚度和复特征阻尼。这就是结构阻尼系统特征向量的正交性。

式（2-215）、式（2-216）也可写成矩阵形式

$$\boldsymbol{\psi}^{\mathrm{T}}\boldsymbol{M}\boldsymbol{\psi}=\mathrm{diag}[m_{Di}] \tag{2-217}$$

$$\boldsymbol{\psi}^{\mathrm{T}}(\boldsymbol{K}+\mathrm{j}\boldsymbol{G})\boldsymbol{\psi}=\mathrm{diag}[k_{Di}+\mathrm{j}g_{Di}] \tag{2-218}$$

将 λ_i^2、$\boldsymbol{\psi}_i$ 代入式（2-212），左乘 $\boldsymbol{\psi}_i^{\mathrm{T}}$，考虑式（2-215）、式（2-216）得

$$\lambda_i^2=-\frac{k_{Di}}{m_{Di}}-\mathrm{j}\frac{g_{Di}}{m_{Di}} \tag{2-219}$$

定义复模态参数

$$\left.\begin{aligned}m_{mi}&=\boldsymbol{\psi}_i^{H}\boldsymbol{M}\boldsymbol{\psi}_i\\ k_{mi}&=\boldsymbol{\psi}_i^{H}\boldsymbol{K}\boldsymbol{\psi}_i\\ g_{mi}&=\boldsymbol{\psi}_i^{H}\boldsymbol{G}\boldsymbol{\psi}_i\\ \omega_{mi}^2&=\frac{k_{mi}}{m_{mi}}\\ \eta_{mi}&=\frac{g_{mi}}{k_{mi}}\end{aligned}\right\} \tag{2-220}$$

$m_{mi},k_{mi},g_{mi},\omega_{mi},\eta_{mi}$，分别称为结构阻尼系统的复模态质量、复模态刚度、复模态结构阻尼、复模态频率、复模态结构阻尼比，它们均为实数。

将 λ_i^2、$\boldsymbol{\psi}_i$ 代入式（2-213）并左乘 $\boldsymbol{\psi}_i^{H}$，则

$$\sigma_i^2=-\frac{k_{mi}}{m_{mi}}-\mathrm{j}\frac{g_{mi}}{m_{mi}}=-\omega_{mi}^2(1+\mathrm{j}\eta_{mi}) \tag{2-221}$$

这就是结构阻尼系统特征值的物理意义。

2. 频响函数

1）频响函数矩阵

设稳态位移响应

$$x=\boldsymbol{X}\mathrm{e}^{\mathrm{j}\omega t} \tag{2-222}$$

将其代入式（2-131），得到与结构比例阻尼系统相同的频响函数矩阵

$$\boldsymbol{H}(\omega)=(\boldsymbol{K}-\omega^2\boldsymbol{M}+\mathrm{j}\boldsymbol{G})^{-1}$$

2）频响函数的模态展式

上述求得的 n 个复特征向量构成一个复向量空间的完备正交基。这一复向量空间称为复模态空间或复模态坐标系，它与物理坐标系由变换

$$\boldsymbol{x}=\boldsymbol{\psi}\boldsymbol{y} \tag{2-223}$$

相联系，$\boldsymbol{y}$ 为 $\boldsymbol{x}$ 在复模态坐标系中的坐标向量 n 维。

将变换式（2-222）代入式（2-131），左乘 $\boldsymbol{\psi}^{\mathrm{T}}$ 并注意正交性式（2-217）、式（2-218），得解耦方程组

$$\mathrm{diag}[m_{Di}]\ddot{\boldsymbol{y}}+\mathrm{diag}[k_{Di}+\mathrm{j}g_{Di}]\boldsymbol{y}=\boldsymbol{\psi}^{\mathrm{T}}F\mathrm{e}^{\mathrm{j}\omega t} \tag{2-224}$$

设稳态位移响应

$$\boldsymbol{y}=\boldsymbol{U}\mathrm{e}^{\mathrm{j}\omega t}$$

将其代入式（2-224），得

$$\boldsymbol{U}=\mathrm{diag}\left[\frac{1}{k_{Di}-\omega^2 m_{Di}+\mathrm{j}g_{Di}}\right]\boldsymbol{\psi}^{\mathrm{T}}\boldsymbol{F} \tag{2-225}$$

将式（2-222）、式（2-224）代入式（2-223）并注意式（2-225），得

$$\boldsymbol{X}=\boldsymbol{\psi}\boldsymbol{U}=\boldsymbol{\psi}\mathrm{diag}\left[\frac{1}{k_{Di}-\omega^2 m_{Di}+\mathrm{j}g_{Di}}\right]\boldsymbol{\psi}^{\mathrm{T}}\boldsymbol{F} \tag{2-226}$$

与式（2-143）比较，得频响函数模态展式

$$\boldsymbol{H}(\omega)=\sum_{i=1}^{n}\frac{\boldsymbol{\psi}_i\boldsymbol{\psi}_i^{\mathrm{T}}}{k_{Di}-\omega^2 m_{Di}+\mathrm{j}g_{Di}} \tag{2-227}$$

利用式（2-219）至式（2-221），式（2-227）可写成

$$\boldsymbol{H}(\omega)=\sum_{i=1}^{n}\frac{m_{mi}}{m_{Di}}\cdot\frac{\boldsymbol{\psi}_i\boldsymbol{\psi}_i^{\mathrm{T}}}{k_{mi}-\omega^2 m_{mi}+\mathrm{j}g_{mi}} \tag{2-228}$$

当为结构比例阻尼系统时，$m_{mi}=m_{Di}=m_i, k_{mi}=k_{Di}=k_i, g_{mi}=g_{Di}=g_i$，式（2-228）退化为式（2-149）。

习题与思考题

1. 什么叫黏性阻尼？什么是结构阻尼？
2. 如何定义脉冲响应函数及单位振动力？
3. 单自由度系统和多自由度系统的区别是什么？
4. 什么是复模态系统？
5. 由简支梁振型变化，说说复模态振型与实模态振型的区别。

第 3 章　模态测试技术

随着计算机数字化技术的发展，实验模态分析得到各行各业的广泛应用，成为解决现代复杂结构动态特性参数识别的重要手段，而模态测试技术也随着科技的发展在不断更新。

3.1　模态测试系统

模态分析是一种“逆问题”分析方法，它与传统的“正问题”力学问题解决方法（主要是指有限元方法和经验计算等方法）不同，是建立在实验（或实测）的基础上，采用理论与实验相结合的方法来处理实际结构中的振动问题。因此，模态的测试系统在模态分析中有着举足轻重的地位。

目前振动测量方法可分为两类。第一类是仅测量响应信号，这种方法的优点是系统简单，成本低。缺点是无法判断一个大的响应反馈是由什么原因造成的，有可能是由大的激励力或力矩引起的，也有可能由结构共振所致，如果只测量相应信号就无法准确分辨。第二种方法是同时测量测试的输入及输出，这样就可以准确分析造成大的相应的原因。本章将着重讨论这一种方法。在本书的前面章节，已经介绍了频响函数的物理意义，简而言之就是若知道激励和响应，就可推知系统的振动特性。从这个意义上来说，可以选择两种方案：第一种是对结构上某点发出激励，然后测得结构所有点的响应，即单点激励的方法；第二种是对结构某些点（一般是同时激励）发出激励，然后测得各点的响应，即多点激励的方法。为了使读者更容易了解掌握，且多点激励与单点激励方法有许多相似之处，所以本章重点介绍单点激励模态的测量方法。模态测试经常用到数字信号处理技术，为此本章对有关信号处理也作一些简单介绍。

3.1.1　模态测试系统的基本组成

模态测试系统主要由激励系统、传感系统、信号处理几个部分组成。图 3-1 为某燃气轮机涡轮导向器内锥筒频响函数测量的基本框图。

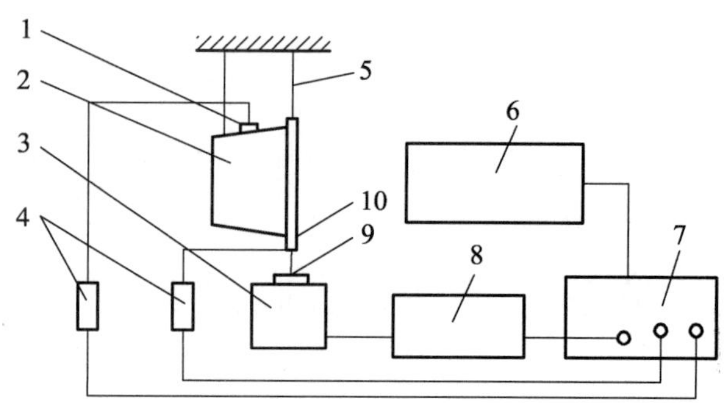

1—加速度传感器；2—锥筒；3—激振器；4—电荷放大器；5—橡皮绳；6—微机；7—信号分析仪；8—功率放大器；9—柔性杆；10—力传感器。

图 3-1　导向器内锥筒频响函数测量基本框图

3.1.1.1　激励系统

激励系统主要包括信号源、功率放大器和激振器。常用的激励信号有正弦、随机、瞬态和周期等。由于信号源提供的信号相当弱小，当激励一个结构时，往往还需把激励信号放大，以至于能推动激振器，这就是功率放大器的作用。功率放大器必须和激振器相匹配。常规的激励方法有电磁激励及锤击两种。此外，阶跃释放和环境激励[自然激励（环境激励）是施加于实体结构上的自然力，如风载荷、波浪载荷、机器运转时的动力源等]方法，在车辆、船舶等结构模态测试方面也是常用的手段。自激励一般是不可控、不可测的。使用自激励通常只能测得响应信号。

1. 激振器

电磁式激振器的工作原理是将激励信号输入一个置于磁场中的线圈，来驱动和线圈相联的工作台。电动式振动台主要用于 10 Hz 以上的振动激励。在 20 Hz 以下的频率范围，常使用电液压式振动台，这时振动信号的性质由电伺服系统控制。液压驱动系统可以给出较大的位移和冲击力。振动台可以用于加速度计的校准，也可用于电声器件的振动性能测试和振动试验。对于不同的测试物和技术指标，应注意选用不同结构和激励范围的振动台。

目前较为广泛应用的是电动激振器和电动液压式激振器。

1）电动激振器

这是一种最为流行的激振器，输入信号通过置于磁场中的线圈，当信号电流交变时，线圈便受到交变力的作用而运动。通过动圈的连接装置驱动测试结构，从而产生振动。这类装置的电阻抗是随动圈运动的幅值而变化的。若不改变功放及输入信号的大小，当激励频率接近结构物的固有频率时，由于结构的机械阻抗下降，就可能得到很大的响应，或者说，即使很小的激励力，也会出现大的位移。这时力信号较小，而噪声仍有相当的水平，这也就是在固有频率附近进行频响函数测试时，相干系数下降的原因之一。这种激振器可良好地工作在 30 ~ 50 000 Hz 的频率范围。

2）电液激振器

它是利用液压原理进行功率放大，以产生很大的激励力，既能加静载又能加动载荷，整个结构较为复杂，价格昂贵，一般在较低频率范围激励及需要较大激励力的情况下应用。

在激振过程中对于简单的结构，为了激振，只施加一个激振力（或力距）就完全足够了，即前面提及的单点激励方法。激振力作用在便于分离某阶振动的点上，通常作用在振型的腹部上。例如，在激励运载火箭及其模型的横向振动时，此点位于壳体的鼻锥上。

如果结构具有密集的频谱和大的阻尼，则用若干个激振力（或力距）来激励振动，即前面提及的多点激励方法。其数量取决于一系列因素：相靠近的固有频率的存在，现有试验设备的能力和所用的动力特性确定方法。

2. 功率放大器

功率放大器是一种电子放大器，由于信号发生器提供的激励信号主要是包含特定频率成分和作用时间的电压信号，一般能量很小，无法直接推动激振器，必须经过功率放大器进行功率放大后转换为具有足够能量的电信号，驱动激振器工作。

根据负反馈类型不同，功率放大器分为定电压功率放大器和定电流功率放大器。

在激励系统当中，功率放大器主要作用在于提高激振信号的强度。

3.1.1.2　传感系统

传感系统主要包括传感器、适调放大器及有关连接部分。最常用的传感器为压电式传感器。在载荷识别时，也常用应变片测定应变，从而预估载荷。适调放大器的作用是增强传感器所产生的小信号，以便送至分析仪进行测量。

1. 传感器简介

人们通常将能把非电量转换为电量的器件称为传感器。传感器实质上是一种功能块，其作用是将来自外界的各种信号转换成电信号，它是实现测试与自动控制系统的首要环节。

GB/T 7666—2005《传感器命名法及代码》对传感器的定义是：能感受被测量并按照一定的规律转换成可用输出信号的器件或装置，通常由敏感元件和转换元件组成。这个定义包含四层含义：

（1）传感器是一种测量器件或装置。

（2）规定的“被测量”指的是非电量，常见的有物理量、化学量和生物量等。

（3）可用信号指的是把外界非信息转换成与之有确定对应关系的电量输出，如电阻、电流、电压等的变化关系。

（4）“转换”在工业测量中统称传感器，从能量转换角度称为换能器等。

狭义地讲，这里所表示的可用信号就是平时所指的电流、电压、电容、电感、电阻和频率（电脉冲）等电信号。

如果没有传感器对原始参数进行精确可靠的测量，那么，无论是信号转换还是信号处理，或者最佳数据的显示和控制都无法实现。信息技术包括计算机技术、通信技术和传感器技术，所以传感器技术是现代信息技术的主要内容之一。计算机和通信技术发展极快，相当成熟，工程技术人员对此运用自如。但精通而灵活使用传感器技术的工作者却很少，这是因为传感器应用技术都需要使用模拟技术相关知识。

传感器主要由敏感元件和转换元件两部分组成，框图如图 3-2 所示。

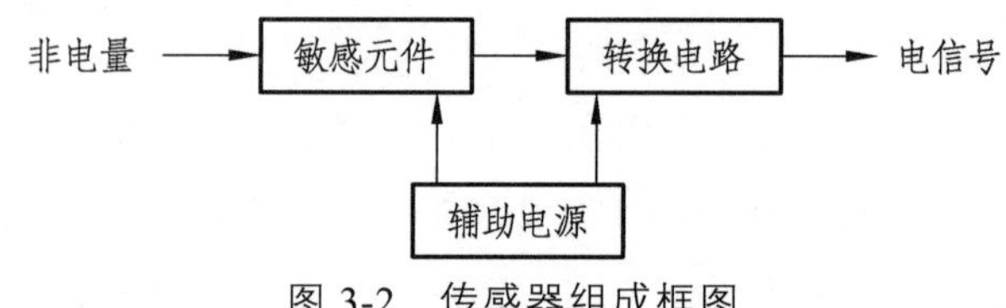

图 3-2　传感器组成框图

在图 3-2 中，敏感元件是指在传感器中直接感受被测量的元件，被测量通过传感器的敏感元件转换成一个与之有确定关系、更易于转换的非电量，这个非电量通过转换元再被转换成电参量。转换电路的作用是将转换元件输出的电参量转换成易于处理的电压、电流或频率量。

有些传感器由敏感元件和转换元件组成，没有转换电路；有些传感器，转换电路不止一个，要经过若干次转换。

常用的传感器种类繁多，本节着重介绍在模态测试系统中常用的压电式传感器。

2. 压电式传感器

压电式传感器是一种基于压电效应而生产制造的一种传感器。压电式传感器是自发电式和机电转换式传感器。该传感器的敏感元件由压电材料制成。压电材料在受到外力作用后表面产生电荷，这些电荷经过电荷放大器和测量电路的放大部分，经过变换阻抗后就成为正比于所受外力的检测电量输出。压电式传感器常用于测量力和能变换为电的非电物理量。

压电式传感器的优点是频带宽、信噪比高、灵敏度高、工作可靠、结构简单和重量轻等。缺点是某些压电材料需要提供防潮措施，而且输出的直流响应差，需要采用高输入阻抗电路或电荷放大器来克服这一缺陷。

压电效应可分为正压电效应和逆压电效应。正压电效应是指当晶体受到某固定方向外力的作用时，内部就产生电极化现象，同时在某两个表面上产生符号相反的电荷；当外力撤去后，晶体又恢复到不带电的状态；当外力作用方向改变时，电荷的极性也随之改变；晶体受力所产生的电荷量与外力的大小成正比。压电式传感器大多是利用正压电效应制成的。逆压电效应是指对晶体施加交变电场引起晶体机械变形的现象，又称电致伸缩效应。用逆压电效应制造的变送器可用于电声和超声工程。压电敏感元件的受力变形有厚度变形型、长度变形型、体积变形型、厚度切变型、平面切变型 5 种基本形式。压电晶体是各向异性的，并非所有晶体都能在这 5 种状态下产生压电效应。例如，石英晶体就没有体积变形压电效应，但具有良好的厚度变形和长度变形压电效应。

在模态检测系统中常用的压电式传感器有以下两种。

1）压电式加速度传感器

图 3-3（a）所示为压缩式压电加速度传感器的结构，压电元件一般由两片压电片组成。在压电片的两个表面上镀银层，并在银层上焊接输出引线，或在两个压电片之间夹一片金属，引线就焊接在金属片上，输出端的另一根引线直接与传感器基座相连。在压电片上放置一个比重较大的质量块，然后用一硬弹簧或螺栓、螺帽对质量块预加载荷。整个组件装在一个厚基座的金属壳体中，为了隔离试件的任何应变传递到压电元件上去，避免产生假信号输出，所以一般要加厚基座或选用刚度较大的材料来制造。

压电式加速度传感器的工作原理如图 3-3（b）所示。

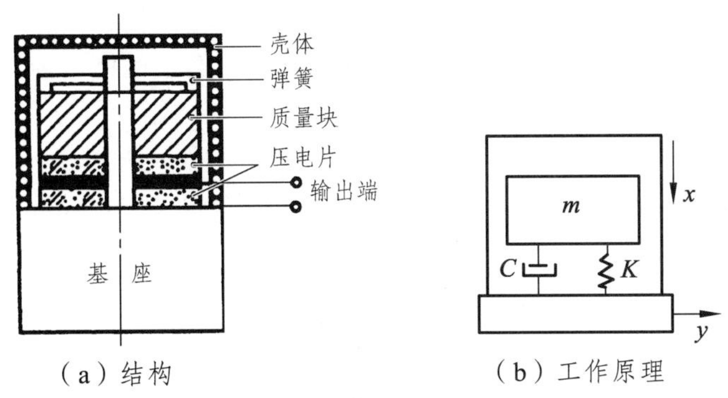

（a）结构　　（b）工作原理

图 3-3　压缩型压电加速度传感器的结构原理

测量时，将传感器基座与试件刚性固定在一起。当传感器感受到振动时，由于弹簧的刚度相当大，而质量块的质量相对较小，可以认为质量块的惯性很小，因此质量块感受到与传感器基座相同的振动，并受到与加速度方向相反的惯性力作用。这样，质量块就有一正比于加速度的交变力作用在压电片上。压电片具有压电效应，因此在它的两个表面上就产生了交变电荷（电压），当振动频率远低于传感器固有频率时，传感器的输出电荷（电压）与作用力成正比，即与试件的加速度成正比。输出电量由传感器输出端引出，输入前置放大器后就可以用普通的测量器测出试件的加速度，如在放大器中加入适当的积分电路，就可以测出试件的振动加速度或位移。

2）压电式测力传感器

压电式测力传感器是利用压电元件直接实现力—电转换的传感器，在拉、压场合，通常较多采用双片或多片石英晶体作为压电元件。其刚度大，测量范围宽，线性及稳定性高，动态特性好。当采用大时间常数的电荷放大器时，可测量准静态力。按测力状态分，有单向、双向和三向传感器，它们在结构上基本一样。

图 3-4 所示为压电式单向测力传感器的结构。

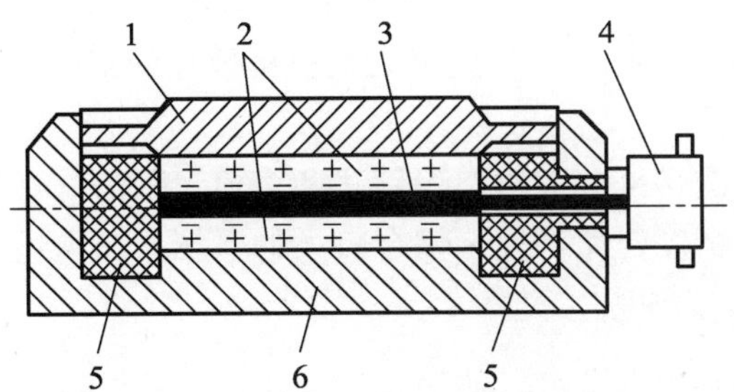

1—传力上盖；2—压电片；3—电极；4—电极引出插头；5—绝缘材料；6—底座。

图 3-4　压电式单向测力传感器的结构

传感器用于机床动态切削力的测量。绝缘套用来绝缘和定位。基座内外底面对其中心线的垂直度、上盖及晶片、电极的上下底面的平行度与表面光洁度都有极严格的要求，否则会使横向灵敏度增加或使片子因应力集中而过早破碎。为提高绝缘阻抗，传感器装配前要经过多次净化（包括超声波清洗），然后在超净工作环境下进行装配，加盖后用电子束封焊。

压电式压力传感器的结构类型很多，但它们的基本原理与结构仍与压电式加速度和力传感器大同小异。突出的不同点是，它必须通过弹性膜、盒等，把压力收集、转换成力，再传递给压电元件。为保证静态特性及其稳定性，通常多采用石英晶体作为压电元件。

3.1.1.3 信号处理部分

信号处理部分的作用是测量与分析由传感器所产生的信号，并对信号进行分析获得需要的信息。其主要作用是分析和显示测试结果。

信号处理分为模拟式和数字式两种。

数字式信息处理系统使用的基本处理技术包括采样和量化、加窗、FFT（快速傅里叶变换)、平均、数字滤波、细化等。涉及的基本问题有采样速率、频率混淆、泄漏、功率谱估计、噪声影响等。

信号处理基本分为信号处理、数学模型建立、模态参数识别、振型模型动画生产等几个过程。

1. 信号处理

目前比较常见的信号处理方法分为频域方法的模态参数识别和时域方法的模态参数识别。

1）频域方法的模态参数识别

根据观测到的输入输出数据建立系统的数学模型，并要求这个数学模型按照一定准则，尽可能精确地反映系统动态特性，称为系统识别。如果系统的数学模型能用一定数量的参数描述，那么系统识别便成为参数识别，又称为参数辨识或参数估计。

模态参数识别的方法分为直接估计法和曲线拟合法。直接估计法认为系统的观测数据是准确的，没有噪声和误差，直接由观测数据求取系统的数学模型。

任何观测数据都有噪声和各种误差，因此现在的系统识别都是建立在最优控制原则上的，按照一定的最优控制准则和算法使实验数学模型和理论数学模型误差最小，从而得到反映系统特性的最优数学模型，在这一含义下的模态参数识别称为曲线拟合法，即用理论曲线去拟合实测曲线，并使之误差最小。在模态参数识别的频域法中，应用最广泛的有最小二乘法（LSE）和加权最小二乘估计（WLSE），最小二乘直接估计的都是线性参数，对非线性参数的估计，需要辅以迭代法。

模态参数识别的频域法又可分为单模识别法和多模识别法。对各模态耦合较小的系统，前者可以达到满意的识别精度；而对模态耦合较大的系统，必须用多模态识别法。

2）时域方法的模态参数识别

时域参数识别法的主要优点是可以使用实测响应信号，无须进行 FFT 分析，因而使用设备简单。

方法主要有：

① Ibrahim 时域法 ITD、STD （20 世纪 70 年代 Ibrahim 发展的方法）；

② 特征系统实现算法 ERA 方法（NASA 发展的方法）；

③ 多参考点最小二乘复指数法 LSCE；

④ 时域直接参数识别 TDPI。

2. 建立结构数学模型

根据已知条件，建立一种描述结构状态及特性的模型，作为计算及识别参数依据。

目前一般假定系统为线性的，所有的数学模型也是在此基础上完成的。

由于采用的识别方法不同，也分为频域建模和时域建模。根据阻尼特性及频率耦合程度分为实模态或复模态模型等。

3. 参数识别

正如前面章节提及的，模态测试最重要的目的是测试结构的模态参数，以便进行优化，因此参数识别是后续数据处理中十分关键的一环。

按识别域的不同可分为频域法、时域法和混合域法。混合域法是指在时域识别复特征值，再回到频域中识别振型。激励方式不同（SISO、SIMO、MIMO），相应的参数识别方法也不尽相同。并非越复杂的方法识别的结果越可靠。对于目前能够进行的大多数不是十分复杂的结构，只要取得了可靠的频响数据，即使用较简单的识别方法也可能获得良好的模态参数；反之，即使用最复杂的数学模型、最高级的拟合方法，如果频响测量数据不可靠，识别的结果一定不会理想。

4. 振形动画

参数识别的结果得到了结构的模态参数模型，即一组固有频率、模态阻尼以及相应各阶模态的振形。

由于结构复杂，由许多自由度组成的振形也相当复杂，必须采用动画的方法，将放大了的振形叠加到原始的几何形状上。让分析者能够比较直观地感受到激振作用下振动发生的情况。

3.1.2　模态测试的基本过程

模态测试主要包括激振、收集信号、信号处理几个过程，所以不管是什么样的激振信号（自然激振除外），基本都会按照以下方式来进行。

3.1.2.1　准备测试设备

1. 试验夹具的选取与设计

通常，振动台面上有许多安装螺孔，试件也有安装固定孔。这两者的孔一般是不一致的。为了将试件牢固地固定于振动台面上，就必须使用夹具。初看起来夹具仅是连接或转接件，似乎很简单，但实际上夹具是一个相当复杂的问题，因为振动夹具不仅要将试件与振动台面连接在一起，而且还要将振动力不失真地传递给试件。

而振动力的传递与频率有关，低频一般比较简单，高频就难了。因为夹具也有共振频率，在夹具共振时，振动力的传递肯定失真。另外，振动夹具的质量还必须尽可能小。

试件安装的第一步是将试件牢固地固定在振动台上，一些小试件或外壳能受力的试件可以用压板、压条固定（注意：根据杠杆原理有支点、加力点和承力点，即必须有三点，否则固定不紧）。较复杂的试件或尺寸较大的试件必须用振动夹具。如果通用夹具能用，可选通用夹具；如果通用夹具不能用，则需设计制造专用振动夹具。

2. 激振设备的安装

控制传感器应安装在控制点上，控制点应选择固定点或尽可能靠近固定点并与固定点刚性连接。可以选在试件与夹具的分离面上，也可以选在夹具与振动台的分离面上。选在试件与夹具分离面上比较合理，排除了夹具对振动传递造成的影响，但控制点是用来取得反馈信号以测量试件运动和验证试验要求的点，它可以是单个点，也可以是多个点（多点控制时的控制点是用人工和自动方法综合处理各控制点信号而建立起来的一个假设点）。

激振设备的安装是极为重要的，安装不好将直接影响试验的结果。

所以，激振设备除了必须选择质量高的加速度计。安装方式可以用螺钉固定，为了防止干扰，通常在激振设备下面加上绝缘块（玻璃钢或夹布胶木），用两个分离的螺钉分别固定绝缘块和加速度计。也可以用胶黏结，黏结不破坏夹具或台面，但连接强度不如螺接，振动量级不太大（小于 20 g）时可使用。

激振设备安装好之后，将导线连接好，并将导线用胶布固定在试件或夹具上，避免导线头和加速度计产生相对运动（若导线头与激振设备有相对运动时易松动），容易产生干扰，而且导线头容易松动。

试件与夹具或夹具与振动台面连接点都称为固定点（通常是紧固试件的地方）。固定点一般多一些好，同一平面最少应均布四个孔。连接时，螺栓紧固最好采用测力扳手，扭转力矩根据振动台说明书决定，扭转力矩太大会损坏振动台面的螺纹孔，扭转力矩太小固定不紧。如果振动台使用说明书未给出这样的数据，则可以使用弹簧垫圈，以弹簧垫圈压平为紧固的标准（根据经验）。

3. 测量加速度计的安装

测量加速度计的安装与激振设备的安装类似，但测量点必须选在试件刚性较大的地方，否则测出的振动可能是局部振动，并不反映测点总体的振动情况。

4. 控制仪的设置

模态试验控制仪有多种多样，试验前为将仪器设置好，一般先要了解清楚试验条件。首先设置频率的上下限，然后设置扫描方式（对数还是线性，从下向上扫，还是从上向下扫，或是来回扫）、扫描次数、扫描速度（dec/min 或 Hz/s）或扫描一次的时间。接着设置试验量级，先设置交越点而后设置试验量级（位移、速度或加速度）。最后设置压缩速度或压缩速率，这是比较难选择的内容，压缩速度太快会出现控制不稳定，当外界一有变化，控制仪立刻做出反应，很快改变输出，常常会把振动台压死（不振）。反之，压缩速度太慢，则振动控制往往容易超差。因此，必须选择合理的压缩速度。而它又与许多因素有关，如扫描速度、试验频率特性、可允许的失真度、从动滤波器带宽、最低扫描频率等。所以，无法用简单的方法来确定合理的压缩速度。许多仪器都设有自动压缩功能，能满足低频压缩速度低而高频压缩速度高的特点。

控制允差和保护限的设置也是控制仪设置的一项重要内容。目前许多试验条件并没有给允差限，然而，试验误差是客观存在的，GB/T 2423.10—2019《环境试验 第 2 部分：试验方法 试验 F_C：振动（正弦）》对正弦试验误差的规定见表 3-1。

表 3-1　正弦振动的试验容差

频率容差	低于 5 Hz（±20%或 0.05 Hz） 5～50 Hz（±1 Hz） 高于 50 Hz（±2%）
幅值容差	±15%扫描率 1 倍频程/min

5. 试验系统的导通

无论是控制系统或测量系统，为确保试验的正常进行，必须在试验前对各系统进行导通，保证控制回路、测量通道都是畅通的。各系统均有多个仪器用导线连接而成，连接是否可靠，可以从外观检查，如接头是否拧紧、电源插头是否插好。

常用的方法是敲击加速度计附近的区域，从仪器上看是否有反应，反应是否正常。若系统连接有问题，或其中某台仪器没打开，都可以被发现。导通也可以用别的办法，如有些功放自身带有信号发生器，也可以开环给振动台和试件一个单频小振动（小于试验条件的 1/4 量级），观察各仪器的指示和反应判断是否正常。

6. 试验准备工作的总检查

试验准备工作就绪以后，必须对各项试验工作进行一次总检查，对每一项准备工作进行评价，这在大型试验中尤为重要。大型试验一般安装复杂，测点多，因此总检查是十分必要的。例如，测量系统、加速度计的安装、加速度计与电荷放大器的连接、电荷放大器与记录仪的连接、电荷放大器灵敏度的设置、输出挡位设置、高低通滤波器的设置等都需要专人负责，并由另一专人负责校对，最后进行总检查。测点一多，只要错一个环节，可能造成整个测量不准确。经验证明，即使有专人设置、校对、总检查，如果稍不注意，仍会出现错误。

实际试验中可将容差限设置为报警限，试验中止限应比报警限更大。为保证试件的安全，先进的仪器有许多保护功能，如开路保护（无反馈信号时立即停机），－20 dB 输出（最大输出为 1 V），控制量级超过规定值的多少分贝（dB）值就停机等。

控制仪的设置是试验的重要环节，一旦试验开始，整个试验将按设置的内容进行，设置错了，试验也就错了。设置时必须对每项要设置的内容非常清楚，设置完后必须有专人校对。确认无误后，才开始试验。

3.1.2.2　预试验

在正式试验之前要进行预试验。预试验的目的有两个：一是振动试验本身需要了解各系统的配合情况，需要知道试件初始的振动响应值；二是振动试验中有时还要对试件性能进行测试，试件的测试往往由试件生产部门负责。因此，在正式试验前有必要进行联合试验。观察各系统一起工作有无相互干扰问题。如果有，必须在正式试验前排除。

（1）对试件进行检查和机械、电性能的检测。在试验前必须对试件的原始状态进行检查和详细记录。

（2）初始振动响应检查。使用正式试验的 1/4 频级，用 1 倍频程/min 扫描率，进行正弦扫描试验，试验时记录全部测试结果。试件同时工作并进行测试，如果试件工作时影响机械振动特性，应将试件处于不工作状态，再进行一次扫描预试验。

由于预试验是在小量级下进行的，如果需要，可以多次重复，直至达到预试验目的为止。

3.1.2.3 正式试验

正式试验应严格按照试验条件和试验任务书的要求进行。正式试验必须统一指挥，分工明确。试验中指派专人负责观察试件，了解试件在整个试验中的变化并进行记录。

3.1.2.4 最终的振动响应检查

在正式试验结束后，再进行一次附加的振动响应检查，方法与初始振动响应检查一样，以便对比试验前后的振动特性，从而初步确定试验之后是否有损伤。

一般需进行 x，y，z 三个方向的试验，通常依次进行，每个方向均应重复上述步骤。

3.1.2.5 试验善后工作

当全部试验内容进行完之后，观察试验结果及测试数据（包括振动和试件性能参数）。若比较满意，即可清理现场，将测试导线收好，取下表面的加速度计并清洗装盒，把试件从振动台上取下，恢复试验前状态，准备下次试验。

3.1.2.6 数据和结果整理并编写试验报告

凡是试验中测试的数据都需要进行整理，判断其是否正常，有疑问的数据要讨论是否取舍，所有数据、表格、曲线均应签名并校对。

将试验测试所使用的设备、参数以及最后的结果如实、详尽地记录下来，并编写试验报告。

3.2 测试结构的支撑方式

试验结构分为原型和模型两种，对于已有的不很特殊的结构，可采用试验原型。对图纸阶段的结构或特殊结构，如超大、超重或超小超轻结构，只能采用模型试验。采用试验模型时，需要根据相似理论制作模型，不仅几何相似，还要考虑动力相似。

不管是原型还是模型试验，试验结构边界条件都是要考虑的重量因素，不同边界条件的结构特性可能完全不同。如一个自由梁与一个悬臂梁或简支梁的振动特性完全不同。因此，必须要正确模拟被测结构的边界条件。

从力学意义上考虑，边界条件可分为几何边界、力边界条件、运动边界条件等。在模态实验中，对系统固有特性影响最大的是几何边界条件，即试验结构的支撑条件。支撑条件一般是有自由支撑、固定支撑、原装支撑。

如果被测结构是完整的，则模态试验中的边界条件也应是完整的，即应以模拟结构实际工作状态为原则。如果采用模态综合法将被测结构分为子结构来进行模态试验，则边界条件就以模态综合法的要求确定。

目前常用的支撑有自由支撑、固定支撑、原装支撑几种。

1. 自由支撑

自由支撑这种支承方式意味着试验结构的任一坐标点都与固定部件不相连。因为有些振动结构的工作状态为自由状态，如空中飞行的飞机、火箭、导弹、卫星等，这类结构在做整体模型试验时，要求具有自由边界条件。

事实上，很难达到完全自由的约束状态。为此采用的支撑应尽量柔软，即具有较低的支撑刚度和阻尼。这样的支撑称为自由支撑。经常采用的方式有橡皮绳悬挂、弹簧悬挂、气垫支撑、空气弹簧支撑、螺旋弹簧支撑等。采用自由支撑后，相当于给结构增加了柔软约束，刚体模态频率不再是零，弹性模态也会受到影响。但由于自由支撑的刚度、阻尼较小，结构的弹性模态不会受到很大的影响。

比如，刚性体模态最高频率占到结构最低弹性模态固有频率的 1/3 时，自由支撑对结构最低弹性模态固有频率的影响只有 1%，故自由支撑一般能达到较好的效果。如果将自由支撑点选在结构上关心模态的节点附近，并使支撑体系与该阶模态主振动方向正交，则自由支撑对该阶模态的影响将达到最理想的效果。

有些边界条件非完全自由而受到弱约束的结构也可以采用自由支撑。如汽车、摩托车、自行车、轮船等，所受的约束相对于结构自身刚度来说小得多了。这类结构采用自由支撑也是适当的。运用模态综合法研究子结构模态特性时，经常采用自由支撑。

2. 固定支撑

固定支撑用于结构承受刚性约束的情形，故又称刚性支撑（或地面支撑），如高层建筑、大坝的模型试验需要采用固定支撑。许多具有刚性基础的机械结构也应采用刚性支撑。

固定支撑要求支撑具有较大的刚度和质量，才能减小对结构高阶模态的影响。一般以实测支撑系统的最低固有频率大于所关心的结构最高固有频率的 3 倍为参考标准。

运用模态综合法研究子结构模态特性时，有时也采用固定支撑。

值得注意的是，这种支撑方式认为连接点的速度导纳为零，在模态分析时，删去适当的坐标，即可完成理论分析。实际上，由于连接点及基础不可能保持绝对刚性，因而与零导纳的假设有一定距离，只有在测量基础构件本身在整个频响函数测量的频率范围内，其导纳值（包括转动模态）比试验结构在连接点相应的导纳小得多时，这种假设才能成立。

采用固定支承时，必须注意连接部位，不能由于连接体的引入，而引起局部刚度的增强。可以采用拆卸和重新安装试验构件，对试验数据的重复性进行校核的办法来检验安装是否良好。对用激振器进行激励的构件，也可用类似办法进行校核。

3. 原装支撑

原装支撑是广泛应用的一种支撑方式。事实上，自由支撑和固定支撑都是原装支撑的特殊情况。对完整结构来说，原装支撑是最优边界模拟。

在现场模态试验中，实际安装中的结构原型便具有最优原装支撑，无须做任何变动。在实验室实验中，则要尽量模拟现场的安装条件。对某些放置于地面上的结构（如各种车辆），在实验室进行模态试验时，完全可以自由地置于地面上进行测试，这类结构自身的支撑系统已做到能较好地模拟实际边界条件。

另外，大多数模态实验是在静态下进行的，即被测结构处于静态。有些结构在静、动态下的特性相差较多，如具有滑动轴承的转子，欲获得结构在动态下的固有特性，应在运行状态下进行模态实验，如果结构静、动态特性的差异只由边界条件决定，也可在静态下模拟动态边界条件，但往往是困难的。

以上三种支撑方式并无优劣之分，而是视具体问题而定。对完整结构而言，事实上应尽量做到原装支撑。

3.3 频响函数的测试

频响函数的全名为频率响应函数。频响函数是复函数，它是被测系统的动力学特征在频域范围的描述，其实就是被测系统本身对输入信号在频域中传递特性的描述。因此，频响函数对结构的动力特性测试具有特殊重要的意义。接下来主要介绍频响函数测试技术的基本要点。

3.3.1 频响函数测定的标准信号

测定频响函数的方法：用标准信号输入测出其输出信号，从而求得需要的特性。

输入的标准信号有正弦信号、脉冲信号和阶跃信号。

1. 正弦信号

正弦信号是频率成分最为单一的一种信号，因这种信号的波形是数学上的正弦曲线而得名。所有的信号都可以由多个正弦信号叠加得到，因此它在工程中有着极为广泛的应用。图3-5所示为两个频率不同的正弦信号叠加得到一个新的信号。

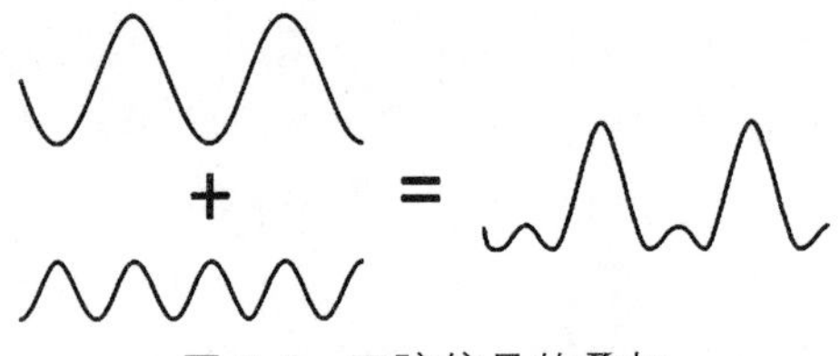

图 3-5　正弦信号的叠加

正弦信号作为一种基本信号，它具有非常有用的性质。

（1）两个同频率的正弦信号相加，虽然它们的振幅与相位各不相同，但相加的结果仍然是原频率的正弦信号。

（2）如果有一个正弦信号的频率 f_1 等于另一个正弦信号频率 f 的整数倍，即 $f_1 = nf$，则其合成信号是非正弦周期信号，其周期等于基波（上面那个频率为 f 的正弦信号称作基波）的周期 $T = 1/f$，也就是说合成信号是频率与基波相同的非正弦信号。

（3）正弦信号对时间的微分与积分仍然是同频率的正弦信号。

以上这些优点给运算带来了许多方便，因而正弦信号在实际中作为典型信号或测试信号而获得广泛应用。

根据上述特点及式（3-1）作为理论依据，可以很好地进行结构频响函数的测定。

$$H(\mathrm{j}\omega)=\frac{Y(\omega)}{X(\omega)} \tag{3-1}$$

具体操作方法：根据需求对信号进行分解，形成各种频率的正弦信号，然后再将各种频率的正弦信号作为测试系统的输入信号，通过传感系统检测系统的输出信号。接着对输入和输出进行数据分析，作出对应频率成分的输出与输入信号的幅值比（幅频特性）和相位差（相频特性）。

利用正弦信号测定频响函数是最为精确的方法，但是这种方法的缺点是效率低，太麻烦。在实际操作中可用慢扫频正弦信号输入，慢到使每次输出达到稳定状态。

2. 脉冲信号

脉冲通常是指电子技术中经常运用的一种像脉搏似的短暂起伏的电冲击（电压或电流）。主要特性有波形、幅度、宽度和重复频率。脉冲信号就是具有脉冲特性的信号。

在正弦信号频响函数分析的基础上，引入脉冲信号，则 $X(\omega)$ 在任何频率范围都是常数，甚至等于 1，则有频响函数与输出信号一致，如式（3-2）所示。

$$H(\mathrm{j}\omega)=Y(\omega) \tag{3-2}$$

理论上频谱为 1 的时域信号是单位脉冲函数，但在实际工作中这种信号难以获得，就算获得出来能量太小，也难以对实际物理系统产生影响。

因此目前最常用的脉冲信号是半正弦信号。

图 3-6 所示为一个半正弦波信号，其中图（a）为时域波形，图（b）为频域波形。

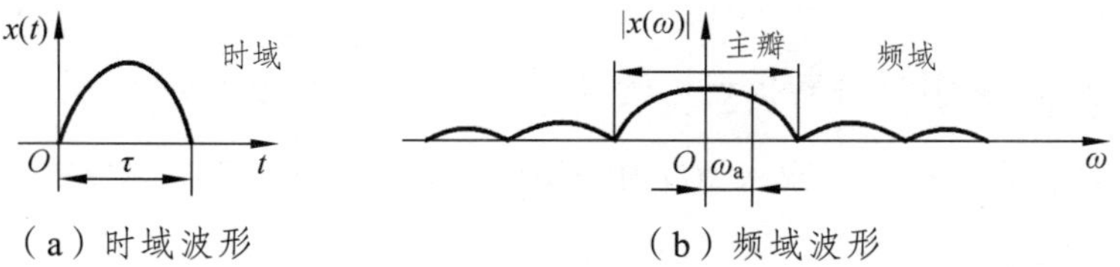

（a）时域波形　　（b）频域波形

图 3-6　正弦波信号

正弦脉冲在时域所占的宽度 T 越窄，其频域 sinc 函数的主瓣所占的宽度就越大，同时主瓣高度越低，就越显得平坦。假如选取 ω_a 以下频段作激励输入，可近似认为在此频段内的频谱值是常数。则系统输出信号在此频段内的频谱就可近似认为是系统的频响函数。如果测试较宽频带的系统频响函数，则要用极窄的脉冲激励。

利用这种近似脉冲信号的方式，就可以较为容易地根据需求获得所需频域的频响函数。

3. 阶跃信号

和上述两种信号不同的是，阶跃信号激励是用来测量系统频响函数中的决定性参数，如结构的固有频率 ω_n 和阻尼率 ζ 。

以一阶系统为例，其运动微分方程式为

$$c\frac{\mathrm{d}y(t)}{\mathrm{d}t}+ky(t)=k_1x(t) \tag{3-3}$$

在静态时有 $\frac{\mathrm{d}y(t)}{\mathrm{d}t}=0$，所以 $S=\frac{k_1}{k}$ 代表其静态灵敏度，式（3-3）可以转换为

$$\frac{c}{k}\cdot\frac{\mathrm{d}y(t)}{\mathrm{d}t}+y(t)=Sx(t) \tag{3-4}$$

令 $\tau=\frac{c}{k}$，该参数为结构系统的时间常数，这时式（3-3）变成式（3-5）

$$\tau\frac{\mathrm{d}y(t)}{\mathrm{d}t}+y(t)=Sx(t) \tag{3-5}$$

根据前面提及的方法，求出系统的频响函数为

$$H(\mathrm{j}\omega)=\frac{Y(\omega)}{X(\omega)}=\frac{S}{\mathrm{j}\tau\omega+1} \tag{3-6}$$

该系统的对数幅频特性曲线如图 3-7 所示

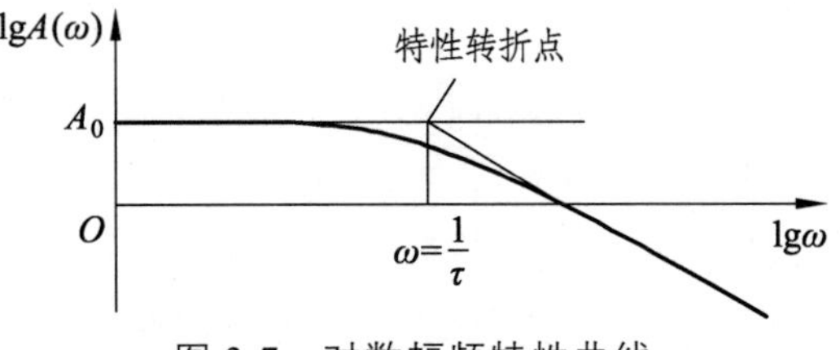

图 3-7　对数幅频特性曲线

由图可见，$\omega=\frac{1}{\tau}$ 是其特性转折点，所以 τ 是系统重要参数。

阶跃信号如图 3-8 所示，在输入 $x(t)$ 为 $t=0$ 时，代入式（3-5），求解方程得

$$y(t)=S(1-\mathrm{e}^{-t/\tau}) \tag{3-7}$$

根据式（3-6）可以得到不同 τ 下系统的响应，如图 3-9 所示，由此可以看出时间常数表达了系统对阶跃输入的响应速度。

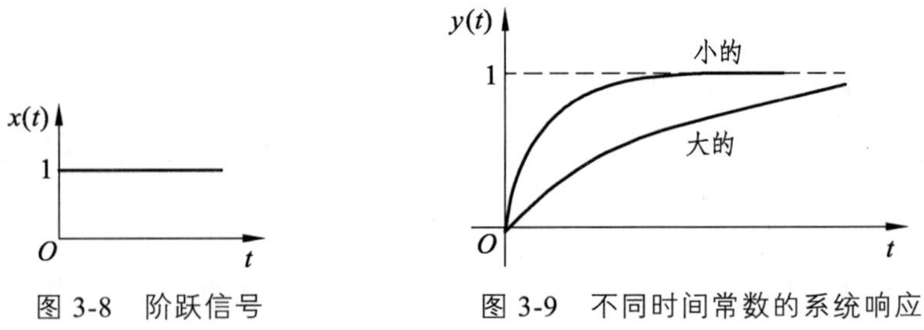

图 3-8　阶跃信号　　图 3-9　不同时间常数的系统响应

那么，如何求取系统参数 τ 呢？由试验求出系统响应函数，如图 3-10 所示。

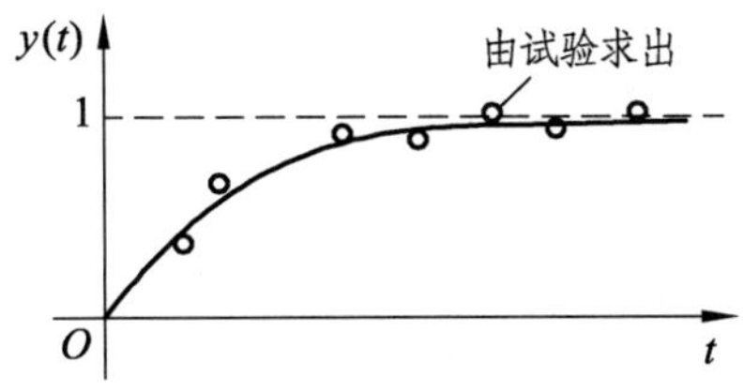

图 3-10　试验求出系统响应函数

然后将式（3-6）改为

$$1-\frac{y(t)}{S}=\mathrm{e}^{-t/\tau} \tag{3-8}$$

令 $Z=\ln\left[1-\frac{y(t)}{S}\right]$，则有

$$Z=-\frac{t}{\tau}$$

由图 3-10 得到的图形如图 3-11 所示。

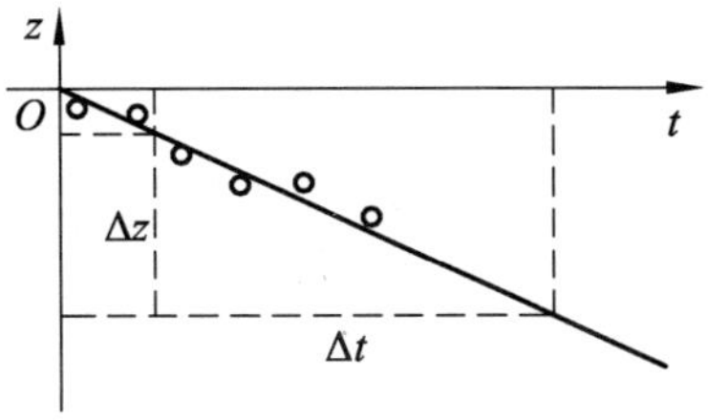

根据图 3-11 可以求出

图 3-11　转换图形

$$\tau=-\frac{\Delta t}{\Delta Z} \tag{3-9}$$

结构特性的二阶系统输入输出关系式为

$$m\frac{\mathrm{d}^2y(t)}{\mathrm{d}t^2}+c\frac{\mathrm{d}y(t)}{\mathrm{d}t}+ky(t)=k_1x(t) \tag{3-10}$$

对阶跃输入的响应如图 3-12 所示。

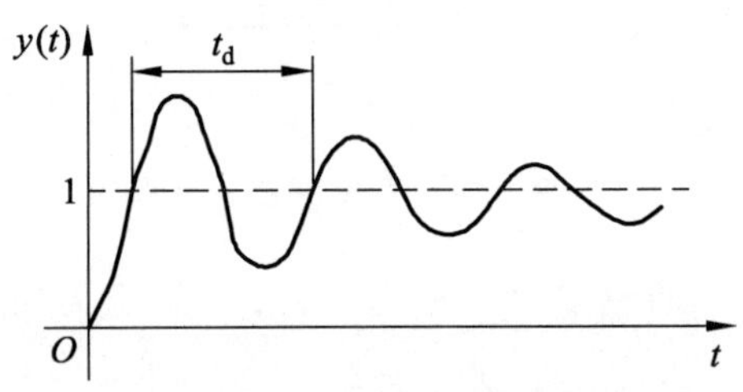

图 3-12　二阶系统的阶跃响应

根据图 3-12 可以求出系统的响应函数为

$$y(t)=1-\frac{\mathrm{e}^{-\zeta\omega_{\mathrm{n}}t}}{\sqrt{1-\zeta^2}}\sin\left(\omega_{\mathrm{n}}\sqrt{1-\zeta^2}t+\arctan\frac{\sqrt{1-\zeta^2}}{\zeta}\right) \tag{3-11}$$

这一阶跃响应函数的瞬态响应是 $\omega_n\sqrt{1-\zeta^2}$ 角频率作衰减振荡，将此角频率记为 ω_{d}，称为有阻尼固有角频率。

对式（3-9）所示的响应函数求极值，即可找到各振荡峰值所对应的时间 $t_{\mathrm{p}}=0,\frac{\pi}{\omega_{\mathrm{d}}},\frac{2\pi}{\omega_{\mathrm{d}}},\cdots$

将 $t=\dfrac{\pi}{\omega_d}$ 代入上式，即可求得最大过冲量 M 和阻尼的关系。

$$M=\exp\left[-\left(\frac{e^{-\zeta\omega_n t}}{\sqrt{1-\zeta^2}}\right)\right] \tag{3-12}$$

或

$$\zeta=\sqrt{\frac{1}{\left(\dfrac{\pi}{\ln M}\right)^2+1}} \tag{3-13}$$

式中，M 可以通过测试得到，然后根据式（3-12）或者式（3-13）可以获得系统重要模态参数 ζ。

3.3.2 频响函数的标定

目前频响函数的测量，在大多数情况下仍然采用的是加速度导纳测重。若分别对加速度和力进行标定，将是十分困难的。但加速度导纳的倒数为视在质量（即为物体质量），这是一种易测量且很稳定可靠的物理量，为此加速度导纳的标定可按图 3-13 所示的装置进行。

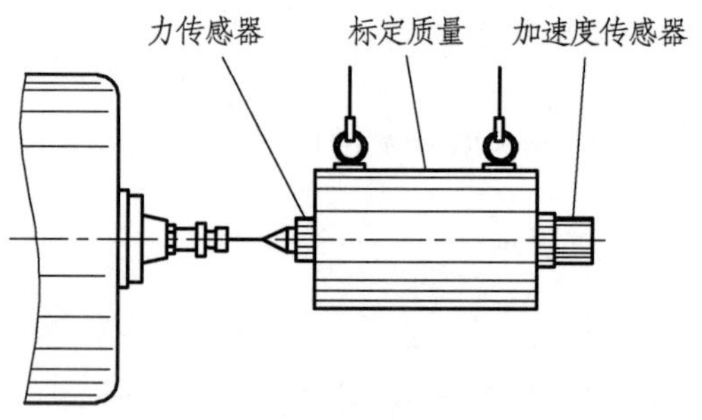

图 3-13 加速度传感器标定装置

若信号分析仪的两个输入通道中的 1 通道为力，2 通道为加速度响应，其输入电平分别为 V_f 和 $V_{\ddot{x}}$。

根据测试原理可得：

$$V_f=S_f f\ ,$$

$$V_{\ddot{x}}=S_{\ddot{x}}\ddot{x}\ ,$$

$$\ddot{x}/f=(V_{\ddot{x}}/V_f)(S_f/S_{\ddot{x}})=\frac{1}{S}(V_{\ddot{x}}/V_f) \tag{3-14}$$

式中，$S_{\ddot{x}}$ 为加速度计灵敏度；S_f 为力灵敏度；S 为整个系统标定的灵敏度。

若标定用的质量块为 10 kg，截取信号如图 3-14 所示。

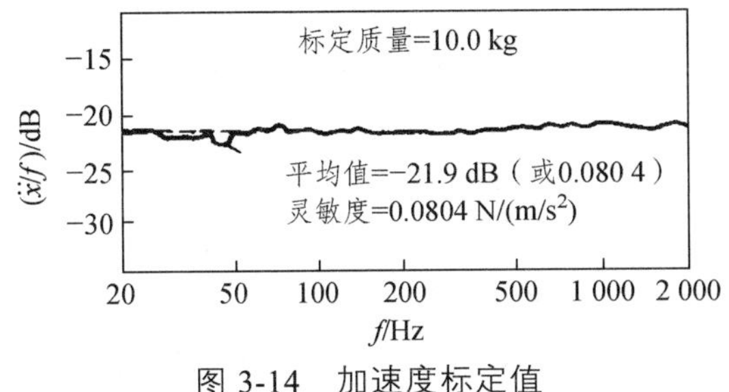

图 3-14　加速度标定值

根据计算得出由信号分析仪测得的加速度导纳值在一定频率范围内的平均值为 0.080 4 dB，由式（3-12）可标定系统的灵敏度为

$$S = \frac{V_{\ddot{x}} f}{V_f \ddot{x}} = 0.080\ 4 \times 10 = 0.804 \left(\frac{\mathrm{N}}{\mathrm{m/s^2}} \right) \tag{3-15}$$

3.3.3　附加质量与刚度的消除

在模态测试时，由于传感器与激振器的影响，往往增加了测试系统的附加质量及附加约束。对小的测试构件，这种影响会引起较大的测试误差，直接影响到频响函数的准确性，所以附加质量与刚度必须加以消除。

特别是在自由模态测试，被测结构应当处于类似于“悬浮”的自由状态。然而实践中，这种状态很难实现，通常会采用柔软的绳索或软弹簧等对被测结构进行悬挂支承，近似模拟自由边界条件。显然，悬挂支承会给测试结构引入附加刚度，进而影响所测量频响函数的精度，尤其对于较为柔软的结构体，影响十分明显。此外，测试中采用的加速度传感器附加质量也会对测量产生一定的误差影响。对于大型的测试结构，由于传感器质量相对较小，其附加质量影响不大，通常在测试过程中被人为地忽略。但是对于轻巧、小型的结构件，传感器引入的附加质量影响非常显著。尤其使用多个传感器进行测量时，测量的频响函数包含的误差会非常大，在使用这些频响函数进行后续分析之前有必要对传感器引入的附加质量影响进行消除。

消除方法有比较多，这里简要介绍一种。

设原系统的运动微分方程为

$$\boldsymbol{M}_0 \ddot{\boldsymbol{x}} + \boldsymbol{C}_0 \dot{\boldsymbol{x}} + \boldsymbol{K}_0 \boldsymbol{x} = \boldsymbol{0} \tag{3-16}$$

引入附加质量与刚度为

$$\Delta \boldsymbol{M} = \boldsymbol{M} - \boldsymbol{M}_0 \tag{3-17}$$

$$\Delta \boldsymbol{K} = \boldsymbol{K} - \boldsymbol{K}_0 \tag{3-18}$$

不考虑阻尼特性的变换，并且假定系统为比例阻尼系统，则有 $\boldsymbol{C}_0 = \boldsymbol{C}$ 。

若带有附加影响的系统固有振型矩阵为 $\boldsymbol{\Phi}$ ，模态质量矩阵为 $\boldsymbol{M}_{\mathrm{w}}$ ，刚度矩阵为 $\boldsymbol{K}_{\mathrm{w}}$ ，测得的固有频率为 $\boldsymbol{\Omega}$ ，由振动理论可知

$$\boldsymbol{\Phi}^{-1}\boldsymbol{M}^{-1}\boldsymbol{K}\boldsymbol{\Phi}=\boldsymbol{\Omega}^2$$
$$\boldsymbol{M}_{\mathrm{w}}=\boldsymbol{\Phi}^{\mathrm{T}}\boldsymbol{M}\boldsymbol{\Phi} \tag{3-19}$$
$$\boldsymbol{K}_{\mathrm{w}}=\boldsymbol{K}^{\mathrm{T}}\boldsymbol{M}\boldsymbol{\Phi}$$

则有

$$\begin{aligned}\boldsymbol{M}_0{}^{-1}\boldsymbol{K}_0&=(\boldsymbol{M}-\Delta\boldsymbol{M})^{-1}(\boldsymbol{K}-\Delta\boldsymbol{K})\\&=[\boldsymbol{M}^{-1}\boldsymbol{M}-\boldsymbol{M}^{-1}\Delta\boldsymbol{M}]^{-1}\boldsymbol{M}^{-1}\boldsymbol{K}[\boldsymbol{K}^{-1}\boldsymbol{K}-\boldsymbol{K}^{-1}\Delta\boldsymbol{K}]\\&=[\boldsymbol{I}-\boldsymbol{M}^{-1}\Delta\boldsymbol{M}]^{-1}\boldsymbol{M}^{-1}\boldsymbol{K}[\boldsymbol{I}-\boldsymbol{K}^{-1}\Delta\boldsymbol{K}]\end{aligned} \tag{3-20}$$

根据式（3-16）进一步可得

$$\begin{aligned}&\boldsymbol{M}^{-1}\boldsymbol{K}=\boldsymbol{\Phi}\boldsymbol{\Omega}^2\boldsymbol{\Phi}^{-1},\\&\boldsymbol{M}^{-1}=\boldsymbol{\Phi}\boldsymbol{M}_{\mathrm{w}}^{-1}\boldsymbol{\Phi}^{\mathrm{T}},\\&\boldsymbol{K}^{-1}=\boldsymbol{\Phi}\boldsymbol{K}_{\mathrm{w}}^{-1}\boldsymbol{\Phi}^{\mathrm{T}},\\&\boldsymbol{M}_0^{-1}\boldsymbol{K}_0=\boldsymbol{\Phi}\boldsymbol{B}\boldsymbol{\Phi}^{-1}\end{aligned} \tag{3-21}$$

式中

$$\begin{aligned}&\boldsymbol{B}=[\boldsymbol{I}-\boldsymbol{M}_{\mathrm{w}}^{-1}\Delta\boldsymbol{M}_{\mathrm{w}}]^{-1}\boldsymbol{\Omega}^2[\boldsymbol{I}-\boldsymbol{K}_{\mathrm{w}}^{-1}\Delta\boldsymbol{K}_{\mathrm{w}}]\\&\Delta\boldsymbol{M}_{\mathrm{w}}=\boldsymbol{\Phi}^{\mathrm{T}}\Delta\boldsymbol{M}\boldsymbol{\Phi}\\&\Delta\boldsymbol{K}_{\mathrm{w}}=\boldsymbol{\Phi}^{\mathrm{T}}\Delta\boldsymbol{K}\boldsymbol{\Phi}\end{aligned} \tag{3-22}$$

因为 $\Delta\boldsymbol{M}$ 和 $\Delta\boldsymbol{K}$ 可以根据实验测定，所以 $\Delta\boldsymbol{M}_{\mathrm{w}}$ 与 $\Delta\boldsymbol{K}_{\mathrm{w}}$ 也可以得出。

解矩阵 $\boldsymbol{B}$ 的特征值问题，并记矩阵 $\boldsymbol{B}$ 的特征向量矩阵为 $\boldsymbol{\Phi}$，特征值矩阵为 $\boldsymbol{\Lambda}^2$，则有

$$\boldsymbol{B}=\boldsymbol{\Phi}\boldsymbol{\Lambda}^2\boldsymbol{\Phi}^{-1} \tag{3-23}$$

$$M_0{}^{-1}K_0=\boldsymbol{\Phi}\boldsymbol{\Lambda}^2\boldsymbol{\Phi}^{-1}=(\boldsymbol{\Phi}\boldsymbol{\Phi}')\boldsymbol{\Lambda}^2(\boldsymbol{\Phi}\boldsymbol{\Phi}')^{-1} \tag{3-24}$$

可见 $\boldsymbol{\Lambda}^2$ 就是矩阵 $\boldsymbol{M}_0{}^{-1}\boldsymbol{K}_0$ 的特征值矩阵，$\boldsymbol{\Phi}\boldsymbol{\Phi}'$ 为 $\boldsymbol{M}_0{}^{-1}\boldsymbol{K}_0$ 的特征向量矩阵，因而 $\boldsymbol{\Lambda}$ 就是原系统的固有频率矩阵，$\boldsymbol{\Phi}\boldsymbol{\Phi}'$ 就是其对应的固有振型矩阵。

记 $\boldsymbol{M}_{\mathrm{OW}}$、$\boldsymbol{K}_{\mathrm{OW}}$ 为原系统的模态质量和模态刚度矩阵，则有

$$\boldsymbol{M}_{\mathrm{OW}}=(\boldsymbol{\Phi}\boldsymbol{\Phi}')^{T}\boldsymbol{M}_0(\boldsymbol{\Phi}\boldsymbol{\Phi}')=\boldsymbol{\Phi}'^{\mathrm{T}}\boldsymbol{\Phi}^{\mathrm{T}}\boldsymbol{M}_0\boldsymbol{\Phi}\boldsymbol{\Phi}' \tag{3-25}$$

由 $\boldsymbol{\Phi}_{\mathrm{M}}^{\mathrm{T}}\boldsymbol{\Phi}=\boldsymbol{M}_{\mathrm{W}}$ 两边左乘 $\boldsymbol{\Phi}'^{\mathrm{T}}$，右乘 $\boldsymbol{\Phi}'$ 得

$$\boldsymbol{\Phi}'^{\mathrm{T}}\boldsymbol{\Phi}^{\mathrm{T}}[\boldsymbol{M}_0+\Delta M]\boldsymbol{\Phi}'\boldsymbol{\Phi}=\boldsymbol{\Phi}'^{\mathrm{T}}\boldsymbol{M}_{\mathrm{W}}\boldsymbol{\Phi}' \tag{3-26}$$

$$\boldsymbol{M}_{\mathrm{OW}}+\boldsymbol{\Phi}'^{\mathrm{T}}\boldsymbol{\Phi}^{\mathrm{T}}\Delta\boldsymbol{M}\boldsymbol{\Phi}'\boldsymbol{\Phi}=\boldsymbol{\Phi}'^{\mathrm{T}}\boldsymbol{M}_{\mathrm{W}}\boldsymbol{\Phi}' \tag{3-27}$$

即有

$$\boldsymbol{M}_{\mathrm{OW}}=\boldsymbol{\Phi}'^{\mathrm{T}}[\boldsymbol{M}_{\mathrm{W}}-\Delta\boldsymbol{M}_{\mathrm{W}}]\boldsymbol{\Phi}' \tag{3-28}$$

此时便很容易看出

$$\boldsymbol{K}_{\mathrm{OW}}=\boldsymbol{M}_{\mathrm{OW}}\boldsymbol{\Lambda}^2 \tag{3-29}$$

至此，消除了附加质量和附加刚度的影响，并求得了原系统的模态参数。

3.4　激励装置

在前面介绍过，在工程结构的模态测试过程中，被测结构是需要被激励的。因而不仅要对被测结构进行测振，还需其振动源。在激振的条件下，通过测振仪器系统即可测得被测结构在某种振动状态下的动力参数。

3.4.1　激励装置概述

振源通常可分为两种：一种是环境自然振源，如地面脉动、气流所致的振动、地面爆破以及动力设备、运输设备和起重设备等在运行中产生的振动等。另一种则是人工激振。本章重点介绍人工激振。

激振设备和测振仪器的性能指标主要有：

（1）频率范围：指在灵敏度为一常量或不超过某一允许值时，所对应的仪器可使用的频率范围。若超出这一范围，输出信号即要失真。此时要用仪器的频率响应曲线加以修正。

（2）动态线性范围：指输出信号与输入信号呈线性关系时，所对应的输入信号幅值的范围，即当灵敏度为一常量时，所对应的输入信号幅值的范围。因而它是针对输入幅值而言的。

（3）相位差：指输出信号与输入信号波形的相位差。测量时要使得输出与输入没有相位差，或其相位差为一定值，不随振动频率的变化而变化，或相位差随振动频率线性变化。否则输出波形将发生畸变而失真。

（4）抗干扰能力：指仪器对外界环境的抗干扰能力，如对外界的磁场、温度、电压等环境干扰的敏感程度。

（5）灵敏度：指输出信号与输入信号之比。它有两种含义：一种是对两种仪器而言，当相同输入时，输出较大的仪器灵敏度较高；另一种是对单个仪器而言，当输入某一量时，输出量发生改变，此输出与输入之间的关系系数也为灵敏度，此类又称为放大系数。

此外，要求仪器体积要尽量小，重量尽量轻，这样更能反映测点的振动。

3.4.2　激振设备

3.4.2.1　激振设备的组成

通常激振设备系统由如图 3-15 所示的三部分组成。

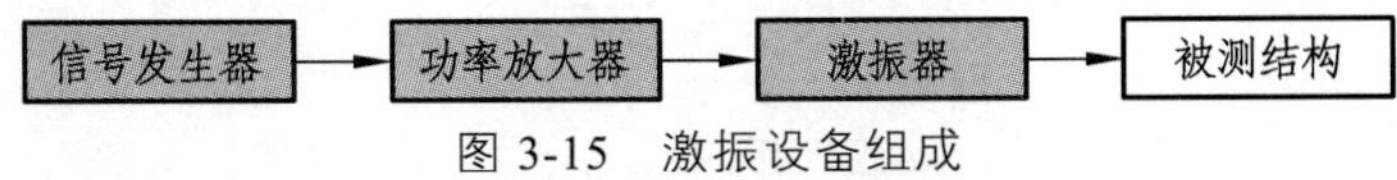

图 3-15　激振设备组成

人工激振中采用激振设备来对被测结构物进行激振的方法其优点是：由人工控制，比较灵活，可按照检测目的有针对性地激振。

1. 信号发生器

信号发生器是激振器的信号源。由它按检测的需要发出某一振动波形。由于工程结构的振动通常属于低频范围的振动，即在 10 Hz 以下的振动。所以，这里的信号发生器是低频的，甚至为超低频信号发生器。可依据检测需要在此设备的面板上选择所需的信号源波形。

2. 功率放大器

功率放大器则是为信号发生器输出的波形信号提供强有力的功率以推动下一个环节的激振器，使其具有足够大的激振力。

3.4.2.2 激振器的分类

按激励型式的不同，激振器分为电动式、电磁式、机械偏心式、电液式、气动式和液压式等型式。这里主要介绍以下几种常用类型的激振器。

1. 电动式激振器

电动式激振器是当前最为流行的一种激振器，输入信号通过置于磁场中的线圈，当信号电流交变时，线圈便受到交变力的作用而运动。通过动圈的连接装置驱动测试结构，从而产生振动。这类装置的电阻抗是随动圈运动的幅值而变化的。若不改变功放及输入信号的大小，当激励频率接近结构物的固有频率时，由于结构的机械阻抗下降，就可能得到很大的响应，或者说，即使很小的激励力，也会出现大的位移。这时力信号较小，而噪声仍有相当的水平，这也就是在固有频率附近进行频响函数测试时，相干系数下降的原因之一。这种激振器可良好地工作在 30 Hz ~ 50 kHz 的范围内。

2. 电磁式激振器

这是最常用的一种激振器，它是可以直接作用于被测结构的激振设备。它依据信号发生器提供的激振波形图及功率放大器提供的功率对被测结构激振而提供振源。

电磁式激振器由顶杆、外壳、磁钢、动圈、环形间隙、输入插座、支撑弹簧等组成（见图 3-16）。其工作原理是：磁钢与外壳体组成磁路。在环形间隙处形成强磁场，动圈与顶杆连成一体，在上下支撑弹簧支撑下，悬挂于环形间隙内，使其能沿轴向自由运动。当动圈内通入交变电流时，载流动圈在固定磁场作用下产生交变力 F。

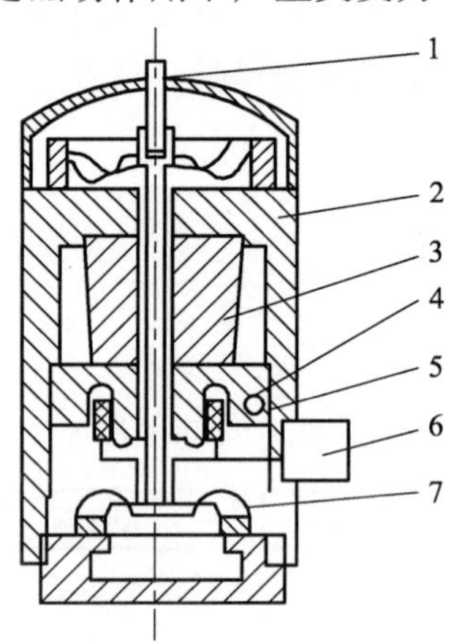

1—顶杆；2—外壳；3—磁钢；4—动圈；5—环形间隙；6—输入插座；7—支撑弹簧。

图 3-16 电磁式激振器结构

$$F = I_m BL\sin(\omega t) \tag{3-30}$$

式中，B 为磁场强度；L 为动圈绕线有效长度；I_m 为通过动圈的电流幅值；ω 为激振器激振圆频率；t 为时间。

3. 电液式激振器

液压驱动有以下的优势：

（1）液压传动的各种元件，可以根据需要方便、灵活地布置。

（2）重量轻，体积小，运动惯性小，反应速度快。

（3）操纵控制方便，可实现大范围的无级调速。

因此，工程上大量使用这种方式作为驱动，特别是与电控结合，既方便控制又能有较大的力量输出。

在激振大型结构时，为得到较大的响应，有时需要很大的激振力，这时可采用电液式激振器。其结构原理如图 3-17 所示。

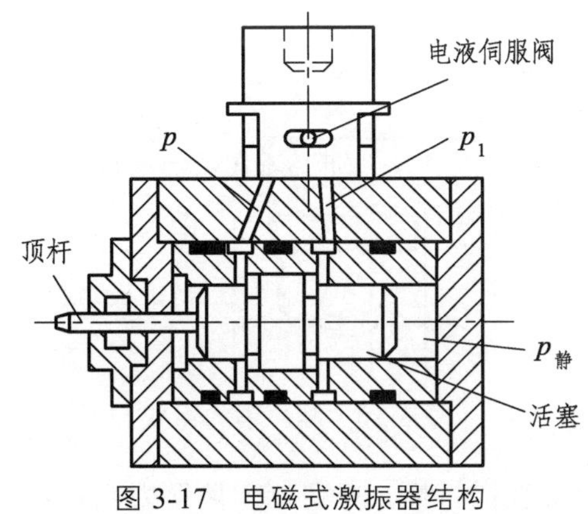

图 3-17　电磁式激振器结构

电液式激振器的优点是：激振力大，行程大，单位力的体积小。

但由于油液的可压缩性和调整流动压力油的摩擦，使电液式激振器的高频特性变差，一般只适用于较低的频率范围，通常为零点几赫兹到数百赫兹，其波形也比电动式激振器差。

此外，电液式激振器的结构复杂，制造精度要求也高，需要一套液压系统，故成本较高。

3.5　锤击实验和冲击试验

除了上述介绍的各种激振器及激振器实验，在模态分析中，还经常用到锤击实验和冲击试验。

3.5.1　锤击实验

激振系统的配置及安装是最困难的，往往也是耗资最多的部分，其安装质量对试验结果影响又很大，而且激振能量分布太宽，太小的激振器对结构系统容易显得激振能量不足。因此，简便的“锤击法”激振方法在结构模态试验中得到广泛应用。锤击法使用带有力传感器的敲击锤，比起昂贵的液压式、电磁式或涡流式激振系统来说，极为便宜。敲击法全凭试验者熟练的手法，无须预先安装调整，对试件没有任何附加质量、附加刚度或附加阻尼。敲击法移动施力部位特别容易，可以在不允许安装激振器的部位实现激振，只要敲击力在结构的强度、刚度或精度的允许范围内就行。因此，锤击法与其他模态测试的最大区别是，其激励是依靠实验人员的经验利用脉冲锤手动给出，下面对脉冲锤及使用要点做简要介绍。

3.5.1.1 锤击法设备介绍

需要脉冲激励时一般会考虑锤击法。常用的有锤击法。脉冲锤是锤击法的主要设备，它由锤头（冲击端）、力传感器、附加质量和锤柄组成，如图 3-18 所示。锤头（冲击端）可以按需要采用不同的材料，如钢、橡胶和塑料等。当用脉冲敲击激振对象时，敲击力由传感器测出，经电荷放大器放大后，可由峰值电压表读出其峰值，或送到光线示波器、磁带记录器记录其波形。

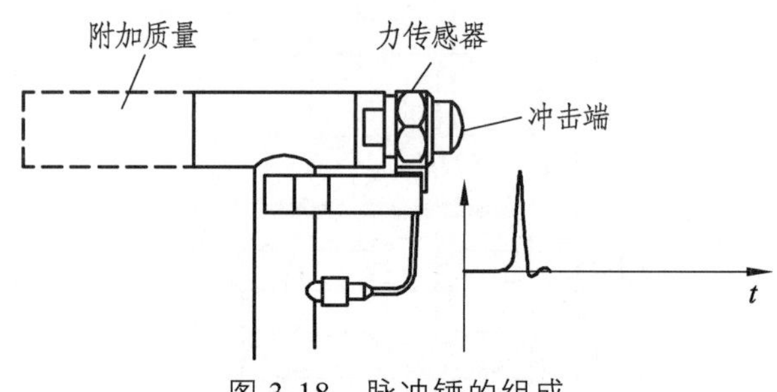

图 3-18　脉冲锤的组成

为了在较宽频带内获得平直谱特性，已研制出调谐力锤。它具有可消除由于锤结构共振引起的力谱中的附加低频干扰，减少因构件反弹而引起的两次撞击，简化标定等优点。在这种力锤内，往往采用集成电路压电技术（Integrated Circuit Piezoelectric，ICP），这种新技术是把压电晶体元件和集成电路组合在一起，以提供电压输出，因此省去了昂贵的电荷放大器，并可采用同轴电缆或普通电缆。

3.5.1.2 锤击实验的要点

目前并没有固定的规则可明确指出哪一种模态力锤是最适合进行此试验的。但是在选择和使用模态力锤之前，必须要考虑的因素有以下几种。

1. 频率带宽

使用模态力锤进行的模态试验是基于对试件提供冲击，从而产生宽的频率带宽上的振动。所激发振动的频率带宽取决于冲击持续时间。脉冲宽度越窄，所激发的频率越高。冲击持续时间可以通过安装不同刚度的特殊锤头来改变。使用相同的能量敲击试件时，带有不同锤头的模态力锤可激发多种频率带宽（锤头越软，脉冲越宽，所激发的频率带宽越窄）。不同硬度的锤头所激发的频率范围如图 3-19 所示。

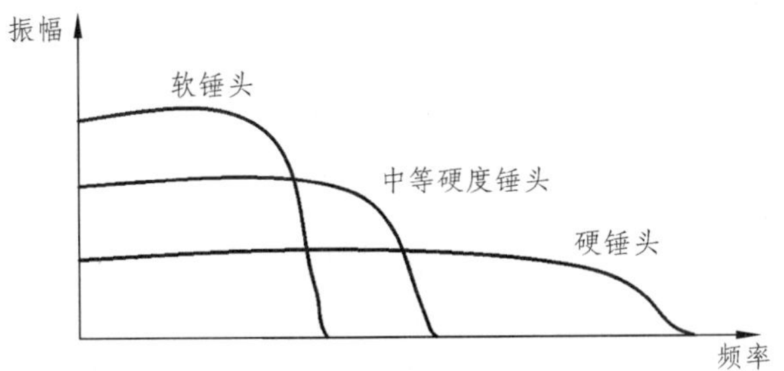

图 3-19　不同硬度的锤头所激发的频率范围

最终的脉冲持续时间，在某些情况下，还取决于被敲击试件的刚度。当使用硬锤头时，冲击能量分布在宽的频率带宽，这意味着该激励的功率谱密度在某些情况下可能是低的，甚至太低而不能激发试件振动模态/共振。在这种情况下，可以尝试更用力地敲击被测结构件，通过更大幅度的摆动或通过安装一个锤头增量来增加锤子的重量。但是，这种方法也可能增加力传感器饱和的风险。因此，在某些情况下，可考虑换用具有更大测量量程的力锤。另外，还可以考虑换用一个软的锤头，但是这将导致冲击能量集中在较低频率。

2. 脉冲的幅值

所使用的锤头类型对冲击脉冲的形状有极大影响——脉冲的持续时间和幅值。图 3-20 所示为使用不同锤头和相同能量应用于试件得到力脉冲曲线。

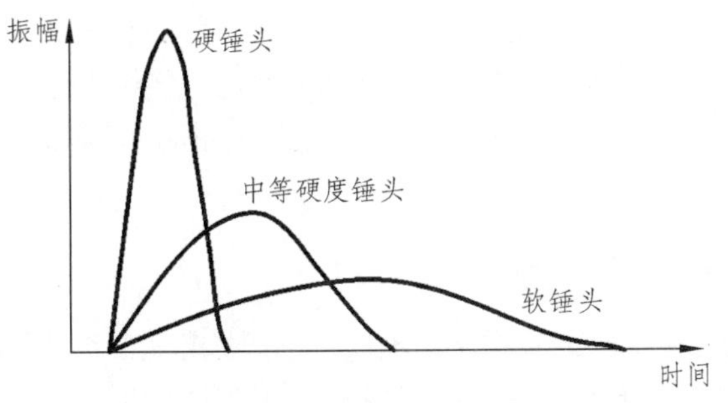

图 3-20　不同材料锤头获得的脉冲幅值

使用硬质锤头可能意味着使用具有高测量范围力传感器的模态力锤。较低测量范围的力传感器可能限制硬质锤头的使用，不能激发高频振动。

3. 力锤重量和冲击能量

针对测试对象的各种形状和重量，以及其他性能（如刚度或阻尼）要求，选择不同参数的力脉冲作为合适的激励。相对于大型对象，通常小型紧凑对象往往具有更高的共振频率，要求所激发的冲击能量更小。因此，为了以尽可能低的能量激发小型结构物，需要短的持续力。可以使用小型或中型力锤提供这样的脉冲，如 Endevco 2301 型力锤或 Endevco 2302 系列力锤。大型结构物要求更高能量冲击，很可能集中在低频带宽。这种情况，带有软或中刚度的锤头的大型力锤更适合提供所需的力脉冲激励，如 Endevco 23032304 2305 型力锤。

4. 测试重复性

为了能够提供所需参数的机械激励，需要在不同的力测量范围、锤头和力锤重量之间作出选择。在模态试验的实践中，由操作者执行的力锤冲击是因人而异的，在冲击能量和所激发的振动的频率带宽方面，以及冲击的角度。正因如此，在实际测量中通常做法是对几次结果做平均。目的是在特定的测量中获得高质量、可重复、尽可能相似的数据结果。

模态力锤有多种重量可选，这样操作者可提供不同能量的力冲击而不必有很大的摆动，大摆动中锤头冲击结构的力和角度的控制是困难的。

综上，可以总结得到激励力是力锤质量和速度的函数，功率谱是表面硬度的函数。一般质量和硬度可以通过更换锤头实现，硬度越高，力的脉冲时间越短，激起的频率越高。速度取决于测试工程师的经验，宜进行垂直方向敲击，力量适度，保证每次激励力纯粹无杂波和二次回弹力信号。一般要求力的自谱最大值到最高频谱值衰减小于 10 ~ 20 dB。

最后应指出，用锤击构件的瞬间，由于结构的回跳，若在第一次敲击后响应尚未完全衰减即重叠上第二次敲击，便不能精确地测定频响函数。锤击法具有快速、方便的特点，对被测试件无附加质量和刚度约束，但毕竟由于能量分散在很宽频带内，激励能量小、信噪比低，故测试精度不高，一般局限在较小构件的模态测试中应用。

3.5.2 冲击试验

冲击试验一般是确定设备在经受外力冲撞或作用时产品的安全性、可靠性和有效性的一种试验方法。其主要目的是测定金属和高分子材料的冲击吸收功（冲击韧性），观察分析两类材料的冲击断口形貌，并用能量法或断口形貌法确定金属材料的冷脆转变温度 t_K。具体来说，冲击试验其实就是一种动态力学实验，一般的做法是将具有一定形状和尺寸的 U 形或 V 形缺口的试样，在冲击载荷作用下折断，以测定其冲击吸收功 A_K 和冲击韧性值 α_K 的一种实验方法。

3.5.2.1 冲击试验的基本原理

冲击试验通常在摆锤式冲击试验机上进行，其原理如图 3-21 所示。试验时将试样放在试验机支座上，缺口位于冲击相背方向，并使缺口位于支座中间（见图 3-22）。

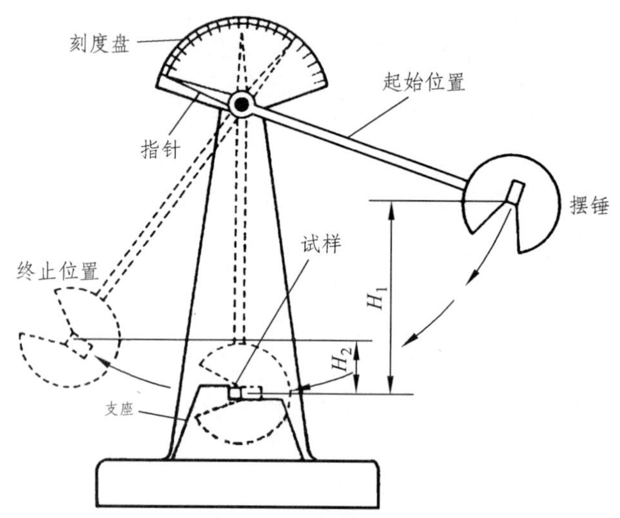

图 3-21 冲击试验机的结构

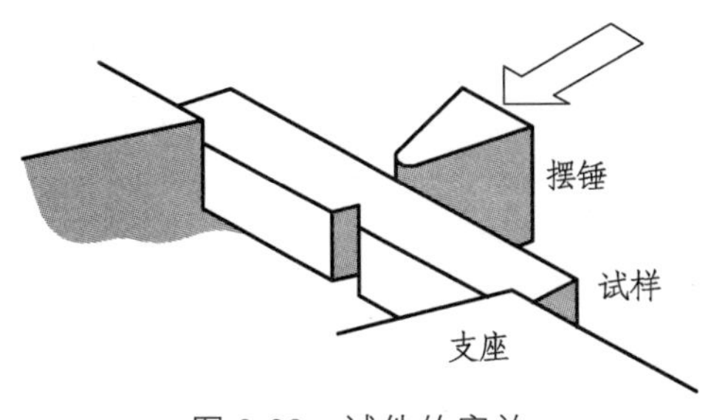

图 3-22　试件的安放

试验时将具有一定重量的摆锤举至一定的高度 H_1，使其获得一定位能 mgH_1。释放摆锤冲断试样，摆锤的剩余能量为 mgH_2，则摆锤冲断试样失去的势能为 $mgH_1 - mgH_2$。如果忽略空气阻力等各种能量损失，则冲断试样所消耗的能量（即试样的冲击吸收功）为

$$A_K = mgH_1 - mgH_2 \tag{3-31}$$

A_K 的具体数值可直接从冲击试验机的表盘上读出，其单位为 J。将冲击吸收功 A_K 除以试样缺口底部的横截面积 $S(\mathrm{cm}^2)$，即可得到试样的冲击韧性值 α_K（$\mathrm{J/cm}^2$）：

$$\alpha_K = A_K / S \tag{3-32}$$

对于 Charpy U 形缺口和 V 形缺口试样的冲击吸收功分别用 A_{KU} 和 A_{KV} 表示，它们的冲击韧性值分别用 α_{KU} 和 α_{KV} 表示。

α_K 作为材料的冲击抗力指标，不仅与材料的性质有关，试样的形状、尺寸、缺口形式等都会对 α_K 值产生很大的影响，因此 α_K 只是材料抗冲击断裂的一个参考性指标。只能在规定条件下进行相对比较，而不能代换到具体零件上进行定量计算。

3.5.2.2　材料的缺口

试样开缺口的目的是使试样在承受冲击时在缺口附近造成应力集中，使塑性变形局限在缺口附近不大的体积范围内，并保证试样一次就被冲断且使断裂就发生在缺口处。α_K 值对缺口的形状和尺寸十分敏感，缺口越深越尖锐，α_K 值越小，材料的脆化倾向越严重。因此，同种材料用不同缺口试样测定的 α_K 值不能相互换算和直接比较。

如前面提到的，冲击试样中的缺口形式有两种，即夏比 V 形缺口和夏比 U 形缺口试样，所测得的冲击吸收功分别用 A_{KU} 和 A_{KV} 表示。目前我国用于容器设计制造的法规和标准均规定以夏比 V 形缺口、横向取样方式为主。冲击试样的缺口形式对冲击韧性影响非常大，夏比 V 形缺口比夏比 U 形缺口更为尖锐，更能反映材料的缺口和内部缺陷对动态载荷的敏感性。对于 U 形试样，进行冲击试验时，其冲击功大部分消耗于裂纹的形成，而对 V 形缺口试样，其冲击功大部分消耗于裂纹的扩展。U 形缺口测得的冲击韧性与 V 形缺口测得的冲击韧性之间不存在对应的换算关系。

V 形缺口应有 45°夹角，其深度为 2 mm，底部曲率半径为 0.25 mm，具体结构如图 3-23 所示。

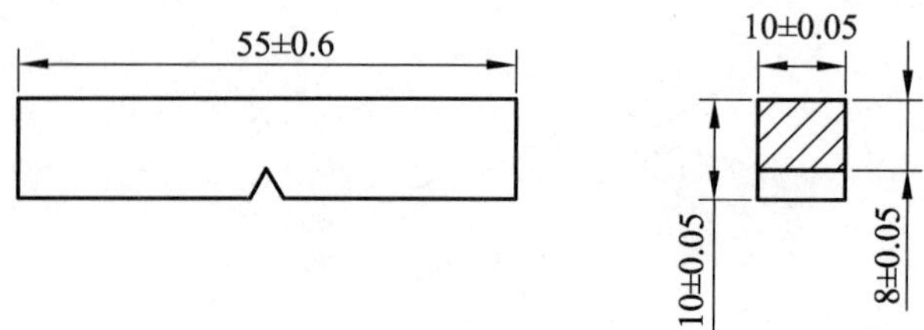

图 3-23　V 形缺口

U 形缺口深度应为 2 mm 或 5 mm（除非另有规定），底部曲率半径为 1 mm，具体结构如图 3-24 所示。

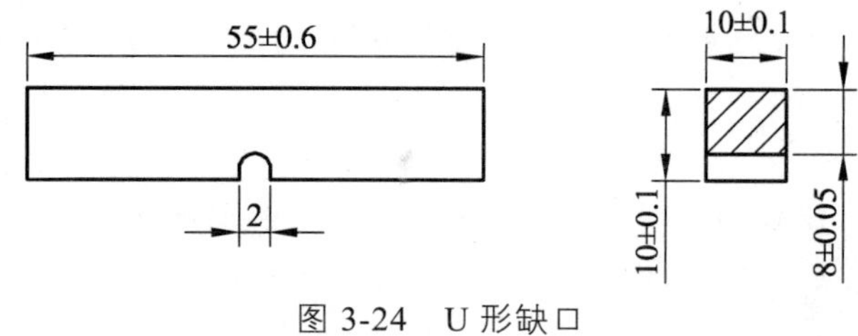

图 3-24　U 形缺口

除此之外，如果是高分子材料，则会将缺口加工成 A 型、B 型或 C 型，如图 3-25 所示，其中 A 型是首选的缺口。

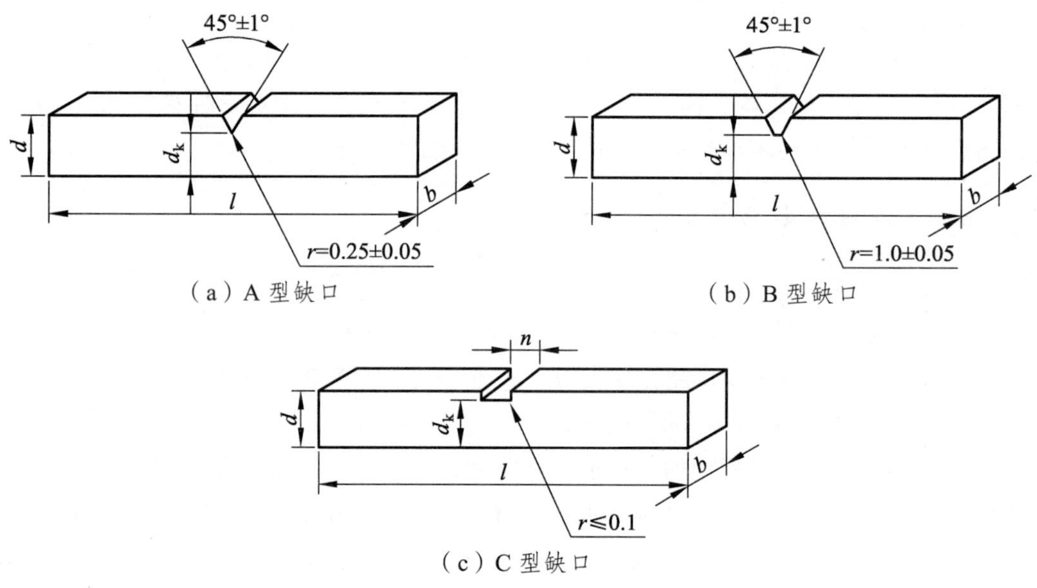

（a）A 型缺口

（b）B 型缺口

（c）C 型缺口

图 3-25　其他形式的冲击试样

3.5.2.3　一般试验步骤

冲击试验的实验步骤一般分为以下几步：

（1）试件测量：用卡尺测量缺口试样的宽度、缺口处的剩余厚度。测量三次，取其平均值。

（2）了解冲击试验机的构造、工作原理、操作方法及安全注意事项。

（3）根据所测试样冲击韧性值的大小，选择度盘刻度（应使试样的冲击能量指示值在度盘的 10% ~ 90%范围内），并装好相应的摆锤。

（4）不装试样，升起重摆空打一次，以校正试验机的零点位置。

（5）按“取摆”按钮，抬起并锁住摆锤；同时将指针拨至度盘的最大刻度处。

（6）检查支座间的距离，金属材料间距为 40 mm；高分子材料间距为 70 mm。

（7）将试样按规定放置在两支座上，试样支撑面紧贴在支撑块上，使冲击刀刃对准缺口试样的中心。应当注意，低温冲击实验中，试样取出到冲断的总时间不得超过 5 s。若超过 5 s，则应将试样放回低温恒温箱中重新冷却。这项实验操作，既要迅速，又要沉着，特别要注意安全，防止忙乱中造成事故。所有参加人员应有明确分工（如负责试样冷却、做记录、操作冲击试验机等）。进行实验时，不得在摆锤运动平面范围内站立、走动，一定要集中注意力，保持良好秩序。

（8）按下“冲击”按钮，摆锤下落，冲断试样。

（9）冲断试样后，按“制动”按钮，使摆锤制动。

（10）在度盘上读取并记录试样的冲击吸收功 A_{KU}（或 A_{KV}），然后将指针拨回。

（11）回收试样，用放大镜或体视显微镜观察断口形貌，并测量断口中纤维区或结晶区的断口百分率。

（12）数据处理，整理实验报告。

3.6　环境激励下模态测试

模态测试和分析已经在航空、航天、航海、汽车等几乎所有与结构动态分析有关的领域中得到广泛应用，但是目前主要局限在实验室中进行，并且必须同时测得激励信号和响应数据以便求得频率响应函数，并根据所得到的频率响应函数进行模态参数识别建立模态模型。而在工程应用中，第一，对船舶、大桥、大坝、高层建筑、运载火箭等进行激励，其费用极其昂贵；第二，直接从这些结构在工作中的振动响应数据中识别出的模态参数更加符合实际情况和边界条件；第三，利用实时响应数据和工作模态（Operational Modes）参数进行在线损伤监测并作出损伤程度预报；第四，振动主动控制中传感器采样的信号应该在实际工作时获取，控制模型应该和系统工作时情况相符合，而利用工作中的振动响应数据中识别出的模态模型可以用于控制模型修正。所以，对于大型结构和设备就会采用环境激励的模态测试，但环境激励引发的振动量级很小，大型结构的固有频率很低，对测试系统要求很高，且大量的布线工作量很大容易出错，因此对整个系统及测试过程有较高的要求。

环境激励包括风力、海浪、地震及交通车辆（例如卡车在桥上突然刹车时将激起吊桥的纵向振动，还能引起其他方向的振动）的激励。

近年来，利用环境激励引起的输出对结构物进行模态参数识别已大量应用于大型工程结构的系统辨别。这主要是因为“环境激励”具有无须激励设备、不打断结构的正常使用、试验简便、所需人力少、不受结构形状和大小的限制、试验费用低、安全性好、不会对结构产生局部损伤等优点。还可以实现对那些无法测得载荷的工程结构进行在线模态分析，而且利用实际工作状态下的响应数据识别的模态参数能更加准确地反映结构的实际动态特性，并已在桥梁、建筑、机械领域取得了实质性的进展。

到目前经过这几十年的研究，特别是近几年来，人们已经提出了多种环境激励下的模态参数识别方法。按识别信号域不同分为时域识别方法、频域识别方法和时频域识别方法；按激励信号分为平稳随机激励和非平稳随机激励；按信号的测取方法分为单输入多输出和多输入多输出；按识别方法特性分为时间序列法、随机减量法、NEXT 法、随机子空间法、模态函数分解法、峰值拾取法、频域分解法及联合时频方法。下面对这几种方法做简要的介绍，供读者学习思考。

3.6.1 峰值拾取法

峰值拾取法最初是基于结构自振频率在其频率响应函数上会出现峰值，峰值的出现成为特征频率的良好估计的原理。对于环境振动，由于此时频率响应函数失去意义，可由环境振动响应的自谱来取代频率响应函数。此时，特征频率仅由平均正则化了的功率谱密度曲线上的峰值来确定，故称之为峰值法。

功率谱密度是用离散的傅里叶变换（DFT）将实测的加速度数据转换到频域后直接求得。振型分量由传递函数在特征频率处的值确定，且每一传递函数相对于参考点就会给出一个振型分量。峰值法操作简单、识别速度快，在工程应用领域经常使用。许多情况下能很好地识别出固有频率，能够在线识别参数，经常用于桥梁的振动分析中，获得较满意的效果。

但该方法存在一些不足：得到的是工作挠曲形状而不是振型；阻尼的估计结果可信度不高；该方法对固有频率的识别十分主观，无法辨识密集模态，也无法辨识系统的阻尼比，仅适用于实模态或比例阻尼的结构；在某种情况下，如模态阻尼过大或测点十分接近节点时都有可能造成模态丢失。

3.6.2 频域分解法

频域分解法（FDD）是白噪声激励下的频域识别方法，是峰值拾取法的延伸，但它克服了峰值拾取法的一些本质的不足，它可以识别频率和阻尼比。其主要思路是：对响应的功率谱进行奇异值分解（SVD），将功率谱分解为对应多阶模态的一组单自由度系统功率谱，即将响应分解为单自由度系统的集合，分解后的每一个元素对应于一个独立的模态。即使信号中含有强噪声污染，频域分解法也能很好地识别密集邻近的模态，该方法识别精度高，有一定的抗干扰能力。

但是频域分解法必须满足三个基本假设条件：首先，激励为白噪声；其次，结构的阻尼为弱阻尼；再次，当有密集模态时必须是正交的，不能识别一般的密集模态。

3.6.3　时频域方法

上述一些识别方法都假设环境激励是白噪声或非白噪声平稳激励，它们对非平稳随机激励不能很好识别，而实际工程中很多环境激励是不能近似成平稳激励的，为此，人们开始研究对环境激励更具有健壮性的方法。因此，通过对信号进行时频变换直接识别参数的联合时频域方法出现了，该方法将一维信号映射成为时间-频率平面上的二维信号，使用时间和频率的联合函数来表示信号，旨在揭示信号中包含多少频率分量以及每一分量是如何随时间变化的。

该方法可以识别多自由度非线性小阻尼机械系统的非线性模态参数，显然这种时频域的模态参数识别方法更接近实际情况，但目前能用于工程实际的实用的时频模态参数识别方法还极少。

3.6.4　时间序列分析法

时间序列分析法是一种利用参数模型对有序的随机数据进行处理的一种方法，它对一串随时间变化而又相互关联的动态信号进行分析、研究和处理。时间序列或动态信号是依时间顺序或空间顺序或依某种物理顺序先后排列的一列数据，这种有序性和大小反映了数据内部相互联系和变化规律，体现了产生这种数据的现象、过程或系统的有关特性和信息，适用于白噪声激励下的线性或者非线性参数识别。

参数模型（差分方程）包括 AR（自回归）模型、MA（滑动平均）模型和 ARMA（自回归滑动平均）模型。模态识别中的时序法主要使用 AR 模型和 ARMA 模型。AR 模型只使用响应信号，ARMA 模型需使用激励和响应两种信号，两者都使用平稳随机信号。ARMA 模型法既可以用于自由振动响应模态识别，又可以用于强迫振动响应模态识别。

虽然时间序列法识别的精度对噪声、采样频率都比较敏感，识别模态无能量泄露且分辨率高。但该方法仅限用于白噪声激励的情况，识别的精度对噪声、采样频率都比较敏感，且时序模型的定阶也比较难，阻尼识别误差较大，不利于处理较大数据量，健壮性差。

3.6.5　自然激励技术法（NEXT 法）

NEXT 法的基本思路是白噪声环境激励下结构两点之间响应的互相关函数和脉冲响应函数有相似的表达式，求得两点之间响应的互相关函数后，运用时域中模态识别方法进行模态参数识别。NEXT 法仅适用于白噪声激励下对结构进行参数识别，对输出噪声有一定的抗干扰能力。识别的精度与数据平均次数有关，识别精度随着平均次数的增加而提高。NEXT 法由于采用相关函数作为识别计算的输入，对输出噪声有一定的抗干扰能力。

NEXT 法由于在识别参数时没有自己的计算公式，完全借助传统的模态分析方法的一些公式，所以使用公式不同，识别的精度也不同。

3.6.6 随机减量法

随机减量法（RDT）是利用样本平均的方法，去掉响应中的随机成分，而获得初始激励下的自由响应。该方法假定一个受到平稳随机激励的系统，其响应由初始条件决定的确定性响应和外荷载激励的随机响应两者的叠加而成。

随机减量法的主要思路是利用平稳随机振动信号的平均值为零的性质，通过一定限制条件下的取样本和采样，再通过时域平均，将包含有确定性振动信号和随机信号两种成分的实测振动响应信号进行辨别，将确定性信号从随机信号中分离出来，可提取出相当于初始条件下的自由衰减响应信号。同时测得各测点的自由响应，通过 3 次不同延时采样，构造自由响应采样数据的增广矩阵，根据自由响应的数学模型建立特征方程，求解出特征对后再估计各阶。

该方法仅适用于白噪声激励的情况。随机减量技术法存在阶数的确定困难、低阶模态参数识别精度低等缺点。

3.6.7 互功率谱法

互功率谱法又称跨点功率谱法，是目前基于环境激励的时域模态参数辨识工作中较为常用的一种方法，简单快捷。它由峰值拾取法和移点测量法等发展而来，最初是基于结构自振频率在其频响函数上会出现峰值，峰值的出现成为特征频率的良好估计。对于环境振动，由于此时频响函数失去意义，将由环境振动响应与参考点响应间的自互功率谱来取代频率响应函数，利用结构的响应点输出的自功率谱以及与参考点输出之间的互功率谱幅值、相位、相干函数、传递率等来识别系统的模态参数。此时，固有频率仅由平均正则化了的功率谱密度曲线上的峰值来确定，振型分量由传递函数在特征频率处的值确定。

与其他方法相比，在满足各态历经平稳随机噪声激励下的条件下，它具有测试仪器简便、测试点的选取灵活、处理数据迅速、可重复测试等优点，对结构的前几阶固有频率的识别较为准确。特别地，无论结构处于平稳随机激励下与否，互功率谱法都可以测得结构的准确振型，这一点不仅具有实际的工程价值，而且还可以作为振型的验证标准，为基于环境激励下的其他模态识别方法提供参考。

由于互功率谱法能够得到较为准确的模态参数，而且在数据处理时间和实用性上有很大的优势，但是它也存在一些应用限制：一方面，选取峰值时，在一些真假峰值的辨别上，对人员的经验要求较高，因此受人为主观因素的影响；另一方面，在试验数据处理过程当中，对一些大型的复杂结构进行分析时，随着频率的靠后结构的模态逐渐趋于密集，识别时容易造成模态的丢失现象等。

3.6.8 随机子空间法

随机子空间法是基于线性系统离散状态方程的识别方法，利用脉动响应的相关函数建立 Hankel 矩阵，然后对 Hankel 矩阵进行加权，然后进行奇异值分解求出可观矩阵，再根据可观矩阵求出离散状态空间矩阵和输出矩阵，从而进行参数识别。由于使用了输出信号的相关函数上是对输出信号采用了一次滤波，该方法能够被应用在受平稳随机激励作用的系统中。

该方法充分利用了矩阵 QR 分解、奇异值分解 SVD、最小二乘方法等非常强大的数学工具，使得该方法理论非常完善和算法非常强大，可以非常有效地进行环境振动激励下参数识别，是目前最先进的结构环境振动模态参数识别方法。此外，还对随机子空间法进行改进，把输出信号的能量分解为响应信号和噪声信号，引入比例因子，提高了其计算精度和计算稳定性。

此方法适用于稳态信号激励下线性结构的参数识别，并且对输出噪声有抗干扰能力，这是其优点。

该方法虽然先进，但也远远没有达到令人满意的地步，还有许多工作值得进一步去研究。比如，它将输入假定为白噪声随机输入，而实际的环境激励往往是非平稳非白噪声输入，这种假定与结构的实际情况有一定的出入。此外，随机子空间识别方法的理论基础是时域的状态空间方程，而系统的状态空间方程仅适用于线性系统。因此，如何将该方法应用于非稳态信号激励下的参数识别问题，有待进一步研究。

习题与思考题

1. 模态测试系统一般由哪几个部分组成？
2. 模态测试的基本过程是什么？
3. 模态测试结构的支撑方式有哪些？各有什么优缺点？
4. 什么是频响函数的标定？一般标定的过程是怎么样的？
5. 为什么要消除附加质量的影响？
6. 模态测试过程中常用的激励信号有哪几种？各有何特点？
7. 激振设备选择有哪些注意事项？
8. 什么是锤击实验？
9. 进行锤击实验的步骤是什么？
10. 冲击实验的特点及设备有哪些？

第 4 章　动态测试数据处理

各行各业测量位移、振动、速度、加速度、应力应变、压力等参量，以及光学、声学、热力学、电学中测量各种参量时，动态测试及其数据处理应用越来越广泛。动态测试是指被测量是随着时间或空间或其他参数而变化的，仪器的输入量及测试结果也是随时间而变化的。这种测试会有庞大的实验测试数据需要后期处理才能获得所需要的频响函数。

通过之前章节的学习，可以清楚地知道由质量矩阵、阻尼矩阵和刚度矩阵可确定系统的传递关系，在点到点的频响函数中包含感兴趣的参数，也就是系统所有模态的频率、阻尼和留数或模态振型。如果能测量到频响函数，那么可运用数学处理方法从测重数据中提取这些信息。为了从实验角度获得这些频响函数，必须解决与数字信号处理有关的几个问题。

4.1　时域和频域

要想对信号进行处理并且能够顺利提取出有效的信息，首先就应该清楚时域和频域的含义及其相互关系。

4.1.1　时域信号

时域是描述数学函数或物理信号对时间的关系。例如一个信号的时域波形可以表达信号随着时间的变化。它是真实世界唯一实际存在的域。因为我们的经历都是在时域中发展和验证的，已经习惯于事件按时间的先后顺序地发生。而评估数字产品的性能时，通常在时域中进行分析，因为产品的性能最终就是在时域中测量的。

时钟波形的两个重要参数是时钟周期和上升时间。

时钟周期就是时钟循环重复一次的时间间隔，通常用 ns 度量。时钟频率（F_{clock}），即 1 s 时钟循环的次数，是时钟周期（T_{clock}）的倒数。

$$F_{\text{clock}} = 1/T_{\text{clock}}$$

上升时间与信号从低电平跳变到高电平所经历的时间有关，通常有两种定义。一种是 10 ~ 90 上升时间，指信号从终值的 10%跳变到 90%所经历的时间。这通常是一种默认的表达方式，可以从波形的时域图上直接读出。第二种定义方式是 20 ~ 80 上升时间，这是指从终值的 20%跳变到 80%所经历的时间。

时域波形的下降时间也有一个相应的值。根据逻辑系列可知，下降时间通常要比上升时间短一些，这是由典型 CMOS 输出驱动器的设计造成的。在典型的输出驱动器中，P 管和 N 管在电源轨道 V_{cc} 和 V_{ss} 间是串联的，输出连在这个两个管子的中间。在任一时间，只有一个晶体管导通，至于是哪一个管子导通取决于输出的高或低状态。

4.1.2　频域信号

频域是描述信号在频率方面特性时用到的一种坐标系。在电子学、控制系统工程和统计学中，频域图显示了在一个频率范围内每个给定频带内的信号量。频域，尤其在射频和通信系统中运用较多，在高速数字应用中也会遇到频域。频域最重要的性质是：它不是真实的，而是一个数学构造。时域是唯一客观存在的域，而频域是一个遵循特定规则的数学范畴。

正弦波是频域中唯一存在的波形，这是频域中最重要的规则，即正弦波是对频域的描述，因为频域中的任何波形都可用正弦波合成。这是正弦波的一个非常重要的性质。然而，它并不是正弦波的独有特性，还有许多其他的波形也有这样的性质。正弦波有四个性质使它可以有效地描述其他任一波形。

（1）频域中的任何波形都可以由正弦波的组合完全且唯一地描述。

（2）任何两个频率不同的正弦波都是正交的。如果将两个正弦波相乘并在整个时间轴上求积分，则积分值为零。这说明可以将不同的频率分量相互分离开。

（3）正弦波有精确的数学定义。

（4）正弦波及其微分值处处存在，没有上下边界。

使用正弦波作为频域中的函数形式有其特别的地方。若使用正弦波，则与互连线的电气效应相关的一些问题将变得更容易理解和解决。如果变换到频域并使用正弦波描述，有时会比仅仅在时域中能更快地得到答案。

而在实际中，首先建立包含电阻、电感和电容的电路，并输入任意波形。一般情况下，就会得到一个类似正弦波的波形。而且，用几个正弦波的组合就能很容易地描述这些波形。

4.1.3　时域和频域的关系

时域分析与频域分析是对模拟信号的两个观察面。时域分析是以时间轴为坐标表示动态信号的关系；频域分析是把信号变为以频率轴为坐标表示出来。一般来说，时域的表示较为形象与直观，频域分析则更为简练，剖析问题更为深刻和方便。信号分析的趋势是从时域向频域发展。然而，它们是互相联系，缺一不可，相辅相成的。

但通常，复杂的时域信号是很难理解的，通过将时域信号转换到频域，一个复杂的信号更易于理解。例如，图 4-1 显示了 4 个不同幅值和相位的正弦波叠加之后的信号，这个信号在时域是很难解释的。然而，在频域，有关信号的频率成分、幅值和相位等信息变得更加清晰明了。傅里叶级数就是具有这种转换能力的一个工具，它将一个复杂的时域描述的信号表征成一系列包含幅值和相位的不同频率的正弦波。

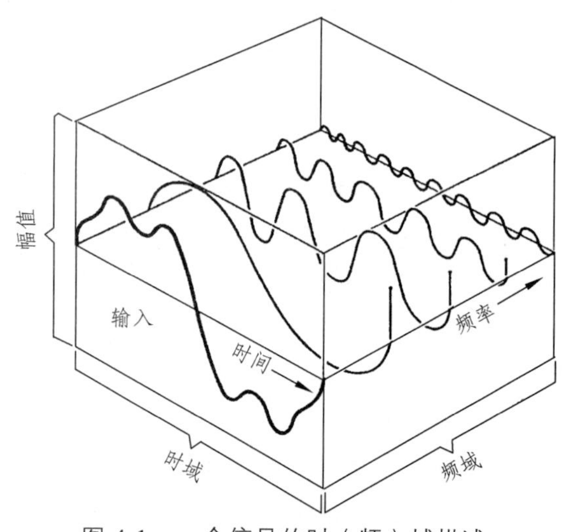

图 4-1　一个信号的时（频）域描述

数字计算机的出现使数字化采样数据和对时域数据进行傅里叶变换变得可行。通过傅里叶变换，时域数据可在频域或傅里叶域描述成另一种等价的形式。在引入 Cooley 和 Tukey 提出的 FFT 算法之前,时域信号的分析仅限于非常特殊的关键应用。得益于有效的 FFT 算法，常规地分析时域信号才变成可能。然而，时域信号的捕获和数字化等方面必须仔细处理，不然将产生信号失真，得到错误的结果。

在开始讨论之前，必须了解 FFT 分析仪的基本功能，如图 4-2 所示。虽然不同生产商生产的分析仪可能存在一些变化，但分析仪的一些基本功能是不变的。

从传感器测量得到的模拟信号首先传输给一个低通抗混叠滤波器，然后通过 ADC 对信号进行数字化，接着进行数字滤波，离散数据是根据测试工程师选择的特定参数和频率范围得到的。之后对这个离散数据进行 FFT 处理，计算完可以查看其频谱。

图 4-2　FFT 分析仪的基本功能

图 4-3 展示了在测量过程中所涉及的 FFT 处理的总体过程。捕获的实际时域信号先通过一个低通滤波器，它是一个抗混叠滤波器，然后再对信号进行数字化。在 FFT 之前，如果数据不满足 FFT 处理的周期性要求，需要对数据施加加权函数（通常称为窗函数）。这个处理将防止出现严重的信号处理问题，称为泄漏。一旦对数据进行了 FFT 计算，那么将继续这个过程，以便得到一个平均的自功率谱和互功率谱，然后再计算频响函数和相干函数。

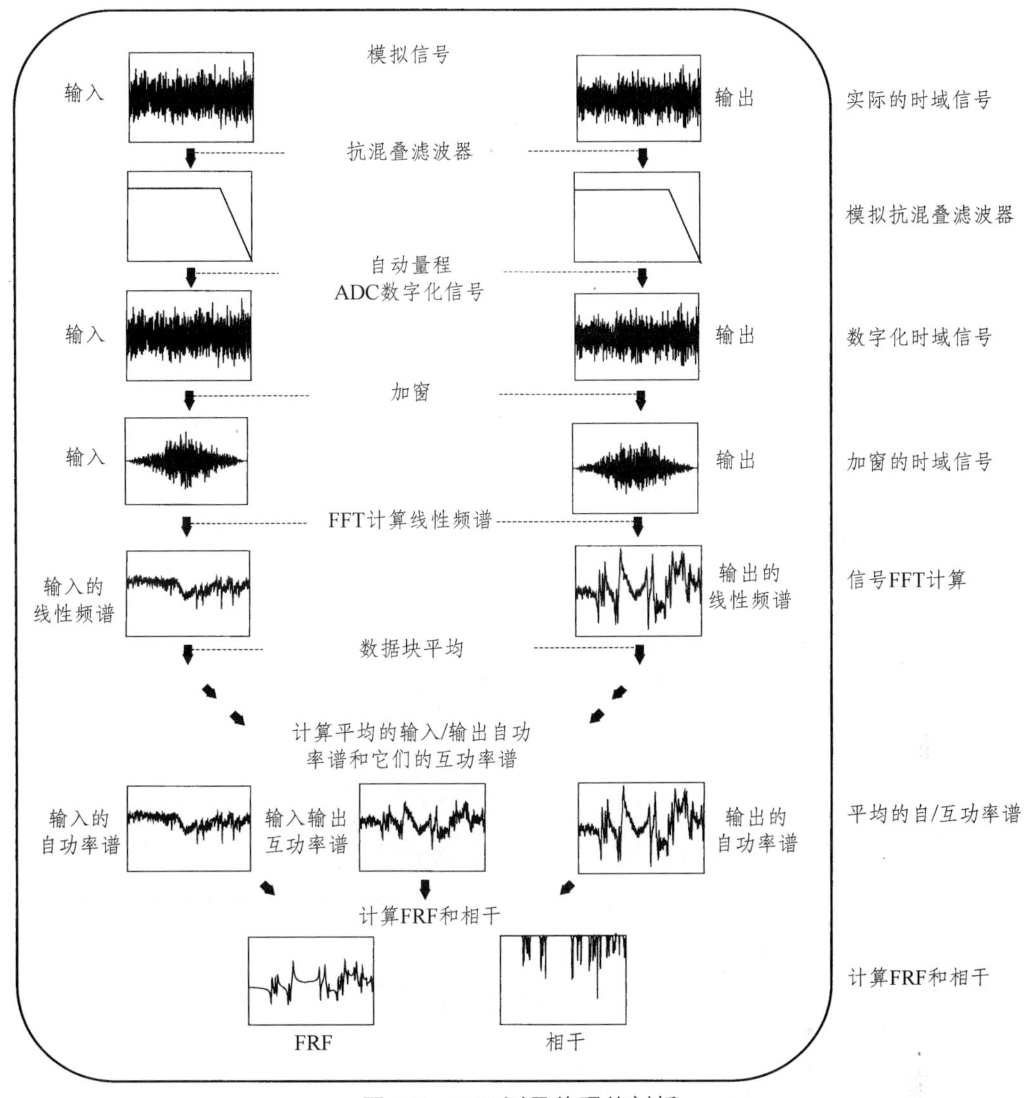

图 4-3　FFT 测量处理的剖析

当测量数据存在噪声时，通常对获得的测量做平均处理，以减少测量数据的变化。输入-输出模型的线性与平方关系的定义见表 4-1。

表 4-1　输入-输出模型的线性与平方关系

$x(t)$	$H(t)$	$y(t)$	时域
$R_{xx}(t)$	$R_{yx}(t)$	$R_{yy}(t)$	
输入→系统→输出			
$S_x(f)$	$H(f)$	$S_y(f)$	频域
$G_{xx}(f)$	$G_{yx}(f)$	$G_{yy}(f)$	

表中，$x(t)$ 为系统的时域输入信号，$y(t)$ 为系统的时域输出信号，$S_x(f)$ 为 $x(t)$ 的线性傅里叶频谱，$S_y(f)$ 为 $y(t)$ 的线性傅里叶频谱，$H(f)$ 为系统的传递函数，$H(t)$ 为系统的脉冲响

应函数，$R_{xx}(t)$ 为输入信号 $x(t)$ 的自相关函数，$R_{yy}(t)$ 为输出信号 $y(t)$ 的自相关函数，$G_{xx}(f)$ 为 $x(t)$ 的自功率谱，$G_{yy}(f)$ 为 $y(t)$ 的自功率谱，$G_{yx}(f)$ 为 $y(t)$ 和 $x(t)$ 的互功率谱，$R_{yx}(t)$ 为 $y(t)$ 和 $x(t)$ 的互相关函数。

普通的傅里叶变换对定义如下，这些测量函数通常由 FFT 处理得到，见表 4-2。

表 4-2　傅里叶变换对

$x(t)=\int_{-\infty}^{+\infty} S_x(f)\mathrm{e}^{\mathrm{j}2\pi ft}\mathrm{d}f$	$S_x(f)=\int_{-\infty}^{+\infty} x(t)\mathrm{e}^{-\mathrm{j}2\pi ft}\mathrm{d}t$
$y(t)=\int_{-\infty}^{+\infty} S_y(f)\mathrm{e}^{\mathrm{j}2\pi ft}\mathrm{d}f$	$S_y(f)=\int_{-\infty}^{+\infty} y(t)\mathrm{e}^{-\mathrm{j}2\pi ft}\mathrm{d}t$
$H(t)=\int_{-\infty}^{+\infty} H(f)\mathrm{e}^{\mathrm{j}2\pi ft}\mathrm{d}f$	$H(f)=\int_{-\infty}^{+\infty} h(t)\mathrm{e}^{-\mathrm{j}2\pi ft}\mathrm{d}t$
$R_{xx}(\tau)=E[x(t),x(t+\tau)]=\lim_{T\to\infty}\frac{1}{T}\int_T x(t)x(t+\tau)\mathrm{d}t$	
$G_{xx}(f)=\int_{-\infty}^{+\infty} R_{xx}(\tau)\mathrm{e}^{-\mathrm{j}2\pi ft}\mathrm{d}\tau=S_x(f)\cdot S_x^*(f)$	
$R_{yy}(\tau)=E[y(t),y(t+\tau)]=\lim_{T\to\infty}\frac{1}{T}\int_T y(t)y(t+\tau)\mathrm{d}t$	
$G_{yy}(f)=\int_{-\infty}^{+\infty} R_{yy}(\tau)\mathrm{e}^{-\mathrm{j}2\pi ft}\mathrm{d}\tau=S_y(f)\cdot S_y^*(f)$	
$R_{yx}(\tau)=E[y(t),x(t+\tau)]=\lim_{T\to\infty}\frac{1}{T}\int_T y(t)x(t+\tau)\mathrm{d}t$	
$G_{yx}(f)=\int_{-\infty}^{+\infty} R_{yx}(\tau)\mathrm{e}^{-\mathrm{j}2\pi ft}\mathrm{d}\tau=S_y(f)\cdot S_x^*(f)$	

4.2　数据采样

4.2.1　时域信号数字化

使用模拟采集设备，仅仅需要关心模拟设备的性能。使用数字信号处理技术，在模数转换过程中，必须要考虑一些额外的注意事项。模拟信号必须要进行数字化，为了减少原始信号的失真，一些事项就变得相当重要了。这些事项是量化、采样、混叠和泄漏。

在模拟信号转换成数字信号的过程中，有三个重要的数字信号处理程序：采样、量化、编码。采样是时间轴上将模拟信号采样形成数字信号。如果信号不能按足够快的采样速率进行采样，那么高频信号将混叠成分析带宽内的低频信号，这将导致分析失真。为了防止混叠，大多数信号分析仪提供抗混叠滤波器。

采样定理指出，由样值序列无失真恢复原信号的条件是 $f_{\mathrm{s}}\geqslant 2f_{\mathrm{r}}$，为了满足抽样定理，要求模拟信号的频谱限制在 $0\sim f_{\mathrm{H}}$之内（f_{H}为模拟信号的最高频率）。为此，在抽样之前，设置一个前置低通滤波器，将模拟信号的带宽限制在 f_{H} 以下，如果前置低通滤波器特性不良或者抽样频率过低都会产生折叠噪声。抽样频率小于 2 倍频谱最高频率时，信号的频谱有混叠。

抽样频率大于 2 倍频谱最高频率时，信号的频谱无混叠。取样分为冲激取样和矩形脉冲取样，这里只详细介绍冲激取样的原理和过程，矩形脉冲取样的原理和冲激取样的是一样的，只不过取样函数变成了矩形脉冲序列。数学运算与冲激取样是一样的。冲激取样就是通过冲激函数进行取样的。

量化与模拟信号数字化后的幅值精度相关。如果没有足够高的分辨率，那么信号将失真。量化就是利用预先规定的有限个电平来表示模拟信号抽样值的过程。时间连续的模拟信号经过抽样后的样值序列虽然在时间上离散，但是在幅度上仍然是连续的。也就是说，抽样值 $m(kT)$ 可以取到无穷多个值，这个是很容易理解的，因为在一个区间里面可以取出无数的不同的数值，这就可以看成是连续的信号，所有这样的信号仍然属于模拟信号范围。因此这就有了对信号进行量化的概念。

在通信系统中已经有很多的量化方法了，最常见的就是均匀量化与非均匀量化。均匀量化概念比较早出来。因其有很多的不足之处，很少被使用，这就有了非均匀量化的概念。均匀量化就是把信号的取值范围按照等距离分割，每个量化电平都取中间值（也就是平均值），落在这个区间的所有值都用这个值代替。当信号的变化范围和量化电平被确定后，量化间隔也就被确定。

在数字化通信中，均匀量化有个明显不足之处：量化信噪比随信号的电平的减小而下降。为了克服这个缺点，实际中往往采用非均匀量化。

非均匀量化是一种在整个动态范围内量化间隔不相等的量化。它是根据输入信号的概率密度函数来分布量化电平的，以改善量化性能，其特点是输入小时量阶也小，输入大时量阶也大。整个范围内信噪比几乎是一样的，缩短了码字长度，提高了编码效率。

实际中非均匀量化的方法之一是把输入量化器的信号 x 先进行压缩处理，再把压缩的信号 y 进行非均匀量化。

图 4-4 所示为从模拟测量中得到的数字信号。

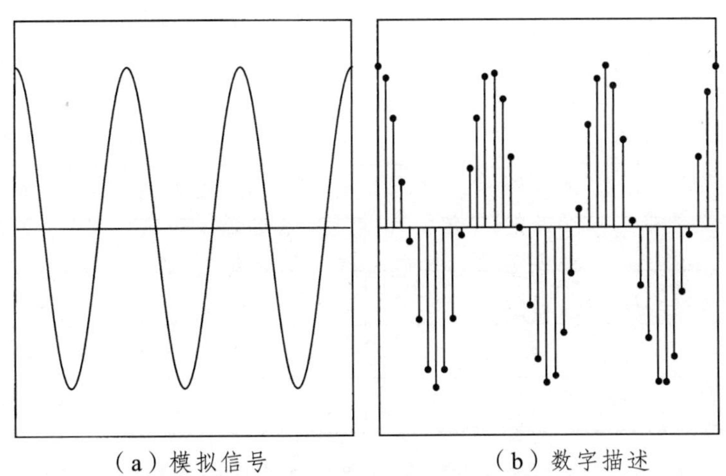

（a）模拟信号　　（b）数字描述

图 4-4　模拟信号数字化得到数字描述

编码是把量化后的信号变换成代码，其相反的过程称为译码。当然，这里的编码和译码与差错控制编码和译码是完全不同的，前者是属于信源编码的范畴。

在现有的编码方法中，若按编码的速度来分，大致可分为两大类：低速编码和高速编码。通信中一般都采用第二类。编码器的种类大体上可以归结为三类：逐次比较型、折叠级联型、混合型。在逐次比较型编码方式中，无论采用几位码，一般均按极性码、段落码、段内码的顺序排列。下面结合 13 折线的量化来加以说明。在 13 折线法中，无论输入信号是正是负，均按 8 段折线（8 个段落）进行编码。若用 8 位折叠二进制码来表示输入信号的抽样量化值，其中用第 1 位表示量化值的极性，其余 7 位（第 2 位至第 8 位）则表示抽样量化值的绝对大小。具体的做法是：用第 2 位至第 4 位表示段落码，它的 8 种可能状态来分别代表 8 个段落的起点电平。其他 4 位表示段内码，它的 16 种可能状态来分别代表每一段落的 16 个均匀划分的量化级。这样处理的结果是，8 个段落被划分成 $2^7 = 128$ 个量级。

4.2.2　采样定理

为了提取到正确的频率信息，模拟信号必须按一定的速率进行数字化。香农采样定理陈述如下：

$$f_s > 2f_{max}$$

也就是说，采样率必须大于两倍频率上限。对于时间为 T 的时域记录而言，由瑞利准则可知，可测量的最低频率成分为

$$\Delta f = 1/T$$

使用上面两个属性，采样参数可总结为

$$f_{max} = 1/(2\Delta t) \text{ 或 } \Delta t = 1/(2f_{max})$$

一个正弦波的时间采样如图 4-5 所示。典型的时-频域名词术语见表 4-3。

表 4-3　典型的时-频域名词术语

代号	含义
N	每个采样周期的采样点数
Δt	采样的时间间隔，也称为时间分辨率
T	样本记录时间长度
f_{max}	频率上限
f_s	采样频率
Δf	频率分辨率

在时间间隔、频率分辨率、样本点数和带宽等这些采样参数中，它们彼此之间存在一定的关系。它们之间的关系见表 4-4，同时也给出了一个例子以表明它们之间的关系。当采集时间历程数据用于后处理时，这个图表非常有用，因为它有助于确保采集合适的数据以便获得想要的频谱参数。用户可以将它打印粘贴在数据采集系统上，作为测试时的快速参考。

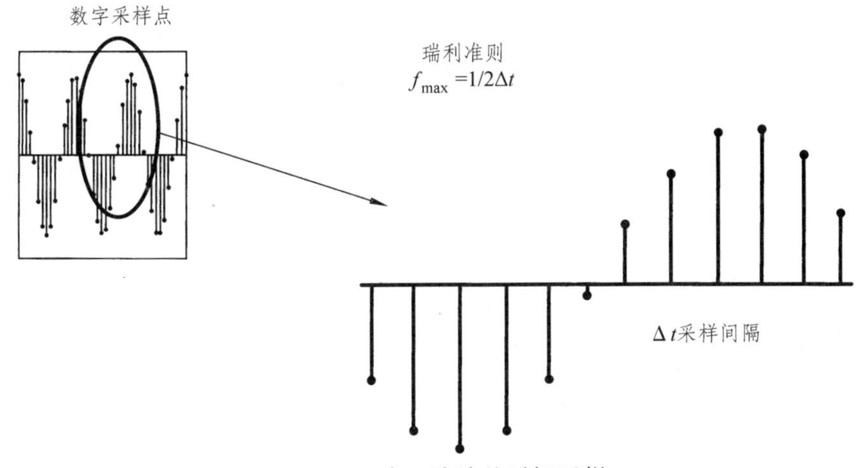

图 4-5　一个正弦波的时间采样

表 4-4　时间间隔、频率分辨率、样本点数和带宽的关系

选择	那么	以及
Δt	$f_{max}=1/(2\Delta t)$	$T=N\Delta t$ $\Delta f=1/(N\Delta t)$
f_{max}	$\Delta t=1/(2f_{max})$	
Δf	$T=1/\Delta f$	$\Delta t=T/N$ $f_{max}=N\Delta f/2$
T	$\Delta f=1/T$	

实例：　$\Delta f=5$ Hz 且 $N=1\,024$

那么　$T=1/\Delta f=1/5\text{ Hz}=0.2\text{ s}$

$f_s=N\Delta f=1\,024\times 5\text{ Hz}=5\,120\text{ Hz}$

$f_{max}=f_s/2=5\,120\text{ Hz}/2=2\,560\text{ Hz}$

对于采集任何数据而言，有一点很关键就是测试工程师需要知晓什么样的数据和采样率多少是最合适的。图 4-6 展示了一次数据采样的结果，但是这次采样的时间分辨率没有经过慎重考虑。注意到实际的信号（蓝色）有一些更高的频率信息，由于采样率太低，无法捕捉到所有隐藏的动态响应，因此这一点被忽略了。

一个经常令人困惑的问题是，时域和频域之间存在着反比关系。通常，信号在一个域长，在另一个域就会短，图 4-7 用图形说明了这个效应（用一些简单的参数表明它们实际数值）。在图 4-7 的上部，有 16 条时间线和 8 条相应的谱线，谱线数是时间线的一半，因为一个有 16 条时间线的时域信号，在频域表征时必须用 8 个正弦波和 8 个余弦波的复数来描述它。如果观察图 4-12 中间的信号，虽然也是 16 条时间线，但相互之间更紧凑，因为时间步长是之前的一半。这个信号也将产生 8 个复数的正弦波和余弦波，但与上面的信号相比，频率间隔是原来的 2 倍。当时间步长减半时，相应的带宽加倍。图 4-12 底部的时域信号，为了保持原始的带宽，只有 8 条时间线，时间步长与原始的时间步长相同，虽然带宽与原始带宽相同，但是频率间隔与中间的信号相同。在理解这些问题上，这个具有三种情形的数值例子是非常有帮助的。

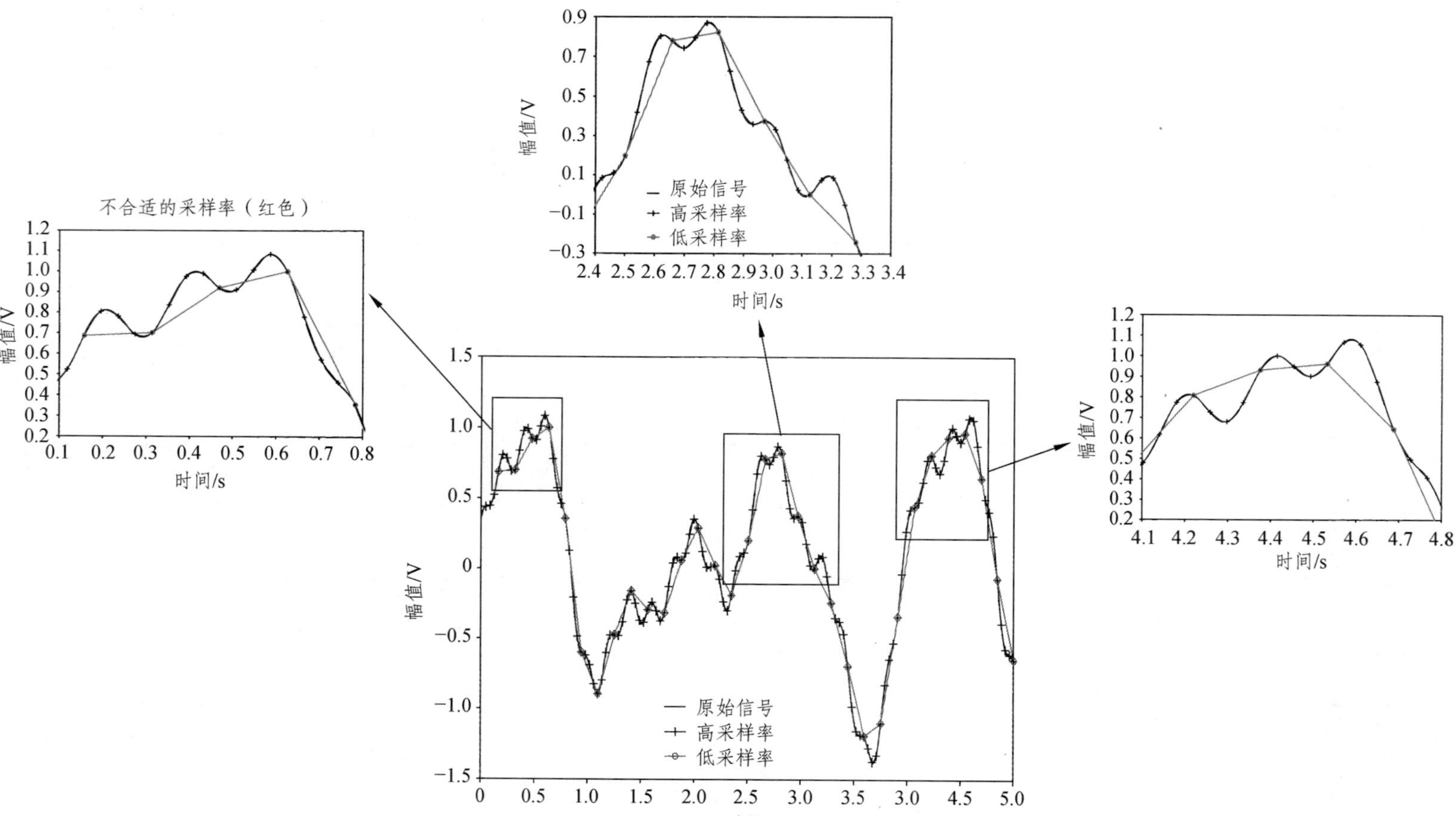

图 4-6　采样率设定不合适时的数据失真情况

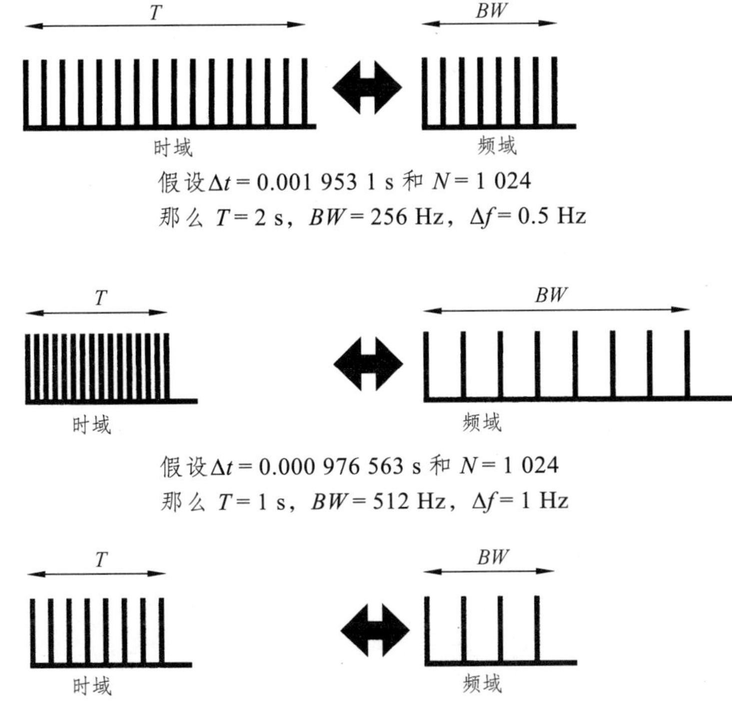

图 4-7　时域-频域关系的图形描述

4.2.3　数据采集的一些通用问题

在讨论与实验模态测试相关的一些特定主题之前，首先要考虑一些通用问题。数据采集系统可多路复用或同步采集（当今实验模态测试中的大多数数据采集系统通常采用同步采集）。多路复用系统使用一个 ADC，所有通道共享这个 ADC，这种类型的采集对于低频事件是可接受的，并且不关注通道之间的小相位滞后。然而，对于实验模态分析的大多数采集系统而言，通常是每通道有多个 ADC 卡，所以通道能同步采样。这使得采样时通道之间没有相位失真。数据采集系统通常按 4 通道排列，因此，小型的实验模态测试系统常使用 4 通道或 8 通道的采集系统。随着通道数的变化，常见的有 64 通道和 128 通道，更大的也有 256 通道及以上的系统，但并不常见，通常在一些要求同时采集多个通道的大公司可以找到。

依赖于 ADC 的位数，模拟信号数字化时可能会引起一些信号失真。通常，当今大多数 FFT 分析仪和数据采集系统都使用 16 位、24 位，甚至 32 位的 ADC。AD 位数与可测量的最小电压相关。通常，可能的离散电压份数是 2^n，n 是 ADC 的位数。每一位有两种状态，要么是“开”，要么是“关”。因此，1 位 AD 有 2 个可能的值，而 2 位 AD 有 4 个可能的值，3 位 AD 有 8 种可能值。图 4-8 所示为其中的一个简单示意。

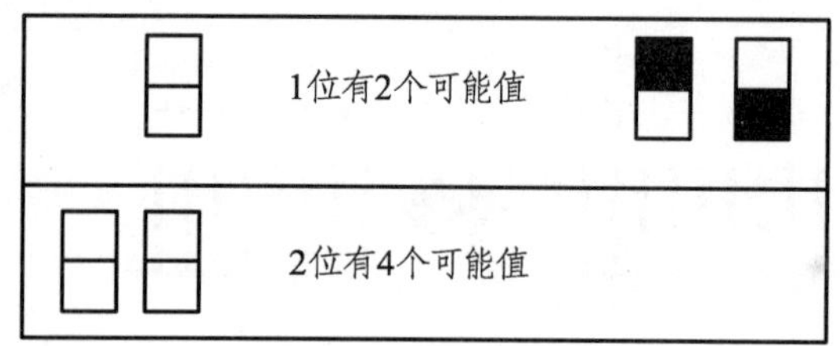

4 位 ADC 有 2^4 或 16 种可能值

6 位 ADC 有 2^6 或 64 种可能值

12 位 ADC 有 2^{12} 或 4 096 种可能值

4 位 = 0000 = $2^3 + 2^2 + 2^1 + 2^0 = 15$ 个量级

12 位 = 000000000000 = $2^{11} + 2^{10} + \cdots + 2^1 + 2^0 = 4\ 095$ 个量级

图 4-8　ADC 位数、可能的量级和动态范围示意

4.2.4　量　化

现在人们总是关心采集系统是否有足够的幅值分辨率以便合理地描述测量的信号。使用的 AD 位数越多，测量的信号越精确，但是由于模拟信号数字化采样和用于数字化描述信号的电压步长是离散的，这个过程总是存在一些误差。一个非常合适的例子是数字照片。照片的分辨率可设置成不同的值，如 100 万像素、300 万像素，或者更高的 1 000 万像素或 2 000 万像素。使用更高的分辨率，能得到更清晰的照片，但是当把照片放大到足够大时，总是会发现组成照片的离散值，这时子像素的分辨率是不够的。当然，更高的分辨率意味着整张照片占用的存储空间也会更大。对于测量信号也是如此。如果使用粗糙的分辨率，则会导致分辨率不足，但文件占用的存储空间会少很多。如果使用更高的分辨率，那么捕获的信号具有更佳的分辨率，但是文件占用的存储空间会大很多。因此，有时需要做一些权衡考虑，特别是当使用高分辨率的多通道时，需要考虑时域文件的大小这个因素。

图 4-9 所示为 4 位 ADC 和 6 位 ADC 用于测量同一个正弦波的结果对比。结果表明，测量的信号可能会存在幅值差异。图 4-9 中的圆形区域清楚地表明了两个分辨率下的幅值差异。

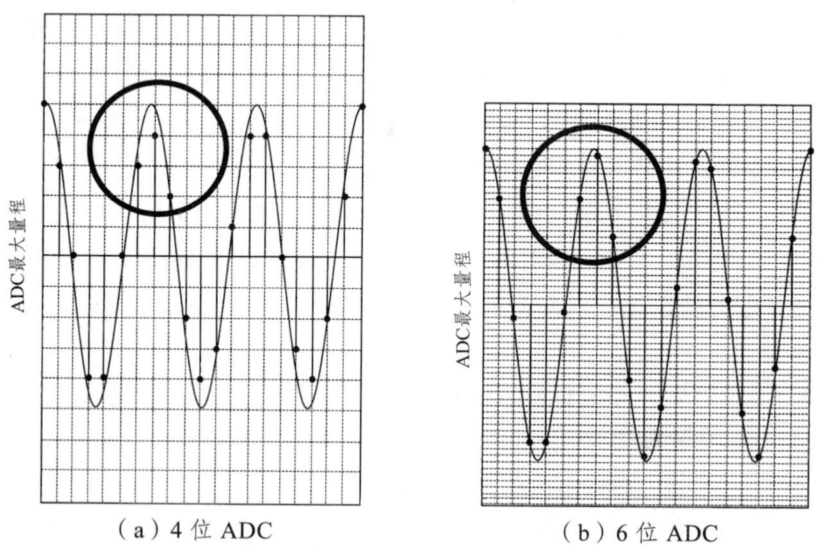

（a）4 位 ADC　　（b）6 位 ADC

图 4-9　使用 4 位 ADC 和 6 位 ADC 捕获单频正弦波时的幅值失真情况

4.2.5　混　叠

还有另一个与采样相关的问题必须讨论。当以低于 2 倍的关心频率进行采样时，混叠就会出现。在许多旋转系统中，大多都存在混叠。比如，使用正时灯去设置汽车的正时，使用的频闪仪按低于汽车发动机的旋转频率进行采样。或者当汽车以变化的速度行驶时，起初车轮似乎是向前运动的，但当车速变慢时，会发现车轮改变方向。另一个例子是观察直升机叶片，可能会看到顺时针旋转，然后逆时针旋转。

在任何数据采集试验中，如果频率成分大于模拟时域历程采样频率的一半，那么将会产生幅值和频率误差。为了防止出现混叠，通常使用一个低通滤波器以大大衰减不关心的高频成分。但是要记住，测试工程师需要明白关心的频率是多少，否则，滤波可能会滤掉动态信号中重要的频率成分。通常，前端（ADC）有低通滤波器以防止混叠，这些滤波器经常称为抗混叠滤波器。

混叠有时也称为“折回”误差，因为不想要的高频成分折回到了想要的低频范围。图 4-10 展示了“混叠的”信号，当采样不是按高于 2 倍想要的频率进行时，从实际信号中就观测到了混叠的信号，图 4-10 也示意性地展示了折回误差效应。

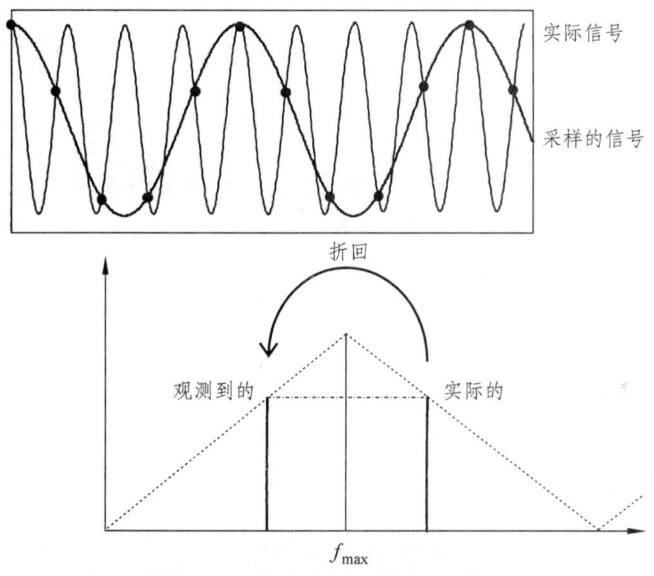

图 4-10　混叠和折回误差示意图

大多数好的 FFT 分析仪都有抗混叠滤波器用于防止混叠。这些滤波器通常都能衰减信号，但也不是十分理想。通常只在抗混叠滤波范围的 80%区间内提供无混叠保护。这就是 FFT 分析仪只提供 400、800、1 600…条谱线的原因。一些分析仪允许使用所有可用的谱线，如 512、1 024、2 048…条谱线，但用户必须谨慎，带宽的最后 20%区域可能存在湿叠，应谨慎使用这些区域的频率。

4.2.6　AC 耦合

信号经常有很大的 DC 部分，这时 AC 信号是叠加在 DC 信号之上的。如图 4-11 所示，

DC 信号可能占整个测量信号的绝大部分。因而需要一个高电压量程去测量这个大的 DC 分量，但可能不关心这个 DC 分量。DC 信号占了动态范围的绝大部分，但在涉及高频的动态测量中，实际可能不关心 DC 信号。经常使用 AC 耦合去移除 DC 信号，这本质上是对信号加了一个高通滤波器，以移除不想要的 DC 部分。在许多动态测量中，这是通用的做法，但必须指出的是，对于一些处理和建模而言，有时 DC 信号也是需要的，因此，虽然经常使用 AC 耦合，但是使用时必须与实际需要的信号相关。如果需要信号的 DC 部分，那么必须为 ADC 选择 DC 耦合。重点说明的是，许多数据采集系统内置了 ICP 信号调理模块，其放大器集成了高通滤波器，因此，总是会滤掉测量信号中的 DC 成分。

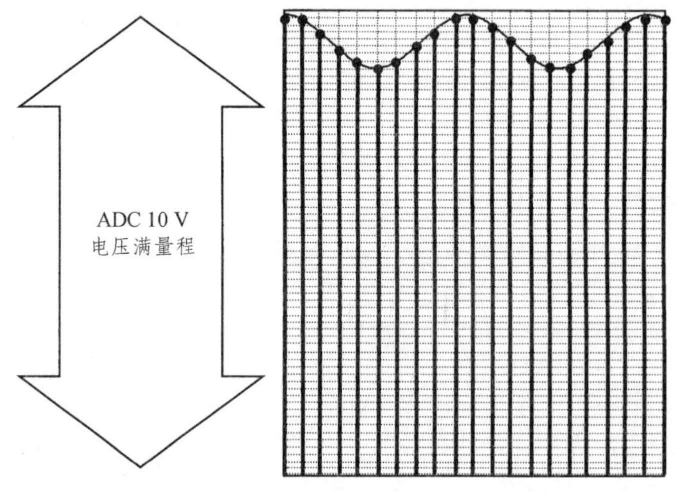

图 4-11　信号表明需要用 AC 耦合去移除大幅值的 DC 信号

4.3　傅里叶变换

数据处理过程中不可避免需要用到一些繁杂的数学理论，本节将避免所有烦琐的数学细节，从概念的角度来理解 FFT。一个任意信号可能很难解释，比如，图 4-12 所示的随机时域信号有某些特性，但很难从信号的时域描述去确定这些特性，图 4-12 中省略了时间和幅值轴，因为它们不影响对该信号的解释。

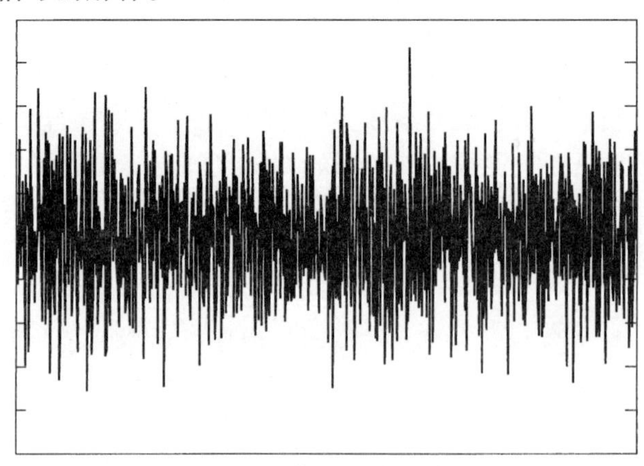

图 4-12　普通的随机信号

任何一个信号都可以分解成一系列不同幅值和不同频率的正弦波。这就是傅里叶所说的，也是著名的傅里叶级数的基础。通过把复杂的信号分解成一系列正弦波，信号的某特性更易于查看。比如，可以确定：① 信号的频率成分；② 更占主导的特定频率；③ 每个频率的幅值。

快速傅里叶变换是有额外限制的傅里叶级数的离散形式。

为了理解这个概念，考虑一些不同频率的简单正弦波（见图 4-13）。图 4-13 的上半部分显示了三个不同的正弦波的时域信号和它们的频域描述，每个正弦波的频域描述都是一条谱线。图 4-13 的下半部分显示的是这三个正弦波的叠加，在时域它是一个比较复杂的信号，但在频域，很容易理解。

考虑图 4-13 中的三个正弦波的叠加，比起在时域，相关信息在频域更易于理解。下面将讨论傅里叶变换。

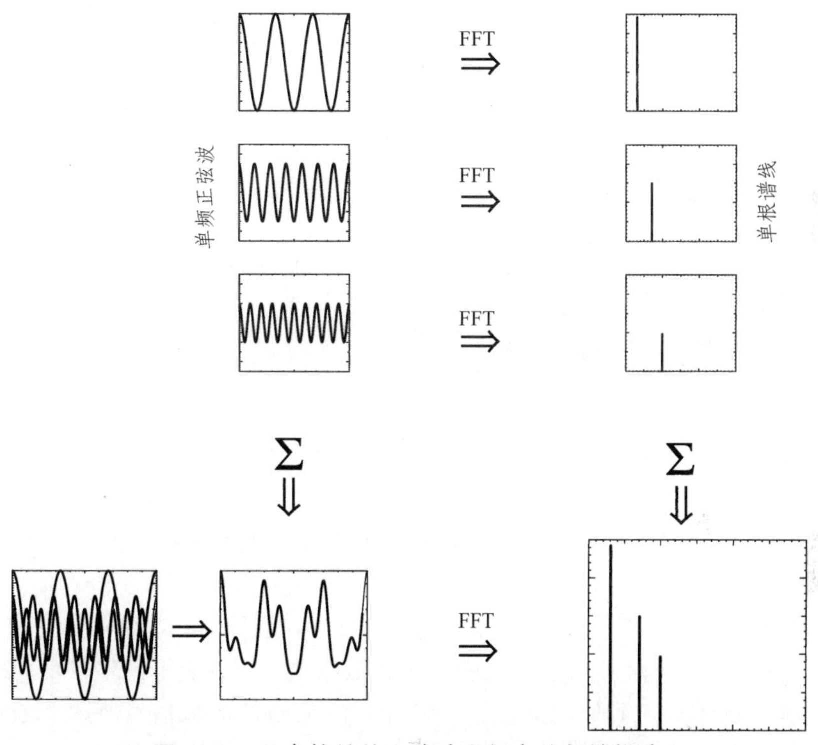

图 4-13　几个简单的正弦波和相应的频域描述

4.3.1　傅里叶变换和离散傅里叶变换

在当今大多数可用的 FFT 分析仪中，离散傅里区叶变换算法是频域信号表达公式的基础。因为这个变换是对信号在所有时间上的连续积分，但事实是采样记录的时域数据通常时间很短，所以，此处有一些注意事项。倘若时域信号在频域有整数个正弦波描述，或者倘若这个信号能完全在一个采样记录中观测到，那么在信号变换过程中是没有失真的。如果这一点不成立，那么可能导致信号严重失真。这个失真称为泄漏，是到目前为止最严重的信号处理误差。通过使用特殊的激励技术或者通过使用时间加权函数（称为窗函数），可以减少泄漏。这里总结傅里叶变换方程，但不是正式的推导。

傅里叶变换

$$S_x(f)=\int_{-\infty}^{+\infty}x(t)\mathrm{e}^{-\mathrm{j}2\pi ft}\mathrm{d}t$$

傅里叶逆变换

$$x(t)=\int_{-\infty}^{+\infty}S_x(f)\mathrm{e}^{\mathrm{j}2\pi ft}$$

对于离散傅里叶变换，尽管实际的时域信号是连续的，也要对信号进行离散，然后在离散的数据点处进行变换：

$$S_x(m\Delta f)=\int_{-\infty}^{+\infty}x(t)\mathrm{e}^{-\mathrm{j}2\pi mft}\mathrm{d}t$$

这个积分可近似为

$$S_x(m\Delta f)\approx\Delta t\sum_{-\infty}^{+\infty}x(n\Delta t)\mathrm{e}^{-\mathrm{j}2\pi m\Delta fn\Delta t}$$

然而，如果只有有限个样本点可用（通常是这样的），那么变换方程变为

$$S_x(m\Delta f)\approx\Delta t\sum_{n=0}^{N-1}x(n\Delta t)\mathrm{e}^{-\mathrm{j}2\pi m\Delta fn\Delta t}$$

4.3.2　FFT：周期信号

将信号从时域变换到频域时，假设信号从负无穷到正无穷已知，那么傅里叶级数的数学描述是精确的。然而，因为一个数据块（或样本）只有时间 T 的长度，没有捕获到整个信号。倘若测量的信号在一个样本间隔内是周期信号，那么样本信号的FFT将产生正确的频域描述。图 4-14 显示了实际的时域信号和时间长度为 T 的数据块，如果能得到整数个周期的信号，那么可以将这个数据块重构得到原始的信号，如图 4-14 底部的时域信号所示。这个信号正确的 FFT 结果是一条谱线。注意：时间和幅值尺度没有显示，此处只是示意。

4.3.3　FFT：非周期信号

当将信号从时域变换到频域时，假设信号从负无穷到正无穷已知，那么傅里叶级数的数学描述是精确的。然而，因为一个数据块（或样本）只有时间为 T 的长度，没有捕获到整个信号。倘若测量的信号在一个样本间隔内是非周期信号（不包含信号的整数倍周期），那么 FFT 处理将产生误差。图 4-15 显示了实际的时域信号和时间长度为 T 的数据块，如果从这个数据块重构信号，在时域信号的起始处和结束处将不连续，这表明在时间长度为 T 的数据块

内没有捕获到正弦波的整数倍个周期。如果用 FFT 处理这个 T 时间的数据块，将得不到预期的单条谱线，这是由于采样过程引起了时域信号失真的缘故。

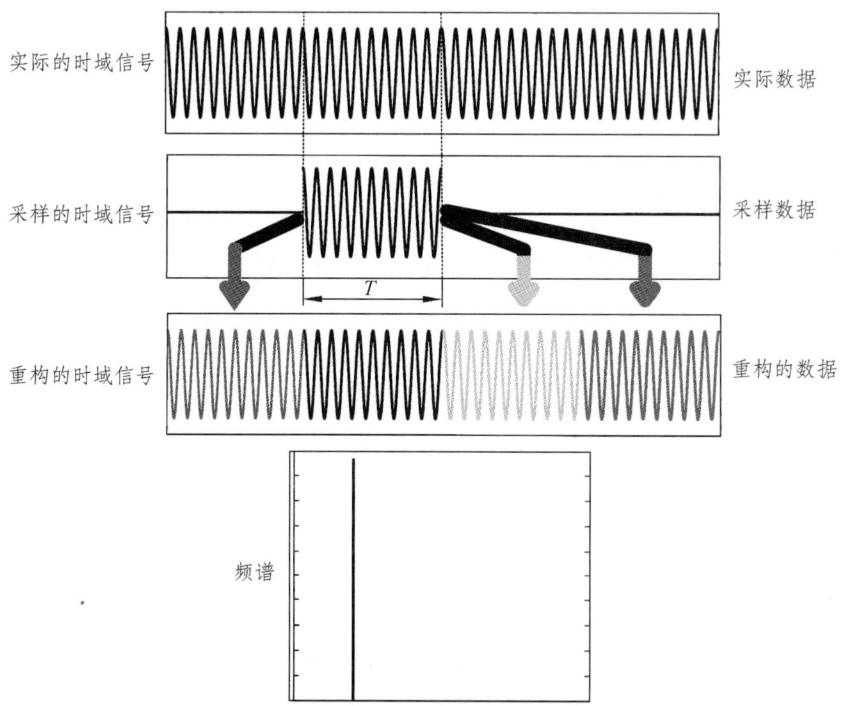

图 4-14　实际采样和重构的时域信号及合适采样数据的频谱

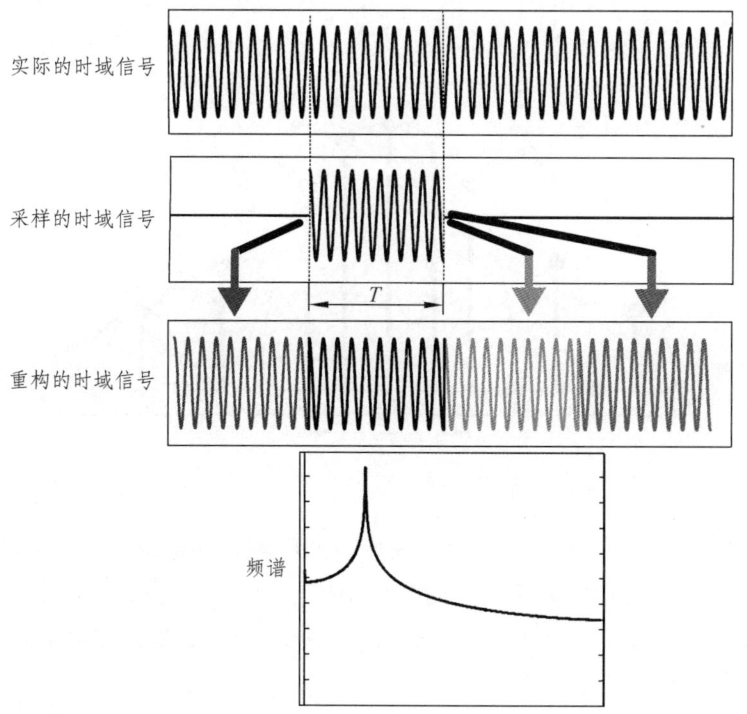

图 4-15　实际、采样和重构的时域信号及不合适采样数据的频谱

4.4 窗函数和泄漏

4.4.1 相关概念

实验模态测试常用的窗函数有汉宁窗、平顶窗、矩形窗、力窗和指数窗。矩形窗（也称均衡窗或不加窗），当信号是已知的，且包含组成这个时域信号的整数倍个周期的正弦波，或者在一个样本间隔内能捕获到整个信号时，通常使用矩形窗。矩形窗对数据进行单位加权。当测量信号的成分完全未知时，如随机激励，通常应用汉宁窗。汉宁窗虽然能提供相当合适的频率分辨率，但会使测量信号的幅值有精度失真 16%。平顶窗通常应用于具有正弦特性的信号，它能为信号提供精确的幅值，幅值失真只有 0.1%，但是频率分辨率粗糙，对于校准目的来说，平顶窗是个不错的选择。力窗和指数窗的典型应用是脉冲激励测试，对系统的响应应用指数窗，试图加权时域响应以保证正整个瞬态响应能在一个样本间隔内观测到。

窗函数虽然对于减少信号处理误差泄漏是必要的，但是它在一定程度上会使时域数据失真。失真总会使频域的峰值幅值的精度有所损失，并且总是会使测量的频域数据有更大的阻尼。

接下来讲述矩形窗、汉宁窗和平顶窗。本质上，评估所有的窗函数都基于主瓣的宽度（控制幅值精度）和旁瓣的衰减（控制频率的分辨能力）。这些影响如图 4-16 所示。

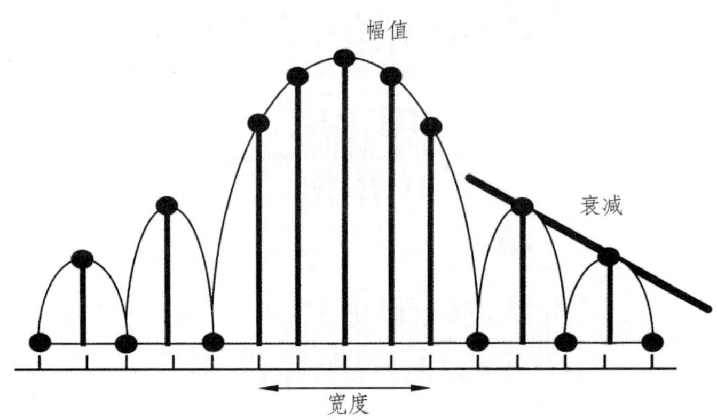

图 4-16 函数窗减少泄漏的失真影响

每个窗函数如图 4-17 ~ 图 4-19 所示，窗函数的频域描述的主瓣位于 0 Hz 处，用对数幅值图显示主瓣两侧 ± 15Δf 的频率区间，同时也用线性幅值显示主瓣两侧 ± 3Δf 的频率区间。当涉及一个单频正弦信号时，有两个重要的情形。第一个：如果是在样本间隔内信号是周期信号，那么傅里叶处理结果没有失真。第二个：当信号在一个样本间隔内是非周期信号时，这将产生泄漏。后文将讨论最糟糕的泄漏情形。

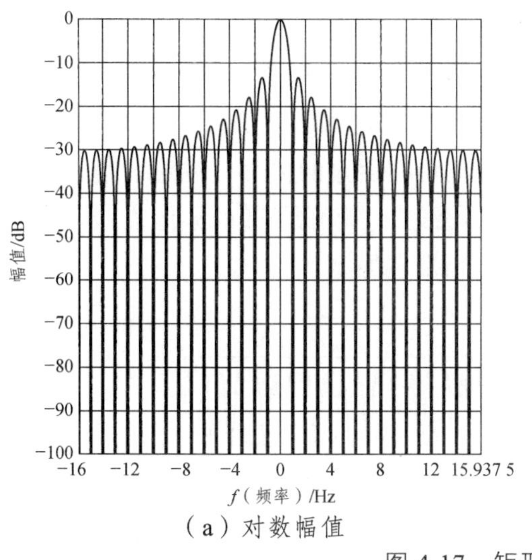

（a）对数幅值

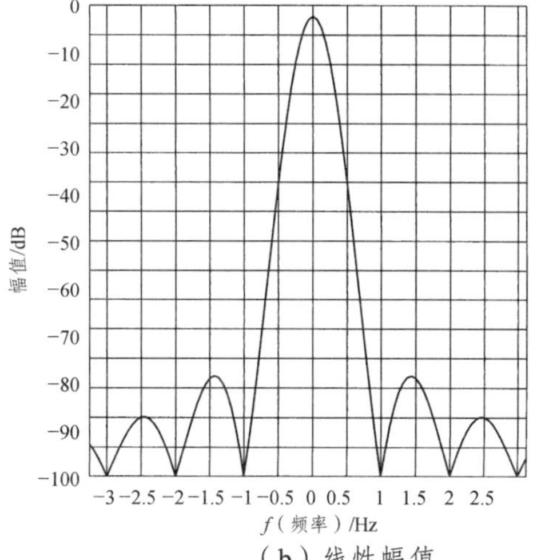

（b）线性幅值

图 4-17　矩形窗频域特性

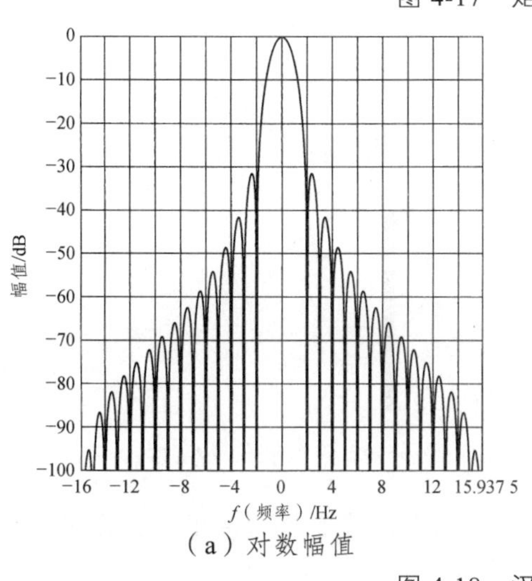

（a）对数幅值

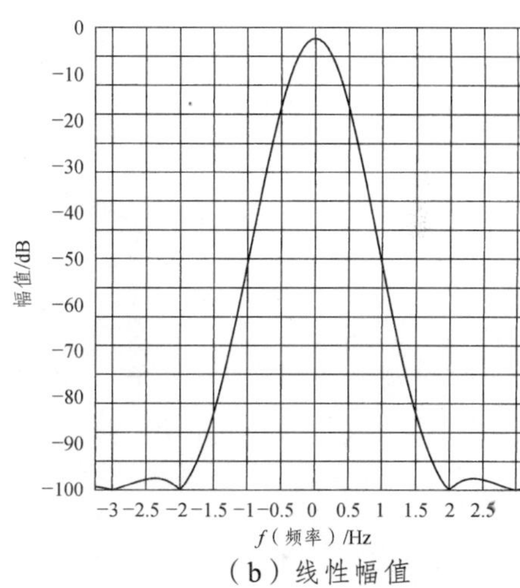

（b）线性幅值

图 4-18　汉宁窗频域特性

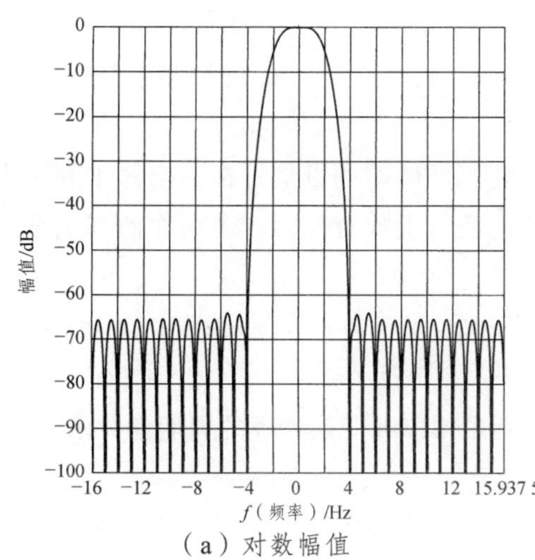

（a）对数幅值

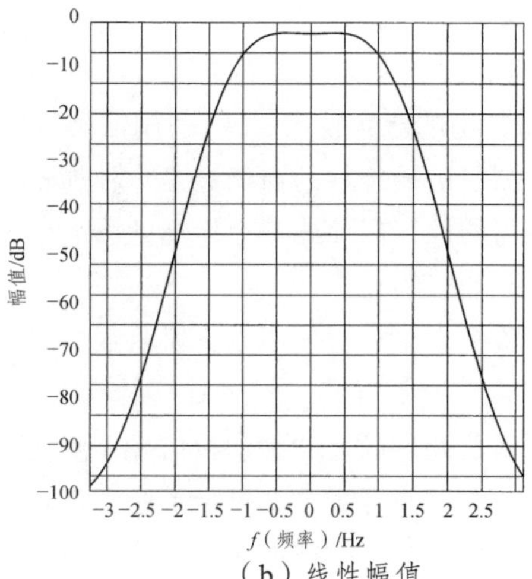

（b）线性幅值

图 4-19　平顶窗频域特性

当在一个数据块内，测量的信号不是周期性信号时，就会出现不正确的信号幅值和频率估计，这个误差称为泄漏。本质上是信号能量分布拖尾至整个频谱上，能量从一个特定的Δf泄漏至邻近的谱线上。时域信号从一个时域数据块到下一个时域数据块似乎失真了，如图 4-20所示。时域信号从一个时域数据块到下一个时域数据块有明显的失真。注意，信号的幅值变小了，峰值分布于一些谱线上，而不是集中在一条谱线上。频响函数的幅值直接与模态振型相关，泄漏将会影响到频响函数的幅值，从而影响到模态振型。

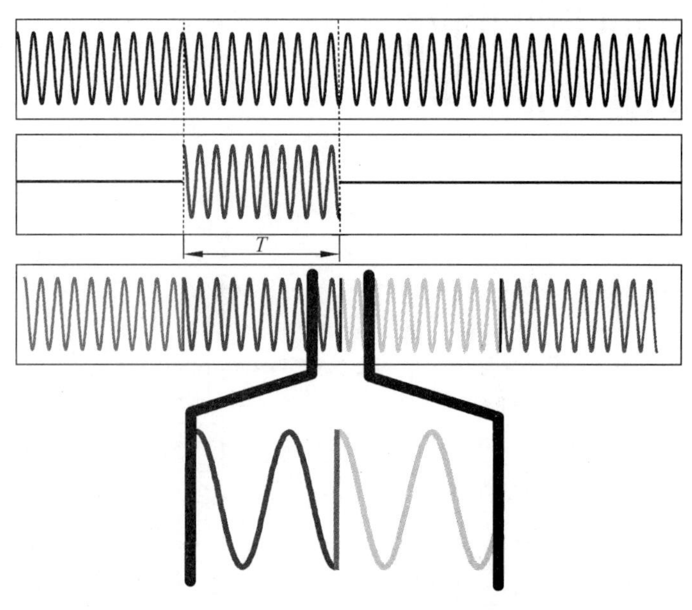

图 4-20　采样清晰地表明了从一个数据块到另一个数据块的不连续

峰值分布于一些谱线上将出现阻尼，因此，泄漏会影响模态振型和阻尼，在进行模态试验时，这是两个非常重要的参数。

泄漏可能是最常见、最严重的数字信号处理误差。不像混叠，泄漏的影响不能消除，只能减少泄漏。这些影响通过以下方法可部分减少：① 平均技术；② 增加频率分辨率；③ 使用周期/特定的激励技术；④ 使用窗函数。

对测量信号施加的窗函数是一种加权函数。窗函数能使测量信号在一个样本间隔内似乎更具有周期性，因而能减小泄漏的影响。可以使用的窗函数有许多，无法在此列出全部的窗函数，并加以描述。

实验模态分析常使用以下窗函数：① 矩形窗；② 汉宁窗；③ 平顶窗；④ 力窗；⑤ 指数窗。

窗函数处理的目的是加权信号，使它更易于满足傅里叶变换处理的周期性要求。图 4-21中的 4 个数据块从概念上显示了这一点。

对于大部分实验模态而言，汉宁窗用于随机信号，平顶窗用于校准，当能保证信号满足周期性要求时使用矩形窗，力/指数窗用于锤击测试。下面将讨论每个窗函数。

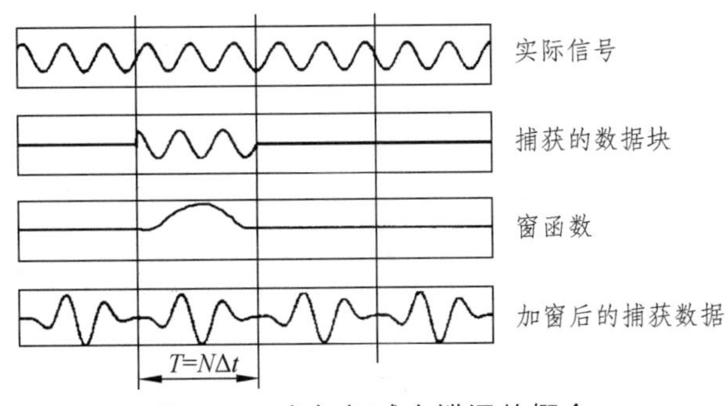

图 4-21　窗加权减少泄漏的概念

4.4.2　常见窗型

1. 矩形窗

矩形窗的时域窗形状在整个时间为 T 的测量数据长度内都是单位增益。矩形窗也称为货车车厢窗、均衡窗或不加窗，如图 4-17 所示。矩形窗的主瓣窄，旁瓣很高且衰减非常慢。主瓣相当浑圆，这将引入大的测量误差，矩形窗的幅值误差达到了 36%。

观察图 4-17（a）所示的对数幅值图，需要注意以下几点。图 4-17（a）中的主刻度线对应的频率宽度是 $2\Delta f$，这表明每 Δf 处，函数衰减至 0。这暗示着，如果信号在样本间隔内是周期信号，那么能观测到的频率成分只能位于主瓣内，每远离主瓣 Δf，幅值衰减至 0，所以只能观测到一个频率。现在观察图 4-17（b）所示的线性幅值，图 4-17（b）中的主刻度线对应的频率区间是 $0.5\Delta f$，再次每远离主瓣 Δf，函数衰减至 0。如果信号满足变换的周期性要求，这没有问题。但如果不满足，那么信号将失真。当测量信号的频率刚好位于两个 Δf 线之间时，将出现最严重的失真，后面将介绍这一点。

2. 汉宁窗

汉宁窗的时域形状是半个余弦曲线，汉宁窗函数如图 4-18 所示。主瓣附近的一些旁相当高，但旁瓣衰减率不错，每个倍频程衰减 60 dB。对于需要合适频率分辨率的搜索操作来说，这个窗是非常有用的，但幅值精度不太好，会使幅值衰减 1.5 dB（16%）。

观察图 4-18（a）所示的对数幅值，需要注意以下几点。图 4-18（a）中的主刻度线对应自频率宽度是 $2\Delta f$。先前，对于矩形窗，每远离主瓣 Δf，函数衰减至 0。但对于汉宁窗而言，几乎所有的 Δf 处，函数衰减至 0，除了频谱有大幅值的主瓣两侧。现在观察图 4-18（b）所示的线性幅值图，图 4-18（b）中的主刻度线对应的频率区间是 $0.5\Delta f$，主瓣两侧没有衰减至 0。因此，可以看出，如果施加完全满足变换周期性要求的信号，信号会受到汉宁窗的影响，至少在 $3\Delta f$ 内能观测到信号的频域描述。如果信号不满足周期性要求，那么信号将失真。当测量信号的频率刚好位于两个 Δf 线之间时，将出现最严重的失真，后面将介绍这一点。汉宁窗能平衡频率分辨能力和幅值精度。

3. 平顶窗

平顶窗或 P301 窗的时域表达是四个正弦波的叠加，如图 4-19 所示。平顶窗的主瓣非常平坦且遍布在一些频带上。虽然这个窗会遭受频率分辨率问题，但它的幅值是非常精确的，误差小于 0.1%。

观察图 4-19（a）所示的对数幅值，需要注意以下几点。图 4-19（a）中的主刻度线对应的频率宽度是 2Δ*f*。先前，对于矩形窗，每远离主瓣Δ*f*，函数衰减至 0。然而对于平顶窗而言，几乎所有的Δ*f* 处，函数衰减至 0，除了频谱有大幅值的主瓣两侧。现在观察图 4-23 所示的线性幅值，图 4-19（b）中的主刻度线对应的频率区间是 0.5Δ*f*，主瓣两侧没有衰减至 0。因此，可以看出，如果施加完全满足变换周期性要求的信号，信号会受到平顶窗的影响，至少在 74Δ*f* 内能观测到信号的频域描述。如果信号不满足周期性要求，那么信号将失真。当测量信号的频率刚好位于两个Δ*f* 线之间时，将出现最严重的失真，后面将介绍这一点。虽然平顶窗不易于确定信号的频率，但测量的幅值非常精确。这对于要求测量非常精确的幅值来说，使用平顶窗是非常合适的选择。

4. 力　窗

在很多应用中，通常都是使用锤击法获得测量数据。当按这种方式采集数据时，输入通道可能会出现噪声，这时使用汉宁窗和平顶窗是不合适的。力窗在样本间隔的指定部分是单位幅值，而在样本间隔的剩余部分为 0。对于脉冲激励而言，力窗是减少输入通道噪声的一种有效机制。

5. 指数窗

在锤击激励的许多情况中，系统响应是有阻尼正弦波的叠加。在这种激励力作用下对响应信号施加汉宁窗和平顶窗是不合适的。指数政窗迫使系统响应在样本间隔内成为周期信号。如果时域采样时间足够长使得系统在采样间隔内自然衰减到零，那么没有理由需要施加任何窗函数。具有这种特性的信号称为自窗函数。

力窗和指数窗的示意如图 4-22 所示，它们的详细内容将在本书的应用部分进行介绍。

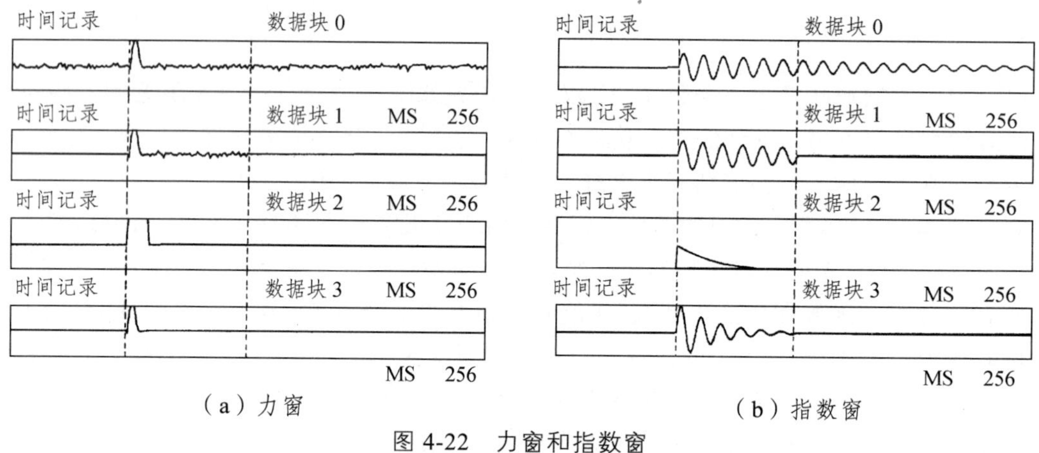

（a）力窗　　（b）指数窗

图 4-22　力窗和指数窗

4.4.3　比较矩形窗、汉宁窗和平顶窗

图 4-23 显示了矩形窗、汉宁窗和平顶窗的叠加比较。注意，相对于汉宁窗和平顶窗，只有矩形窗的旁瓣衰减非常慢。

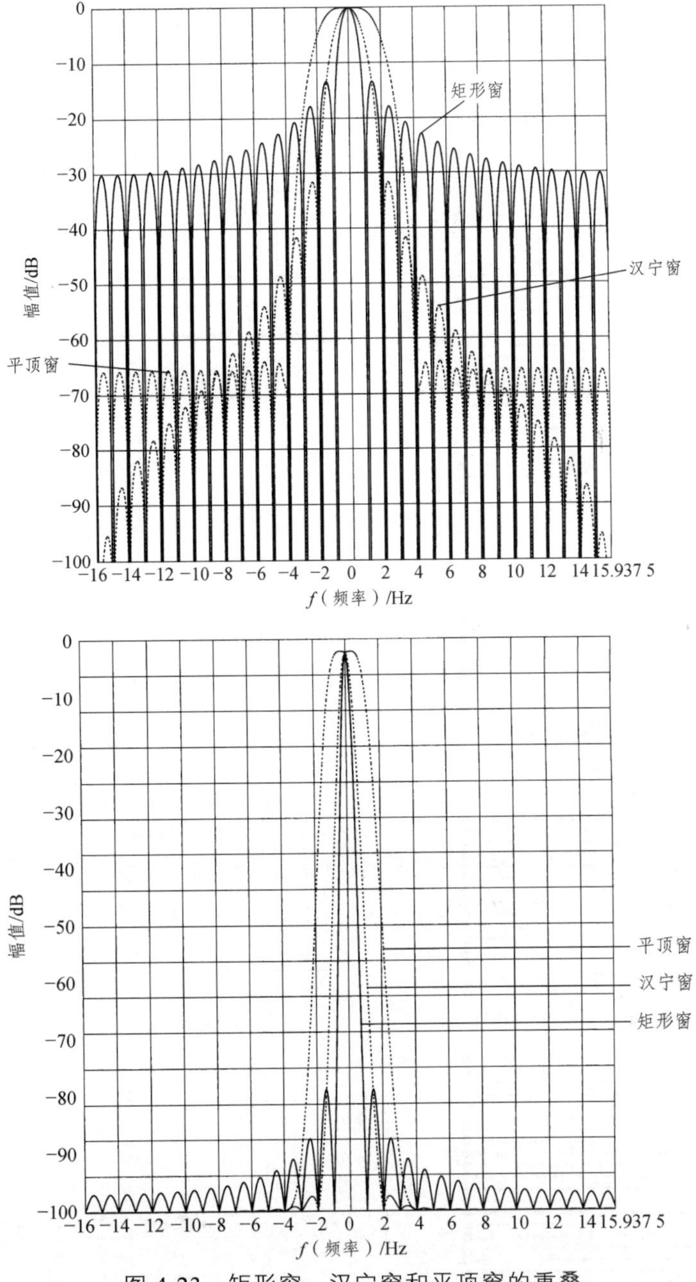

图 4-23　矩形窗、汉宁窗和平顶窗的重叠

4.4.4　比较窗函数可能的最严重泄漏失真情况

如果一个正弦信号的频率位于频率分辨率的中间，那么将产生最严重的泄漏。在图 4-24 中，为了展示信号的失真，使用了矩形窗、汉宁窗和平顶窗无泄漏的情况和可能最严重的泄漏的情况。图 4-24（a）用对数幅值形式显示了无泄漏测量，显示的频率区间为 $16\Delta f$。显然窗函数有影响，虽然信号实际上满足傅里叶变换处理的周期性要求。当信号不满足傅里叶变换处理的周期性要求时，失真更明显，如图 4-24（b）所示。

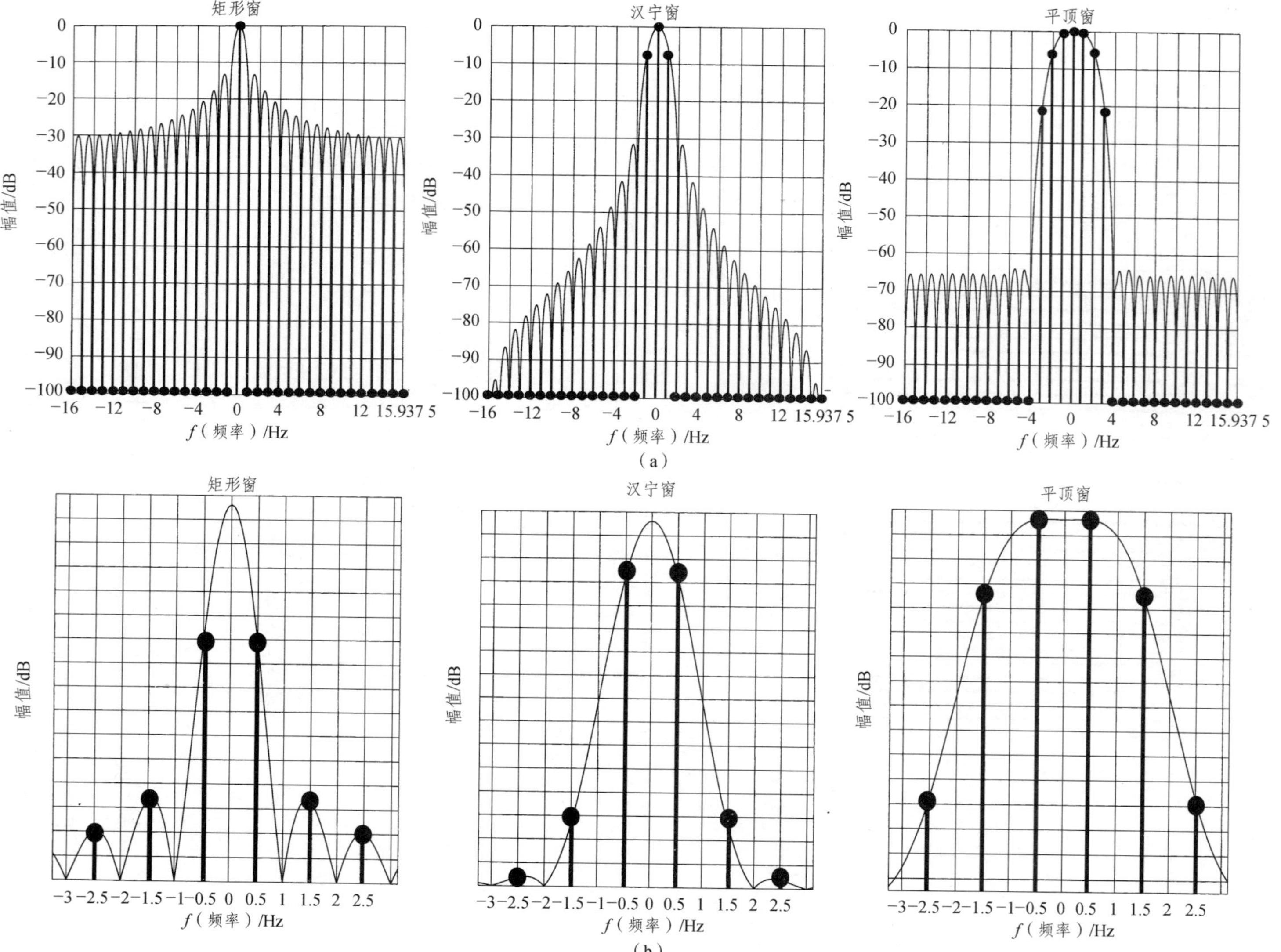

图 4-24　比较矩形窗、汉宁窗和平顶窗应用于满足和不满足傅里叶处理的周期性要求的情况

4.4.5　窗函数的频域卷积

虽然窗函数应用在时域（对实际捕获的时域信号乘以时域窗函数），但是窗函数的影响在频域更明显。在频域，实际上是频域的实际信号与窗函数谱线的卷积。这个影响的示意如图 4-25 所示，图 4-25 中显示了三条谱线的窗形状和一个离散的单频正弦波。时域窗函数与测量数据的乘积产生了频域的卷积。理论窗的形状与实际信号的乘积在每个ΔF生成一个值进行叠加。在这个例子中，可以看到在第 7 个ΔF处的实际信号乘以了假设有三个瓣的窗函数。当考虑第一个ΔF时，这个地方的值为 0，因为窗函数相应的每一项乘以这个信号之和为零。这些值都为 0，直到窗的中心瓣位于第 6 个ΔF时才有非零值，以及中心瓣位于第 7 个和第 8 个ΔF处，其他位置值都为 0。

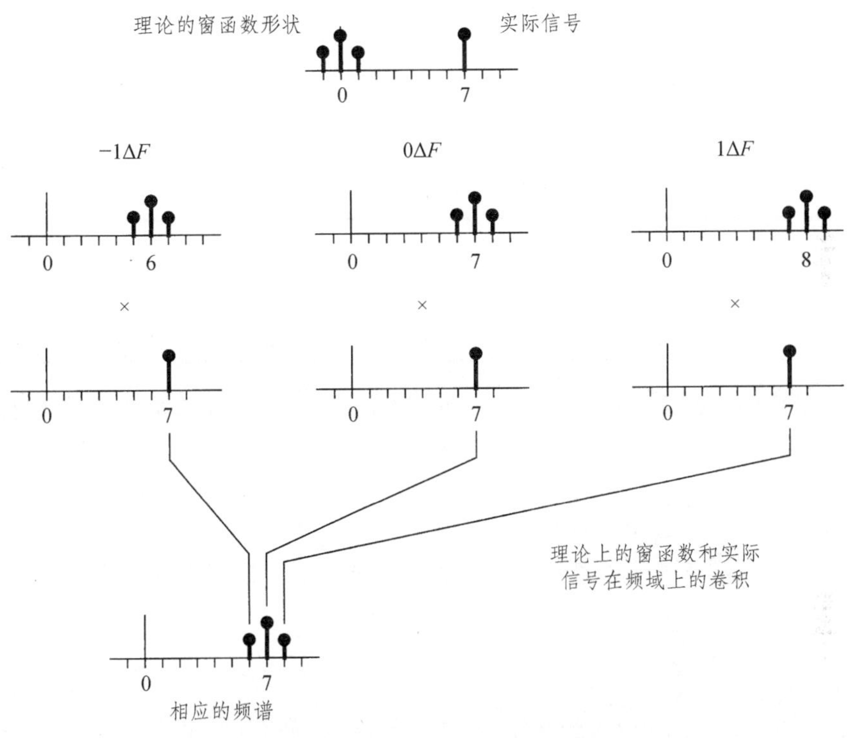

图 4-25　理论窗与实际信号在频域的卷积示意

4.5　输入输出函数关系

4.5.1　频响函数公式

当测量出现噪声时，需要几种估计频响函数的公式。在所有的频响函数公式中，如果能最小化噪声，那么所有不同形式的频响函数都能获得相同的结果。虽然有一些不同的方法，但在此仅介绍两种常见的方法。图 4-26 所示为一次典型的输入-输出测量。

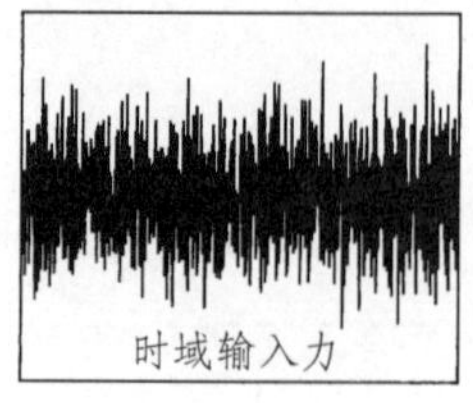

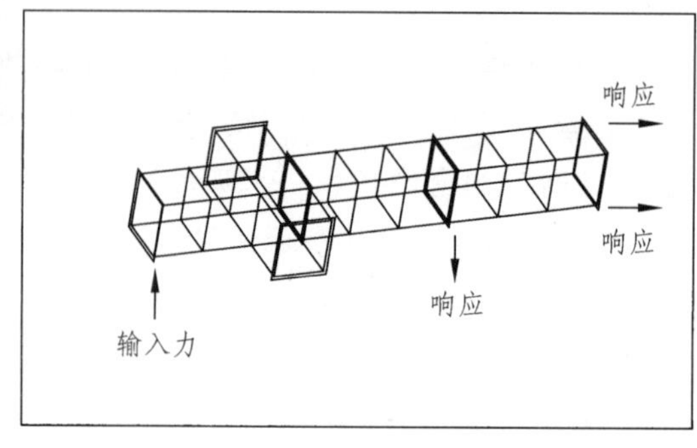

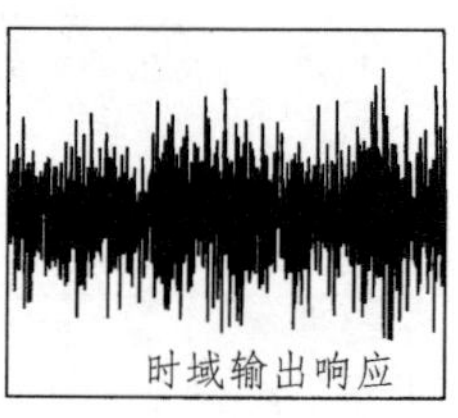

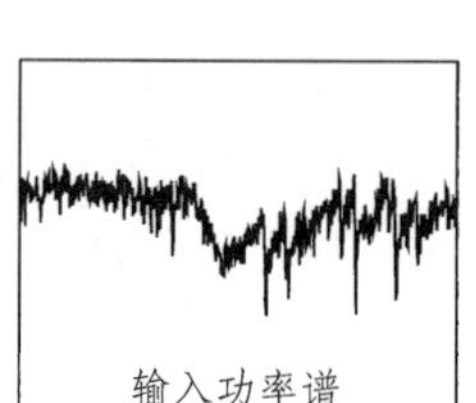

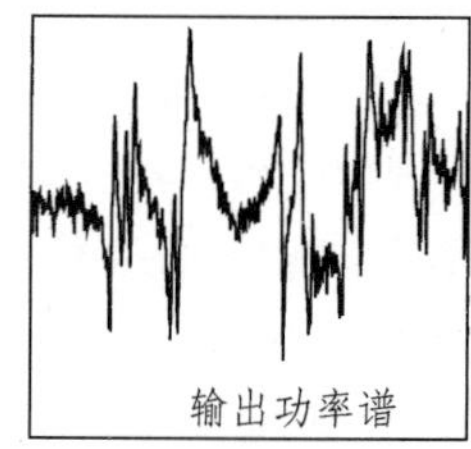

图 4-26　典型的输入-输出测量

首先，定义输入-输出模型。如果 $x(t)$作为输入信号，$y(t)$作为相应的输出信号，那么对这些信号进行 FFT 变换，将得到如表 4-5 所示的结果。

表 4-5　FFT 变换的输入输出

$x(t)$	$h(t)$	$y(t)$	时域
输入→系统→输出			
$S_x(f)$	$H(f)$	$S_y(f)$	频域

其中，$S_x(f)$和 $S_y(f)$分别是输入信号 $x(t)$和输出信号 $y(t)$的线性傅里叶频谱。这些频域的信号与频响函数相关：

$$S_y = HS_x$$

通常，大多数分析仪都能测量时域信号平均的功率谱以减少测量中的噪声。这些功率谱与线性频谱相关：

G_{xx} 输入自功率谱 $S_x S_x^*$；

G_{yy} 输出自功率谱 $S_y S_y^*$；

G_{yx} 互功率谱 $S_y S_x^*$。

使用此定义，在一种情况中输入-输出关系通过右乘 S_x^*，在另一种情况中右乘 S_y^* 得到两个关系式：

$$S_y S_x^* = HS_x S_x^* \to H_1 = \frac{G_{yx}}{G_{xx}}$$

$$S_y S_y^* = HS_x S_y^* \to H_2 = \frac{G_{yy}}{G_{xy}}$$

频响函数 H 的第一个公式倾向于最小化输出的噪声，这个公式是测量频响函数的欠估计。频响函数 H 的第二个公式倾向于最小化输入的噪声，这个公式是测量频响函数的过估计。第

三个公式称为 H_v，是按最小二乘估计方式来同时最小化输入和输出的噪声，它是系统真实频响函数 H 更好的近似。

相干，或称为常相干，定义如下：

$$\gamma^2 = \frac{G_{yx}G_{xy}}{G_{xx}G_{yy}} = \frac{H_1}{H_2}$$

相干函数是一个标量，取值范围为 0 ~ 1。当相干为 0 时，输出信号与输入信号不相关，两者没有任何因果关系。当相干为 1 时，所有测量的输出信号与输入信号都是相关的。相干是评估测量的频响函数充分性的重要工具。

4.5.2　噪声对频响函数估算形式的影响

图 4-27 所示为一般输入-输出模型，在输入和输出上都加上了噪声。

使用上述的输入-输出噪声模型，频响函数 H 的计算公式如下：

$$H = G_{uv} / G_{uu}$$

该公式可用于识别输入或输出上的噪声，并可确定对所测频响函数的影响，在下一个例子中将会遇到，在那里对噪声进行了详细的评价。但在此对频响函数有一个大致的观测，简单示意见表 4-6。

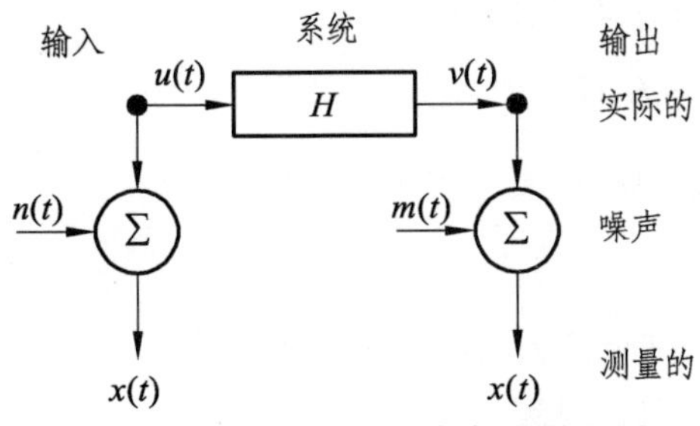

图 4-27　普通的输入-输出噪声模型

表 4-6　噪声对测量的频响函数的影响

输入对噪声敏感	输出对噪声敏感
真实 H 的欠估计	真实 H 的过估计
$H_1 = H\left[\dfrac{1}{\left[1+\dfrac{G_{nn}}{G_{uu}}\right]}\right]$	$H_2 = H\left[1+\dfrac{G_{mm}}{G_{vv}}\right]$

（1）真实 H 的欠估计：只有输出有噪声的情况。

使用基本的输入-输出模型，对输出加噪声 S_m，假设：

$$S_m + S_v = HS_u$$

上式右乘输入频谱的共轭 S_u^*，假设：

$$(S_m + S_v)S_u^* = H_1 S_u S_u^*$$

$$S_m S_u^* + S_v S_u^* = H_1 S_u S_u^*$$

如果输出噪声与输入信号不相干（不相关），那么随着平均的多次进行，$S_m S_u^* = 0$。方程可写为

$$H_1 = S_v S_u^* / S_u S_u^* = G_{uv} / G_{uu}$$

（2）真实 H 的过估计：只有输出有噪声的情况。

使用基本的输入-输出模型，对输出加噪声 S_m，假设：

$$S_m + S_v = HS_u$$

上式右乘输出频谱的共轭 $(S_m^* + S_v^*)$，假设：

$$(S_m + S_v)(S_m^* + S_v^*) = H_2 S_u (S_m^* + S_v^*)$$

$$S_m S_m^* + S_v S_v^* + S_v S_m^* + S_m S_v^* = H_2 S_u S_m^* + H_2 S_u S_v^*$$

如果输出噪声与输入和输出信号不相干（不相关），那么随着平均的多次进行，方程可写为

$$S_m S_m^* + S_v S_v^* = H_2 S_u S_v^*$$

$$G_{mm} + G_{vv} = H_2 G_{uv}$$

$$H_2 = (G_{mm} + G_{vv}) / G_{uv} = H + G_{mm} / G_{uv}$$

$$H_2 = H(1 + G_{mm} / G_{uv})$$

（3）真实 H 的欠估计：只有输入有噪声的情况。

使用基本的输入-输出模型，对输入加噪声 S_n，假设：

$$S_v = H(S_u + S_n)$$

上式右乘输出频谱的共轭 $(S_u^* + S_n^*)$，假设：

$$S_v(S_u^* + S_n^*) = H_1(S_u + S_n)(S_u^* + S_n^*)$$

$$S_v S_u^* + S_v S_n^* = H_1(S_u S_u^* + S_n S_n^* + S_n S_u^* + S_u S_n^*)$$

如果输入噪声与输入和输出信号不相干（不相关），那么，随着平均的多次进行，方程可写为

$$S_v S_u^* = H_1(S_u S_u^* + S_n S_n^*)$$

$$G_{vu} = H_1(G_{uu} + G_{nn})$$

$$H_1 = H(1 + G_{nn} / G_{uu})$$

（4）真实 H 的过估计：只有输入有噪声的情况。

使用基本的输入-输出模型，对输入加噪声 S_n，假设：

$$S_v = H(S_u + S_n)$$

上式右乘输入频谱的共轭 S_v^*，假设：

$$S_v S_v^* = H_2(S_u + S_n)S_v^*$$

$$S_v S_v^* = H_2(S_u S_v^* + S_n S_v^*)$$

如果输入噪声与输入和输出信号不相干（不相关），那么随着平均的多次进行，方程可写为

$$H_2 = G_{vv} / G_{uv}$$

4.6　动态测试后处理中应该注意的一些问题

在频响函数相关参量中，还有一些经验性结论需要提及。这里只对单点激励方式频响函数的测量中需要注意的事项做一介绍。

1. 做好预实验

正式测试前，宜对实验结构的特性做检验，大致包括以下几项：

（1）通过不同力度的激励实验，检验被测结构的线性性质；

（2）通过激励点、响应点互易实验，检验被测结构频响函数矩阵的对称性；

（3）选择 2 ~ 4 个测点做重复性实验，检验各模态数据的误差是否位于 5% ~ 10%或更小；

（4）分散误差实验中，各测点模态频率的分散误差宜为 0.5% ~ 10%或更小，阻尼比的分散误差宜为 5% ~ 10%或更小。

2. 动态测试中注意事项

（1）仪器校准：在实验开始之前，对拟使用的所有仪器设备进行校准非常重要，特别是当实验环境（温度、湿度、噪声等）较恶劣时，测试人员宜根据仪器厂商所提供的校准信息进行校准。不仅应对所使用传感器进行校准，还应对功率放大器、滤波器和信号适调器等进行校准。不仅对单件仪器进行校准，还应对整个测试系统进行校准。校准过程同时也是测试人员熟悉各种仪器操作方法的良好学习过程。

（2）选择合适量程：在动态测试及后处理中，测试分析仪器宜处于半量程工作状态。若量程设置过大，测试、分析信号的电平明显低于设置量程，信噪比将降低；反之，若量程设置过小，在测试分析过程中容易过载，产生信号削波，导致测量误差。

（3）宜多测些频响函数数据

理论上讲，识别组完整模态参数，只需测得频响函数矩阵的一列或一行元素。不过，为了增加测试的可靠度，宜适当多增加一些测量数据。原点频响函数宜多测 1 ~ 2 个，选择其中一个比较理想的频响函数。

3. 检查频响函数的测试质量

影响频响函数测试质量的因素很多，如测量信号中噪声的影响、激励点选择不当、结构非线性因素、激振力过大或过小等。除了用相干函数判别频响函数质量外，尚可直接根据原点和跨点频响函数的特征去判别。

本章回顾了数字信号处理的概念，复习了数字化、混叠、量化、采样和测量信号的混叠等内容，描述了泄漏的概念和加权函数（窗函数）的使用，讨论了频响函数的不同估计技术。同时，本章也描述了直接与实验模态试验相关的数字数据采集和信号处理的概念。

习题与思考题

1. 什么是时域信号？什么是频域信号？两者各有什么特点？
2. 时域信号和频域信号之间的联系是什么？
3. 时域信号数字化处理一般有哪几个关键步骤？
4. 简述采样定理。
5. 为什么要对采样信号进行量化？一般会采用哪些形式进行量化？
6. 什么叫频率的混叠？如何避免或者减少混叠？
7. 什么是泄漏现象？举例说明。
8. 什么是加窗？
9. 常用的窗函数有哪几种？各适用于什么信号？
10. 什么是选带分析法（细化 FFT）？该分析法有什么好处？
11. 噪声对频响函数的估算有何影响？
12. 写出离散傅里叶变换对公式。
13. 简述动态测试后处理中应该注意的一些问题。

第 5 章　模态分析在机械工程中的应用

随着振动理论及其相关技术的发展，人们已认识到仅仅依静力学强度理论进行结构设计是远远不够的。许多结构处于运动状态都存在外部激励，也相应的存在振动，如旋转机械的振动，航空飞行器的颤振，行驶的车辆、船舶等交通运输工具的振动，机床的振动等。这些机械的设计评估也必须考虑其动态特性。所以有些看起来是静态的问题，在结构设计时也必须考虑动态因素的影响。例如海工结构设计，除考虑静态因素外，风载、浪载、地震载荷及自身动力都是必须涉及的因素；高层建筑和桥梁要考虑风载、地震载荷的影响，特别是大跨度桥梁，还必须考虑桥上车辆载荷的影响，曾经发生过由于共振引起的桥梁毁塌事故；对于发电厂动态载荷往往也是设计的主要考虑因素。还有一些结构，如空调、洗衣机、微波炉等电器产品必须要有良好的振动特性。经验表明，振动特性分析在结构设计和评价中具有极其重要的位置。特别是随着现代工业的进步，许多产品朝着更大、更快、更轻和更安全可靠的方向发展，因此对动态特性的要求越来越高，模态分析愈发重要。

模态分析为各种产品的结构设计和性能评估提供了一个强有力的工具，其可靠的实验结果往往作为产品性能评估的有效标准，而围绕其结果开展的各种动态设计方法更使模态分析成为结构设计的重要基础。特别是计算机技术和各种计算方法（如 FEM）的发展，为模态分析的应用创造了更加广阔的环境。

模态分析的应用可分为以下 4 类。

（1）模态分析在机械结构性能评估中的直接应用。

根据模态分析的结果，即模态振型、模态阻尼、模态频率等模态参数，对被测结构进行直接的动态性能评估。对于一般结构，要求各阶模态频率远离工作频率，或工作频率不落在某阶模态的半功率带宽内；对结构振动贡献较大的振型，应使其不影响结构正常工作为佳。这是模态分析的直接应用，已成为工程界的基本方法。

（2）模态分析在结构动态设计中的应用。

传统的结构设计，如果考虑动态因素，需要大量经验和实际测试数据，近年来以模态分析为基础的结构动态设计，是振动工程界开展最广泛的研究领域之一。目前工程师可以依据模态分析结果和响应实验容易判断出初步结构的性能缺陷，然后通过优化设计，不断探索有依据的结构动态修改方法，以期达到优化设计的目的。

结构动态设计提供了两种最主要的方式：有限元法（FEM）和实验模态分析（EMA）。在围绕这两种基本方法所开展的结构动态设计研究工作中，人们提出了很多的方法。这些方法可归为以下 6 种：① 载荷识别；② 灵敏度分析；③ 物理参数修改；④ 物理参数识别；⑤ 再分析；⑥ 结构优化设计。它们分别从不同方面解决了结构动态设计中的部分问题，某两种或者是两种以上的方法的组合可做到结构的优化设计。

（3）模态分析在声控中的应用。

声音控制主要包括利用振动和抑制振动两大类别。在工厂中利用振动对零件的分类是对振动的利用。模态分析为分析噪声产生的原因及治理措施提供了有效的方法。

（4）模态分析在故障诊断和状态监测中的应用。

利用模态分析得到的模态参数等结果进行故障判别，已经成为重要的故障诊断和安全检验方法。例如，可以根据模态频率的改变判断裂纹的出现，还可以由振型的分析判断裂纹的大致位置，根据转子支撑系统阻尼的改变判断和预报转子的失稳，土木工程中依据模态频率的变化判断水泥桩中是否有裂纹和空隙等。

5.1　模态分析在结构性能评估中的应用

5.1.1　BJ-3 型内燃机车车体实验模态分析

BJ-3 型内燃机车曾是我国内燃机车的主要型号之一。其车身长 15 m、宽 3 m、高 3 m，质量约为 20 t，采用全钢焊接，框架式、侧壁承载式结构。

在机车行驶过程中，由于存在着大功率柴油机、液力传动装置、空气压缩机、冷却风扇、传动轴等高频振源及道路因素等低频振源，车体的振动是无法避免的。为了保障和延长机车各种零部件的使用寿命，改善司机的工作环境，需要有效地减少车体的振动。下面介绍机车车体的模态分析和实验过程。

1. 车体动态特性的预估

在实验之前，运用有限元分析工具 ANSYS 对车体进行模态计算，得到车体固有频率和振型，初步了解车体固有频率分布范围、模态密集程度各阶振型的形态，为模态实验中激励方式、测点布置、采样频率等因素的确定提供依据。

2. 模态分析的预实验

预实验的目的是进一步确定最佳实验方案。根据对车体动态特性的预估，在车体上选择 15 个检测点，采用 5 种实验方案进行对比实验，其中考虑了单次锤击随机激励、随机冲击激励、单点激励、分区激励及不同锤帽等条件。通过预实验，进一步了解了车体的频率范围，确定了最佳驱动点。同时，对结构的非线性影响、频响函数矩阵的对称性进行了检验。最后，确定采用国产的 8401 型的 5 t 力锤、随机冲击激励、分区测试的实验方案。

3. 动态测试

将车体支撑于假车台上，边界条件为弹性支撑。选取 120 个测点，分成 4 个区域，如图 5-1 所示。1 区和 4 区为侧壁、驾驶室等，刚度较小，所以采用单点激励、逐点拾振的方式；2 区和 3 区为车架，刚度较大，采用逐点激励、单点拾振的方式。选择驱动点时，既要考虑刚度、避开节点、接近区域几何中心等因素。用 B&K4321 三轴向加速度计和 B&K4384 加速度计测量车体加速度，激励和响应信号经 B&K2635 电荷放大器送至记录仪，用示波器和电压表监测这些检测到的信号。

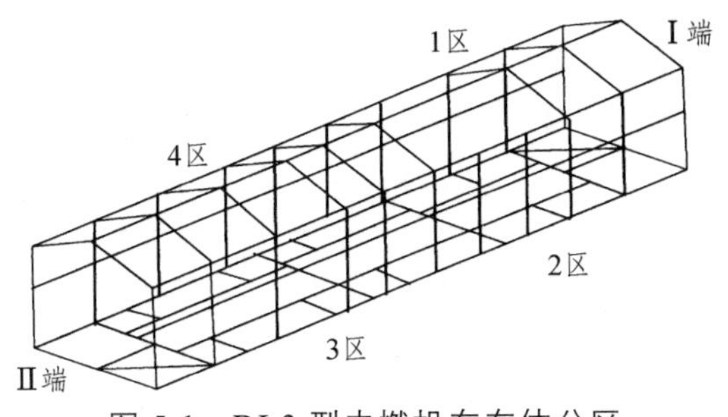

图 5-1　BJ-3 型内燃机车车体分区

4. 数据处理

用结构动态分析仪 HP5423A 分析处理记录仪记录的测量信号，根据固有频率的密集程度，选择适当带宽，作出频响函数，然后进行曲线拟合，求出各区内频响函数，由分区模态综合法，识别出前 7 阶模态参数。在曲线拟合过程中，选择反节点处的频响函数来识别固有频率和模态阻尼，并综合考虑了虚频、实频、相频特性，且以相干函数来检验各种曲线的有效性。典型频响函数的幅频、虚频、相频和实频特性曲线及相干函数如图 5-2 所示。

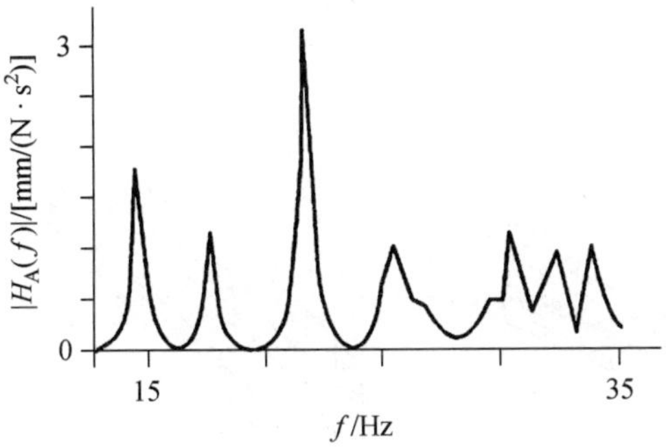

（a）幅频曲线

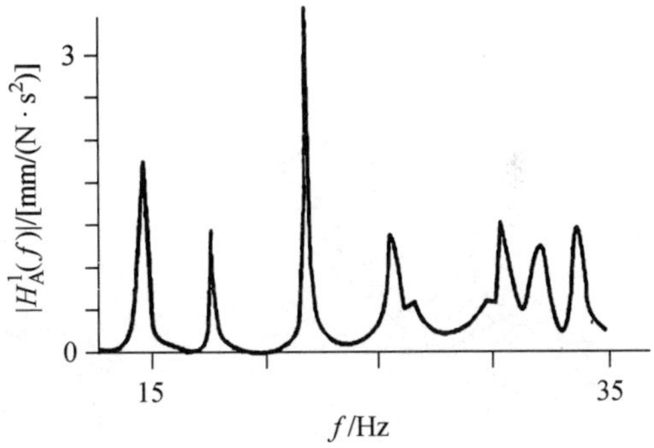

（b）虚频曲线

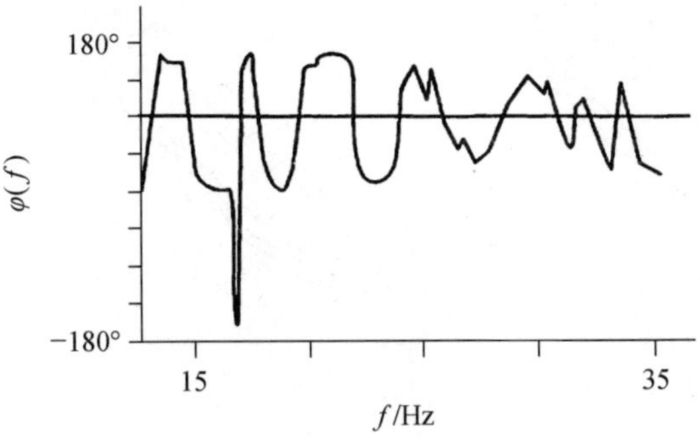

（c）相频曲线

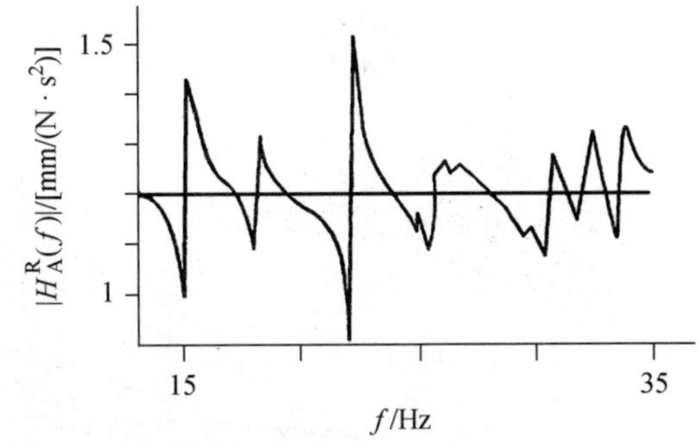

（d）实频曲线

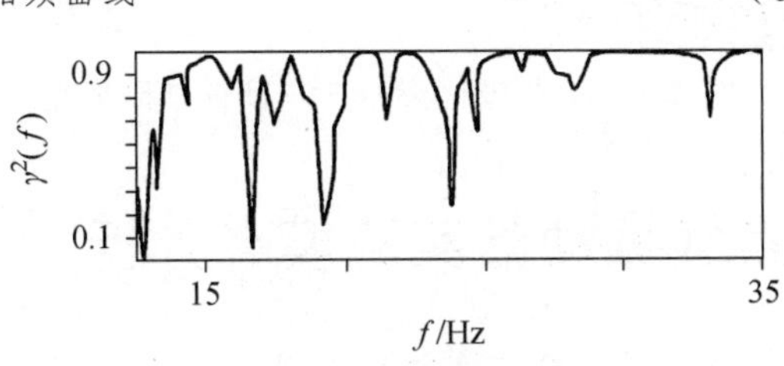

（e）相干函数

图 5-2　车体模态实验频响函数的特性曲线

5. 模态实验结果及分析

表 5-1 给出所得前 7 阶模态的模态参数，图 5-3 给出对应的振型。

表 5-1　BJ-3 型内燃机车车体前 7 阶模态参数

模态阶次	1	2	3	4	5	6	7
固有频率 /Hz	14.11	17.20	21.37	25.25	30.32	31.92	33.57
模态质量 / (N·s²/m)	0.11×10^{-6}	0.93×10^{-7}	0.74×10^{-7}	0.63×10^{-7}	0.53×10^{-7}	0.49×10^{-7}	0.47×10^{-7}
模态刚度 / (N/m)	0.89×10^{-3}	0.11×10^{-2}	0.13×10^{-2}	0.16×10^{-2}	0.19×10^{-2}	0.20×10^{-2}	0.21×10^{-2}
模态阻尼 / (N·s/m)	0.37×10^{-5}	0.29×10^{-5}	0.34×10^{-5}	0.75×10^{-5}	0.42×10^{-5}	0.54×10^{-5}	0.45×10^{-5}

模态实验数据表明，机车车体在低频（35 Hz）以下存在着丰富的模态，特别是在 30 ~ 35 Hz，模态较密集。从振型上看，第 2 ~ 4 阶模态对驾驶室影响较大，在修改结构时应予以注意。

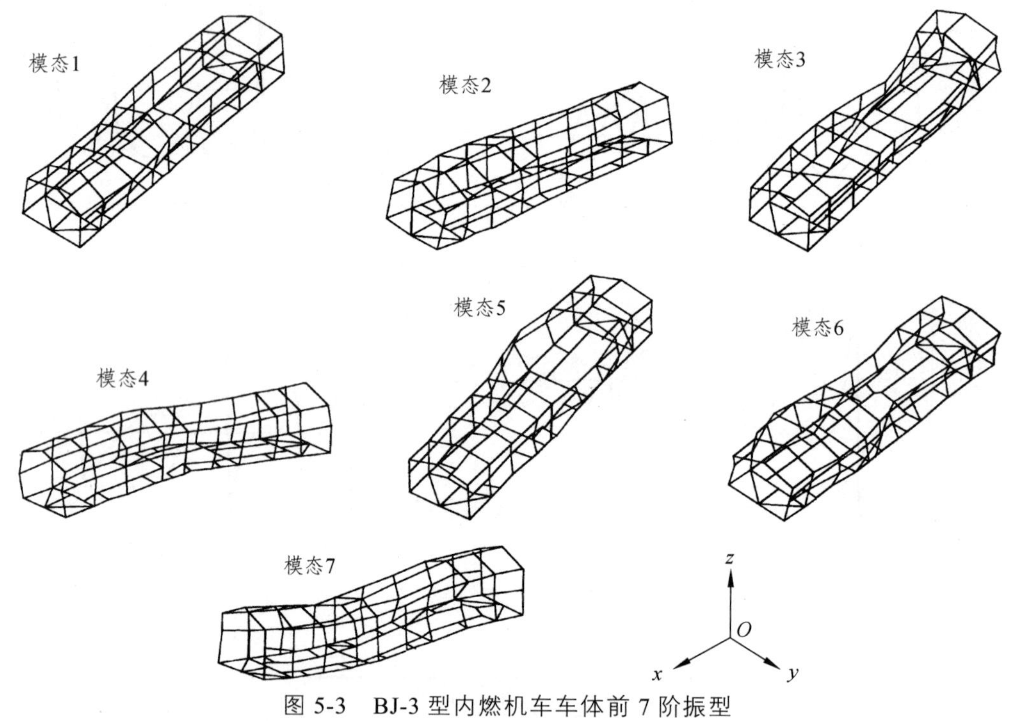

图 5-3　BJ-3 型内燃机车车体前 7 阶振型

5.1.2　某大型直线振动筛实验模态分析

用于洗煤的国产某型号 26 m² 大型直线单层振动筛，其长度为 7.5 m、宽为 3.6 m，筛面有效面积 26 m²，振动筛由两台自同步电机带动两组偏心块驱动，筛体结构如图 5-4 所示。

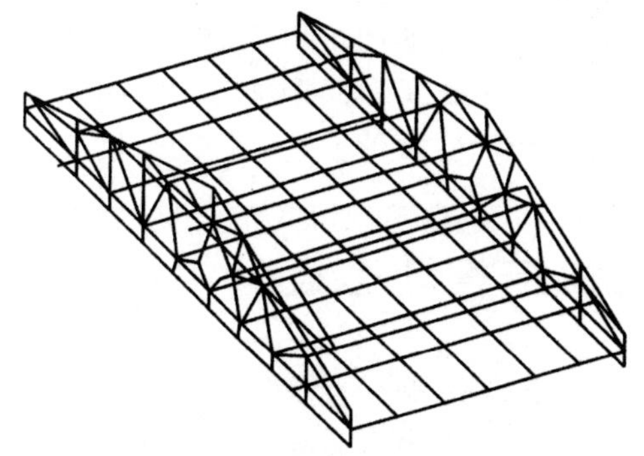

图 5-4　振动筛筛体结构

振动筛直接利用振动进行工作。与一般机械相比，其振动幅度更大，因此对结构动态特性的要求也更加严格。比如，要求结构的固有频率必须远离工作频率，弹性变形必须远远小于筛体刚体位移。否则，弹性变形增大，不仅会使结构容易产生疲劳断裂，还会使筛面上物料走料不均匀，甚至局部物料倒行，产生物料堆积。通常情况下，振动机械的物料筛送率、驱动电机转速都是按生产线要求事先设计好的。因此，当工作频率与固有频率发生冲突时，一般应修改结构。

在初步 FEM（有限元）计算的基础上，对筛体进行预实验，确定以下实验方案：振动筛结构采用原装支撑，设定物料载荷状态为空载，以窄带随机激励、单点激励为激励方式，采用恒流输出，一共设置 162 个测点，每点 3 个自由度，共 486 个自由度。实验获得 30 Hz 以内前 8 阶模态的模态参数见表 5-2。

表 5-2　振动筛前 8 阶模态参数

模态阶次	固有频率/Hz	阻尼比	模态质量/ $(N\cdot s^2/m)$	模态阻尼/ $(N\cdot s/m)$	模态刚度/ (N/m)	缩比因子
1	3.000	4.466%	1.00	1.685	356.0	18.850
2	3.875	0.852%	1.00	0.415	592.8	24.347
3	4.000	3.726%	1.00	1.874	632.5	25.133
4	12.125	1.026%	1.00	1.563	5 805.0	76.284
5	15.375	0.734%	1.00	1.419	9 333.0	96.604
6	17.500	0.646%	1.00	1.420	12 091.0	109.96
7	22.625	0.555%	1.00	1.579	20 209.0	142.16
8	27.125	0.280%	1.00	0.955	29 047.0	170.43

实验结果表明，在工作频率 16.5 Hz 附近存在 12.125 ~ 22.625 Hz 四阶模态，距离工作频率较近的是 15.375 Hz 和 17.5 Hz 两个固有频率，进一步分析该两阶模态的半功率带宽为 15.26 ~ 15.49 Hz 和 17.39 ~ 17.61 Hz。

由于阻尼偏小，工作频率 16.5 Hz 不在这两个半功率带宽之内，但是距离却非常近，分别为 1.01 Hz 和 0.89 Hz。对振动机械来说，这样的频率范围是不允许的。仔细分析 15.375 Hz 和 17.5 Hz 对应的振型模态 5 和模态 6。模态 5 为绕 y 轴的扭转振型，模态 6 为筛体在 xy 平面内的一阶弯曲振动，扭转模型会使筛面四个角点处变形增加，物料运动速度发生改变，导致走料非常不均匀。弯曲模型会产生一阶弯曲振动，同时两侧板及连接梁有较大弯曲变形。该阶模态会导致连接梁和两个侧板产生疲劳，这是振动筛最薄弱的环节。

5.1.3 模态分析在结构动态设计中的应用方法

结构动态设计的基本方法主要有两种：有限元法（FEM）和实验模态分析（EMA）法。围绕这两种基本方法所开展的研究工作内容非常丰富。合理地应用这些研究成果，可以大大提高了产品设计性能，缩短设计周期。产品结构动态设计的方法如下。

1. 结构初步设计

按照设计任务书要求，从产品工作原理出发完成初步设计，绘制初步设计机械结构图。在初步设计中主要考虑静强度和静刚度要求，应用的理论基础是材料力学和理论力学。

2. 利用 FEM 对机械结构进行动态性能校核

建立研究对象的结构有限元模型，第一步求解特征值，得到结构的固有频率和固有振型，检验这些模态参数是否符合模态参数模型准则，如固有频率和离激励频率一致或很近，那么通过特征灵敏度分析寻找拟修改质量矩阵和刚度矩阵，再用分析的方法或重新求解特征值问题，得到修改后的固有频率和振型，直到满足要求。

第二步，根据理论计算或经验预估结构载荷，并由经验假设系统的阻尼，按第一步得到的有限元模型计算系统的动态响应，如变形、应力、位移、速度、加速度等，检验是否满足响应准则。如果不满足响应准则，则通过响应灵敏度分析修改有限元模型，得到修正质量矩阵和修正刚度矩阵，重新计算结构响应，直到满足要求。一般来讲，同时还要校核模态参数是否满足要求。此时可制造样机或实验模型。

3. 实验模态分析

对模型机进行模态实验，取得实验模型参数 ω_i、ψ_i、$\zeta_i(\eta_i)$。通常，这些参数可以得到固有参数 ω_{0i}、φ_i 与 FEM 结果存在误差。检验实验模态参数是否满足模态模型准则。若不满足，则调整模态参数，直至满足要求。

4. 结构动态修改

由满足要求的模态参数继续开展以下三步工作。

（1）物理参数修改，结合实验模态结果对 FEM 得到的质量矩阵、刚度矩阵求修改质量矩阵和修改刚度矩阵，得到修改后的质量矩阵和刚度矩阵。

（2）物理参数识别，直接求解广义逆特征值问题，求得质量矩阵、刚度矩阵。

（3）载荷识别，由实验模态参数和响应要求计算系统的实际振动环境。

在上述三项工作的基础上，通过 FEM 计算系统响应，或修改样机或模型后实测系统响应，检验是否满足响应准则。如不满足，则修改结构和再分析估算模态参数和响应，直至满足要求为止。

5. 结构优化设计

在机械结构参数的动态修改中，一般可以得到物理参数的变换量，如质量变化矩阵、刚度变化矩阵等。若以结构参数（尺寸、形状、材料性质等）为变量可直接得到满足动态要求的修改结构形式。一般来说，这一步比前面工作难度更大，但也更加有效。

6. 生产正式产品

完成参数的优化工作后，可以制造正式产品。

上述结构动态设计过程可概括为图 5-5。

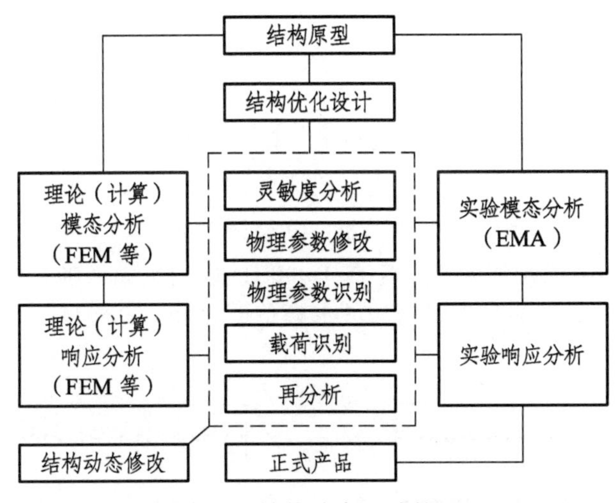

图 5-5　结构动态设计简图

人们提出的结构动态设计方法繁多，但常见的基于 FEM 和 EMA 的关键技术主要包含载荷识别、灵敏度分析、物理参数修改、物理参数识别再分析和结构优化设计。

5.2　模态分析在机械状态监测与故障诊断中的应用

应用模态分析的方法进行机械设备状态监测与故障诊断是一种非常可靠而且重要的方法。当机械结构的结构物理参数发生改变，其特征参数（固有频率、模态阻尼、振型、频响函数、相干函数等）也随之变化，此时机械结构会出现裂纹、松动、零部件损坏等故障情况。根据固有频率、模态阻尼、振型、频响函数、相干函数这些参数的变化情况，可以判断故障的类型，而且还可以判断出故障的具体位置。

应用模态分析进行机械装备的故障诊断和状态监测的方法适应于大型复杂结构，效果非常好；模态分析适合动态故障的诊断与鉴别。但是此外也有其不足：采用模态分析方法对于判断金属结构小裂纹的位置还并不是很好，其原因是固有频率和振型对小裂纹并不敏感，当然这种敏感性还与裂纹位置有关。

5.2.1 模态分析在机械状态监测中的应用

机械设备的状态监测通常为实时性的，故障诊断通常为非实时性。最简单的机械设备状态监测指标是响应幅值。由于状态监测响应最快捷、直接，所以至今在许多旋转机械中仍普遍采用响应幅值。如某发电机组设定的瓦振位移双振幅阈值为 50 μm（合格）、30 μm（良好）和 20 μm（优秀），一旦振动幅值超过 50 μm 立即停机。随着信号处理技术的发展，以各种谱分析为基础的状态监测方法不断出现，如幅值谱、相干函数、功率谱、AR 谱等。下面介绍相干函数在机床状态监测中的应用实例。

机床在加工过程中的自激振动也称为颤振会导致加工精度急剧下降，因此有必要对机床的工作状态进行监测。如某型号机床，经分析认为，加工中振动响应频率成分集中在 100～1 000 Hz。如果采用响应幅值或谱分析监测，由于加工条件的差异，都无法统一设定状态阈值，因此采用二点响应相干函数监测法。

在机床上选择两个监测点（其一在溜板上，其一在刀架上），在平稳切削过程中，其响应相干函数 γ^2 的值明显小于 1。若颤振发生，机床各部件均在某一频率下做剧烈的周期振动，两个观测点相干函数明显接近 1。以此为依据，设定 γ^2 的阈值 γ_C^2（如 $\gamma_C^2 = 0.95$），一旦 $\gamma^2 \geqslant \gamma_C^2$，则认为发生颤振。图 5-6 给出了某型机床在 1 000 Hz 以内平稳切削和颤振切削工况下的时域波形与相干函数。其中在颤振发生时时域波形幅值明显加大，频域为低频段，而且有明显的周期性。

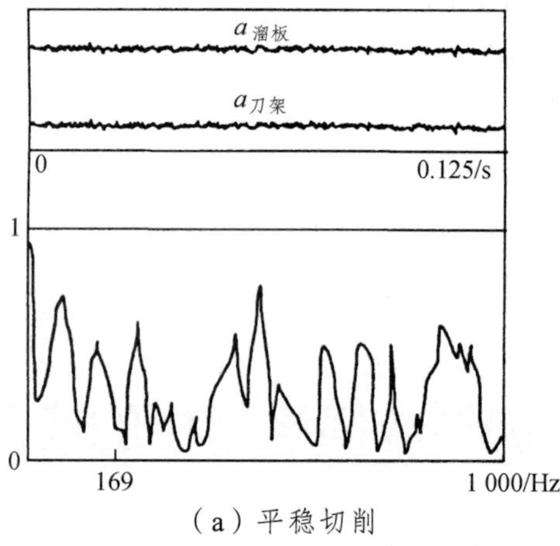

（a）平稳切削

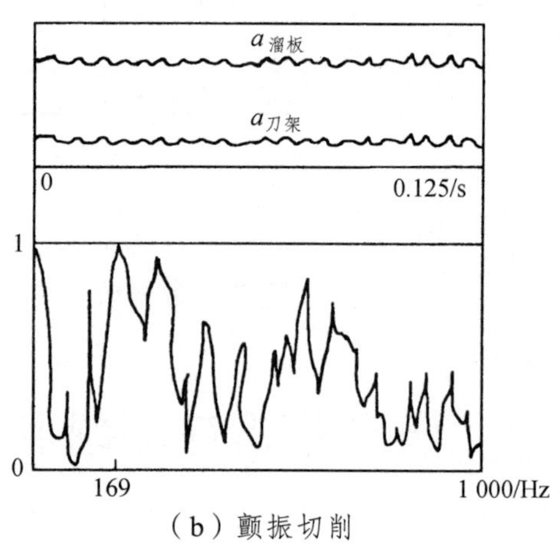

（b）颤振切削

图 5-6 某型号机床两测点时域信号及相干函数

5.2.2 模态分析在故障诊断中的应用

1. 航空发动机故障诊断

某航空发动机在使用过程中频繁发生故障，直观表现为振动加速度幅值严重超标，导致常常提前维修，甚至被迫空中停车。为了寻找该发动机产生故障的原因，首先对一台崭新无故障的同型号发动机和故障发动机进行空载运行实验，实测发动机典型部位的加速度响应并进行频谱分析。图 5-7 是在发动机油门角为 18°时 3[#] 、6[#] 监测点的频谱图。

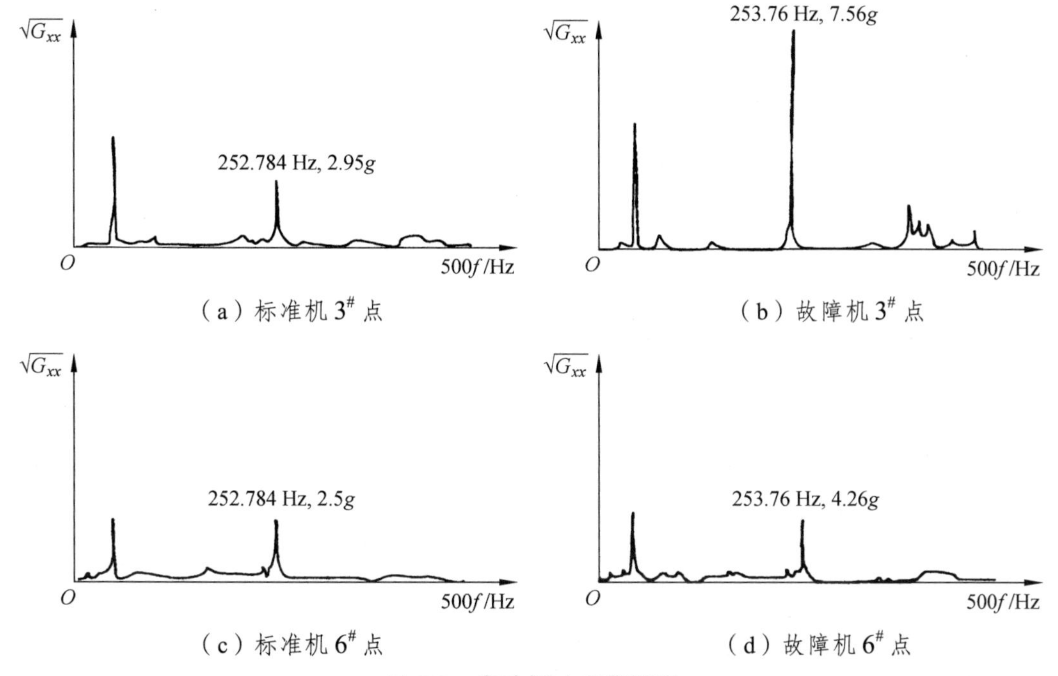

（a）标准机 3# 点　（b）故障机 3# 点

（c）标准机 6# 点　（d）故障机 6# 点

图 5-7　发动机响应频谱图

频谱分析发现，两台发动机的频谱图结构几乎完全一致。但是有一点差异：大约在 252 Hz 处，故障机的频谱幅值明显大于标准机。由此判断，故障原因可能是由于转子旋转频率与发动机某阶固有频率重合而引起的共振，而转子旋转激振力与转子的不平衡、安装不对中、机匣变形、密封环磨损或脱落、轴承损坏等诸多因素有关，首先考虑到的因素是转子不平衡。

通过动平衡实验，发现转子不平衡量远远超过标准值。为此，用三圆平衡法对发动机进行整机平衡，平衡结果使加速度最大幅值平衡量下降到 0.6g。然而，运行一段时间后，振动水平又急剧上升。得出结论：转子不平衡不是故障的真正原因，而动平衡的结果反而使真正故障更加恶化。

为了进一步查找故障的真正原因，对发动机以冲击激励方式进行模态实验。图 5-8 是在压气机机匣与涡轮机机匣垂直方向激振，在机头拾振所得到的频响函数。结果表明，发动机并不存在与转速一致的固有频率，因而排除了结构共振引起超差的可能性。

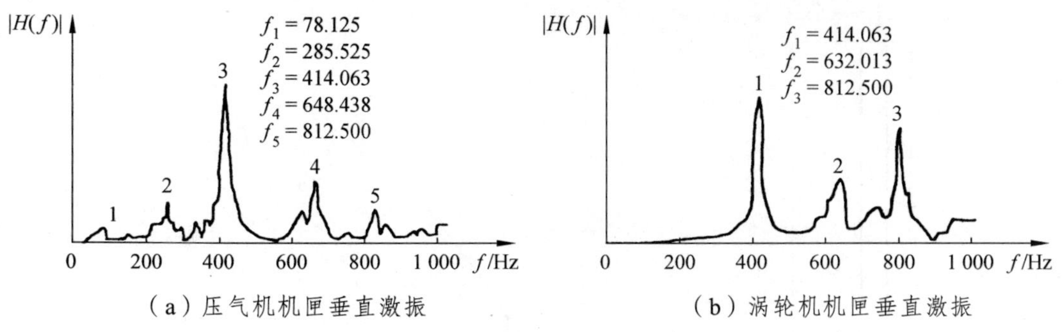

（a）压气机机匣垂直激振　（b）涡轮机机匣垂直激振

图 5-8　两种激振方式下机头的频响函数

进一步检查发动机结构，发现内锥筒破裂同时涡轮轴处石墨密封环脱落，并磨削出很深的槽。这是造成不平衡的真正原因。前面动平衡调试的结果是使转子更加不平衡。更换部件并严格进行平衡及装配，发动机故障排除，在修后安全无故障飞行 500 h。

2. 桩基工程质量检测

在土木工程中，对高层建筑、桥梁、海工结构及特殊建筑结构，都需采用深桩基础，即使普通建筑结构，在基础状态比较差的情况下，也需使用桩基提高建筑结构的稳定性。因此，桩基工程是建筑施工中一项重要的环节，其质量直接关系到建筑结构的质量和寿命。

早期对桩基质量的检测采用静载试验，通过对桩施加静载荷，检验桩的承载能力。这种方法结果可靠，然而费时费力，试验开销很大。后来逐渐发展了动测法，按应变大小可分为两类：一类为低应变法（如机械阻抗法、应力波法等），另一类为高应变法（有锤贯法、落球法等）。低应变法设备轻，试验手段灵活，不仅可检测出桩身大缺陷，而且可估计承载能力，是近年来在土建领域普遍采用的方法，机械阻抗法是基于模态分析的一种新型方法。高应变法设备笨重，试验仍不太方便，成本比较高。下面介绍机械阻抗法。

假设桩一端自由、一端固定；桩长 L，如图 5-9 所示。在自由端用冲击锤沿纵向施加冲击激励，并拾取该点的激励和纵向响应信号，经信号处理可得速度导纳（速度频响函数）$H_V(f)$，如图 5-10 所示。根据线性振动理论，自由-固定桩的纵向振动固有频率

$$f_i = \frac{2i-1}{4L}c_0 (i = 1, 2, \cdots)$$

式中，i 为纵向振动模态阶数；$c_0 = \sqrt{\frac{E}{\rho}}$ 为纵向波速；E 为弹性模量；p 为密度。

可见，自由-固定桩相邻固有频率之差（频差）为常数

$$\Delta f = f_{i+1} - f_i = \frac{c_0}{2L}$$

由速度导纳曲线可估算出 Δf，从而求出纵向波速的估算值

$$c = 2L\Delta f$$

c 为实测值，反映了桩身混凝土材料质量或浇筑质量。若为正常桩，$c \approx c_0 = 2\,800 \sim 3\,000\ \text{m/s}$，若桩材料或浇筑有问题，$c$ 小于 c_0。

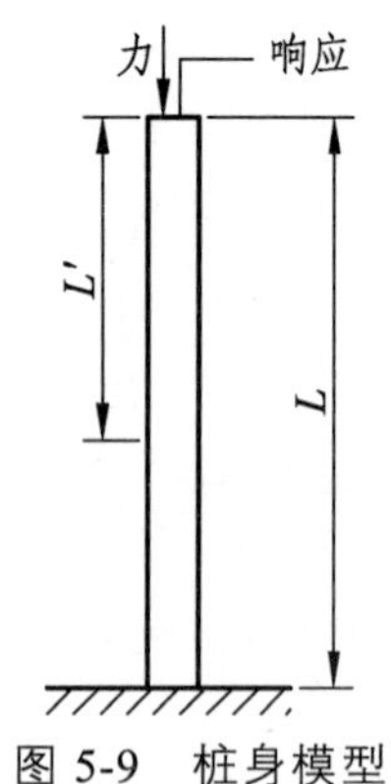

图 5-9　桩身模型

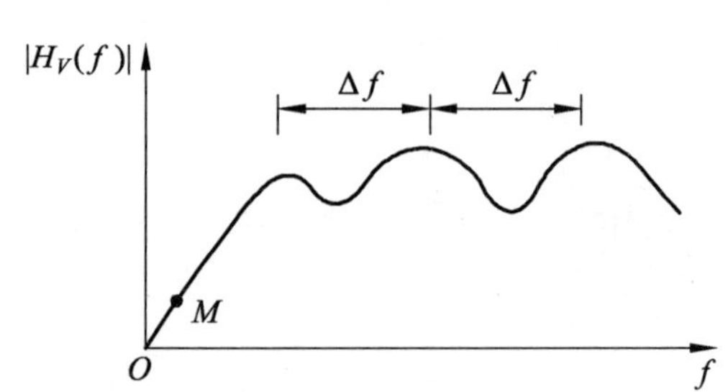

图 5-10　桩自由端速度导纳幅频曲线

若桩发生断裂，断裂位置为 L'（见图 5-9），则可以估算出的 c 远大于 c_0。若实测频差为 $\Delta f'$，$\Delta f'$ 大于 Δf，可估算断裂位置

$$L' = \frac{c_0}{2\Delta f'} = \frac{\Delta f}{\Delta f'} L$$

另外，还可进一步估算桩的静承载能力。由速度频响函数可求出在频率 f 下的动刚度

$$K_D = \frac{\omega}{|H_V(\omega)|} = \frac{2\pi f}{H_V(f)}$$

选取速度导纳低频段（f 接近 0）上某点 M，该处动刚度：

$$K_{DM} = \frac{2\pi f_M}{H_V(f_M)}$$

则纵向静刚度：

$$K = K_{DM} + \omega_M^2 m = \frac{2\pi f_M}{|H_V(f_M)|} + 4\pi^2 f_M^2 m$$

式中，m 表示桩的质量。若许用应力为$[\sigma]$，则桩最大静承载力：

$$P = \frac{KL[\sigma]}{E}$$

如果是两端都是自由的，上述各式仍然成立。若用其他频响函数曲线，上述公式应做相应调整。

5.3　模态分析在大国重器中的应用

国内某大型水电站水坝为变半径、变中心角抛物线型双曲拱坝，水坝底宽 55.7 m，顶宽 11 m，水坝顶长 778.87 m，坝高 240 m，厚高比 0.229，矢跨比 0.232，属于薄拱坝结构。大坝坝身设有 7 个表孔和 6 个中孔，常年泄洪水流量超过 13 000 m^3/s，泄洪功率达到 27 000 MW，在国内外已建成的高水头、大流量采用水垫塘消能的大型拱坝工程中居第一位。

诱发坝体振动的动载荷有三部分：① 泄流引起的水垫塘波浪对坝体直接冲击的压力；② 表孔、中孔泄流壁面上的脉动压力；③ 挑跌流水舌冲击下游河床产生的脉动压力。设计大坝时，除考虑各种静态因素外，还必须考虑这些动态因素的影响。对大坝动态特性进行分析，其中大坝固有振动特性为研究的重要问题之一。

按照相似定律，采用加重橡胶制作大坝 1：200 实验模型。通过预实验，确定采用窄带随机激励、单点激励逐点拾振的实验方案。由于坝型为薄拱结构，只在模型下游面设置 53 个监测点，如图 5-11 所示。为了方便，测点物理坐标采用球形坐标。实验分为空库和满库两种工况，通过模态分析各得到 10 阶有效模态。考虑大坝动载荷的频率范围（模型 30 Hz 以下，原

型 2.1 Hz 以下），这里提供了前 5 阶模态的模态参数。表 5-3 提供了满库工况下大坝前 5 阶模态频率和阻尼比，图 5-12 为前 4 阶振型。表 5-4 给出空库和满库工况下部分模态参数的比较结果。

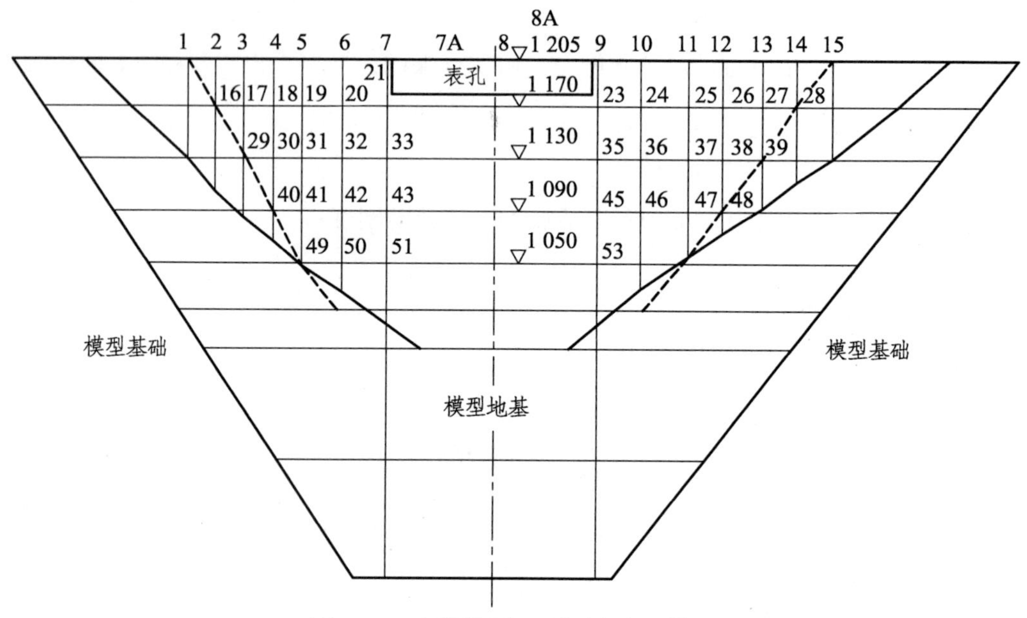

图 5-11　大坝模型及观测点布置情况

表 5-3　满库工况下大坝前 5 阶模态参数

模态	固有频率/Hz		阻尼比	振型形式
	模型	折合为原型		
1	15.625	1.105	7.708%	反对称
2	23.047	1.630	9.276%	正对称
3	26.562	1.878	5.558%	正对称
4	34.375	2.431	7.140%	正对称
5	43.359	3.066	9.299%	反对称

表 5-4　孔库和满库两种工况下大坝固有频率比较

模态	空库/Hz		满库/Hz		频率下移
	模型	原型	模型	原型	
1	18.375	1.299	15.625	1.105	14.9%
3	30.250	2.139	26.250	1.856	13.2%
4	39.125	2.767	34.375	2.431	12.1%

注：该表系以原点（20 号）频响函数估计出的值，与表 5-2 给出的结果略有不同。

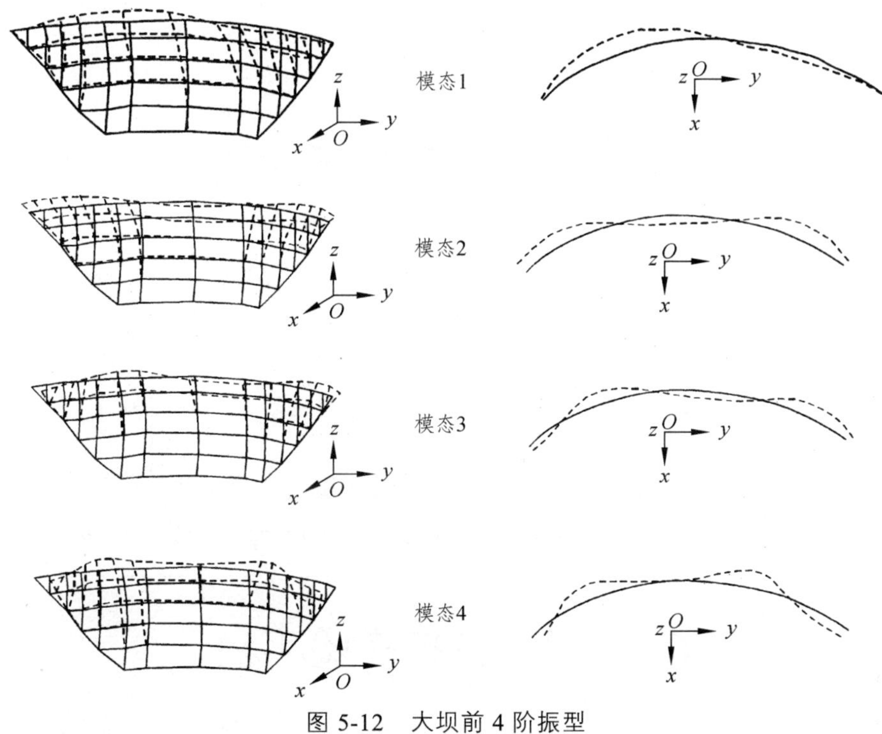

图 5-12　大坝前 4 阶振型

实验结果数据表明，在动载荷频率范围内，影响大坝振动的模态主要有1～4 阶，且以径向振动为主。满库与空库工况下固有频率平均下降 13.4%，说明水对大坝固有特性影响较大。模态分析结果表明模态分析是大坝坝体振动规律的有力工具。

习题与思考题

1. 模态分析在工程中哪些地方得到应用？
2. 载荷识别常见的有哪几类方法？
3. 模态分析在结构动态设计应用中的方法很多，可归为哪几类？其关系如何？
4. 试述载荷识别频域法中常用几种方法的基本过程。
5. 灵敏度如何定义？常用哪几种灵敏度？

第 6 章　模态分析实验

在机械装备、交通工具（如汽车、飞机、船舶等各类设备）、土木桥梁、仪器制造、采矿、爆破、抗震等领域，振动和结构的动态特性研究越来越受到重视。模态分析是在数学和物理学的基础上结合近代计算技术、测量技术、控制论、信息论、系统论等新学科综合发展起来的一门崭新的学科。

INV 型数据信号采集及其处理系统经受住了恶劣环境的考验，并积累了丰富的振动测试和信号处理的工程经验。下面介绍 INV1601 平台、INV1612 平台和 INV1618 平台。

6.1　模态分析实验平台

6.1.1　INV1601 平台

INV1601 平台力学模型合理，高度集成，操作方便，用途广泛，特别适合高校、专业人士进行多种振动实验和模态实验使用，也可用于信号处理、力学等相关学科的科学研究。特别是教学中 INV1601 型振动与控制实验平台已经在清华大学、成都锦城学院等高校应用，在教学和科研中可以通过实验更直观地反映振动的基本概念，加深对振动特有现象的理解，提高操作者的动手操作以及数据分析的能力。

INV1601 平台由软件和硬件两大部分组成，在增加可选配软件的基础上，可以在模态分析的基础上可以进行动力学修改（选配）、响应计算（选配）等，使模态科研工作更加活泼生动、形象；也可以完成 30 多种振动方面的实验，包括振动基本参数频率、振幅的测试；基本物理量位移、速度和加速度的测试；单自由度、两自由度、多自由度模型的建立和测试；简支、悬臂、固支梁的模态振型分析；隔振、减振系统；以及结合现代斜拉桥工程拉索的拉力测试等。

1. 系统构成

INV1601 平台是一套高度集成化的振动测试实验系统，主要由三部分组成：INV1601T 型振动实验台（振动试验台包括动力学模型、激振系统和传感器等部件）、INV1601 型振动实验控制仪（主要功能是完成信号调理、振动控制和信号处理）、INV1601 型振动与控制试验系统 V11（主要的功能是完成数据的采集与控制、数据存储、数据分析、数据显示等内容），如图 6-1 所示。

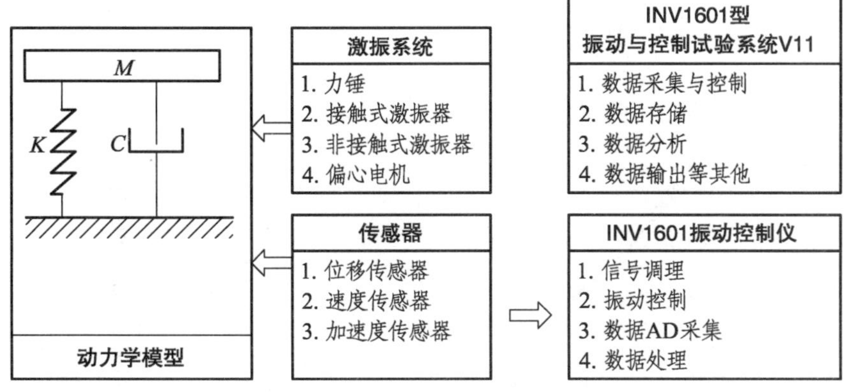

图 6-1　INV1601 平台功能示意图

2. INV1601T 型振动实验台介绍

INV1601T 型振动工作台主要由梁、索等弹性体系统、激振系统、隔振系统、阻尼和动力吸振器组成。弹性体系统包括简支梁、悬臂梁、等强度梁、圆板以及用于组成单自由度、二自由度和多自由度系统模型的质量块和钢丝。激振系统包括偏心电机激振、接触式激振器、非接触式激振器。隔振系统采用空气阻尼器进行隔振。阻尼采用的是油阻尼器。动力吸振采用的是可拆卸式复式吸振器。INV1601T 型振动教学实验台的一些主要部件简要说明如下。

1）JZ-1 型电磁式激振器

使用如图 6-2 所示激振器时，将它放置在相对于被测试物体静止的台面上，并将顶杆顶在被测试物体的激振处，顶杆端部与被测试物体之间要有一定的预压力，使顶杆处于限幅器中间。激振前顶杆应处于振动的平衡位置。这样激振器的可动部分和固定部分才不发生相应的碰撞。电磁式激振器的优点是能获得较宽频带的激振力，即产生激振力的频率范围较宽。而可动部分质量较小，从而对被测物体的附加质量和附加刚度较小，使用也方便。

图 6-2　JZ-1 型电磁式激振器

（1）技术指标：

激振动频率：10 ~ 1 000 Hz；

最大激振力：2 N；

最大行程：±1.5 mm。

（2）使用方法：

将激振器用螺栓固定在工作台基座上，并保证激振器顶杆对简支梁有一定的预压力（不要露出激振杆上的红线标识），用专用连接线连接激振器和 INV1601 型振动实验仪的前面板功放输出四芯接口。

2）INV 型非接触式电磁激振器

对于轻型结构和薄板试件，采用非接触式激振器激振具有良好的操作性。如图 6-3 所示，非接触式激振器主要由磁铁和线圈组成。驱动线圈由外部信号源供给激励信号，当驱动线圈通 INV1601 型振动与控制通交流电时，磁铁对试件就产生交变的吸力，从而激起试件的振动。

图 6-3　非接触式激振器

（1）技术指标：

激振力频率：10 ~ 1 000 Hz；

最大激振力：1 N。

（2）使用方法：

将激振器安装在磁力表座上，根据被激振件的刚度调节激振器与被激振件的间隙。激振器连线接到 INV1601 型振动教学实验仪的前面板功放输出四芯航插接口。

3）偏心电动机

如图 6-4 所示，直流伺服电动机带动偏心质量圆盘转动，偏心质量的离心惯性力产生动态离心激励 INV1601 型振动。电动机采用控制仪后面板直流电源供电，其转速随电源电压的变化而变化。通过功放的功率输出改变电压的方法来调节电动机的转速，使电动机转速可在 1 ~ 3 000 r/min 的范围内调节，产生不同频率的激振力。

图 6-4　偏心电机

3. INV1601 平台的功能与指标

INV1601 平台由四通道 24 位 AD 多功能智能数据测试仪、信号发生器、功率放大器及信号调理模块组成。

智能数据采集仪可连接 IEPE 型加速度传感器、磁电式速度传感器和电涡流位移传感器，对被测物体的振动加速度、速度和位移进行测量。可将每个通道所测振动信号转换成与之相对应的 ± 5 V AC 电压信号，供数据采集分析系统使用。

信号发生器的输出频率在手动挡时，可通过旋钮在 0.1 ~ 1 000 Hz 范围内连续调节，在自动挡时，自动变换范围为 10 ~ 1 000 Hz，扫频时间为 3 ~ 240 s，可由电位器手动调节，激振频率可在液晶显示屏显示。

JZ-1 型激振器或 INV 非接触式激振器可以直接与控制仪连接，对物体进行激振，其输出幅度可连续调节。

1）信号源

手动：0.1 ~ 1 kHz，连续可调；

自动：10 ~ 1 kHz 连续扫频；

输出幅度：0 ~ 0.5 V（监控信号）；

频率精度：± 0.1%；

频率分辨率：0.1 Hz；

自动扫频周期：3 ~ 240 s 任意设定。

2）功率放大器

电流最大精度：满量程的 ± 5%；

最大输出电流：> 500 mA。

3）测量通道

INV1601 平台包含 4 个测量通道，可使用 IEPE 型加速度传感器、速度传感器及电涡流位移传感器，以对结构振动的加速度、速度及位移进行测量。

采样频率：102.4 kHz；

A/D 精度：24 位；

测量精度：≤ ± 5%。

4）位移计

传感器型号：8 500 系列电涡流传感器；

位移测量范围：± 2 mm（峰值）。

5）速度计

使用速度计可直接测量振动的速度值，通过微分电路可获得振动的加速度值。通过积分电路可获得振动的位移值。

传感器型号：V300 型速度传感器；

速度测量范围：0 ~ 100 mm/s（有效值）。

6）加速度计

加速度计可直接测量振动的加速度值，通过一次积分或二次积分可计算相应的速度及位移值。

传感器型号：INV9822 型 IEPE 型加速度传感器；

加速度测量范围：0 ~ 100 mm/s^2（峰值）。

4. INV1601 平台操作说明

1）传感器输入耦合方式控制

根据对应实验中所使用传感器类型选择，在图 6-5 所示的软件“采样参数”菜单“输入设置”中选择对应的方式（DC、AC 和 IEPE），任意选择一种。

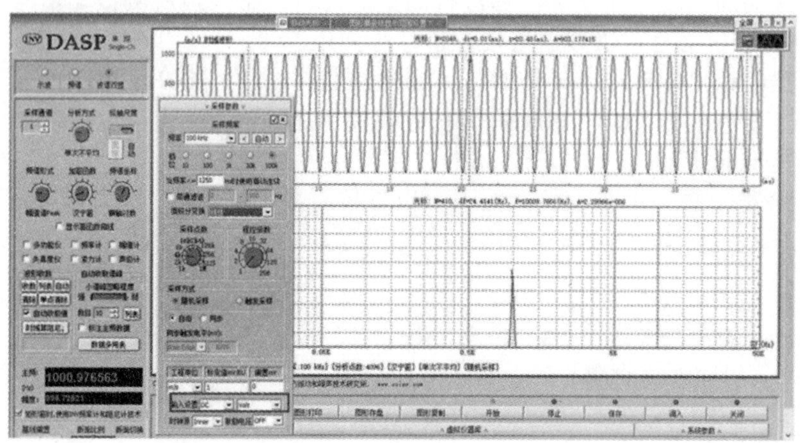

图 6-5　软件输入耦合方式控制示意图

输入耦合方式设置完毕，前面板指示灯将根据所设置耦合方式进行指示，对应关系见表 6-1。

表 6-1　耦合方式

序号	耦合方式	指示灯
1	电压 DC（速度型传感器）	绿灯
2	电压 AC（电涡流传感器）	橙灯
3	IEPE（加速度传感器）	红灯

2）信号微积分控制

本实验系统微积分通过软件进行信号微积分的操作控制，如图 6-6 所示，在软件参数设置“微积分变换”进行信号处理方式的设置。

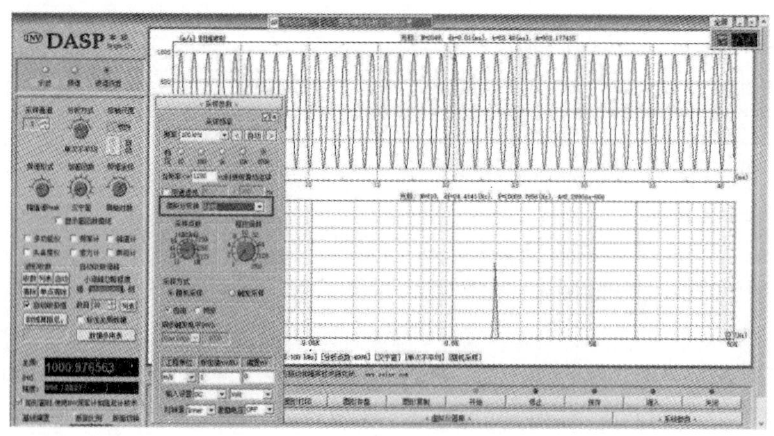

图 6-6　信号微积分控制设置

3）电涡流位移传感器

电涡流位移传感器接入方式有内置和外置两种方式，标准配置为 CH01 内置型，对应编号电涡流传感器探头连接器与图 6-7 前面板对应连接器接头连接拧紧。

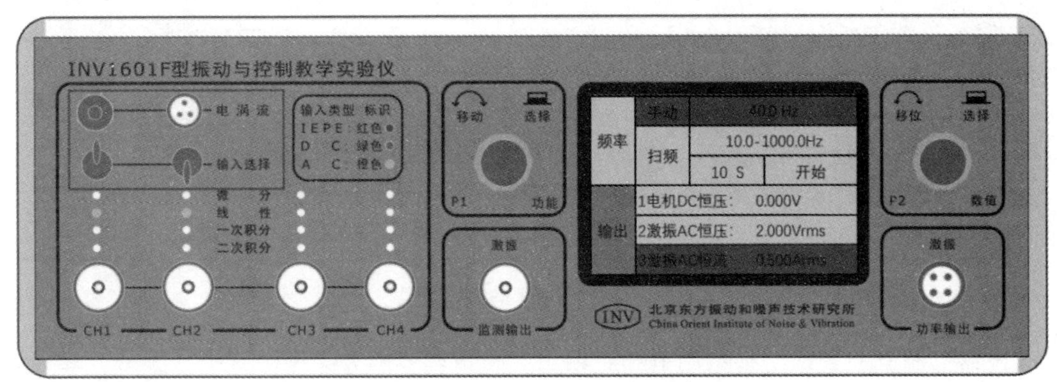

图 6-7　电涡流位移传感器连接操作

再将图 6-7 图中“输入选择”拨钮开关拨到上面挡位。然后在软件“采样参数”输入选择中选择“AC”耦合方式，如图 6-8 所示。

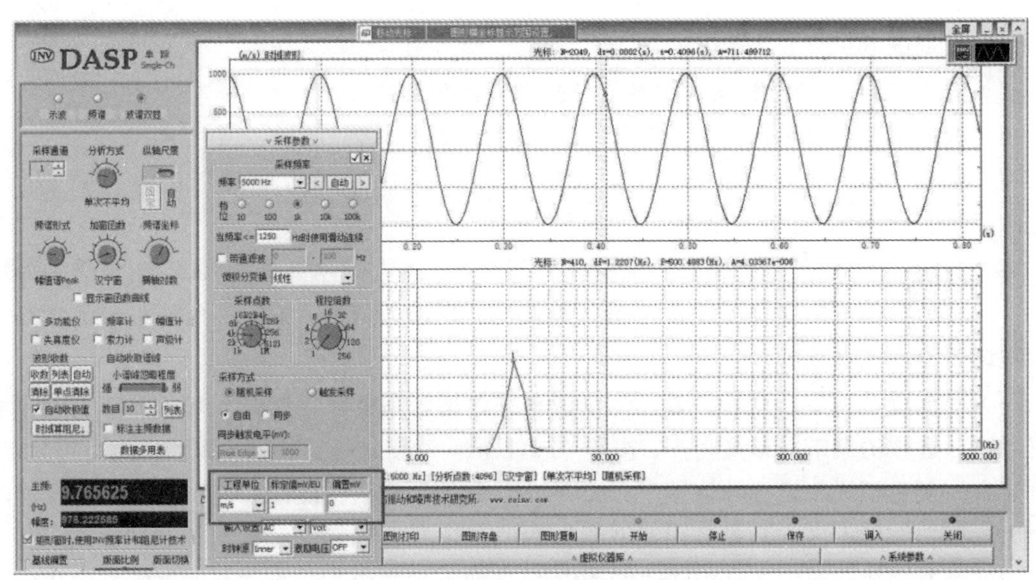

图 6-8　电涡流 AC 耦合方式设置

外置式电涡流传感器为可增配选件，通过三芯航空插头连接线与电涡流传感器前置器连接，接线定义按照信号线缆标识定义连接即可。

5. 激振器控制

INV1601 平台根据实验项目设计配置了两种激振器：接触式和非接触式两种。使用操作完全相同，如图 6-9 所示。

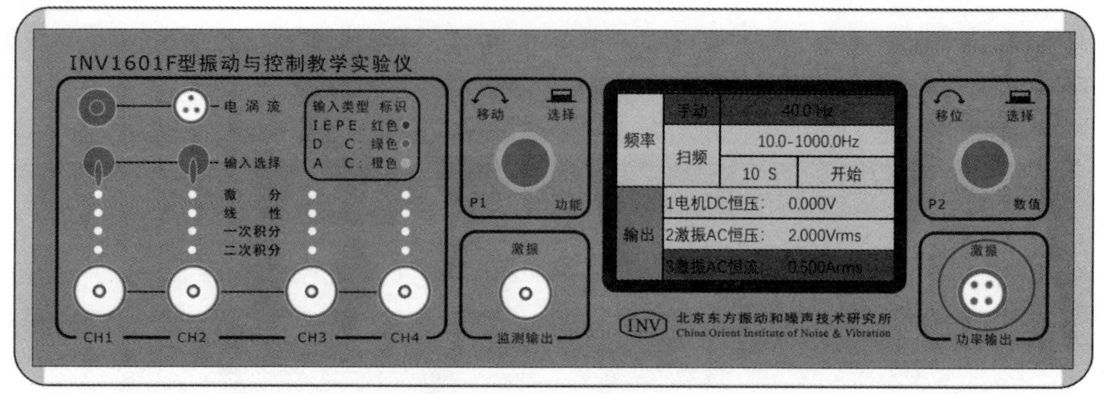

图 6-9　激振器连接与控制

激振器控制有“频率”参数调节和“输出”参数调节两大类型，其中“频率”参数调节分为两种模式：手动模式和自动扫频模式。“输出”参数调节分为三种类型：1 电机 DC 恒压（0 ~ 20 V DC）、2 激振 AC 恒压（0 ~ 10 Vrms）和激振 AC 恒流（0 ~ 1 Arms）模式。参数调整采用两个功能旋钮 P1 和 P2 调整。

按照实验设计操作分为两种模式操作：手动模式和自动扫频模式。下面介绍自动扫频控制，具体操作如下：

（1）根据图 6-9 所示旋转“P1 功能”旋钮，调节图 6-9 中“频率”区为蓝色。

（2）按压“P1 功能”旋钮，切换为“扫频”区为红色。

（3）根据实验项目设计需要，旋转“P1 功能”旋钮，调节图 6-9 中“输出”区为蓝色。

（4）按压“P1 功能”旋钮，切换为“2 激振 AC 恒压（0 ~ 10 Vrms）或激振 AC 恒流（0 ~ 1 Arms）”区为红色（二选一模式）。

（5）旋转“P2 数值”旋钮，屏幕中数字下面有“▲”三角箭头（“▲”三角箭头为灰色模式，为该参数调节模式，按压“P2 数值”旋钮，切换为蓝色“▲”三角箭头激活状态）进行所需调整参数选择模式。

（6）根据测试需要，蓝色“▲”三角箭头到达指定调整参数数值下方，旋转“P2 数值”旋钮进行参数数值调节。调整完毕，按压“P2 数值”旋钮，切换蓝色“▲”三角箭头为“▲”三角箭头为灰色模式，设置数值锁定；旋转“P2 数值”旋钮，设置参数移位。参数设置调节主要为激振扫频频率区间和扫频周期及激振幅值三个参数调节。

（7）以上参数调节完毕，旋转“P2 数值”旋钮至“开始”位置，字体颜色变成蓝色，按压“P2 数值”旋钮，“开始”字变成“结束”，即扫频输出开始启动；停止时，旋转“P2 数值”旋钮至“结束”位置，按压“P2 数值”旋钮，“结束”字变成“开始”字样，系统停止输出。

6. 电机激振控制

1）电机连接

按照图 6-10 所示，将电机输出端红黑香蕉接线端子与控制仪对应颜色接线端子连接。

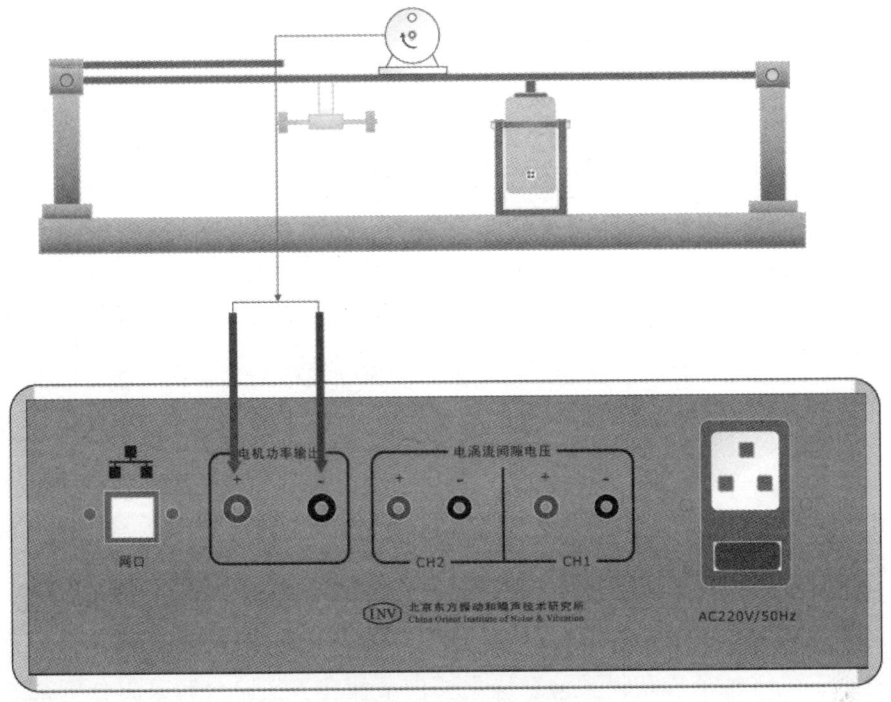

图 6-10　电机接线示意图

2）电机控制

（1）根据图 6-11 所示旋转“P1 功能”旋钮，调节图 6-11 中“输出”区为蓝色；按压“P1 功能”旋钮，切换为“1 电机 DC 恒压”区为红色。

（2）旋转“P2 数值”旋钮，屏幕中数字下面有“▲”三角箭头（“▲”三角箭头为灰色模式，为该参数调节模式，按压“P2 数值”旋钮，切换为蓝色“▲”三角箭头激活状态）进行所需调整参数选择模式。

（3）根据实验项目设计需要，蓝色“▲”三角箭头到达指定调整参数数值下方，旋转“P2 数值”旋钮进行参数数值调节。调整完毕，按压“P2 数值”旋钮，切换蓝色“▲”三角箭头为“▲”三角箭头为灰色模式，设置数值锁定；旋转“P2 数值”旋钮，设置参数移位。电压数值参数改变后所连接电机跟随改变。

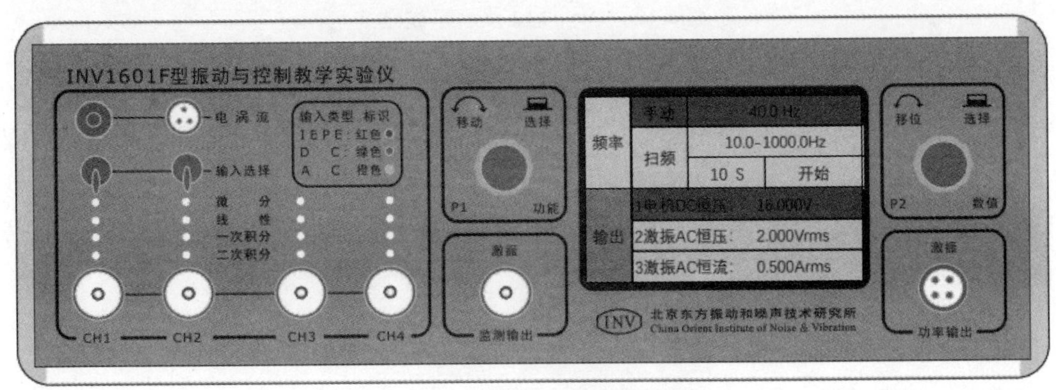

图 6-11　电机激振操作示意图

7. 涡流传感器的连接方法

（1）CH1 通道。内置电涡流前置器，拨钮拨向上端，直接接入电涡流传感器。

（2）CH2 通道。电涡流传感器由探头及前置器组成，前置器有三个接线端子：– 24 V、地及信号输出端。该三个端子要分别连至仪器的三芯航空插座上。

6.1.2 INV1612 平台

INV1612 型机床转子诊断平台是柔性转子多种振动实验的实验设备，可以完成模拟多种旋转机械的模态情况，并可通过 INV306U 数据采集系统与 INV1612 型多功能柔性转子系统对系统振动情况（转速、振幅、相位、位移）进行采集、测量与分析。该系统可以进行转子动平衡、临界转速、油膜涡动、摩擦振动、全息谱和非线性分岔图等实验，是一套非常适合科研、教学和培训演示的转子实验系统。

1. 实验系统组成

INV1612 型机床转子诊断仪实验系统主要由柔性转子实验台和采集分析系统两部分组成。柔性转子实验台包括直流电机 1 台（额定功率 300 W）、数显式调速器、转动轴 1 套、油膜滑动轴承 2 套、光电传感器 1 套、电涡流传感器 2 套、振动传感器 1 套、4 路并行 16 位 ADINV306U-5164 采集仪 1 台、INV 多功能滤波放大器、支架若干、动平衡配重钉等部件。系统的结构如图 6-12 所示。采集软件分析系统 DASP-INV1612 包括转子实验软件、动平衡实验软件、旋转机械的启停机分析软件、阶次分析软件、全息谱分析软件。

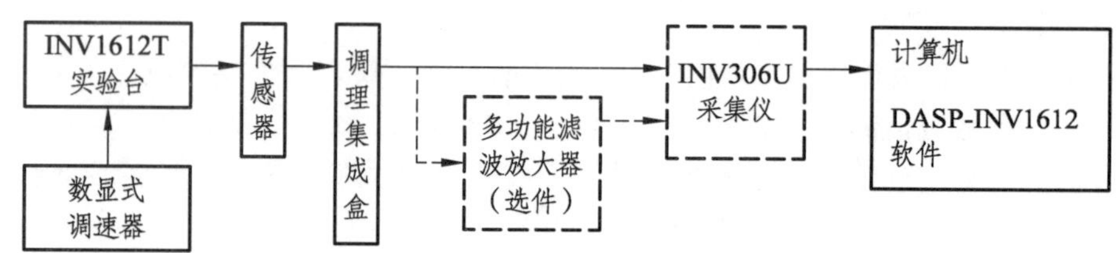

图 6-12　INV1612 平台系统结构

值得一提的是，低噪声、高精度的 INV 多功能滤波放大器具有以下特征：是模块化的组件，可组合实现多通道输入（2、4、6、8、16 通道）；多功能，可实现电压、电荷或应变、ICP 输入放大、积分、抗混叠滤波处理功能；阻带高衰减率（>140 dB/OCT）；宽增益；低通截止频率选择；能够完成隔直、过荷显示功能；可以完成一次积分，也可以完成二次积分；能够完成滤波频率锁定功能。

2. 软件界面概况

软件界面如图 6-13 ~ 图 6-16 所示。

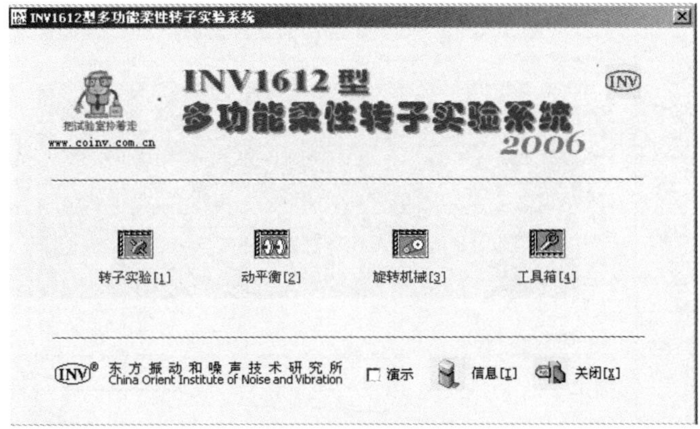

图 6-13　INV1612 软件平台工作界面

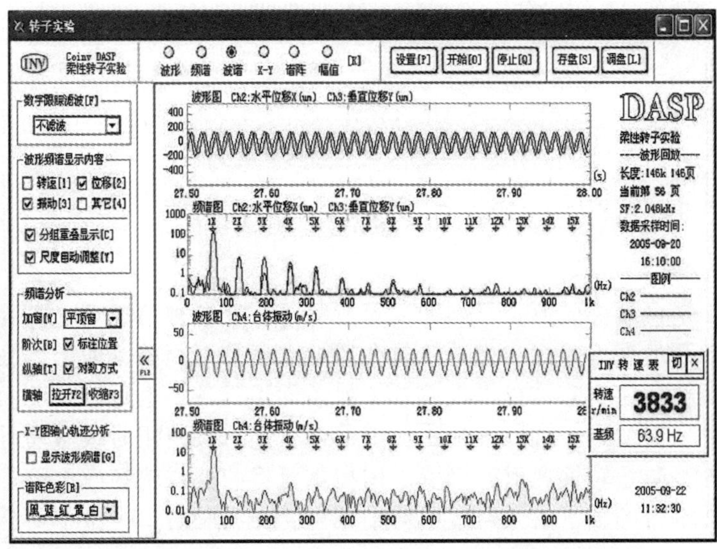

图 6-14　INV1612 软件平台转子实验模块主界面

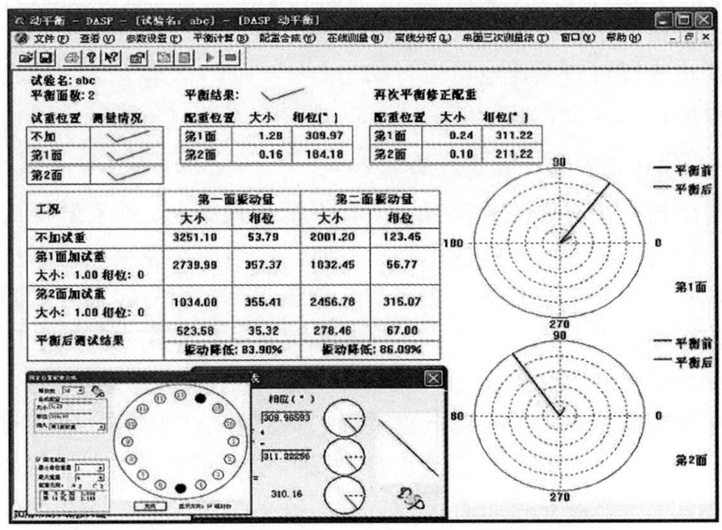

图 6-15　INV1612 软件平台动平衡主界面

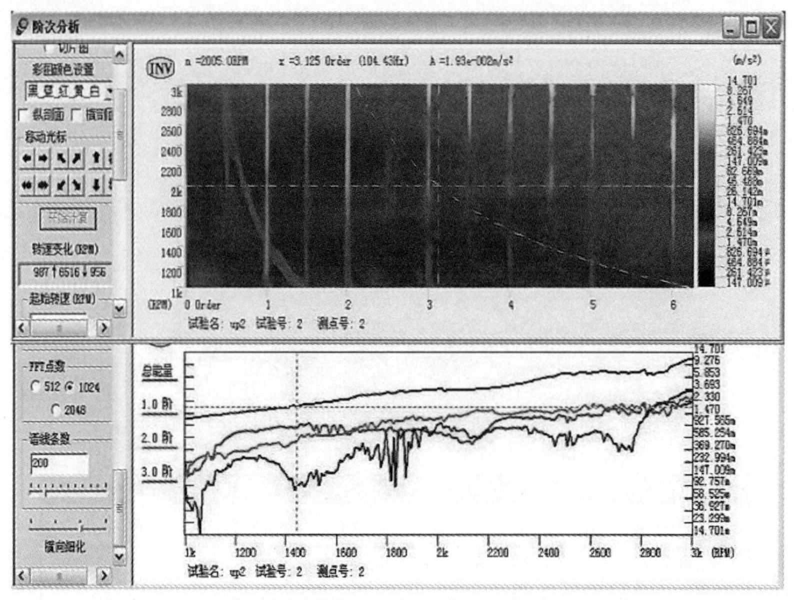

图 6-16　INV1612 软件平台动旋转机械分析主界面

3. INV1612 平台正常工作的必备条件

1）多功能转子实验台

（1）INV1612 平台硬件应放在干燥处，保持整洁。在各种情况下，实验台都应保持水平放置，并避免对轴系的强力碰撞。通常要放在质量大而且坚固的桌面上，最好添加橡胶减振垫，防止由于桌面共振使实验结果出现偏差（如条件不具备，也可以在地面上进行实验）。

（2）INV1612 平台的旋转轴属于精密加工部件，在每次使用时或搬动时，严禁在轴上施加任何力。平时为了防止转轴变形，可以采用配重盘橡胶托件垫在配重盘下。

（3）INV1612 平台的轴承支架经过了对中调整，在实验时，尽量不要拆卸支架，在安装轴时，要把轴的连接面全部插入联轴器的安装孔内。

（4）由于实验台的轴承使用的是滑动轴承，在实验过程中要确保油杯内有足够的润滑油，禁止轴承在无润滑的情况下运行。

（5）使用前要检查螺钉、调速电机运行状态。

（6）实验过程中注意安全，转子的切线方向不得站人，以免物体飞出伤人。

2）传感器探头的正确安装、固定和调整

（1）电涡流传感器：平时要妥善保管，注意保护传感器头。在安装探头时特别要注意将探头的电缆松开，以防止扭断引线。使用和运输时，电缆应避免强烈的弯折和扭转。

（2）电涡流位移传感器探头调整：适当调整传感头部端面与转轴之间的距离，使前置器前端间隙电压与传感器证书一致。注意：不能在轴旋转时调整探头间隙电压，以避免破坏探头。调整完并用锁紧螺母锁紧。

（3）传感器探头的安装：为了避免电磁干扰，在测量 *XY* 图时，应使两传感器探头错开一定距离。如图 6-17 所示，可在安装支架上分别安装水平和垂直方向的两个传感器。测量转轴轴向振动时，电涡流传感器安装如图 6-18 所示。在调节探头与检测面之间的间隙时，受测面要固定不动。

图 6-17　测量径向位移

图 6-18　测量径向位移

3）测速光电传感器安装调试

将传感器与轴上反光纸之间的距离调整至约为 1 cm，然后轻轻拨动转轴观察绿色指示灯是否变化，并将螺钉拧紧。

6.2　模态分析实验设计

6.2.1　INV1601 平台实验

1. 简谐振动幅值测量实验

1）实验目的

掌握振动位移、速度、加速度之间的关系。学习用压电传感器测量简谐振动位移、速度、加速度幅值。

2）实验器材

INV1601 平台是一套高度集成化的振动测试实验系统，主要由三部分组成：INV1601T 型振动实验台、INV1601 型振动实验控制仪、INV1601 型振动与控制试验系统 V11，计算机 1 台，信号线若干。

3）实验原理

简谐振动方程：

$$f(t) = A\sin(\omega t - \varphi)$$

简谐振动信号基本参数包括初始相位、频率和幅值，幅值的测试主要有三个物理量，即位移、速度和加速度，可采取相应的传感器来测量，也可通过积分和微分来测量，它们之间的关系如下。

根据简谐振动方程，设振动位移、速度、加速度分别为 x、v、a,其幅值分别为

$$X、V、A$$

$$x = X\sin(\omega t - \phi)$$

$$v = \dot{x} = \omega X\cos(\omega t - \phi) = V\cos(\omega t - \phi)$$

$$a = \ddot{x} = -\omega^2 X\sin(\omega t - \phi) = A\sin(\omega t - \phi)$$

式中，ω 为振动角频率；ϕ 为初相位。

振动信号的幅值可根据位移、速度、加速度的关系，用位移传感器或速度传感器、加速度传感器进行测量，还可采用具有微积分功能进行测量。

在进行振动测量时，传感器通过换能器把加速度、速度、位移信号转换成电信号，经过放大器放大，然后通过 A/D 采集卡进行模数转换成数字信号，采集到的数字信号为电压变化量，通过软件在计算机上显示出来，这时读取的数值为电压值，通过标定值进行换算，就可计算出振动量的大小。

4）实验步骤和过程

（1）安装仪器。把激振器安装在支架上，将激振器和支架固定在实验台基座上，并保证激振器顶杆对简支梁有一定的预压力（不要露出激振杆上的红线标识），用专用连接线连接激振器和 INV1601 型实验仪的功放输出接口（实验仪上的功率幅度调节按钮应调到最小）。把带磁座的加速度传感器放在简支梁的中部（安放带磁座的传感器时，应注意不可使传感器承受过大冲击，以免传感器损坏），输出信号接到 INV1601 型实验仪的 CH1 通道。

（2）打开软件。打开 INV1601 平台的电源开关，进入 DASP 软件的主界面，选择“单通道”按钮，进入单通道示波状态后观测数据。

（3）在采样参数设置菜单下输入标定值 K 和工程单位 m/s^2，设置采样频率为 4 000 Hz，增益倍数选择 1 倍，选择耦合方式。

（4）调节 INV1601 型实验仪频率旋钮到 40 Hz 左右，使梁产生共振。

（5）在虚拟仪器库中选择高精度幅值计，可以得到单峰值、有效值、频率等信息。

（6）更换速度和电涡流传感器分别测量加速度、速度，更换传感器后，软件中的传感器输入耦合方式需相应调整。

5）实验数据记录与分析

将测量数据填入表 6-2 中。

表 6-2　简谐振动幅值测量数据

传感器类型	频率 f/Hz	a(m/s^2)挡	v(mm/s)挡	d(μm)挡
加速度 a				
速度 v				
电涡流位移计 d				

2. 振动系统固有频率的测试实验

1）实验目的

掌握共振法测试振动固有频率的原理与方法，特别掌握幅值判别法和相位判别法。学习锤击法测试振动系统固有频率的原理与方法，即传函判别法。掌握自由衰减振动波形自谱分析法测试振动系统固有频率的原理和方法。

2）实验器材

INV1601 平台是一套高度集成化的振动测试实验系统，主要由三部分组成：INV1601T 型振动实验台、INV1601 型振动实验控制仪、INV1601 型振动与控制试验系统 V11，计算机 1 台，信号线若干。激振器实验仪器的连接如图 6-19 所示。锤击实验仪器的连接如图 6-20 所示。

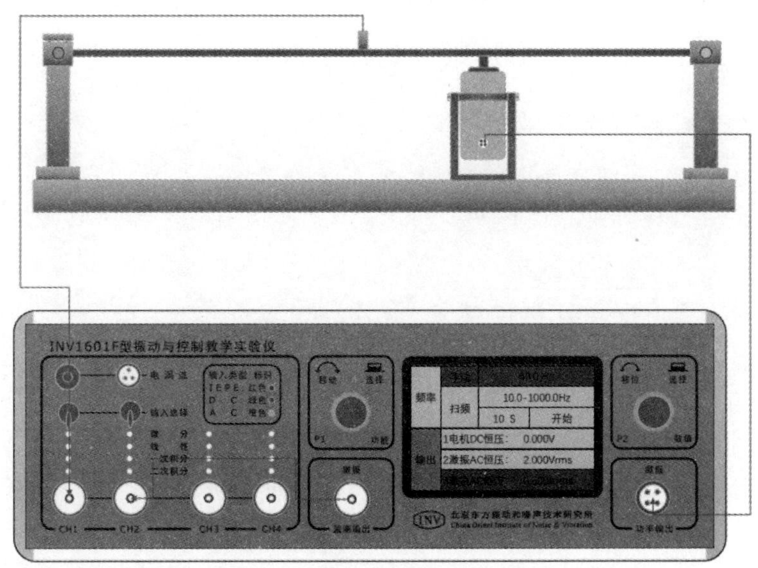

图 6-19　激振器实验仪器连接

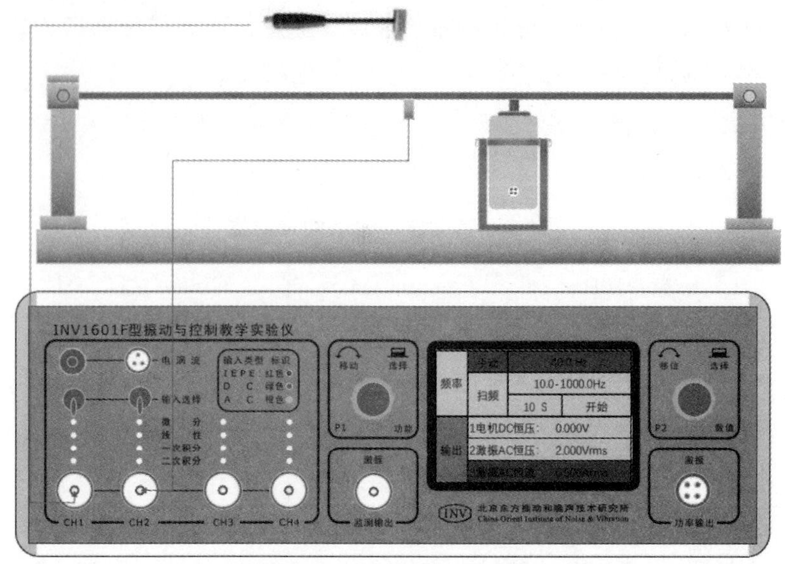

图 6-20 锤击实验仪器连接

3）实验原理

测量系统的固有频率，最常见的方法有两种：简谐力激振法和锤击法。简谐力激振通过引起系统共振，从而找到系统的各阶固有频率，锤击法是用冲击力激发振荡，通过输入的力信号和输出的响应信号进行传函分析，得到各阶固有频率。

简谐力激振：由简谐力作用下的强迫振动系统，其运动方程为

$$m\ddot{x}+C\dot{x}+Kx=F_0\sin\omega_{\mathrm{e}}t$$

方程式的解由 x_1+x_2 这两部分组成。

$$x_1=\mathrm{e}^{-\ell}(C_1\cos\omega_{\mathrm{D}}t+C_2\sin\omega_{\mathrm{D}}t)$$

式中，$\omega_D=\omega\sqrt{1-D^2}$；$C_1$，$C_2$ 为常数，由系统的初始条件决定

$$x_2=B_1\sin\omega_{\mathrm{e}}t+B_2\cos\omega_{\mathrm{e}}t$$

$$B_1=\frac{q(\omega^2-\omega_{\mathrm{e}}^2)}{(\omega^2-\omega_{\mathrm{e}}^2)^2+4\varepsilon^2\omega_{\mathrm{e}}^2}$$

$$B_2=\frac{2q\omega_{\mathrm{e}}\varepsilon}{(\omega^2-\omega_{\mathrm{e}}^2)^2+4\varepsilon^2\omega_{\mathrm{e}}^2}$$

其中，q 定义为 $\frac{F_0}{m}$；x_1 代表阻尼自由振动基；x_2 代表阻尼强迫振动项。

自由振动项周期

$$T_D=\frac{2\pi}{\omega D}$$

强迫振动项周期

$$T_e = \frac{2\pi}{\omega_e}$$

由于阻尼是无法剔除的，自由振动基随时间不断地衰减消失。最后只剩下强迫振动部分，即

$$x = \cos(\omega_e t)\frac{q(\omega^2 - \omega_e^2)}{(\omega^2 - \omega_e^2)^2 + 4\varepsilon^2\omega_e^2} + \sin(\omega_e t)\frac{2q\omega_e\varepsilon}{(\omega^2 - \omega_e^2)^2 + 4\varepsilon^2\omega_e^2}$$

可以通过数学变换：

$$x = A\sin(\omega_e t - \phi)$$

其中

$$A = \sqrt{A_1^2 + A_2^2} = \frac{q/\omega^2}{\sqrt{\left(1-\frac{\omega_e^2}{\omega^2}\right)^2 + \frac{4\varepsilon^2\omega_e^2}{\omega^4}}}$$

$$\phi = \arctan\left(\frac{A_2}{A_1}\right) = \arctan\left(\frac{2\omega_e\varepsilon}{\omega^2 - \omega_e^2}\right)$$

将频率比 $u = \frac{\omega_e}{\omega}$，$\varepsilon = D\omega$ 代入上式，则振幅 A 为

$$A = \frac{q/\omega^2}{\sqrt{(1-u^2)^2 + 4u^2D^2}} = \frac{1}{\sqrt{(1-u^2)^2 + 4u^2D^2}}x_{st} = \beta x_{st}$$

其中 $\beta = \frac{1}{\sqrt{(1-u^2)^2 + 4u^2D^2}}$，$\beta$ 称为动力放大系数动幅值与静幅值之比；这个数值对拾振器和单自由度体系的振动研究都是很重要的。

滞后相位角：$\phi = \arctan\left(\frac{2Du}{1-u^2}\right)$

当 $u=1$，即强迫振动频率和系统固有频率相等时，动力系数迅速增大，引起系统共振，由式 $x = A\sin(\omega_e t - \phi)$ 可以看出，共振时振幅和相位都有较大的变化，通过测量振幅和相位这两个参数，可以判别系统是否达到共振动点，从而确定出系统的各阶振动频率。下面介绍幅值判别法和相位判别法。

（1）幅值判别法。

在激振功率输出不变的情况下，由低到高调节激振器的激振频率，通过示波器观察到在某一频率下，任一振动量（位移、速度、加速度）幅值迅速增大，这就是机械系统的某阶固有频率。这种方法简单易行，但在阻尼较大的情况下，不同的测量方法得出的共振动频率稍有差别，不同类型的振动量对振幅变化敏感程度不一样，这样对应一种类型的传感器在某阶频率时表现不够敏感。

（2）相位判别法。

相位判别法是根据共振时特殊的相位值以及共振动前后相位变化规律所提出来的一种共振判别法。在简谐力激振的情况下，用相位法来判定共振是一种较为敏感的方法，而且共振

时的频率就是系统的无阻尼固有频率，可以排除阻尼因素的影响。

激振信号为 $F = F_0\sin(\omega t)$

位移信号为 $y = Y\sin(\omega t - \phi)$

速度信号为 $\dot{y} = \omega Y\cos(\omega t - \phi)$

加速度信号为 $\ddot{y} = -\omega^2 Y\sin(\omega t - \phi)$

（1）位移判别共振法。把 INV1601 实验仪的“监测输出”的激振信号输入 INV1601 型实验仪的 CH2 通道的速度输入接头，位移传感器输出信号接入教学仪的 CH1 通道输入接头，此时两通道的信号分别为：共振时，$\omega = \omega_n$，$\phi = \dfrac{\pi}{2}$，X 轴信号和 Y 轴信号的相位差为 π，根据李萨如图原理可知，屏幕上的图像将是一个正椭圆。当 ω 略大于 ω_n 或略小于 ω_n 时，图像都将由正椭圆变为斜椭圆，如图 6-21 所示。因此，图像由斜椭圆变为正椭圆的频率就是振动体的固有频率。

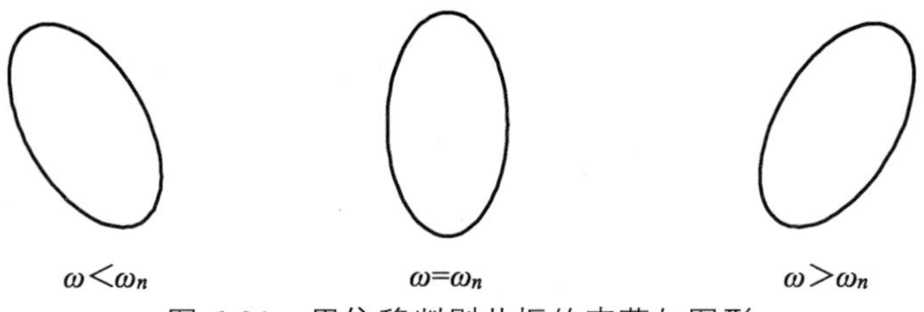

图 6-21　用位移判别共振的李萨如图形

（2）加速度判别共振法。

将加速度传感器输出信号输入 CH1 通道（即 Y 轴），将激振信号输入采集仪的 CH2 通道（即 X 轴），此时两通道的信号分别为

激振信号 $F = F_0\sin(\omega t)$

加速度信号 $\ddot{y} = -\omega^2 Y\sin(\omega t - \phi)$

共振时，$\omega = \omega_n$，$\phi = \dfrac{\pi}{2}$，X 轴信号和 Y 轴信号的相位差为 90°。根据李萨如图原理可知，屏幕上的图像应是一个正椭圆。当 ω 略大于 ω_n 或略小于 ω_n 时，图像都将由正椭圆变为斜椭圆，其变化过程如图 6-22 所示。因此，图像由斜椭圆变为正椭圆的频率就是振动体的固有频率。

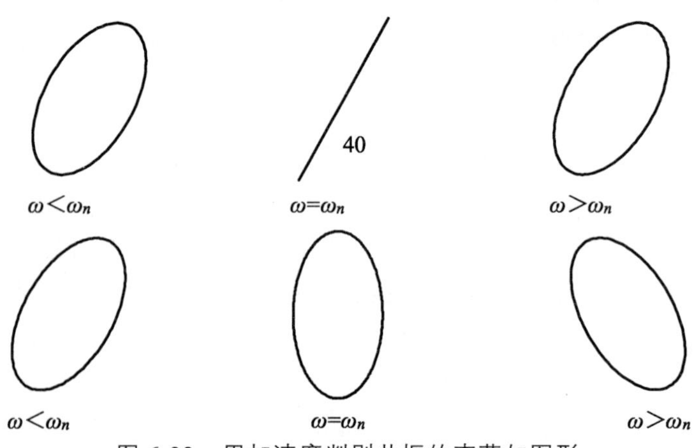

图 6-22　用加速度判别共振的李萨如图形

（3）传函判别法。

通常认为振动系统为线性系统，用一特定已知的激振力，以可控的方法来激励结构，同时测量输入信号和输出信号，通过传函分析，得到系统固有频率。响应与激振力之间的关系可用导纳表示：

$$Y = \frac{x}{F} = \frac{1/k}{\sqrt{(1-u^2)^2 + 4D^2u^2}} \mathrm{e}^{\mathrm{j}\phi}$$

其中
$$\phi = \arctan\left(\frac{-2Du}{1-u^2}\right)$$

Y 的意义就是幅值为单位 1 的激励力所产生的响应。研究 Y 与激励力之间的关系，就可得到系统的频响特性曲线。在共振频率下的导纳值迅速增大，从而可以判别各阶共振频率。

（4）自谱分析法。

当系统受脉冲激励后做自由衰减振动时包括各阶频率成分，时域波形反映各阶频率下自由衰减波形的线性叠加，通过对时域波形做频谱分析就可以得到其频谱图，从而可从频谱图中各峰值处得到系统的各阶固有频率。

4）实验步骤和过程

（1）幅值判别测量法的过程和步骤：

① 安装仪器设备。

把激振器安装在支架上，固定激振器和支架，保证激振器顶杆对简支梁有一定的预压力（不要露出激振杆上的红线标识），用专用连接线连接激振器和 INV1601 型实验仪的功放输出接口（实验仪上的功率幅度调节按钮应调到最小）。安装加速度传感器在简支梁上，输出信号接到 INV1601 型实验仪的加速度传感器输入端，软件设置为微积分变换“线性”。

② 开机。进入 INV1601 型测试软件 DSAP 的主界面，选择“单通道”按钮。进入单通道示波状态进行波形示波。

③ 测量。打开 INV1601 型实验仪的电源开关，通过“P2”旋钮调大功放输出，注意不要过载，从 0 开始调节频率按钮，当简支梁振动最大时，记录当前频率。继续增大频率，可得到高阶振动频率。

（2）相位判别法测量的方法和步骤：

① 将位于 INV1601 实验仪前面板的激励“监测输出”端，接入实验仪的 CH1 通道的接头（X 轴），加速度传感器输出信号接 INV1601 型实验仪 CH2 通道接头（Y 轴）。加速度传感器放在距离梁端 1/3 处。

② 用 INV1601 型 DASP 软件“双通道”中的李萨如图示波，调节激振器的频率，观察图像的变化情况，分别用 INV1601 型实验仪“加速度挡”的加速度、速度、位移进行测量，观察图像，根据共振时各物理量的判别法原理来确定共振频率。

（3）传函判别法和自谱判别法测量。

① 安装仪器。把力锤的力传感器输出线接到 INV1601 型实验仪的 CH1 通道；把加速度传感器放在简支梁上，输出信号接到 INV1601 型实验仪的 CH2 通道输入端。

② 开机。进入 INV1601 型 DASP 软件的主界面，选择“双通道”按钮。进入“双通道”软件进行“传函”示波。在“自由选择”中选择传函幅频和相位项示波。

③ 传函测量。

点击采样参数当中的“设置放大倍数输入类型”，在弹出的设置各通道参数里面，将力锤输入通道 1 输入类型更改为 IEPE。用力锤敲击简支梁中部，就可看到时域波形，采样方式选择为“单次触发”或“多次触发”，点击左侧操作面板的“传函”按钮，可得到频响曲线，第一个峰就是系统的第一阶固有频率，后面的几个峰是高阶频率。移动传感器或用力锤敲击简支梁的其他部位，再进行测试，记录下各阶固有频率。

（4）自谱测量分析过程与步骤：

选择“波谱”示波方式，从 CH2 的频谱图中读取前三个谱峰即为系统的前三阶固有频率。

5）实验数据记录与分析

将机械振动系统固有频率测量结果记录到表 6-3 中。

表 6-3　振动系统固有频率的测试实验

测试方法		第一阶频率	第二阶频率	第三阶频率
幅值判别法				
相位判别法图像	位移 d/mm			
	速度 v/(mm/s)			
	加速度 a/(mm/s^2)			
传函判别法				
自谱分析法				

3. 测试附加质量对系统频率的影响

1）实验目的

学习结构频率的测试、测试附加质量对结构频率的影响。

2）实验器材

实验仪器：INV1601 型振动教学实验仪、INV1601T 型振动教学实验台、加速度传感器、速度传感器、接触式激振器、电涡流传感器、偏心电机、配重块。软件：INV1601 型 DASP 软件。

3）实验原理

简支梁是一个无限多自由度的均布质量系统，可以简化为弹簧和刚体的单自由度系统。梁的均布质量可以折合成等效集中质量 m，在单自由度系统模型参数测试实验中，已经计算和测出了梁的等质量和等效刚度。

$$m = \frac{17}{35} m_0$$

系统的固有频率计算公式

$$f = \frac{1}{2\pi}\sqrt{\frac{k}{m + m'}}$$

系统的固有频率与集中质量的平方根成反比，上式中 m 是梁的质量，m'是在梁的中部附加集中质量块的质量。改变系统固有频率，可以绘制出频率与质量的变化曲线，如图 6-23 所示。

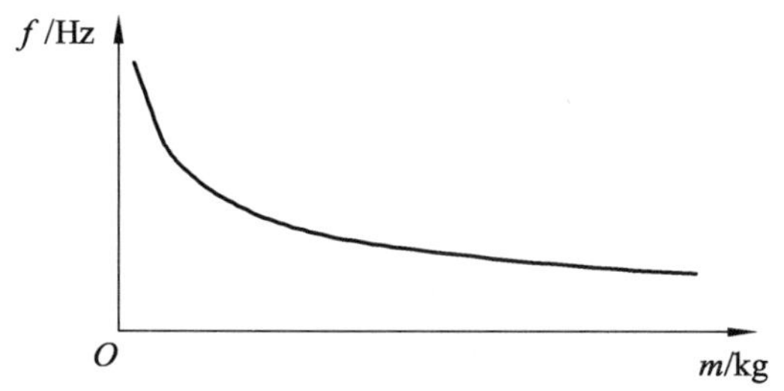

图 6-23　质量对频率的影响曲线

4）实验步骤和过程

（1）仪器和传感器的连接如图 6-24 所示。为了不对系统增加附加质量，采用了非接触式的电涡流传感器，电涡流传感器接配套有前置放大器后接入 INV1601 型实验仪。电涡流传感器探头部分距离测试表面约 2 mm。

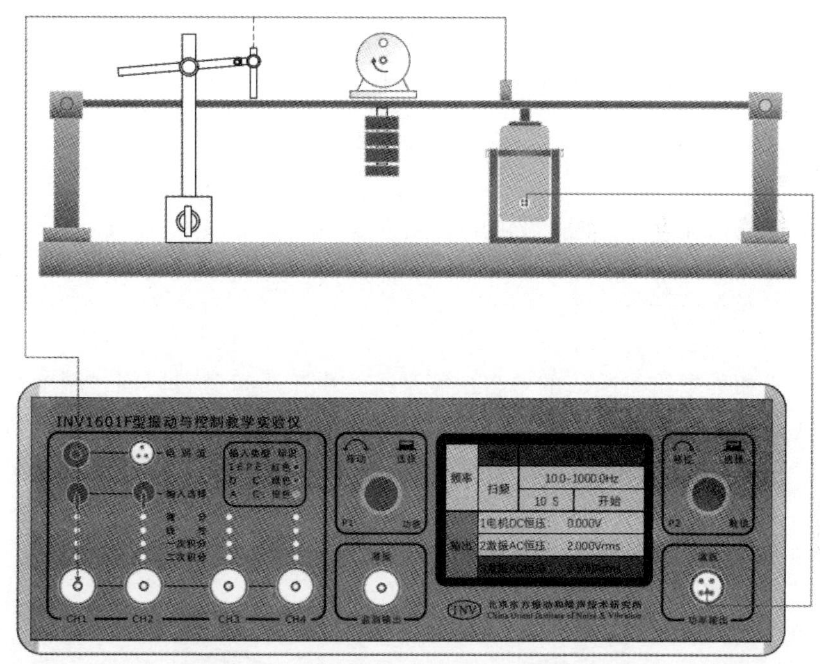

图 6-24　结构频率变化实验仪器连接示意图

（2）开机进入 INV1601 型 DASP 软件的主界面，选择“单通道”按钮。进入单通道示波状态进行波形和频谱同时示波。注意：如果没有信号或信号很微弱，可以通过改变电涡流传感器探头距测试表面的距离来进行调节。

（3）调节 INV1601 型实验仪的频率旋钮，观测系统发生共振为止。

（4）从频率计中读取频率值。

（5）分别测量出不同质量配重下系统频率。

5）实验数据记录与分析

将实验结果记录到表 6-4 中。

表 6-4　频率与质量的变化曲线

配重情况	不加配重	压电加速度传感器测（35g）	速度传感器测（135g）	加一块配重（1 kg）	加两块配重（2 kg）	加两块半配重（2.5 kg）	加电机和两块半配重（4.4 kg）
理论计算频率/Hz							
测试的频率/Hz	$f_0 =$	$f_1 =$	$f_2 =$	$f_3 =$	$f_4 =$	$f_5 =$	$f_6 =$

4. 附加质量分布对系统频率的影响

1）实验目的

理解系统质量分布变化对系统频率影响的原理和测试方法，理解质量分布对结构频率的影响。

2）实验器材

实验仪器：INV1601 型振动教学实验仪、INV1601T 型振动教学实验台、加速度传感器、速度传感器、接触式激振器、电涡流传感器、偏心电机、配重块。软件：INV1601 型 DASP 软件。

3）实验原理

简支梁集中荷载在任意位置时，梁的刚度计算为

$$K = \frac{3EJL}{l_1^2 l_2^2}$$

对于由简支梁和集中质量组成的单自由度系统，由于质量分布不同，刚度发生变化，系统的频率也随之变化，集中质量在中间位置时，系统的频率最低，随着位置不同，其频率变化如图 6-25 和图 6-26 所示。图中所示曲线分别是在简支梁上加 1 200 g 和 2 200 g 集中质量所测得的曲线，如图 6-25 所示，相同额外附加质量在不同位置对系统固有频率的影响，而在同一位置处，随着集中荷载的增大，系统的频率也随之降低。

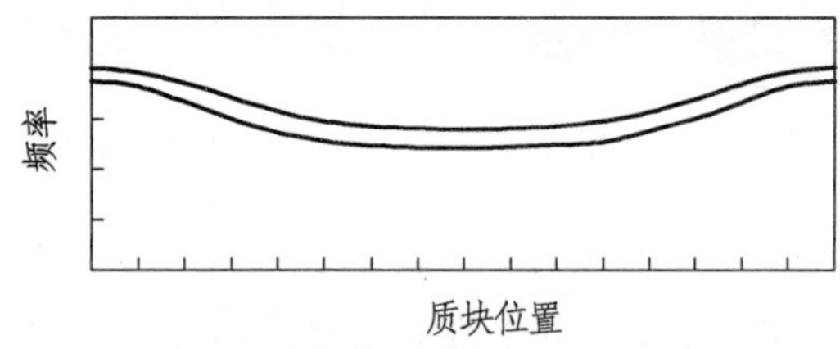

图 6-25　简支梁频率随集中质量变化测试曲线

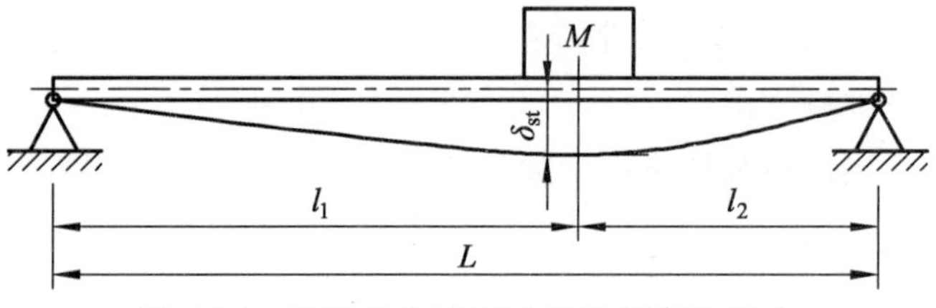

图 6-26　质量分布不同对系统频率的影响

4）实验步骤和过程

（1）按照图 6-27 所示连接好仪器和传感器。

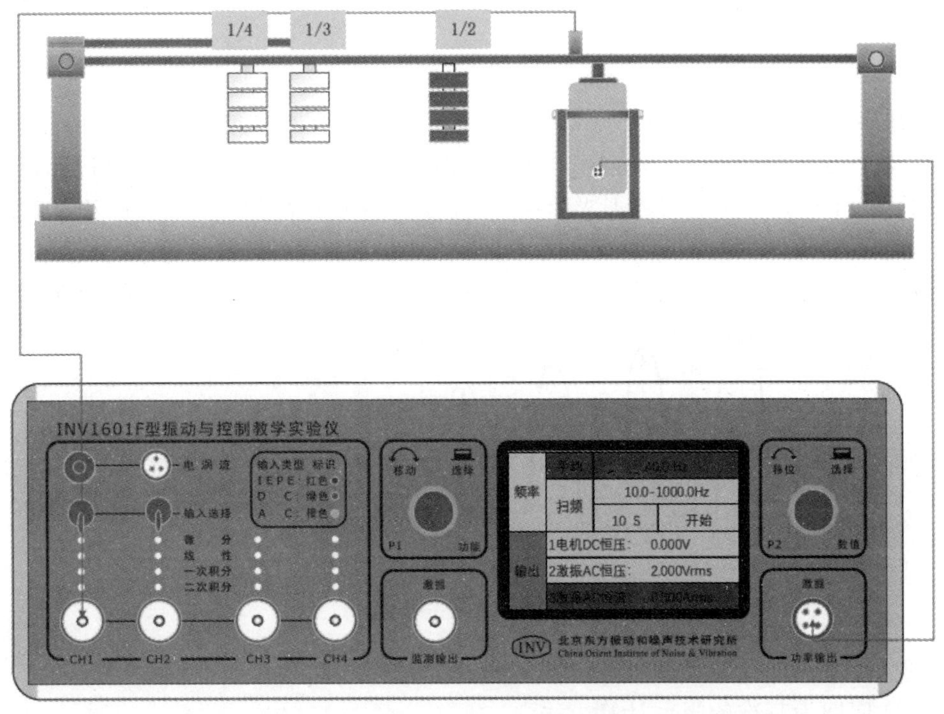

图 6-27　质量分布实验测试仪器连接

（2）开机进入 INV1601 型 DASP 软件的主界面，选择“单通道”按钮。进入单通道示波状态进行波形和频谱同时示波。

（3）用速度传感器测量简支梁的振动，经 INV1601 型实验仪放大后，接入采集仪进行示波。

（4）采样频率设置为 512 Hz。注意：如果更关心时域指标，采样频率可以设置得高一些。

（5）从频率计中读取频率值。

5）实验数据记录与分析

将实验结果记录到表 6-5 中。

表 6-5　附加质量分布对系统频率的影响测试

配重情况	1/2 处	1/3 处	1/4 处
测试的频率/Hz			

5. 单自由度系统固有频率与阻尼比测量

1）实验内容和要求

介绍单自由度系统模型自由衰减振动的有关概念，用频谱分析信号的频率，以及测试单自由度系统模型阻尼比的方法。

2）实验器材

实验仪器：INV1601 型振动教学实验仪、INV1601T 型振动教学实验台、加速度传感器、速度传感器、接触式激振器、电涡流传感器、偏心电机、配重块。软件：INV1601 型 DASP 软件。

3）实验原理

在机械结构和测振仪器的分析中单自由度系统的阻尼计算是很常见的内容，而且非常重要。阻尼的计算常常通过衰减振动的过程曲线（波形）即振幅的衰减比例来进行计算。衰减振动波形如图 6-28 所示。用衰减波形求阻尼可以通过半个周期的相邻两个振幅绝对值之比，或经过一个周期的两个同方向相邻振幅之比，这两种基准方式进行计算。通常以相隔半个周期的相邻两个振幅绝对值之比为基准来计算较多。两个相邻振幅绝对值之比，称为波形衰减系数。

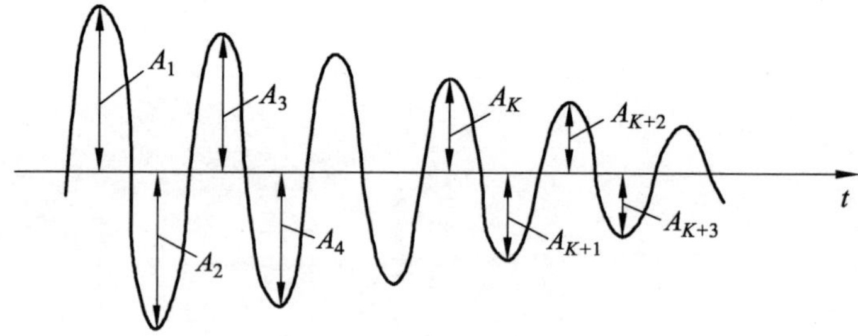

图 6-28　衰减振动波形

以经过 1/2 个周期为基准的阻尼计算每经过半周期的振幅的比值为一常量。

经过 1/2 周期为基准的阻尼计算方法：

因为每经过 1/2 周期的振幅的比值为一常量

$$\phi=\frac{|A_K|}{|A_{K+1}|}=\frac{A\mathrm{e}^{-\varepsilon t}}{A\mathrm{e}^{-\varepsilon\left(t+\frac{TD}{2}\right)}}=\mathrm{e}^{\pi\frac{D}{\sqrt{1-D^2}}}$$

这个比例系数 ϕ 表示阻尼振动的振幅（最大位移）按几何级数递减。系数 ϕ 常用来表示振幅的减小速率。

如果用比例系数 ϕ 的自然对数来表示振幅的衰减则更加方便，在工程中也更适用。

$$\delta=\ln\phi=\ln\left|\frac{A_K}{A_{K+1}}\right|=\frac{1}{2}\varepsilon T_{\mathrm{D}}=\frac{\pi D}{\sqrt{1-D^2}}$$

δ 称为振动的对数衰减率。用下式求得阻尼比 D。

$$D=\frac{\delta}{\sqrt{\pi^2+\delta^2}}$$

引入常用对数：

$$\delta_{10}=\lg\phi=\delta\lg(\mathrm{e})=\ln\phi\lg\mathrm{e}$$

$$\lg\mathrm{e}=0.434\ 3,\quad \delta=\frac{\delta_{10}}{la\mathrm{e}}=2.303\delta_{10}$$

又因为

$$D=\frac{0.733l}{\sqrt{1+(0.733\ \lg\phi)^2}}=\frac{\lg\phi}{\sqrt{1.862+(\lg\phi)^2}}$$

工程中的阻尼比通常就是按照上式来进行计算的。

在阻尼比较小的时候，由于ϕ很小，读数和计算误差较大，所以一般取相隔若干个波峰序号的振幅比来计算对数衰减率和阻尼比。

$$\phi^n = \left|\frac{A_K}{A_{K+1}}\right| = \mathrm{e}^{\frac{1}{2}n\varepsilon TD}$$

因此
$$\delta = \frac{1}{n}\ln\phi = \frac{1}{n}\ln\left|\frac{A_K}{A_{K+1}}\right|$$

在实际阻尼波形振幅读数时，由于基线甚难处理，阻尼较大时，基线差一点，ϕ就相差很大，所以往往读取相邻两个波形的峰峰值之比。

在$\dfrac{|A_K|}{|A_{K+1}|} = \dfrac{|A_{K+1}|}{|A_{K+2}|}$时，可以得到

$$\phi = \frac{|A_K|}{|A_{K+1}|} = \frac{|A_K| + |A_{K+1}|}{|A_{K+1}| + |A_{K+2}|}$$

这样，求得阻尼比也更加方便，也更准确。

注意：不同资料中的对数衰减率的数值有不同定义，有些书籍是采用半周期取值，有的采用整周期取值，所以计算结果有差异，但本质一样。

4）实验步骤和过程

（1）仪器安装。

按照图 6-29 安装连接好实验仪器，并安装好配重质量块。电涡流速度传感器接入 INV1601 型实验仪的 CH1 通道。加装配重是为了增加集中质量，使结构更接近单自由度模型。

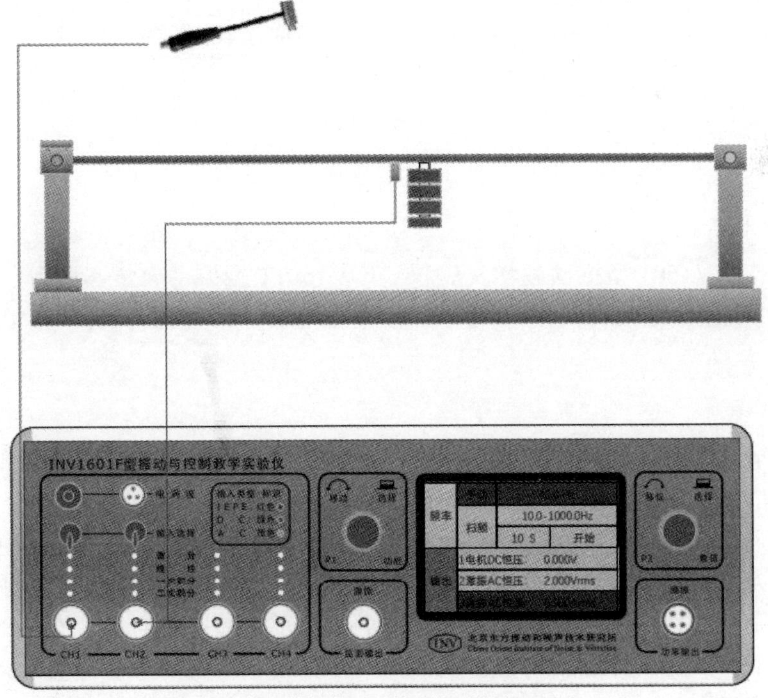

图 6-29　结构动力学实验仪器连接示意图

（2）开机进入 INV1601 型 DASP 软件的主界面，选择“单通道”按钮。进入单通道示波状态进行波形和频谱同时示波。

（3）在采样参数中设置好采样频率 1 024 Hz、采样点数为 2K，标定值和工程单位等参数（按实际输入），采样方式选择“触发采样”。

（4）调节加窗函数旋钮为指数窗。如果选中，在时域波形显示区域中就会出现一红色的指数曲线。

（5）用小锤或用手敲击简支梁或电机，看到响应衰减信号，这时，按下鼠标左键读数。

（6）把采到的当前数据保存到硬盘上，设置好文件名、实验号、测点号和保存路径。

（7）移动光标收取波峰值和相邻的波峰值并记录，在频谱图中读取当前波形的频率值，如果波形较密，可以直接将波形拉开，以便观察。

（8）重复上述步骤，收取不同位置的波峰值和相邻的波谷值。

（9）如果感兴趣，移动光标收取峰值，记录峰值，利用原理中的公式手动计算。

5）实验数据记录与分析

将实验结果记录到表 6-6 中。

表 6-6　单自由度系统固有频率、阻尼比测量

实验次数	第一峰峰值			第二峰峰值			频率/Hz	阻尼/%
	波峰值	波谷值	波峰值	波峰值	波谷值	波峰值		
1								
2								
3								

6. 两自由度系统固有频率测试

1）实验目的

学习建立两自由度模型；学习两自由度参数和振型的计算与测试。

2）实验器材

实验仪器：INV1601 型振动教学实验仪、INV1601T 型振动教学实验台、加速度传感器、速度传感器、接触式激振器、电涡流传感器、偏心电机、配重块。软件：INV1601 型 DASP 软件。

3）实验原理

自由度指描述振动系统的位置或形状所需要的独立坐标的个数。某系统的自由度为 2，则表示描述这个系统需要的独立坐标数为两个。位于空间中的一个独立部件（刚体），如果不考虑其转动，则需 x、y、z 三个独立坐标值才能确切描述其位于既定坐标系中的坐标，我们说它的自由度为三个；一旦两个或多个部件通过一定的连接形式（如铰链、弹簧、导轨等）组成一个系统，由于在运动的过程中系统内部的各个部件间的相对位置会不断地发生变化，这样就需要多个独立约束才能确切描述系统每一时刻处于空间的绝对位置。需要几个独立约束，我们就称其具有几个自由度。不要将空间的坐标轴个数与空间中的系统的自由度混淆。

如图 6-30 所示，在三维空间（笛卡儿空间）中，有一弹簧——质量系统，设 $t=0$ 时，三个弹簧恰处于平衡位置。

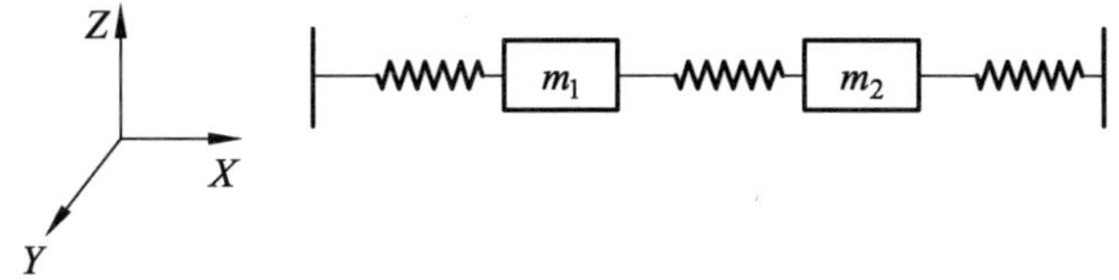

图 6-30　两自由度模型

该三维空间有且只有三个独立坐标轴 x、y、z，而该空间中的图示系统，假设质块在 y 向、z 向不会发生位置上的改变，若清楚描述系统的运动情况，则必须需要 x_1、x_2（x_1、x_2 为质量块相对于平衡位置的位移量）两个独立变量，缺一不可。有些书上也称独立变量为独立坐标。故该系统的自由度为两个。当不考虑图示系统的阻尼和外界激励时，根据牛顿运动定律可列出其运动的微分方程为

$$m_1\ddot{x}_1(t)+(k_1+k_2)x_1(t)-k_2(t)x_2(t)=0$$

$$m_2\ddot{x}_2(t)+(k_2+k_3)x_2(t)-k_2(t)x_1(t)=0$$

用矩阵可以表示为

$$[M]\{\ddot{X}(t)\}+[K]\{x(t)\}=0$$

这是二阶常系数线性齐次微分方程组，如果该方程组存在一个特殊形式的解：$\dfrac{x_2(t)}{x_1(t)}$之比等于常数，称这种形式的解为同步运动。可将同步运动的解表示为

$$\Delta(\omega^2)=|[K]-\omega^2[M]|=0$$

其中，振幅 u_1,u_2 和时间函数 $f(t)$ 待定。数学证明这种形式的解是存在的。通常，对于一个两自由度系统，由行列式方程 $\Delta(\omega^2)=|[K]-\omega^2[M]|=0$，由于每一个 ω^2 都对应一组时间函数 $f(t)$ 和振幅比 u_2/u_1，它们之间的具体关系如下：

$$f(t)=C\cdot\cos(\omega t-\Psi)$$

$r=u_2/u_1$ 为上述行列式第一行的第一列元素除以第一行的第二列元素，是 ω^2 的函数，ω 的两个正实数解分别对应系统的固有频率或自然频率，由系统的参数唯一确定。这样，当系统按照频率 ω_1 或 ω_2 做同步简谐振动时，具有确定比值的一对常数 $u_1^{(1)}$、$u_2^{(1)}$ 或 $u_1^{(2)}$、$u_2^{(2)}$，从而可以确定系统的振动型态，称之为固有振型。可用向量的形式表示为

$$\{u^{(1)}\}=\begin{Bmatrix}u_1^{(1)}\\u_2^{(1)}\end{Bmatrix}=u_1^{(1)}\begin{Bmatrix}1\\r_1\end{Bmatrix}$$

$$\{u^{(2)}\}=\begin{Bmatrix}u_1^{(2)}\\u_2^{(2)}\end{Bmatrix}=u_1^{(2)}\begin{Bmatrix}1\\r_2\end{Bmatrix}$$

$\{u^{(1)}\}$ 和 $\{u^{(2)}\}$ 称为系统的模态向量。$\{u^{(1)}\}$ 对应于较低的自然频率 ω_1，它们组成第一阶模

态，$\{u^{(2)}\}$与ω_2构成第二阶模态。两自由度系统正好有两个自然模态，它们代表两种形式的同步运动。不难证明：$r_1>0,r_2<0$。这说明，系统按照第一阶模态做同步运动时，两个质量块m_1和m_2在任一瞬时的运动方向一致，而按照第二阶模态做同步运动时，m_1和m_2在任一瞬时的运动方向相反。

本实验中的两自由度系统如下：集中质量块$m_A=m_B=m$，弦长度为L，弦上拉力为T。可以按照公式求解其固有频率和模态振型。其运动的微分方程为

$$[M]\{\ddot{Y}\}+[K]\{Y\}=\{0\}$$

其中
$$[M]=\begin{bmatrix} m & 0 \\ 0 & M \end{bmatrix},[K]=\begin{bmatrix} 6T/L & -3T/L \\ -3T/L & 6T/L \end{bmatrix}$$

可以得到
$$f_1=\frac{\omega_1}{2\pi}=\frac{1}{2\pi}\sqrt{\frac{3T}{mL}}，\quad f_2=\frac{\omega_2}{2\pi}=\frac{1}{2\pi}\sqrt{\frac{9T}{mL}}$$

当$\omega_1^2=\dfrac{3T}{\mathrm{m}L}$时，可以得到振型为

$$\varphi_1=\begin{Bmatrix} 1 \\ 1 \end{Bmatrix}$$

当$\omega_2^2=\dfrac{9T}{\mathrm{m}L}$时，可以得到振型为

$$\varphi_2=\begin{Bmatrix} 1 \\ -1 \end{Bmatrix}$$

固有频率和模态振型还可通过实验的方法测试，特别对于实际生活中的复杂系统更是如此。

4）实验步骤和过程

（1）仪器安装。

按照图 6-31 所示连接好相关的仪器和设备。

为了不增加额外附加质量，采用了非接触式的电涡流传感器，电涡流传感器可直接接入 INV1601 型实验仪（内部装有电涡流传感器的配套有前置放大器）。电涡流传感器探头部分距离测试表面约 2 mm。钢丝的配重为 2.5 kg。非接触式激振器的输入线接到功放输出端。两个小质量块（6 g）分别固在支承钢丝的 1/3 处和 2/3 处，使用磁性表座将非接触式激振器和电涡流传感器分别对着一个质量块，拧紧磁性表座固定螺钉。

（2）开机进入 INV1601 型 DASP 软件的主界面，选择“单通道”按钮。进入单通道示波状态进行波形和频谱同时示波。

（3）在“采样参数”菜单中推荐设置：采样频率为 500 Hz，程控 1 倍，采样点数 2K，工程单位选择 um。

（4）调节 INV1601 型实验仪的频率调节旋钮，打开“幅值计”，观察幅值，当质量块第一次振动幅度最大时，从中读取此时的频率值。

（5）继续调节，当质量块第二次振动达到幅度最大时，在右窗口中读取频率值并记录。

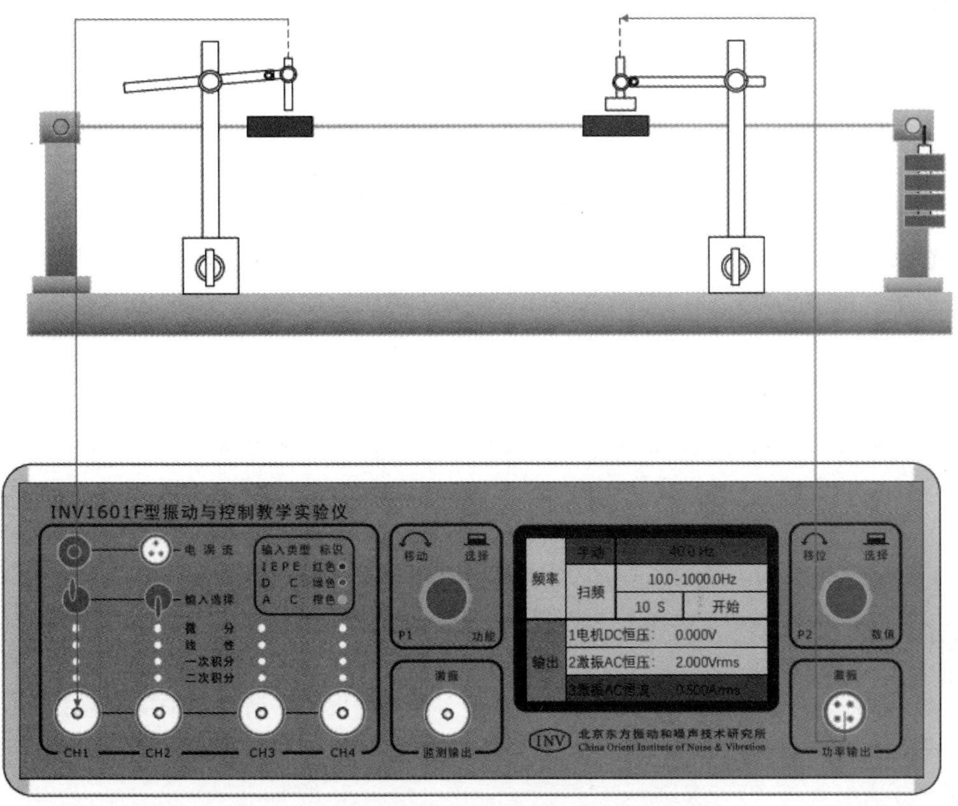

图 6-31　两自由度系统实验仪器连接示意图

5）实验数据记录与分析

将实验结果记录到表 6-7 中。

表 6-7　两自由度系统固有频率测试数据

实验次数		频率		配重拉力 m（kg）×9.81	质量块的质量/g	支承钢丝长度/m
		一阶	二阶			
1	理论数据			9.81 N		0.68
	实测数据			9.81 N		0.68
2	理论数据			14.72 N		0.68
	实测数据			14.72 N		0.68
3	理论数据			19.62 N		0.68
	实测数据			19.62 N		0.68
4	理论数据			24.53 N		0.68
	实测数据			24.53 N		0.68

7. 共振法测试有阻尼振动系统的固有频率

1）实验目的

掌握共振法测试有阻尼振动系统固有频率的原理和基本方法；掌握用共振法测试有阻尼振动系统的固有频率。

2）实验器材

实验仪器：INV1601 型振动教学实验仪、INV1601T 型振动教学实验台、加速度传感器、速度传感器、接触式激振器、电涡流传感器、偏心电机、配重块。软件：INV1601 型 DASP 软件。

3）实验原理

对于有阻尼的强迫振动，振动经过一定时间后，只剩下强迫振动部分，有阻尼强迫振动的振幅特性：

$$A = \frac{1}{\sqrt{(1-u^2)^2 + 4u^2D^2}} x_{ST}$$

其中 $$u = \frac{\omega_e}{\omega}$$

式中，ω_e 强迫振动频率；ω 为系统的共振频率。当 u 接近于 1 时，幅值明显增大。

4）实验步骤和过程

（1）仪器安装。

把由空气阻尼器和 1 kg 配重块组成的弹簧质量系统固定在梁的中部，加速度传感器放在上面，接入 INV1601 型实验仪的 CH1 输入端。仪器连接如图 6-32 所示。

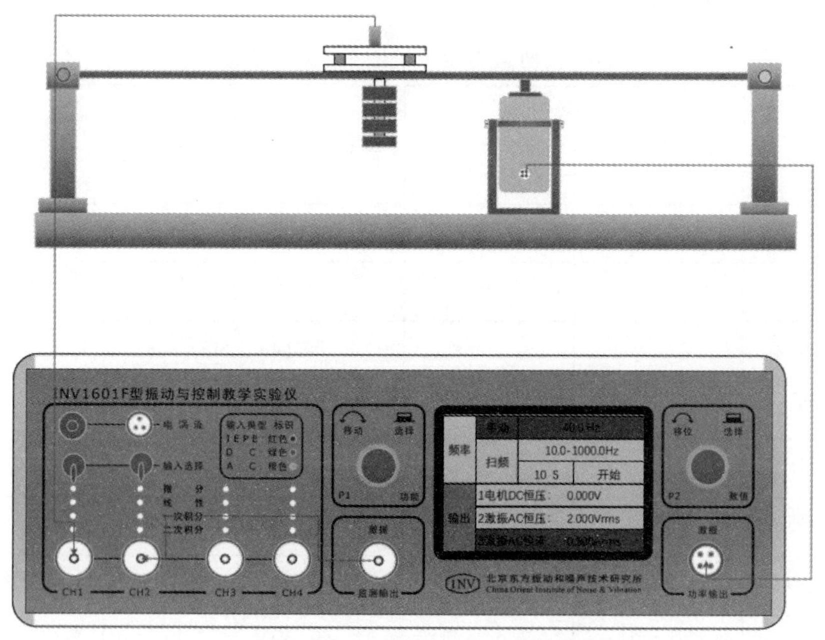

图 6-32 有阻尼动力学系统实验仪器连接示意图

（2）开机进入 INV1601 型 DASP 软件的主界面，选择“单通道”按钮。进入单通道示波状态进行波形和频谱同时示波。

（3）调节 INV1601 型实验仪的频率旋钮，观察波形变化，在左窗口中打开“高精度幅值计”，观察幅值变化，当波形幅值达到最大时，读取当前的频率值。

（4）依次增加质量块 1 kg 和 0.5 kg，重复步骤（3），并记录结果。

5）实验数据记录与分析

将实验结果记录到表 6-8 中。

表 6-8　共振法测试有阻尼振动系统的固有频率

配重/kg	1	2	2.5
频率/Hz			

8. 主动隔振实验

1）实验目的

学习隔振的基本原理、基本知识和方法；了解主动隔振效果的测量。

2）实验器材

实验仪器：INV1601 型振动教学实验仪、INV1601T 型振动教学实验台、加速度传感器、速度传感器、电涡流传感器、偏心电机、接触式激振器、配重块。软件：INV1601 型 DASP 软件。

3）实验原理

在工业现场，日常的振动干扰不但对机械设备以及仪表设备都会带来直接的危害，而且会产生噪声污染，在一些特殊的场合振动的隔离就显得尤为必要。总结起来隔振的作用有两个：一是隔离机械设备通过支座传至地基的振动，以减小动力的传递；二是隔离振可以减小振动对物体或设备的影响。二者原理相似，性能也相似。

在一般隔振设计中，常常用振动传递比 T 和隔振效率 η 来评价隔振效果。

主动隔振传递比定义为物体传递到底座的振动与物体振动之比，被动隔振传递比定义为底座传递到物体的振动与底座的振动之比。通常情况下由物体传递到底座时常用力表示，由底座传递到物体时则用位移、振动速度或振动加速度表示。

隔振效率：　$\eta=(1-T)\times100\%$

传递比：　$T=\sqrt{\dfrac{1+u^2D^2}{(1-u^2)^2+D^2u^2}}$

式中，D 为阻尼比；$u=\dfrac{f}{f_0}$ 为激振频率和共振频率的比值。

通常情况下传递比小于 1。因此，$T<1$ 的区域称为隔振区。由图 6-33 中的曲线可知：

（1）当 $f_0<f<\sqrt{2}f_0$ 时，$T>1$，此时系统有放大振幅的作用；

（2）系统发生共振，$f=f_0$ 时，传递比达到最大值；

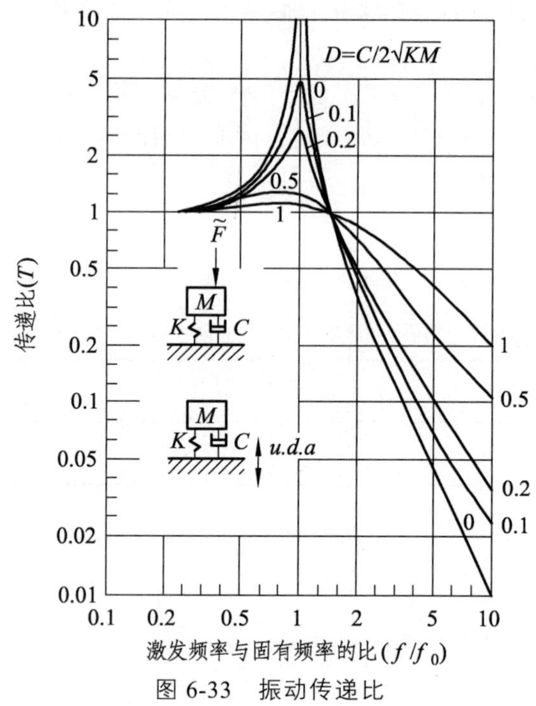

图 6-33　振动传递比

（3）$\sqrt{2}f_0 < f < 3f_0$时，作用有限；

（4）$3f_0 < f < 6f_0$时，隔振能力低（20 ~ 30 dB）；

（5）$6f_0 < f < 10f_0$时，隔振能力中等（30 ~ 40 dB）；

（6）$f > 10f_0$时，隔振能力强(> 40 dB)；

（7）阻尼比 D 对 T 的影响。

虽然$\sqrt{2}f_0$是一个非常明显的分界线，$T > 1$时系统有放大振幅的作用，系统发生共振时，此时传递比达到最大值，频率继续增加隔离效果最好。在实际工程中，一般采用 D 值接近 0.1 的隔振器，在计算时往往可把阻尼项的作用忽略，传递比可简化为

$$T = \left|\frac{1}{1-(f/f_0)^2}\right|$$

4）实验步骤和过程

（1）用螺钉将空气阻尼器固定在实验台的底座上，偏心激振电机安装在空气阻尼器上，偏心激振电机的电源线接到 INV1601 型实验仪后面板的“电机功率输出”端子上，如图 6-34 所示。

（2）在距离空气阻尼器约 20 cm 处安装一速度传感器，如图 6-34 所示，并接入 INV1601 型实验仪的 CH1 通道。

（3）开机进入 INV1601 型 DASP 软件的主界面，选择“单通道”按钮。进入单通道示波状态，选择窗口左上角“波谱双显”单选框进行波形和频谱同时示波。

（4）在“采样参数”菜单中设置采样频率为 500 Hz，程控 1 倍，采样点数 2K，工程单位 mm/s。

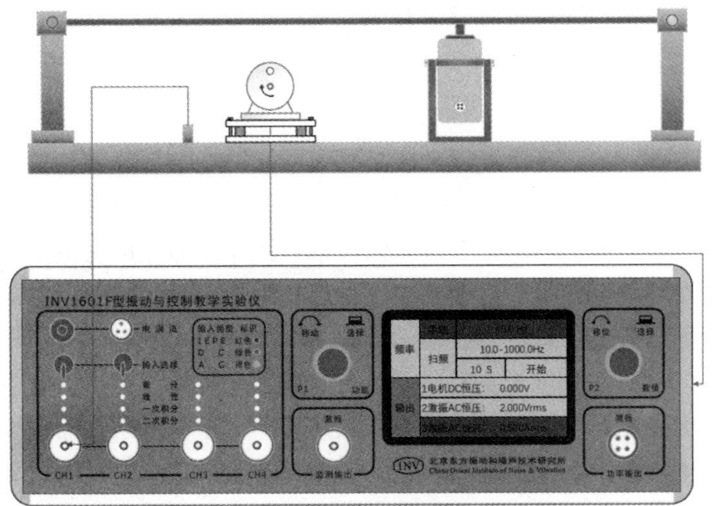

图 6-34　主动控制实验仪器连接示意图

（5）调节 INV1601 实验仪前面板的“电机功率幅度调节”旋钮，改变电机转速，使电机达到 1 800 r/min 转速，从频率计中读取主频频率值约为 30 Hz，记录此时 CH1 通道的单峰值 A_1。

（6）调节 INV1601 实验仪前面板的“电机功率幅度调节”旋钮，使电机停止旋转。

（7）用 4 个双头螺柱固定空气阻尼器上下托板，使空气阻尼器上下托板成为刚性连接。

（8）调节 INV1601 实验仪前面板的“功率幅度调节”旋钮，改变电机转速，使电机达到 1 800 r/min 转速，从频率计中读取主频频率值约为 30 Hz，记录此时第一通道的峰值 A_2。

（9）根据所测幅值计算隔振系数和隔振效率。

隔振传动比：$T = \dfrac{A_1}{A_2}$

隔振效率：　$\eta = (1-T)\times 100\%$

（10）重复上述步骤（5）~（9）测试并计算不同转速下的隔振效率。

5）实验数据记录与分析

将空气阻尼器隔振器主动隔测试结果记录到表 6-9 中。

表 6-9　主动隔振实验数据

频率 f/Hz	振幅 A_1	振幅 A_2	隔振传动比 T	隔振效率

9. 阻尼减振实验

1）实验目的

学习阻尼的物理特性、阻尼材料的特性，学习用半功率法和自由衰减法测量阻尼。

2）实验器材

实验仪器：INV1601 型振动教学实验仪、INV1601T 型振动教学实验台、加速度传感器、电涡流传感器、偏心电机、速度传感器、接触式激振器、配重块。软件：INV1601 型 DASP 软件。

3）实验原理

阻尼是一种物理效应，它广泛地存在于各种日常事物中，阻碍着物体做相对运动，并把运动能量消耗为热能或其他形式的能量。消耗运动能量的原因可以是接触界面上的摩擦力、流体流动时的黏滞力、材料的内阻尼、磁带效应以及由此而引起的湍流、涡流、声辐射等。物理学中最常见的摆运动，如果没有外界继续供给能量，由于运动附的摩擦力以及空气的阻力等，摆的振幅将逐渐减小，最后停止摆动。

机械结构的动力性能常决定于质量、刚度与阻尼三大要素，一个振动着的结构，在任何瞬时包含着动能与应变能两种能量，动能与机械结构的质量相联系，而应变能则与机械结构的刚度相联系。由于结构发生变形时，在材料的内部有相对位移，阻碍这种相对运动并把动能转变为热能的这种材料的属性称为内阻尼。由于利用材料的内阻尼可以有效地抑制构件的振动，降低噪声的辐射，因此具有高内阻尼的材料常称为阻尼材料，但要使材料能达到充分发挥消耗动能量的目的，就不仅要求有高阻尼，而且应有较大的弹性模量。此外阻尼材料还应有较高的强度与较小的密度，这样制成的机械结构才能形成整体振动并不致增加过多的负载，同时对有较大的温度变化依然能保持阻尼性能的稳定。阻尼材料常覆盖于机械设备的外表面，因此特殊情况下，还要求耐气候变化、耐油与抗酸碱腐蚀等性能。

高阻尼材料的损失因数随温度、振幅与频率的不同而有明显的变化，而且各有它自身的特有规律性。例如，油阻尼是利用油的黏滞力产生阻尼，使振动的机械能转换成热能，如果温升过高，油的黏滞特性发生改变就会影响到阻尼力的大小。所以要求在使用时必须十分注意，要针对不同的具体情况进行选择。

最简单的阻尼材料是由良好的胶黏剂并加入适量的增塑剂、填料、辅助剂等组成的。胶黏剂通常用沥青、橡胶、塑料类等。阻尼结构是将阻尼材料与构件结合成一体以消耗振动能量的结构，通常有以下四种基本结合形式。

（1）自由阻尼层结构。

在振动结构的基层板上牢固地粘合一层高内阻材料，当基层板进行弯曲振动时，可以看到阻尼层将不断随弯曲振动而受到自由的拉伸与压缩。

（2）约束阻尼层结构。

若把阻尼层均匀地粘合在基层板上，而在阻尼层上部又牢固地粘合一层弹性模量很大的薄层材料（一般金属具有大的弹性模量），就构成约束阻尼层。

（3）间隔阻尼层结构。

为了进一步增加自由阻尼层的拉伸与压缩的形变，在阻尼层与基层板之间再增加一层能承受较大剪切力的间隔层，这样在板进行弯曲振动，即使较薄的阻尼层也能起到消耗更多振动能量的作用。蜂窝结构的夹层作间隔层与基板牢固粘合，常驻能起到良好的间隔层作用。

（4）间隔约束阻尼层结构。

在约束阻尼层与基础板之间加一间隔层，可以增加储存的应变能，从而增加了阻尼。

下面介绍阻尼的相关参数，无阻尼自由振动的固有频率：

$$f_0 = \frac{1}{2\pi}\sqrt{\frac{k}{m}}$$

有阻尼（小阻尼）自由振动的固有频率：

$$f_D = f_0\sqrt{1-D^2}$$

临界阻尼系数：$C_{临} = 2\sqrt{km}$

阻尼比定义为阻尼和临界阻尼的比值：$D = \dfrac{C}{C_{临}}$

强迫振动的频率比定义：$u = \dfrac{f}{f_0}$

将动力放大系数定义为：$\beta = \dfrac{1}{\sqrt{(1-u^2)^2 + 4u^2D^2}}$

对 f 求导并令其等于 0，得到 β 的极值点为

$$f_r = f_0\sqrt{1-2D^2}$$

代入上式得到 β 的极大值。

简谐激振受迫阻尼振动的运动方程的解由两部分构成，即通解和特解。通解为阻尼自由振动，特解为受迫振动，通解逐渐衰减，在稳定状态时只有后一部分。当受迫振动的频率等于无阻尼固有频率时，振动速度达到最大。在阻尼不大（$D << 1$）时，位移、速度和加速度的共振频率基本相同，否则三种共振就应指明是哪一种共振，位移的共振频率为 $\omega\sqrt{1-2D^2}$，加速度的共振频率为

$$\sqrt{1-2D^2}$$

阻尼振动衰减率的计算方法：由阻尼自由振动的方程解可知阻尼振动的衰变因数 $\mathrm{e}^{-2\pi Df_0t}$，其有阻尼固有频率为

$$f_D = f_D\sqrt{1-D^2} \approx f_0$$

振幅 N 个周期后衰减为

$$X\mathrm{e}^{-2\pi Df_0NT}$$

其中

$$T = \frac{1}{f_0},\quad X\mathrm{e}^{-2\pi Df_0NT} = X\mathrm{e}^{-2\pi ND}$$

经过一个周期的振幅比为 $\mathrm{e}^{2\pi ND}$，称为阻尼振动的对数衰减率，用 δ 表示，即

$$\delta = 2\pi D$$

对于阻尼振动系统，它的阻尼特性可以在激发振动后，测定其共振频率曲线，用半功率法求得，第二种方法是振动系统在共振激发状态下，停止外激发力而任它自然衰减来测定。

下面介绍阻尼减振器的功能及最佳参数和最佳阻尼比的计算。

在主振动系统中加入以空气、油等作为介质的减振系统，如图 6-35 所示，主系统由 m_1 和弹簧 k_1 组成，而阻尼减振器由 m_2 和 C 组成。减振器的最佳参数为

$$f = f_0\sqrt{\frac{2}{2+m_2/m_1}}$$

最佳阻尼比：

$$D = \frac{1}{\sqrt{2(1+m_2/m_1)(2+m_2/m_1)}}$$

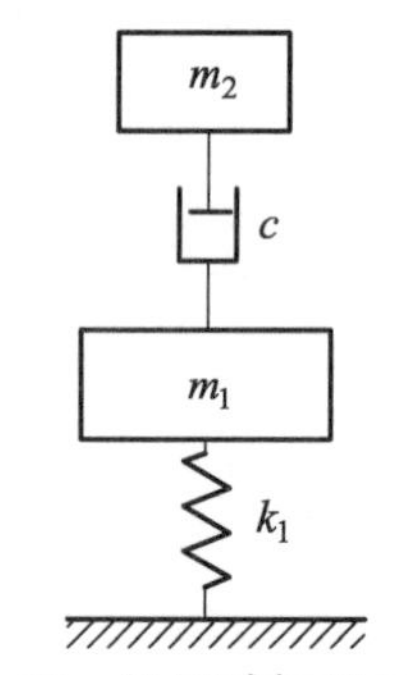

图 6-35　阻尼减振器示意图

4）实验步骤和过程

（1）仪器安装，参考图 6-36 安装油阻尼器，油阻尼器的动杆部分拧在简支梁中部的螺孔中，通过螺纹调整油阻尼器的高度。传感器采用加速度（或速度）传感器。

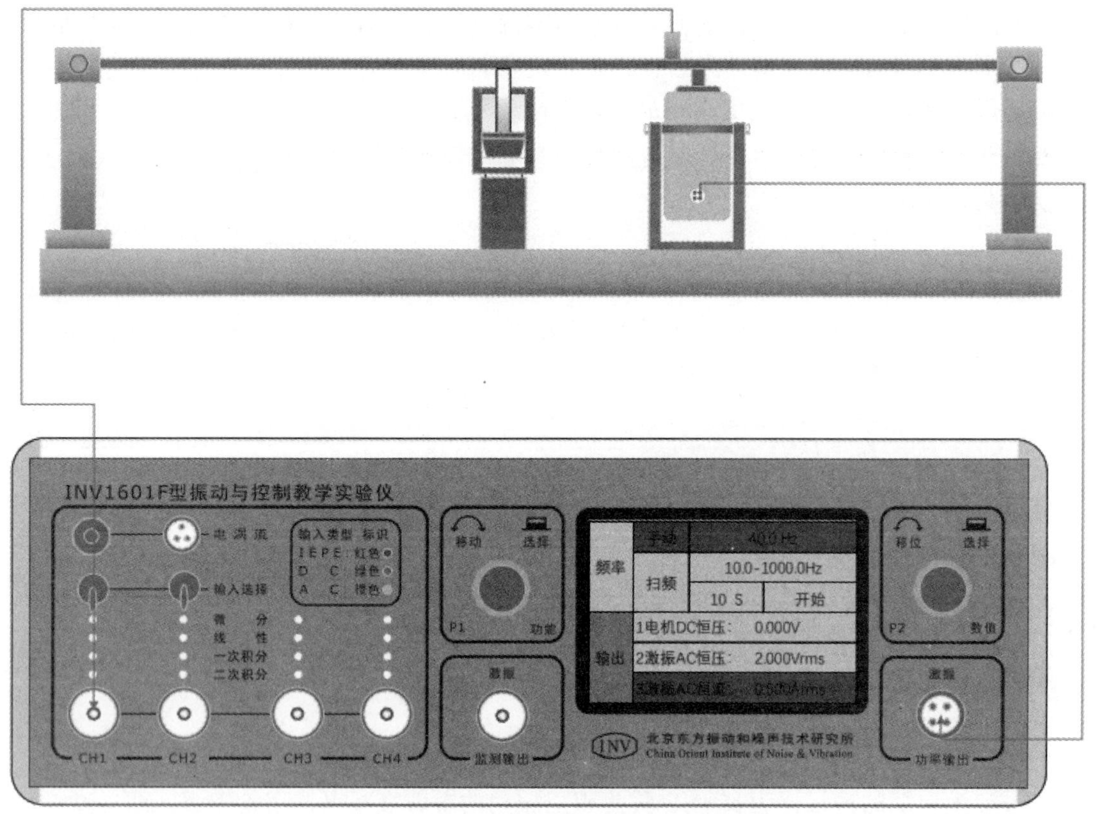

图 6-36　阻尼减振实验仪器连接示意图

（2）先把油阻尼器的活塞调出油面，调整 INV1601 型实验仪的 P1 和 P2 旋钮，使梁产生共振。

（3）开机进入 INV1601 型 DASP 软件的主界面，选择“单通道”按钮。进入单通道示波状态进行波形和频谱同时示波。

（4）在“采样参数”菜单中推荐设置：采样频率为 500 Hz，程控 1 倍，采样点数 2K。

（5）从频率计中读取频率值及幅值。

（6）调整油阻尼器的高度，读取活塞不同位置下简支梁振动的频率及幅值。

5）实验数据记录与分析

将实验结果记录到表 6-10 中。

表 6-10　阻尼减振实验数据表

实验次数	加阻尼前		加阻尼后	
	频率/Hz	幅值/(m/s^2)	频率/Hz	幅值/(m/s^2)
1				
2				
3				
4				

10. 被动隔振实验

1）实验目的

学习隔振的基本原理、基本知识和方法；了解被动隔振效果的测量。

2）实验器材

实验仪器：INV1601 型振动教学实验仪、INV1601T 型振动教学实验台、加速度传感器、速度传感器、电涡流传感器、偏心电机、接触式激振器、配重块。软件：INV1601 型 DASP 软件。

3）实验原理

防止地基的振动通过支座传至需保护的精密设备或仪器仪表，以减小运动的传递，称为被动隔振。被动隔振传动比等于底座传递到物体的振动与底座的振动之比，由底座传递到物体时则用位移、振动速度或振动加速度表示。

在一般隔振设计中，常常用振动传递比 T 和隔振效率 η 来评价隔振效果。

隔振效率：　$\eta=(1-T)\times 100\%$

传递比：　$T=\sqrt{\dfrac{1+u^2D^2}{(1-u^2)^2+D^2u^2}}$

式中，D 为阻尼比；$u=\dfrac{f}{f_0}$ 为激振频率和共振频率的比值。

通常情况下传递比小于 1。因此，$T<1$ 的区域称为隔振区。由图 6-37 中的曲线可知：

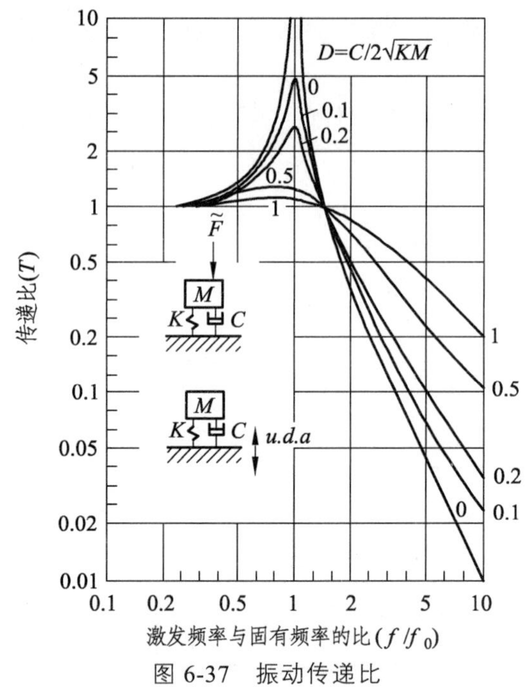

图 6-37 振动传递比

（1）当 $f_0 < f < \sqrt{2}f_0$ 时，$T > 1$，此时系统有放大振幅的作用；

（2）$f = f_0$时，系统发生共振，传递比达到极大值；

（3）$\sqrt{2}f_0 < f < 3f_0$时，作用有限；

（4）$3f_0 < f < 6f_0$时，隔振能力低（20 ~ 30 dB）；

（5）$6f_0 < f < 10f_0$时，隔振能力中等（30 ~ 40 dB）；

（6）$f > 10f_0$时，隔振能力强(> 40 dB)；

（7）阻尼比 D 对 T 的影响。

① 虽然在 $f/f_0 < \sqrt{2}$ 的范围内，阻尼比的增大能有效地降低共振时的位移振幅，但对 $f/f_0 > \sqrt{2}$ 的隔振区，却反而使传递比增高，对隔振不利。

② $f/f_0 > \sqrt{2}$ 时，$D = 0$ 与 $D = 0.1$ 的两条曲线极为接近，这就是说，阻尼比 D 在此范围内变化时，T 值的差异不大。因此，在实际工程中，一般采用 D 值接近 0.1 的隔振器，在计算 T 值时往往可把阻尼项的作用忽略，传递比可简化为

$$T = \left|\frac{1}{1-(f/f_0)^2}\right|$$

4）实验步骤和过程

（1）把由空气阻尼器和质量块组成的弹簧质量系统固定在梁中部。速度传感器放在上面，接入 INV1601 型实验仪的 CH1 通道的速度传感器输入端。压电加速度传感器放在梁的下面，接入 INV1601 型实验仪的 CH2 通道，如图 6-38 所示。

（2）开机进入 INV1601 型 DASP 软件的主界面，选择“双通道”按钮。进入双通道示波状态进行波形和频谱同时示波。

（3）在“采样参数”菜单中推荐设置：采样频率为 500 Hz，程控 1 倍，采样点数 2K。

（4）调节 INV1601 型实验仪的 P1 和 P2 旋钮，使梁产生共振，从频率计中读取频率的读数 f_0 及第一通道的振幅的峰值 A_1 和第二通道的振幅的峰值 A_2。

（5）改变激振频率，分别测量并记录 5 种情况（ $f_0 < f < \sqrt{2}f_0$ ， $\sqrt{2}f_0 < f < 3f_0$ ， $3f_0 < f < 6f_0$ ， $6f_0 < f < 10f_0$ ， $f > 10f$ ）下传感器的振动幅度。

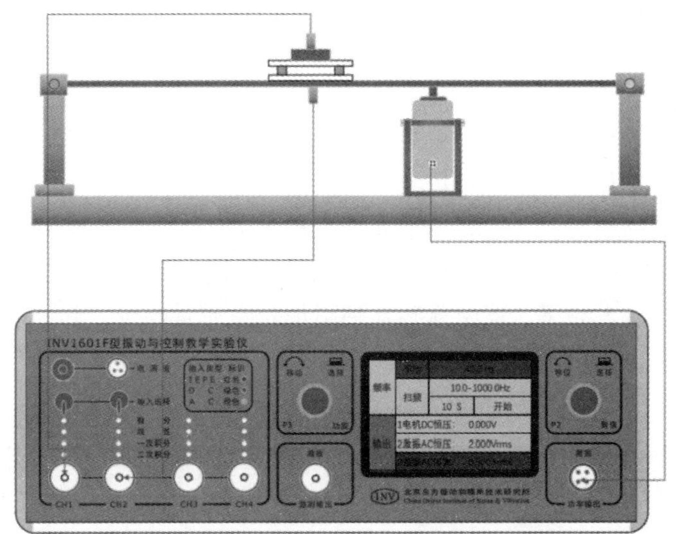

图 6-38　被动隔振实验仪器连接示意图

（6）根据所测幅值计算传动比和隔振效率。

隔振传动比：$T = \dfrac{A_1}{A_2}$

隔振效率：$\eta = (1 - T) \times 100\%$

5）实验数据记录与分析

将空气阻尼器隔振器器被动隔振测试结果记录到表 6-11 中。

表 6-11　被动隔振测试结果数据

频率范围/Hz	频率 f	第一通道振幅 A_1	第二通道振幅 A_2	传动比 T	隔振效率
$f = f_0$					
$f_0 < f < \sqrt{2}f_0$					
$\sqrt{2}f_0 < f < 3f_0$					
$3f_0 < f < 6f_0$					
$6f_0 < f < 10f_0$					
$f > 10f_0$					

11. 复式动力减振实验

1）实验目的

学习复式动力减振的原理；学习减振效果的测试。

2）实验器材

实验仪器：INV1601 型振动教学实验仪、INV1601T 型振动教学实验台、加速度传感器、电涡流传感器、偏心电机、配重块、速度传感器、接触式激振器。软件：INV1601 型 DASP 软件。

3）实验原理

单式动力减振采用一个附加的特殊弹簧质量系统使主系统改造成两自由度的系统，附加的弹簧质量系统固有频率 ω_a 不等于主系统的固有频率 ω，如果附加系统的固有频率 ω_a 等于外部激振频率，就可起到良好的减振效果。如果外部激振频率高于附加系统的固有频率 ω_a，单式减振器就不能发挥作用，这时可以采用复式减振器。

复式减振器减振的原理：复式减振器附加一个具有两自由度或多自由度的弹簧质量系统，当外部激振力的作用下引起主系统共振时，减振器的一个弹簧质量系统的调节螺母经过调节，可以对应外部激振的激振频率，能量就转移到附加弹簧质量系统，起到减振效果。

4）实验步骤和过程

（1）仪器安装。

如图 6-39 所示，在动力减振器上安装两个调节螺母，将安装在梁中部的螺孔拧紧，安装好接触式激振器。

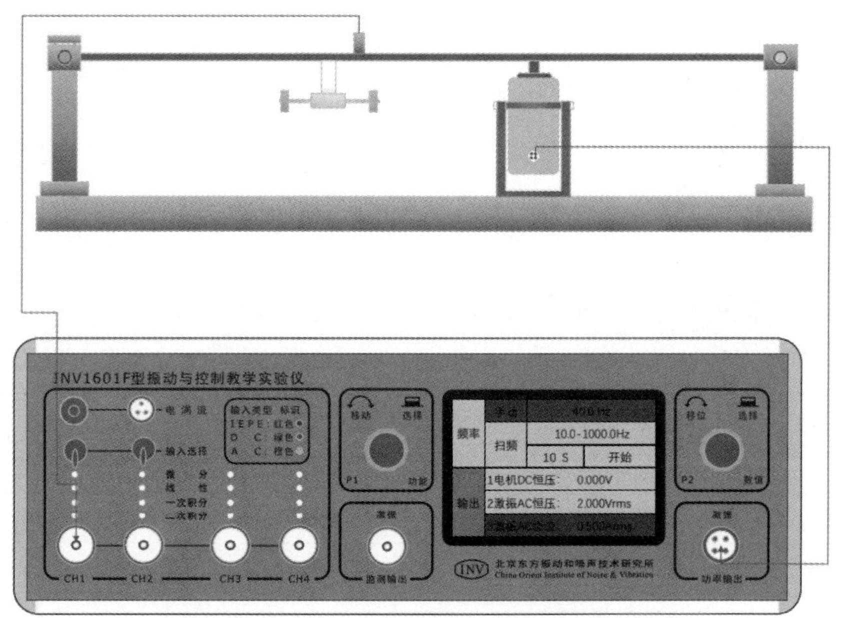

图 6-39　复式动力吸振器实验仪器连接示意图

（2）开机进入 INV1601 型 DASP 软件的主界面，选择“单通道”按钮。进入单通道示波状态选择波形和频谱同时示波。

（3）在“采样参数”菜单中推荐设置：采样频率为 500 Hz，程控 1 倍，采样点数 2K。

（4）调节 INV1601 功率输出，使梁系统产生一阶共振，记录其幅值，调节减振器上的调节螺母，观察波形，使其幅值达到最小时，停止调节，记录其幅值。

（5）调节 INV1601 功率输出使梁在高于一阶固有频率 10 Hz 的频率上产生振动，重复步骤（4），然后记录好相关数据。

5）实验数据记录与分析

将实验结果记录到表 6-12 中。

表 6-12　复式动力减振实验

固有频率阶数	调节前		调节后	
	频率	幅值	频率	幅值
1				
2				
3				
4				

12. 强迫振动幅频特性测量

1）实验目的

掌握测量单自由度系统强迫振动的幅频特性曲线；掌握根据幅频特性曲线确定系统的固有频率和阻尼比。

2）实验器材

实验仪器：INV1601 型振动教学实验仪、接触式激振器、电涡流传感器、INV1601T 型振动教学实验台、加速度传感器、速度传感器、偏心电机、配重块。软件：INV1601 型 DASP 软件。

3）实验原理

简谐力作用下的阻尼振动系统，其运动方程为

$$m\frac{\mathrm{d}^2x}{\mathrm{d}t^2}+C\frac{\mathrm{d}x}{\mathrm{d}t}+Kx=F_0\sin(\omega_\mathrm{e}t)$$

方程式的解由 x_1+x_2 两部分组成。

$$x_1=\mathrm{e}^{-\varepsilon t}[C_1\cos(\omega_Dt)+C_2\sin(\omega_Dt)]$$

其中，$\omega_D=\omega\sqrt{1-D^2}$，$C_1$、$C_2$ 常数由初始条件决定。

$x_2=A_1\sin(\omega_\mathrm{e}t)+A_2\cos(\omega_\mathrm{e}t)$，$A_1$、$A_2$ 和 q 的值分别为

$$A_1=\frac{q(\omega^2-\omega_\mathrm{e}^2)}{(\omega^2-\omega_\mathrm{e}^2)^2+4\varepsilon^2\omega_\mathrm{e}^2}$$

$$A_2=\frac{2q\omega_\mathrm{e}\varepsilon)}{(\omega^2-\omega_\mathrm{e}^2)^2+4\varepsilon^2\omega_\mathrm{e}^2}$$

$$q=\frac{F_0}{m}$$

式中，x_1 代表阻尼自由振动项；x_2 代表阻尼强迫振动项；ω_e 为激励频率；ω_D 为有阻尼共振频率。

有阻尼的强迫振动，当经过一定时间后，只剩下强迫振动部分，可以得到有阻尼强迫振动的振幅特性为

$$A=\frac{1}{\sqrt{(1-u^2)^2+4u^2D^2}}x_{st}=\beta x_{st}$$

动力放大系数为

$$\beta=\frac{1}{\sqrt{(1-u^2)^2+4u^2D^2}}=\frac{A}{x_{st}}$$

当干扰力确定后，由力产生的静态位移 x_{st} 就可随之确定，而强迫振动的动态位移与频率比 u 和阻尼比 D 有关，这种关系即表现为幅频特性。

动态振幅 A 和静态位移 x_{st} 之比值 β 称为动力系数，它由频率比 u 和阻尼比 D 所决定。把 β 、u 和 D 的关系作成曲线，称为频率响应曲线。

频率响应曲线中可以得到以下几个结论：

（1）当 $\frac{\omega_e}{\omega}$ 很小时，即干扰频率比自振频率小得很多时，动力系数在任何阻尼系数时都趋于 1。

（2）当 $\frac{\omega_e}{\omega}$ 很大时，即干扰频率比自振频率高很多的情况下，动力系数小于 1，而且很小。

（3）当 $\frac{\omega_e}{\omega}$ 接近于 1 时，动力系数迅速增大，这时阻尼的影响比较明显，在共振点时动力系数 $\beta=\frac{1}{2D}$ 。

（4）当 $\frac{\omega_e}{\omega}=\sqrt{1-D^2}$ 时，即干扰频率和有阻尼自振频率相同时

$$\beta=\frac{1}{2D\sqrt{1-\frac{3D^2}{4}}}$$

（5）动力系数的极大值，除了 $D=0$ 时在 $u=1$ 处 β 值最大以外，如果有阻尼存在，当 $D<\frac{\sqrt{2}}{2}$ 时，$u=\sqrt{1-2D^2}$ 处，动力系数 β 为最大。

速度和加速度的关系式可以用下式表示：

$$\frac{x}{x_{st}}=\frac{x}{F_0/K}=\frac{1}{\sqrt{(1-u^2)^2+4u^2D^2}}\sin(\omega_e t-\phi)=\beta\sin(\omega_e t-\phi)$$

将上式对时间微分可得无量纲速度形式

$$\frac{\dot{x}}{F_0/\sqrt{Km}}=u\beta\cos(\omega_e t-\phi)=\beta_v\cos(\omega_e t-\phi)$$

$$\beta_v=u\beta=\frac{u^2}{\sqrt{(1-u^2)^2+4u^2D^2}}$$

无量纲的加速度响应，将上式对时间 t 再微分一次可以得到

$$\frac{\ddot{x}}{F_0/\sqrt{Km}}=-\beta_{\mathrm{a}}\sin(\omega_{\mathrm{e}}t-\phi)$$

振动幅度最大的频率叫共振频率 ω_{D}、f_{D}，有阻尼时共振频率为

$$\omega_{\mathrm{D}}=\omega\sqrt{1-D^2}$$

也可以表示为

$$f_{\mathrm{D}}=f\sqrt{1-D^2}$$

式中，ω、f 为固有频率；D 为阻尼比。

由于阻尼比较小，所以一般认为

$$\omega\approx\omega_D$$

根据幅频特性曲线，在 $D<1$ 时，共振处的动力放大系数 $\beta\frac{1}{2D\sqrt{1-D^2}}\cdot\frac{1}{2D_{\max}}$ 峰值两侧，$\beta=\frac{\sqrt{2}}{2}Q$ 处的频率 f_1,f_2 称为半功率点，f_1,f_2 之间的频率范围称为系统的半功率带宽。代入动力放大系数计算公式

$$\beta=\frac{1}{\sqrt{\left[1-\left(\frac{f_{1,2}}{f_0}\right)^2\right]^2+4\left(\frac{f_{1,2}}{f_0}\right)^2D^2}}=\frac{Q}{\sqrt{2}}=\frac{1}{2D\sqrt{2}}$$

当 D 很小时可以得到

$$\left(\frac{f_{1,2}}{f_0}\right)^2\approx1\pm2D$$

即 $f_2^2-f_1^2\approx4Df_0^2$，频率和幅值的关系如图 6-40 所示。

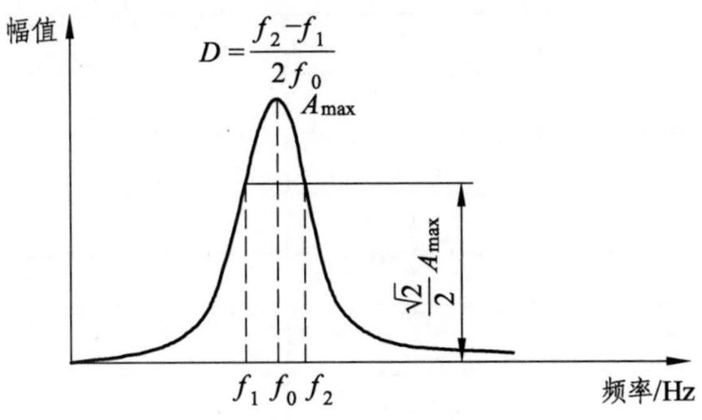

图 6-40　半功率法求阻尼

4）实验步骤和过程

（1）仪器安装。

仪器的安装和连接如图 6-41 所示。质量块可加至 2.5 kg，上下都可以放，由于速度传感器不能倒置，只能把质量块放在梁的下面，传感器安装在简支梁的中部。

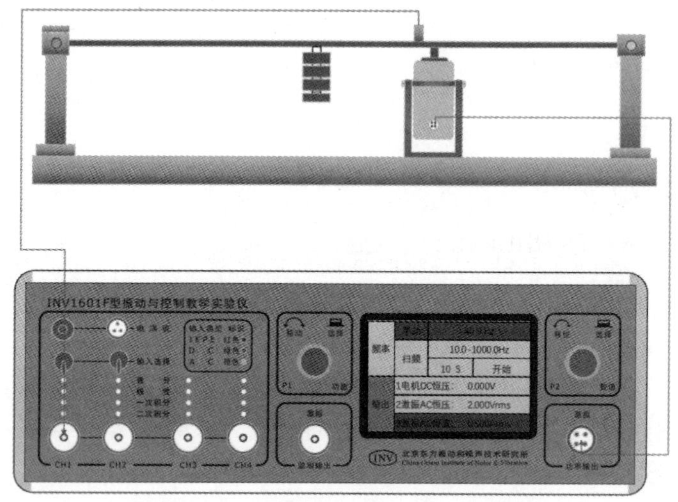

图 6-41　灵敏度实验仪器连接示意图

（2）开机进入 INV1601 型 DASP 软件的主界面，选择“单通道”按钮。进入单通道示波状态进行波形和频谱同时示波。

（3）把 INV1601 型实验仪的频率按钮用手动搜索梁当前的共振频率。然后把频率调到零，逐渐增大频率到 50 Hz。每次增加 2 ~ 5 Hz，在共振峰附近尽量增加测试点数。

（4）在表格中记录频率值和幅值。

5）实验数据记录与分析

（1）用表 6-13 中的实验数据绘制出单自由度系统强迫振动的幅频特性曲线。

（2）根据所绘制的幅频特性曲线，找出系统的共振频率。

（3）计算 $\frac{\sqrt{2}}{2}A_{\max}$，根据幅频特性曲线确定 f_1 和 f_2，根据公式 $D=\frac{f_2-f_1}{2f_0}$ 计算阻尼比。

表 6-13　实验数据记录与分析

频率/Hz										
振幅										
频率/Hz										
振幅										
频率/Hz										
振幅										
频率/Hz										
振幅										

13. 多自由度系统固有频率测试实验

1）实验目的

学习建立多自由度模型；学习多自由度参数和振动型的计算与测试。

2）实验器材

实验仪器：INV1601 型振动教学实验仪、I 接触式激振器、电涡流传感器、NV1601T 型振动教学实验台、加速度传感器、速度传感器、偏心电机、配重块。软件：INV1601 型 DASP 软件。

3）实验原理

当系统的自由度是超过两个时，是否还存在和单自由度或双自由度相同的同步运动解？如果存在，又如何求解？答案是肯定的，同样由特征行列所确定的方程确定了固有频率，只不过其固有频率不是两个，而是多个，模态向量相应的为多维向量，每一固有频率对应的模态向量 $\{u\}$ 由下式确定：

$$(|K|-\omega^2|M|)\{u\}=0$$

式中，[K]、[M]分别为系统的刚度矩阵和质量矩阵。下面以本次实验中的三自由度系统为例说明其求解过程。

如图 6-42 所示的三自由度无阻尼系统，集中质量块 $m_A=m_B=m_C=m$，弦长度为 L，弦上拉力为 T。其运动的微分方程为

$$[M]\{\ddot{Y}\}+[K]\{Y\}=\{0\}$$

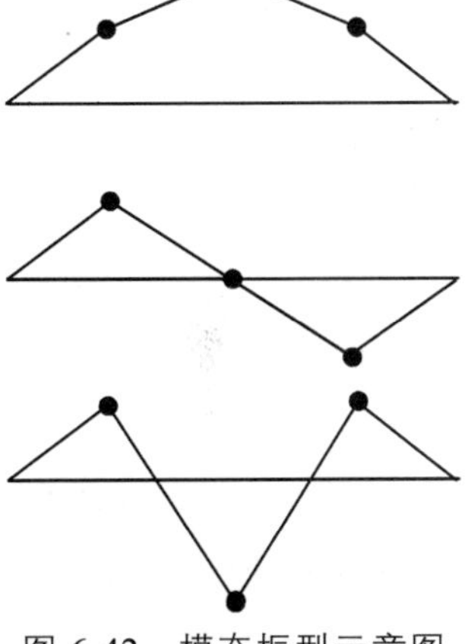

图 6-42　模态振型示意图

其中质量矩阵为

$$[M]=\begin{bmatrix} m & 0 & 0 \\ 0 & m & 0 \\ 0 & 0 & m \end{bmatrix},\quad [K]=\begin{bmatrix} 8T/L & -4T/L & 0 \\ -4T/L & 8T/L & -4T/L \\ 0 & -4T/L & 8T/L \end{bmatrix}$$

其对应的特征行列式方程为

$$|[K]-\omega^2|M||=0$$

将行列式展开求解得到

$$\omega_1^2=\frac{8T}{mL}-\frac{4\sqrt{2}T}{mL},\quad \omega_2^2=\frac{8T}{mL},\quad \omega_3^2=\frac{8T}{mL}+\frac{4\sqrt{2}T}{mL}$$

可以得到 f_1、f_2、f_3：

$$f_1=\frac{\omega_1}{2\pi}=\frac{1.530\ 7}{2\pi}\sqrt{\frac{T}{mL}}$$

$$f_2=\frac{\omega_2}{2\pi}=\frac{\sqrt{2}}{\pi}\sqrt{\frac{T}{mL}}$$

$$f_3=\frac{\omega_3}{2\pi}=\frac{3.695\ 52}{2\pi}\sqrt{\frac{T}{mL}}$$

当 $\omega_1^2 = \dfrac{8T}{mL} - \dfrac{4\sqrt{2}T}{mL}$ 时，解得其模态振型为

$$\varphi_1 = \begin{Bmatrix} 1 \\ \sqrt{2} \\ 1 \end{Bmatrix}$$

当 $\omega_2^2 = \dfrac{8T}{mL}$ 时，解得其模态振型为

$$\varphi_2 = \begin{Bmatrix} 1 \\ 0 \\ -1 \end{Bmatrix}$$

当 $\omega_3^2 = \dfrac{8T}{mL} + \dfrac{4\sqrt{2}T}{mL}$，解得其模态振型为

$$\varphi_3 = \begin{Bmatrix} 1 \\ -\sqrt{2} \\ 1 \end{Bmatrix}$$

4）实验步骤和过程

（1）为了不对系统增加附加质量，采用了非接触式的电涡流传感器。电涡流传感器探头部分距离测试表面约 2 mm。钢丝的配重为 2.5 kg。非接触式激振器的输入线接到功放输出端。如图 6-43 所示，连接好仪器和传感器。三个小质量块（6 g）分别固定在支承钢丝的 1/4 处、1/2 处和 3/4 处，非接触式激振器和电涡流传感器分别对着一个质量块，拧紧固定螺钉。

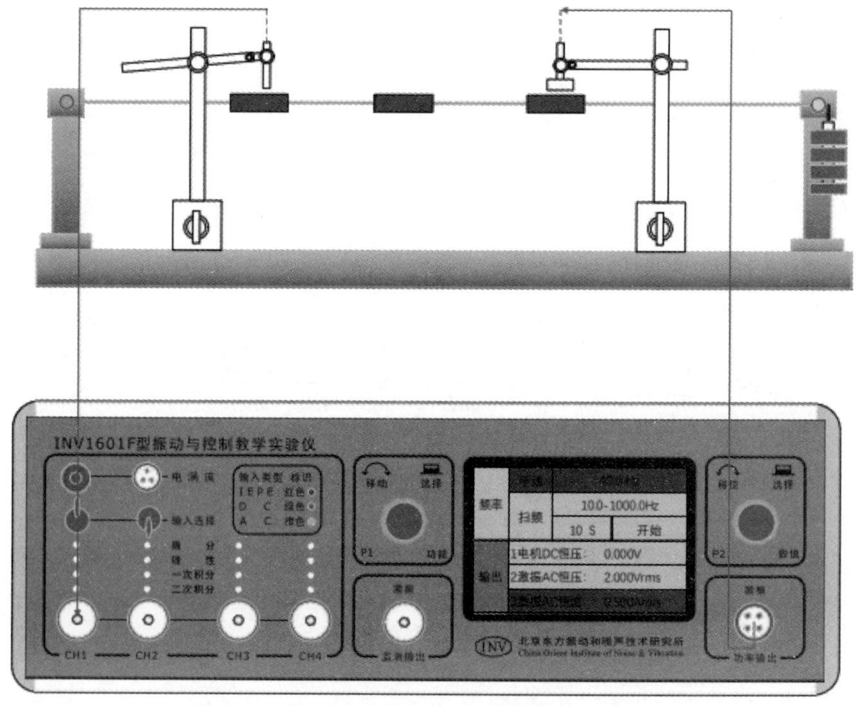

图 6-43　多自由度系统实验仪器连接示意图

（2）开机进入 INV1601 型 DASP 软件的主界面，按“单通道”进行波形和频谱同时示波。

（3）在“采样参数”设置中推荐设置：采样频率为 500 Hz，程控 1 倍，采样点数 2K。

（4）打开“幅值计”按钮，调节 INV1601 型实验仪前面板的频率调节旋钮，当质量块第一次振动幅度最大时，在左窗口中读取频率值并记录。

（5）继续调节，当质量块第二次振动幅度最大时，在左窗口中读取频率值并记录。

（6）继续调节，当质量块第三次振动幅度最大时，在左窗口中读取频率值并记录。

5）实验数据记录与分析

将实验结果记录到表 6-14 中。

表 6-14　实验数据记录

实验次数		频率			配重拉力/N	质量块的质量/g	支承钢丝长度/m
		一阶	二阶	三阶			
1	理论						
	实测						
2	理论						
	实测						
3	理论						
	实测						
4	理论						
	实测						

14. 变时基锤击法简支梁模态测试实验

1）实验目的

学习模态分析原理；学会模态测试方法；学习变时基的原理和应用。

2）实验器材

实验仪器：加速度传感器、速度传感器、INV1601 型振动教学实验仪、INV1601T 型振动教学实验台、接触式激振器、电涡流传感器、偏心电机、配重块、INV9310 力锤。软件：INV1601 型 DASP 软件。

3）实验原理

模态分析方法是把复杂的实际结构简化成模态模型，然后进行系统的参数识别（也称为系统识别），从而大大地简化了系统的数学运算。通过实验测得实际响应来寻求相应的模型或调整预想的模型参数，使其成为实际结构的最佳描述。模态分析的应用场合主要应用于振动测量和结构动力学分析。可测得比较精确的固有频率、模态振型、模态阻尼、模态质量和模态刚度。可用模态实验结果去指导有限元理论模型的修正，使计算模型更趋完善和合理，也可以用来进行结构动力学修改、灵敏度分析和反问题的计算。

工程实际中的振动系统都是连续弹性体，其质量与刚度具有均匀分布的性质，如果需要全面描述系统的振动，必须建立每个质点的受力状况、变形大小和振动情况，只有掌握无限个点在每瞬时的运动情况。因此，理论上工程中的振动问题都属于无限多个自由度的系统，需要用连续模型才能加以描述。但实际上很难，工程中通常采用简化的方法：把问题归结为有限个自由度的模型来分析，即将系统抽象为由一些集中质量块和弹性元件组成的模型。如果简化的系统模型中有 n 个集中质量，一般它便是一个 n 自由度的系统，需要 n 个独立坐标来描述它们的运动，系统的运动方程是 n 个二阶互相耦合（联立）的常微分方程。

模态分析是在承认实际结构可以运用“模态模型”来描述其动态响应的条件下，通过实验数据的处理和分析，寻求其“模态参数”，是一种参数识别的方法。

模态分析的实质，是一种坐标转换。其目的在于把原在物理坐标系统中描述的响应向量，放到“模态坐标系统”中来描述。这一坐标系统的每一个基向量恰是振动系统的一个特征向量。也就是说在这个坐标下，振动方程是一组互无耦合的方程，分别描述振动系统的各阶振动形式，每个坐标均可单独求解，得到系统的某阶结构参数。

经离散化处理后，一个结构的动态特性可由 N 阶矩阵微分方程描述：

$$M\ddot{x}+C\dot{x}+Kx=f(t)$$

式中，$f(t)$ 为 N 维激振力向量；x 、$\dot{x}$ 、$\ddot{x}$ 分别为 N 维位移、速度和加速度响应向量；C、M、K 分别为结构的阻尼矩阵、质量矩阵和刚度矩阵，通常为实对称 N 阶矩阵。设系统的初始状态为零，对上式两边进行拉普拉斯变换，可以得到以复数 s 为变量的矩阵代数方程

$$[Ms^2+Cs+K]X(s)=F(s)$$

上式方括弧中的表达式，即 $Z(s)=[Ms^2+Cs+K]$，反映了系统的动态特性，称为系统的动态矩阵或广义阻抗矩阵，其逆矩阵为

$$H(s)=[Ms^2+Cs+K]^{-1}$$

广义导纳矩阵，它同时也是传递函数矩阵。

可以得到：$X(s)=H(s)F(s)$，如果令 $s=\mathrm{j}w$，即可得到系统在频域中的输入和输出，也可以分别称为响应向量 $X(\omega)$ 和激振向量 $F(\omega)$，它们具有如下的关系：

$$X(\omega)=H(\omega)F(\omega)$$

其中，$H(\omega)$ 为频率响应矩阵。

$H(\omega)$ 矩阵中第 i 行 j 列的元素

$$H_{ij}(\omega)=\frac{x_i(\omega)}{F_j(\omega)}$$

等于仅 j 坐标激振（其余坐标激振力为零）时，i 坐标响应与激振力之比。

也可以得到阻抗矩阵

$$Z(\omega)=(K-\omega^2M)+\mathrm{j}\omega C$$

利用实对称矩阵的加权正交性，有

$$\varPhi^{\mathrm{T}}M\varPhi=\begin{bmatrix}\bullet & & \\ & m_r & \\ & & \bullet\end{bmatrix} \qquad \varPhi^{\mathrm{T}}K\varPhi=\begin{bmatrix}\bullet & & \\ & k_r & \\ & & \bullet\end{bmatrix}$$

其中，矩阵 $\varPhi=[\phi_1,\phi_2,\cdots,\phi_N]$ 称为振型矩阵，假设阻尼矩阵 C 也满足振型正交性关系。

代入阻抗矩阵可以得到

$$Z(\omega)=\Phi^{-\mathrm{T}}\begin{bmatrix}\ddots & & \\ & Z_r & \\ & & \ddots\end{bmatrix}\Phi^{-1}$$

其中，$Z_r=(k_r-\omega^2 m_r)+\mathrm{j}\omega c_r$

所以
$$H(\omega)=Z(\omega)^{-1}=Z(\omega)^{-1}=\Phi\begin{bmatrix}\ddots & & \\ & Z_r & \\ & & \ddots\end{bmatrix}\Phi^{\mathrm{T}}$$

$$H_{ij}(\omega)=\sum\nolimits_r^N\frac{\varphi_{ri}\varphi_{rj}}{m_r[(\omega_r^2-\omega^2)+\mathrm{j}2\xi_r\omega_r\omega]}$$

m_r、k_r 分别称为第 r 阶模态质量和模态刚度（有的资料中也分别称为广义质量和广义刚度）。ω_r 称为第 r 阶模态频率；ξ_r 称为模态阻尼比；φ_r 称为模态振型。

不难发现，N 自由度系统的频率响应，等于 N 个单自由度系统频率响应的线性叠加。为了确定全部模态参数 ω_r、ξ_r 和 $\varphi_r(r=1,2,3,\cdots,N)$，实际上只需测量频率响应矩阵的一列或一行即可。实验模态分析或模态参数识别的任务就是由一定频段内的实测频率响应函数数据，确定系统的模态参数 ω_r，ξ_r 和振型 $\varphi_r=(\varphi_{r1},\varphi_{r2},\cdots,\varphi_{rN})^{\mathrm{T}}$，$r=1,2,\cdots,n$，$n$ 为系统测试频段内的模态数。

下面介绍激励方法的模态分析方法和测试过程：

（1）激励方法。

要对机械系统完成模态分析，第一步要测得激振力函数及相应的响应信号函数，进行传递函数分析。传递函数分析实质上就是机械导纳，i 和 j 两点之间的传递函数表示在 j 点作用单位力时，在 i 点所引起的响应。要得到 i 和 j 点之间的传递导纳，只要在 j 点加一个频率为 ω 的正弦的力信号激振，而在 i 点测量其引起的响应，就可得到计算传递函数曲线上的一个点。如果 ω 是连续变化的，分别测得其相应的响应，就可以得到传递函数曲线。

第二步，建立结构模型，采用适当的方法进行模态拟合，得到各阶模态参数和相应的模态动画，形象地描述出系统的振动形态。

在实际操作中根据模态分析的原理，需要测得传递函数矩阵中的任一行或任一列，由此可采用不同的测试方法，常见的有单点响应法、多点激振法。单点响应法，常用锤击法激振，用于结构较为轻小、阻尼不大的情况。多点激振法适用于笨重、大型以及阻尼较大的系统，则常用固定点激振的方法，用激振器激励，以提供足够的能量，把我们感兴趣的模态激励出来。在工业现场，如果单点响应不能把它们分离出来，这时就要采用多点激励的方法，采用两个甚至更多的激励来激发结构的振动。

（2）激励方法的结构安装方式。

在测试中使结构系统处于何种状态，是实验准备工作的一个重要方面。在模态测试中构件有自由状态和地面支承状态两种主要的状态。

自由状态一种是经常采用的构件安装方式，即使实验对象在任一坐标上都不与地面相连接，自由地悬浮在空中。如放在很软的泡沫塑料上，或用很长的柔索将结构吊起而在水平方向激振，可认为在水平方面处于自由状态。第二种是地面支承状态，结构上有一点或若干选定点与地面固定。如果是我们所关心的实际工况支承条件下的模态，这时，可在实际支承条件下进行实验。但最理想的状态是自由支承。因为自由状态具有更多的自由度。

4）实验步骤和过程

简支梁如图 6-44 所示，长（x 向）680 mm，宽（y 向）50 mm，高（z 向）8 mm。欲使用多点敲击、单点响应方法做其 z 方向的振动模态，可按以下步骤进行。

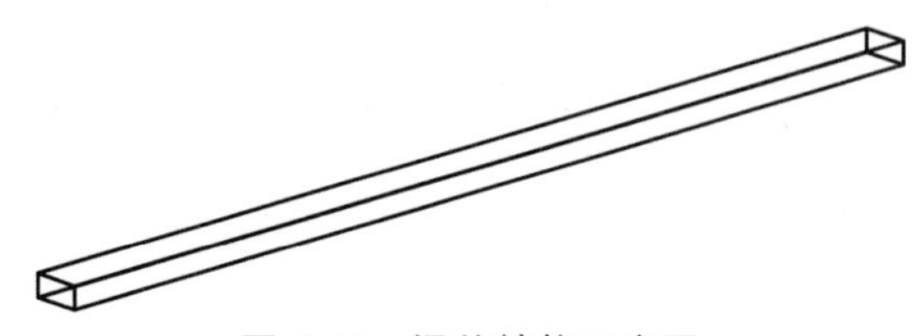

图 6-44　梁的结构示意图

（1）测点的确定。

简支梁在 y、z 方向上的尺寸和在 x 方向上的尺寸相差较大，可以简化为杆件，所以只需在 x 方向顺序布置若干敲击点即可（本实验中采用多点移步敲击、单点响应方法），敲击点的数目视要得到的模态的阶数而定，敲击点数目要多于所要求的阶数，得出的高阶模态结果才可信。此实验中在 x 方向上把梁分成 17 等份，即可以布 17 个测点。选取拾振点时要尽量避免使拾振点在模态振型的节点上，此处取拾振点在第 6 个敲击点处，如图 6-45 所示。

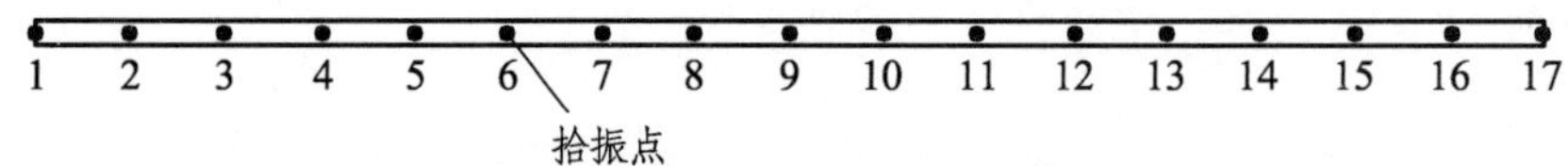

图 6-45　梁的测点分布示意图

（2）仪器连接。

仪器连接如图 6-46 所示，其中力锤传感器接 INV1601 实验仪前面板 CH1，压电加速度传感器接 INV1601 实验仪 CH2 的加速度输入端。

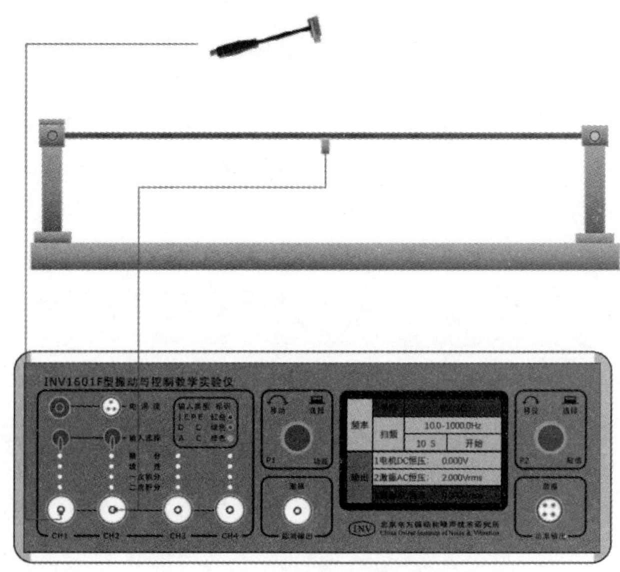

图 6-46　实验仪器连接示意图

（3）结构生成。

仪器连接好后，启动 INV1601 型 DASP 软件，选择“模态教学”按钮，进入模态分析教学系统界面。在左上方的界面中选择“结构”，选择并设置结构参数。

选择结构置 1，为简支梁（2 为等截面悬臂梁，3 为等强度变截面悬臂梁，4 为圆板，5 ~ 9 是为了满足实验的多样性而扩展的结构）。节点划分：X 向为 16，Y 向和 Z 向均为 1。设置好参数后，可以在右面窗口中显示出当前简支梁的图形和节点分布情况。根据节点分布情况，然后把梁按图 6-47 所示分布测点。

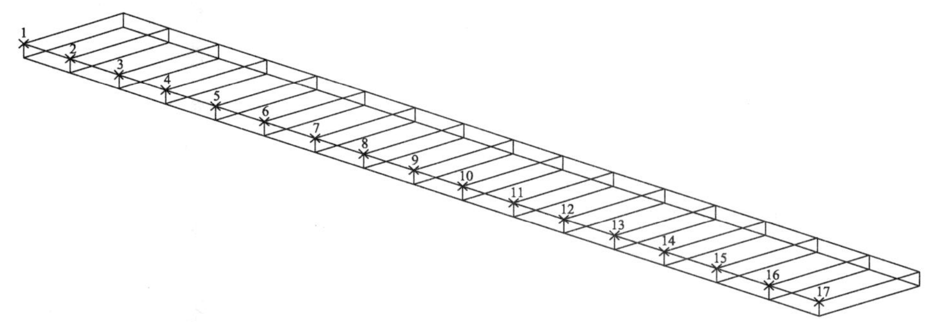

图 6-47　梁的结点分布示意图

本例采样文件命名为 MTSY；实验号默认为 1；数据路径为 C：\DASPOUT。分析结果路径和数据路径相同，可按“更改”按钮来设置不同的文件名和采样数据存储路径。

（4）参数设置与采样。

在左上方的“结构采样分析动画”选择项中选择“采样”，进入采样界面。在测量设置中设置传感器类型、总测点数和原点导纳位置，总测点数根据结构自动读取，不可更改，原点导纳位置为拾振点位置。在多次触发采样设置中设置每个测点触发采样次数，变时基倍数为 4。用力锤敲击各个测点，观察有无波形，如果有一个或两个通道无波形或波形不正常，就要检查仪器连接是否正确、导线是否接通、传感器和仪器的工作是否正常等，直至示波波形正确为止。在“采样参数”设置中选定采样频率（如 12 000 Hz），采样长度 2 k，增益倍数为 1，使用适当的敲击力敲击各测点，调节放大器的放大倍数或 DASP 的程控倍数，直到力的波形和响应的波形既不过载又不是太小。选定采样时自动增加测点号，准备采样。

采样类型设为变时基；单位类型 CH1 的工程单位设为 N，第二通道的工程单位设为 m/s^2。

最后，输入标定值和工程单位。如果是力，参数表中工程单位设为 N；如果是加速度，参数表中工程单位设为 m/s^2；参数设置完后，选择自动增加测点号，按左窗下面的开始采样按钮，进入触发变时基采样状态，等待触发，并提示当前采样的点号和触发次数。根据提示从第一点按设定的触发次数测试到最后一个测点。自动记录下每次测试结果。测试过程中尽量避免连击现象，如果有连击现象，按中止采样按钮，改变测点号重新开始采样，将覆盖原来数据。

（5）数据分析。

① 调采样数据。采样完成后左上方的“结构采样分析动画”选择项中选择“分析”，打开分析对话框，对采样数据进行传函分析。首先选择要调入的测点号，按调入波形按钮，右面窗口中显示该测点的波形。以每一通道的力信号加力窗，按鼠标左键在力信号的左边，按左窗口中的左边按钮，按鼠标左键在力信号的右边，按左窗口中的右边按钮，完成对力信号的力窗设置，如图 6-48 所示。对响应信号加指数窗，选择系数。当系数为 0 时，为不加指数窗。

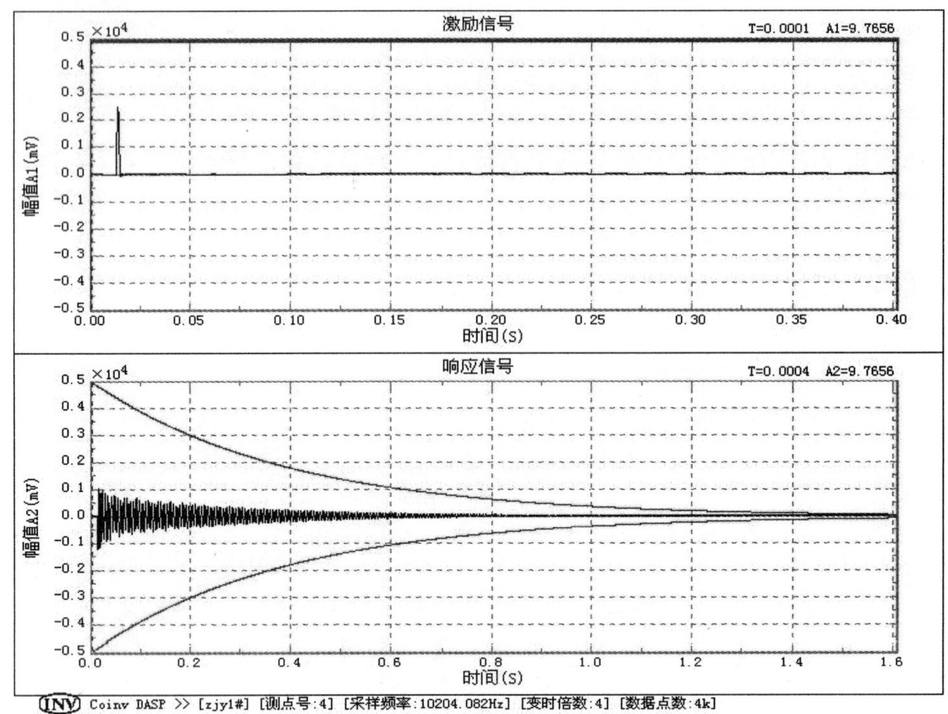

图 6-48 调入选定测点波形

② 传函分析。设置完成后进行传函计算，完成选定点的传函分析，显示分析结果，如图6-49 所示。按自动计算全部传函按钮，可以分析完全部采样点的传函分析，计算完后提示“所有测点的传函计算完毕”。

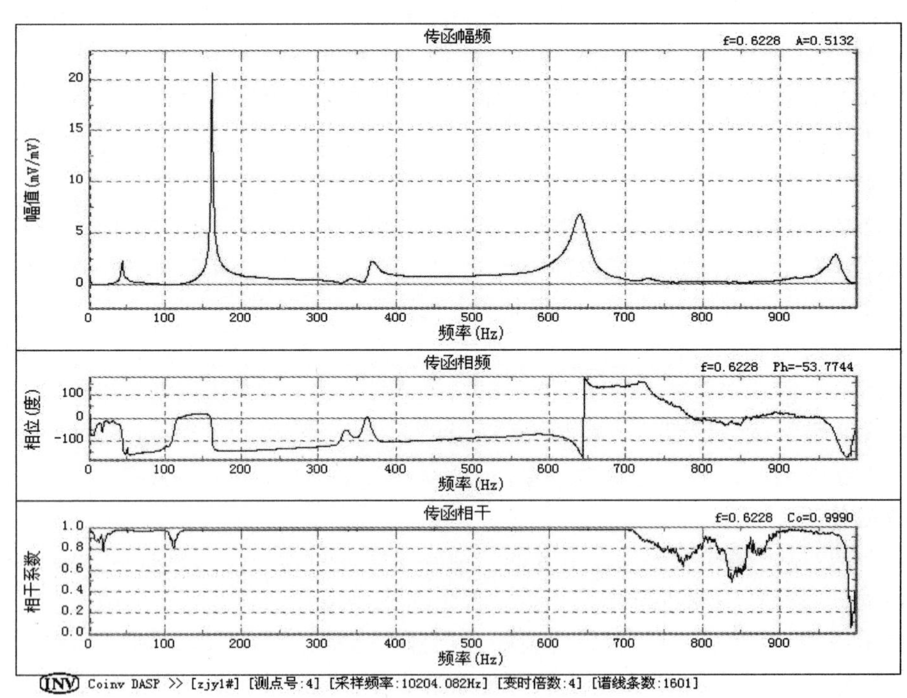

图 6-49 传递函数分析结果

③ 模态拟合。该软件采用集总平均的方法进行模态定阶，按开始模态定阶，显示集总平均后的结果，用鼠标分别点峰值点，收取该阶频率，依次收取各阶峰值，按保存按钮存盘。如果收取有误，可按清除按钮清除当前结果。如图 6-50 所示，模态拟合采用复模态单自由度拟合方法，按开始模态拟合得到拟合，得到的拟合结果如图 6-51 所示。

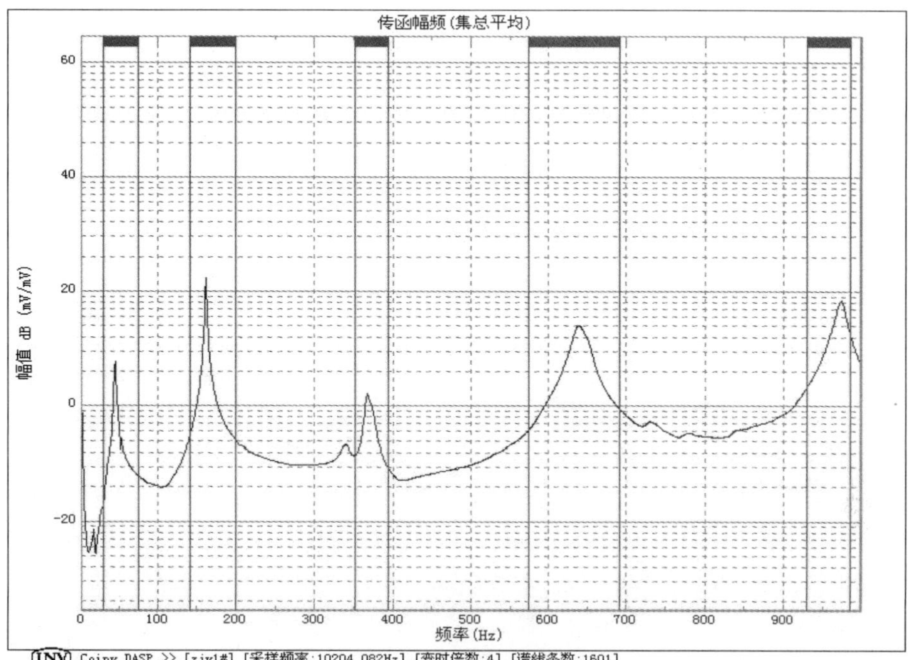

图 6-50　确定模态阶数

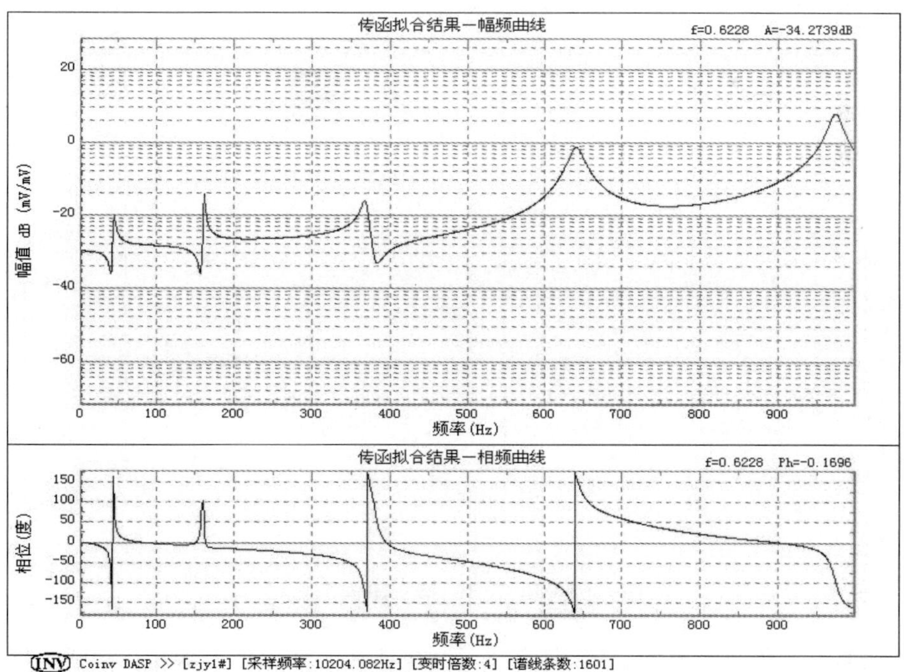

图 6-51　模态拟合结果

④ 振型编辑。质量归一和振型归一两种方式随各自需要任选，本例选择质量归一，完成后显示“模态振型编辑完毕”。到这一步，模态分析已经完成，以后可以观察、打印和保存分析结果，也可以观察模态振型的动画显示，如图 6-52 和图 6-53 所示。

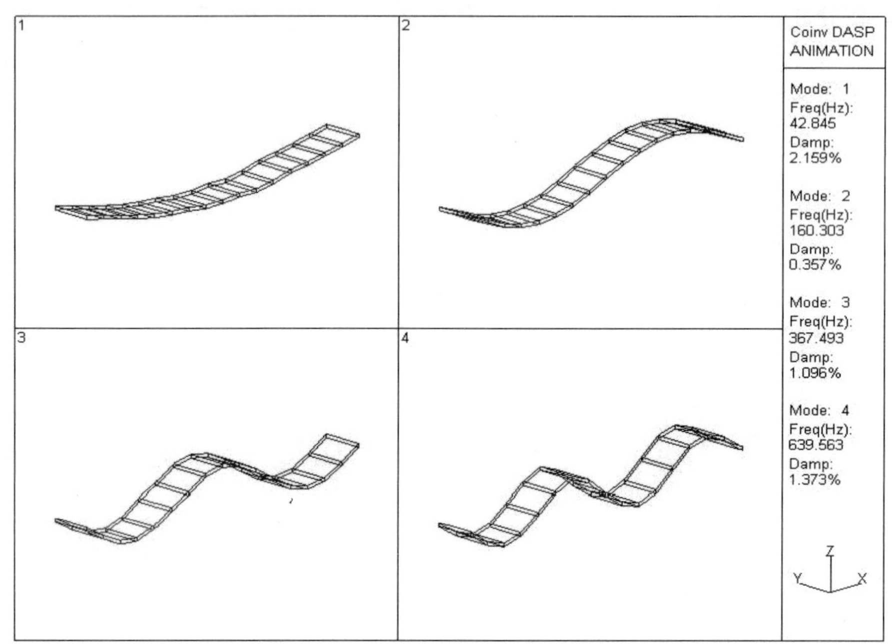

图 6-52　简支梁的前四阶模态振型

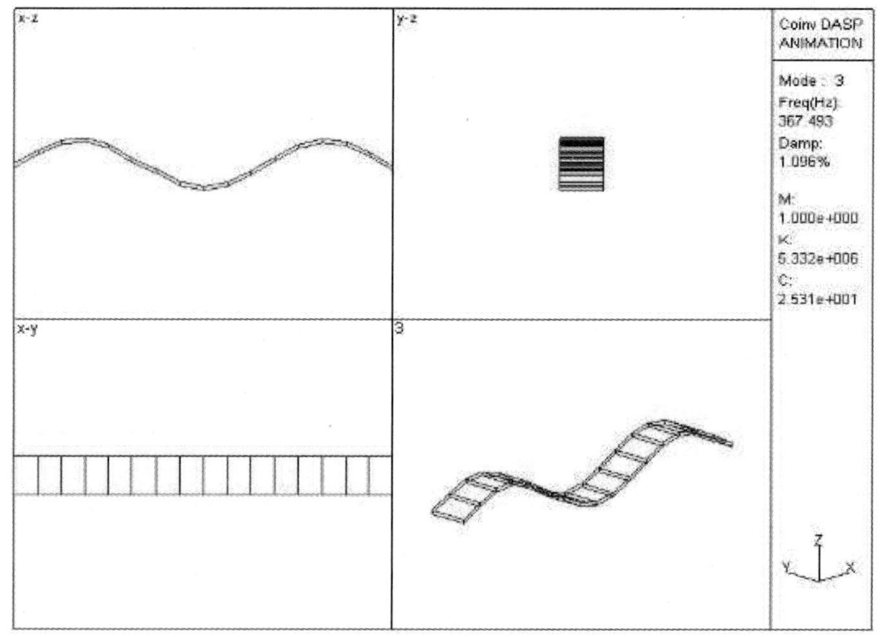

图 6-53　简支梁的第三阶模态振型

⑤ 动画显示。在左上方的“结构 采样 分析 动画”选择项中选择“动画”进行结果振型动画显示，根据每个对话框中的相应按钮可以对动画进行控制，如更换显示阶数、显示轨

迹；在视图选择中选取显示方式：单视图、多模态和三视图；改变显示色彩方式；振幅、速度和大小，以及几何位置。

对于当前动画可输出 AVI 格式的动画文档，可直接用媒体播放器播放。按模态输出为 AVI 文件，弹出保存文件名对话框，模态动画视频压缩对话中的压缩程序选择 Microsoft Video 1.0 方式，确定后即可生成动画文件。在保存的目录下调用文件，显示动画。模态分析完后，可对所有数据和图形进行存盘和保存。

5）实验数据记录与分析

记录模态参数到表 6-15 中。

表 6-15　变时基锤击法简支梁模态测试实验数据

模态参数	第一阶	第二阶	第三阶	第四阶	第五阶
频率质量					
刚度					
阻尼					

在记录模态参数完成后，打印出各阶模态振型投影图。

15. 用双踪示波比较法测量传感器的灵敏度值实验

1）实验目的

掌握理解传感器标定值的概念；掌握用双踪示波比较法测试未知传感器的灵敏度值。

2）实验器材

实验仪器：INV1601 型振动教学实验仪、INV1601T 型振动教学实验台、加速度传感器、速度传感器、接触式激振器。软件：INV1601 型 DASP 软件。

3）实验原理

双踪示波比较法是同时观察两个通道的信号波形，其中一个通道是已知传感器灵敏度值的参考信号，另一通道是未知传感器灵敏度值的待测信号，实验通过对两路波形的幅值比较来确定待测传感器的灵敏度。

用光标读取已知灵敏度为 S_{ch0} 的传感器参考信号峰峰值 A_0；再读取待测传感器信号的峰峰值 A，则 DASP 参数设置表中的标定值 K 为

$$K = S_{CH}(mv/U)$$

如果两个传感器为同类型的速度或加速度传感器，由于两个传感器设置在同一个位置，实测振动量应相等。

可以得到

$$K = \frac{A}{A_0}K_0$$

其中，K 和 K_0 表示两个传感器的标定值。如果两种传感器的输出类型不一样，可根据加速度 a、速度 v 和位移 d 之间的微积分关系，按照下面的公式转换成相同的物理量。

$$a = \omega v = \omega^2 d$$

通过测量电压量 A_0 和 A，就可以确定出未知传感器的标定值，从而再通过标定值计算公式确定未知传感器的灵敏度 S_{CH}。

4）实验步骤和过程

（1）安装仪器。将传感器安装在梁的中部，上下对齐，将已知灵敏度（单位 mV/m/s^2）值的压电加速度传感器安装在梁的下面，接入 INV1601 型实验仪的 CH1 输入端，待测标定值的速度传感器安装在梁的上面，接入 INV1601 型实验仪的 CH2 输入端，如图 6-54 所示。

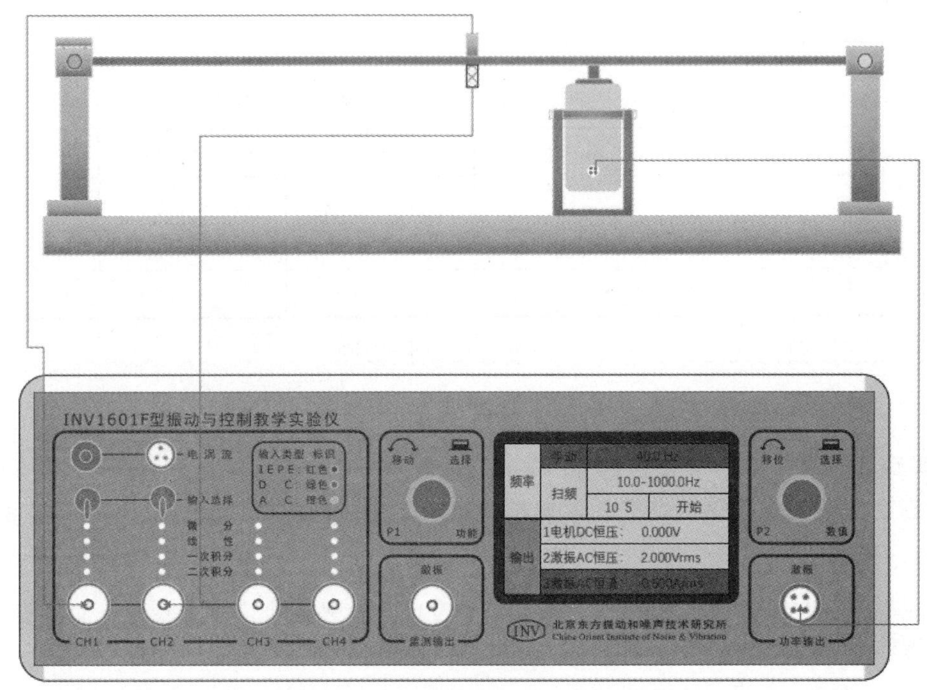

图 6-54　灵敏度实验仪器连接示意图

（2）打开 INV1601 型实验仪的电源开关。

（3）开机进入 INV1601 型 DASP 软件的主界面，按“双通道”，进入双通道软件进行波形示波。

（4）在采样参数设置菜单下输入标定值 $K=1$ 和工程单位 mV，设置采样频率为 2 000 Hz，增益倍数 1 倍及传感器输入对应耦合方式。

（5）调节 INV1601 型实验仪频率旋钮到 40 Hz 左右，使梁产生共振产生大振幅的振动。

（6）使用虚拟仪器库中的“幅值计”，读取当前两通道振动的最大值。把光标移到第二通道一个波峰处，读取未知灵敏度值传感器信号的幅值 A_1，把光标移到第二通道一个波谷处，读取未知灵敏度值传感器信号的幅值 A_2，记录未知灵敏度值传感器信号的峰峰值 A (mV)。把光标移到第一通道一个波峰处，读取已知灵敏度值传感器信号的幅值 A_{01}，把光标移到第一通道一个波谷处，读取已知灵敏度值传感器信号的幅值 A_{02}，记录峰峰值 A_0(mV)。

（7）重复步骤（5）、（6），多做几次并记录实验数据。

根据试验原理 $\dfrac{A_0}{S_{CH}}=\dfrac{A\cdot 2\pi f}{S_{CH}}$，可得计算 S_{CH} 的公式，在多次测量后取平均值。

（8）同样可以利用已知灵敏度的速度传感器来测量加速度传感器的灵敏度，但是要注意计算公式的变化。

5）实验数据记录与分析

将实验结果记录到表 6-16 中。

表 6-16　用双踪示波比较法测量传感器的灵敏度值实验数据

<table>
<tr><td rowspan="3">实验次数</td><td rowspan="3">频率/Hz</td><td colspan="4">参考传感器</td><td colspan="4">待测传感器</td></tr>
<tr><td colspan="3">幅值</td><td rowspan="2">灵敏度 S_{CH0}</td><td colspan="3">幅值</td><td rowspan="2">灵敏度 S_{CH1}</td></tr>
<tr><td>A_{01}</td><td>A_{02}</td><td>A_{03}</td><td>A_1</td><td>A_2</td><td>A_3</td></tr>
<tr><td>1</td><td></td><td></td><td></td><td></td><td></td><td></td><td></td><td></td><td></td></tr>
<tr><td>2</td><td></td><td></td><td></td><td></td><td></td><td></td><td></td><td></td><td></td></tr>
<tr><td>3</td><td></td><td></td><td></td><td></td><td></td><td></td><td></td><td></td><td></td></tr>
<tr><td colspan="10">待测传感器灵敏度（取平均值）为：</td></tr>
</table>

6.2.2　INV1612 平台实验

1. 转子临界转速测量

1）实验目的

掌握转子临界转速的概念，学习测量系统硬件操作使用及系统组建，掌握 INV1612 型多功能柔性转子实验模块的使用，掌握转子临界转速的测量原理及方法，观察转子在临界速度时的振动现象、幅值及相位的变化情况。

2）实验器材

INV1612 平台系统（见图 6-55）包含硬件和软件两大部分，硬件系统包含直流电机 1 台（额定功率 300 W）、数显式调速器、转动轴 1 套、油膜滑动轴承 2 套、光电传感器 1 套、电涡流传感器 2 套、振动传感器 1 套、4 路并行 16 位 ADINV306U-5164 采集仪 1 台、INV 多功能滤波放大器、支架若干、动平衡配重钉等部件。软件系统包括转子实验软件、动平衡实验软件、旋转机械的启停机分析软件、阶次分析软件、全息谱分析软件。

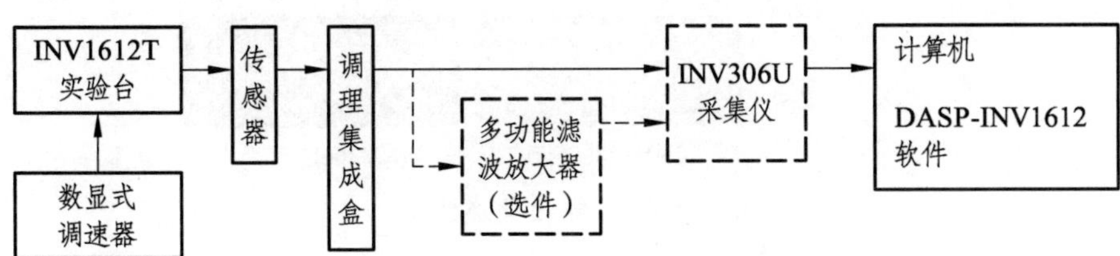

图 6-55　INV1612 平台系统结构

3）实验原理

临界转速：转子转动角速度与转轴横向弯曲振动固有频率相等，即 $\omega = \omega_n$ 时的转速称为临界转速。

转子的转速达到临界转速附近时，转轴的振动变得非常剧烈，即处于“共振”状态，转速超过临界转速后的一段速度区间内，运转又趋于平稳。所以通过观察转轴振动幅值——转速曲线图可以测量临界转速。

转轴在转动时，如果转速达到临界转速振动瞬时频谱幅值明显增大，长短轴发生明显变化，所以在轴心的 *X-Y* 图中振幅-相位变化图可以直接观察到是否达到临界转速，这也是判断是否达到临界转速的依据。

4）实验步骤和过程

（1）认真阅读实验注意事项，做好准备工作，准备实验仪器及软件。

（2）连接好实验仪器和设备。

首先，抽出配重盘橡胶托件，油壶内加入适量的润滑油。其次，按照图 6-56 连接仪器，检测连接是否正常。

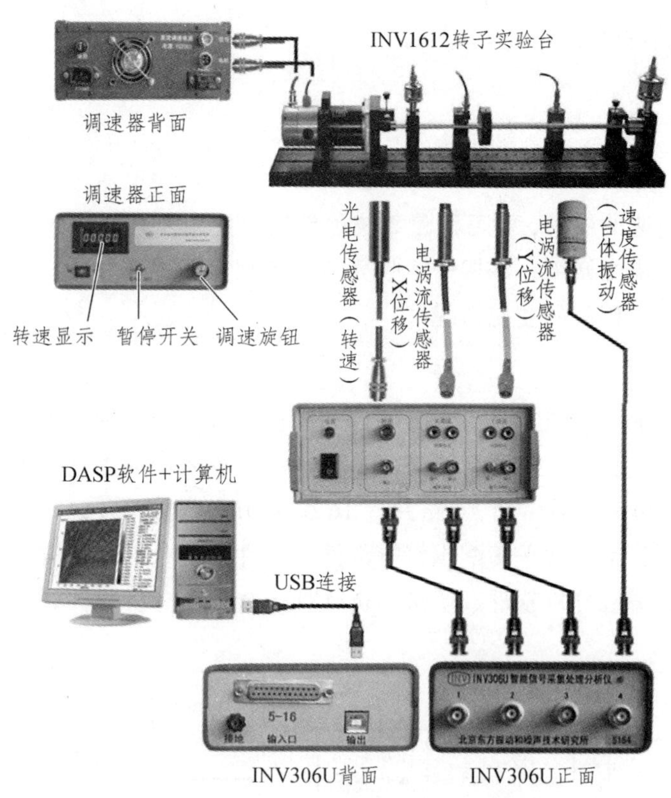

图 6-56　仪器设备连接图

（3）运行 INV1612 型多功能柔性转子实验系统软件的转子实验模块，如图 6-57 所示。

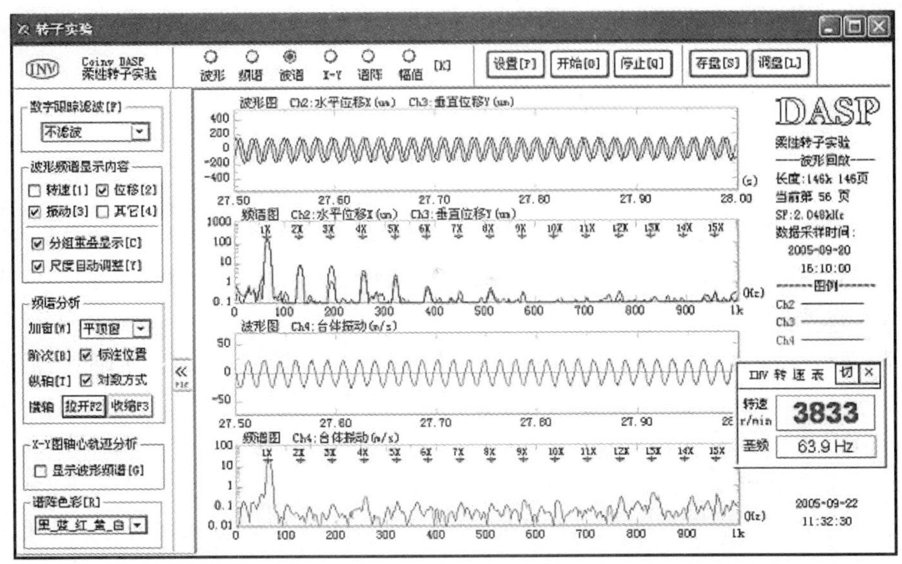

图 6-57　转子实验模块测试界面

（4）采样参数设置。点击图 6-57 所示的“设置[P]”按钮，参照图 6-58 所示采样和通道参数的设置来分配传感器信号的通道。采集仪的 1 通道接转速（键相）信号，2 通道接水平位移 *X* 向信号，3 通道接垂直位移 *Y* 向信号；对于 0～1 000 r/ min 的转子实验装置，为兼顾时域和频域精度，一般采样频率应设置在 1 024～4 096 Hz 的范围较为合适；程控放大可以将信号适当放大，但注意信号不要过载；*X-Y*（轴心轨迹）图设置中选择 *XY* 轴对应的测量通道，用于通过轴心轨迹观察临界转速。谱阵和幅值曲线图设置中，选择 *X* 或 *Y* 向位移信号对应的分析通道，本次实验用于测量转速-幅值曲线判断临界转速。设置完毕后点击“确定”。注意：由于转轴较细，为了避免传感器磁头发生磁场交叉耦合引起的误差，*X*、*Y* 向传感器不要安装在同一平面内。

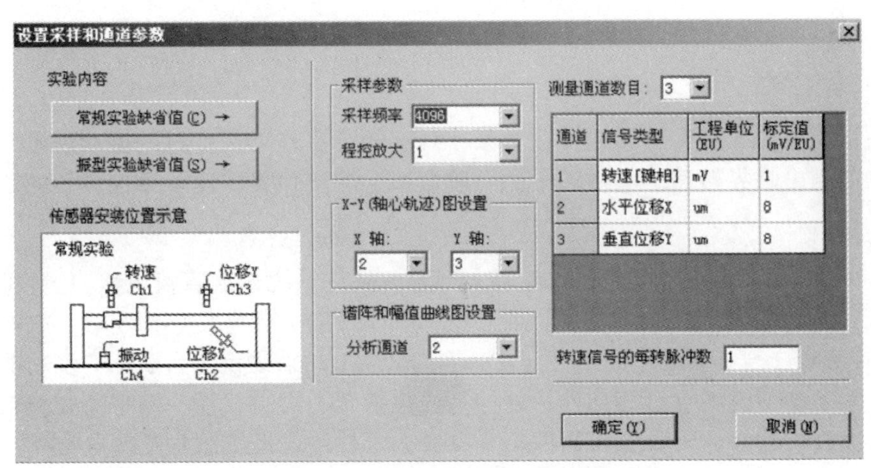

图 6-58　采样和通道参数设置

（5）在图 6-57 转子实验模块测试界面左侧“数字跟踪滤波[F]”下拉菜单中选择不滤波或基频 1X 带通方式；在虚拟仪器库栏下打开转速表[F7]和幅值表[F8]按钮，观察转速和幅值变化；在图形显示区上方设置[P]按钮左侧，选择测量信号显示方式：波形、*X-Y* 图、频谱、幅值等。

（6）检查连线连接无误后，开启各仪器电源，点击开始按钮并同时启动转子，观察测量信号是否正常。

（7）数据采集。

① 转速幅值曲线：将显示调到幅值[K]，逐渐提高转子转速，同时要注意观察转子转速与振幅的变化；接近临界转速时，可以发现振幅迅速增大，转子运行噪声也加大，转子通过临界转速后，振幅又迅速变小。

观察基频振幅-转速曲线，逐渐调整转速，振幅最大时即为系统的一阶临界转速。在临界转速附近运转时要快速通过，以避免长时间剧烈振动对系统造成破坏。

② *X-Y* 图：在数字跟踪滤波方式[F]选择 0 ~ 1 × 低通或基频 1 × 带通挡，图形显示方式选择 *X-Y* 图，逐渐改变转速，注意观察轴心轨迹在临界转速附近幅值、相位的变化趋势。在实验结果和分析中绘出在临界转速之前和连接转速之后的两个轴心轨迹，比较其幅值、相位的变化特性。

③ 频谱图：在数字跟踪滤波方式[F]选择不滤波或基频 1 × 带通挡，图形显示方式选择频谱；逐渐改变转速，注意观察频谱变化趋势。当过临界转速时发生共振，瞬时频谱幅值明显变大，可以判断临界转速。

（8）实验完毕，存盘。

5）实验数据记录与分析

调入实验数据，进行实验分析，并绘制出以下图形：

（1）绘出转速-幅值曲线并标出临界转速。

（2）绘制轴心在临界转速之前的 *X-Y* 图。

（3）绘制轴心在临界转速之后的 *X-Y* 图。

（4）绘出频谱幅值最大时刻频谱图，并标出转速与幅值。

2. 柔性转子振型测试实验

1）实验目的

学习轴系挠度曲线与转子转速变化关系，观察转子在临界速度时的振动现象，振动幅值的变化情况，测出临界转速下柔性转子的一阶振型，测出临界转速下柔性转子的二阶振型。

2）实验器材

INV1612 平台系统包含硬件和软件两大部分。硬件系统包含直流电机 1 台（额定功率 300 W）、数显式调速器、转动轴 1 套、油膜滑动轴承 2 套、光电传感器 1 套、电涡流传感器 2 套、振动传感器 1 套、4 路并行 16 位 ADINV306U-5164 采集仪 1 台、INV 多功能滤波放大器、支架若干、动平衡配重钉等部件。软件系统包括转子实验软件、动平衡实验软件、旋转机械的启停机分析软件、阶次分析软件、全息谱分析软件。系统结构见图 6-55。

3）实验原理

当转子系统的支承为各向同性时，若不计阻尼，对于轴对称的转子，弯曲振动时轴的挠度曲线是平面曲线，轴线上各点涡动轨迹是一些不同半径的圆周。因此，只要分析转子在通过轴线一个平面内的横向弯曲振动模态，就可以得到转子系统的临界转速和相应的振型，如图 6-59 所示。

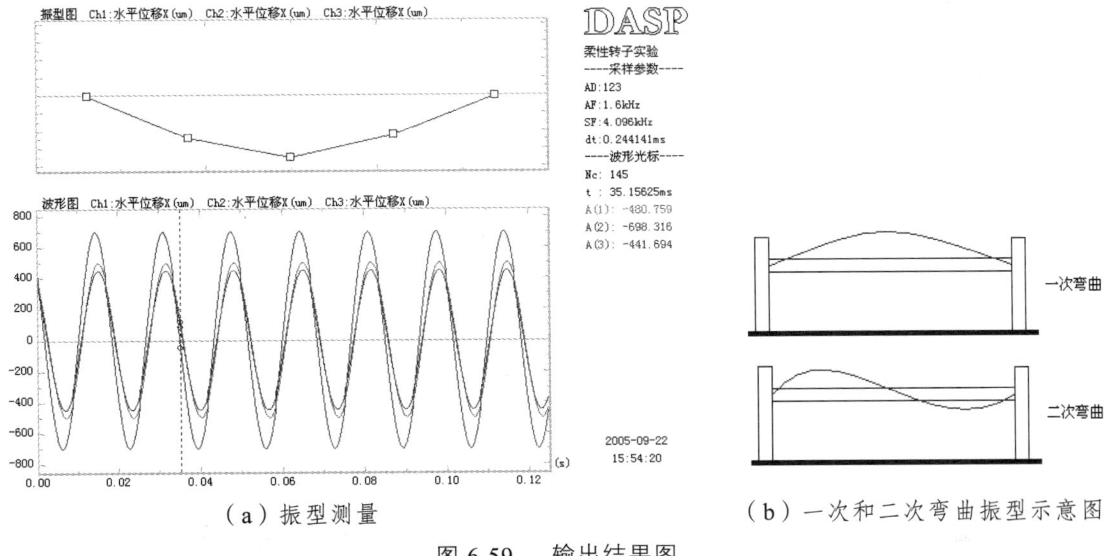

（a）振型测量　　（b）一次和二次弯曲振型示意图

图 6-59　输出结果图

4）实验步骤和过程

（1）硬件连接。

① 电涡流传感器的安装。按照图 6-60 中的振型实验缺省值中传感器的安装位置，按轴线方向均匀分布地安装传感器。

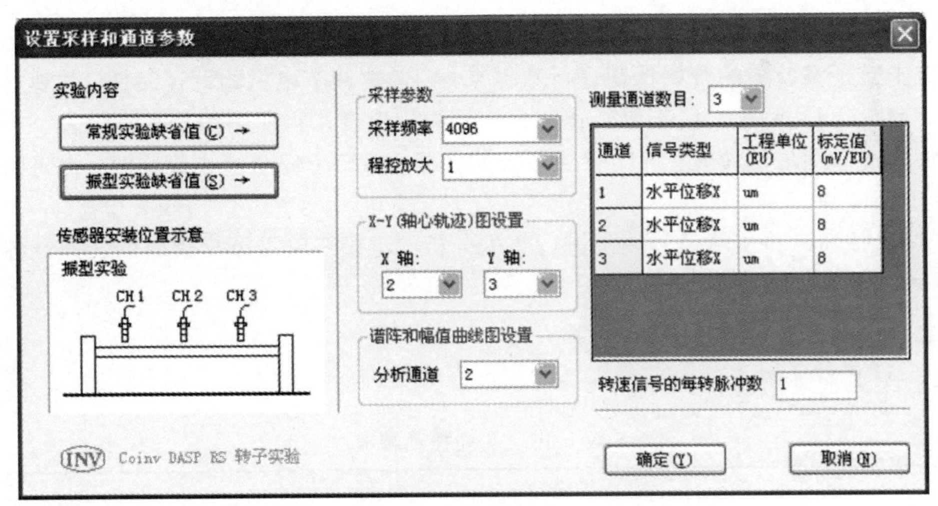

图 6-60　参数设置

② 按照电涡流传感器的安装说明将连接线与电源、前置器等设备连接。

③ 取下台体上圆盘托件；然后检查油杯中的油、固定锁紧装置是否拧紧及硬件之间连接是否正常。

（2）参数设置（见图 6-61）。

① 进入 INV1612 型多功能柔性转子实验模块，点击设置按钮进行参数设置；单击振型实验缺省值（S）按钮，所有参数设定为缺省状态。同样也可以进行自定义状态设置所有参数。

② 标定值设置。

标定值表示为每个单位的振动量对应的电压量。

DASP 参数设置表中的标定值 K 为

$$K = K_{CH} \times K_j \times 1\,000 \text{ (mV/U)}$$

式中，K_{CH} 代表传感器的灵敏度（V/U）；K_j 为放大器增益。

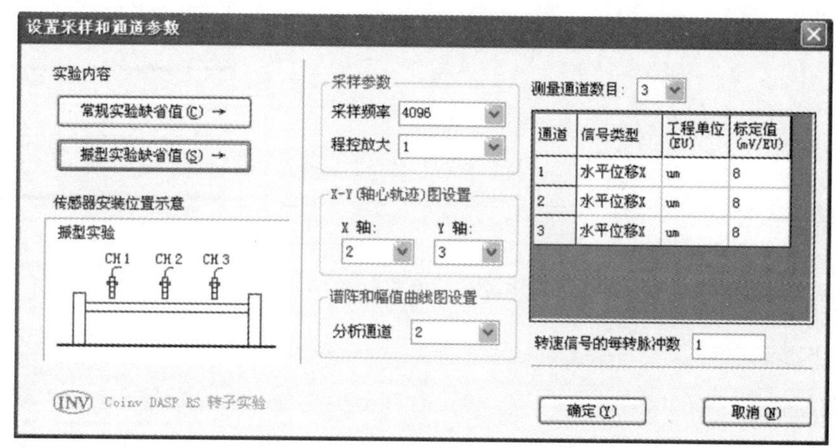

图 6-61　参数配置

（3）数据采集。

① 启动电机，使转子处于低速旋转。

② 点击转子实验中的开始按钮进行数据采集，匀速调节电机的调速旋钮，并观察转子系统振型的变化。当达到第一阶临界转速时，一阶振型出现，将所测信号存盘。

③ 将转速降到最低转速，关闭转子系统的电源；待转子完全停止旋转时，再将圆盘托件加到圆盘下面支撑。

点击调盘按钮，将所测信号调出进行数据分析，记录一阶振型出现时的转速及各点的振动幅值并填入数据表格中。

5）实验数据记录与分析

将实验结果记录到表 6-17 中。

表 6-17　实验振动幅值

振幅	CH1	CH2	CH3	转速

6）实验数据绘制

绘制振型曲线。

3. 转子轴心轨迹提纯

1）实验目的

观察轴心轨迹随转速的变化趋势，观察和对比不同带通滤波后，轴心轨迹的变化趋势。

2）实验器材

INV1612 平台系统包含硬件和软件两大部分。硬件系统包含直流电机 1 台（额定功率 300 W）、数显式调速器、转动轴 1 套、油膜滑动轴承 2 套、光电传感器 1 套、电涡流传感器 2 套、振动传感器 1 套、4 路并行 16 位 ADINV306U-5164 采集仪 1 台、INV 多功能滤波放大器、支架若干、动平衡配重钉等部件。软件系统包括转子实验软件、动平衡实验软件、旋转机械的启停机分析软件、阶次分析软件、全息谱分析软件。系统结构见图 6-55。

3）实验原理

通常转子轴心轨迹提纯是指提取基频的轴心轨迹，即对信号的基频成分进行带通滤波，即基频 1× 带通滤波，仅仅保留基频成分；但本实验中为让大家对转子轴心轨迹有更深入的认识，可以根据选择不同形式的数字滤波方式，可得到不同的提纯轴心轨迹特征。

4）实验步骤和过程

（1）硬件连接。

① 电涡流传感器的安装。

按照 INV1612 型多功能柔性设置中常规实验缺省值中传感器的安装位置安装电涡流传感器。将光电传感器安装在电机侧面支架位置测量转速，再将 2、3 传感器分垂直和水平方向安装于转子支架上，用于测量 *XY* 方向的振幅。

② 按照电涡流传感器的安装说明将连接线与电源、前置器等设备连接。

③ 取下台体上圆盘托件；然后检查油杯中的油、所有固定锁紧装置是否拧紧及硬件之间的线路连接是否正常。

（2）INV1612 型软件参数设置。

进入 INV1612 型机床转子诊断仪实验系统，选择转子实验按钮，进入转子实验模块界面。在转子实验模块中点击“设置”，进入采样参数设置，如图 6-62 所示，完成参数设置。

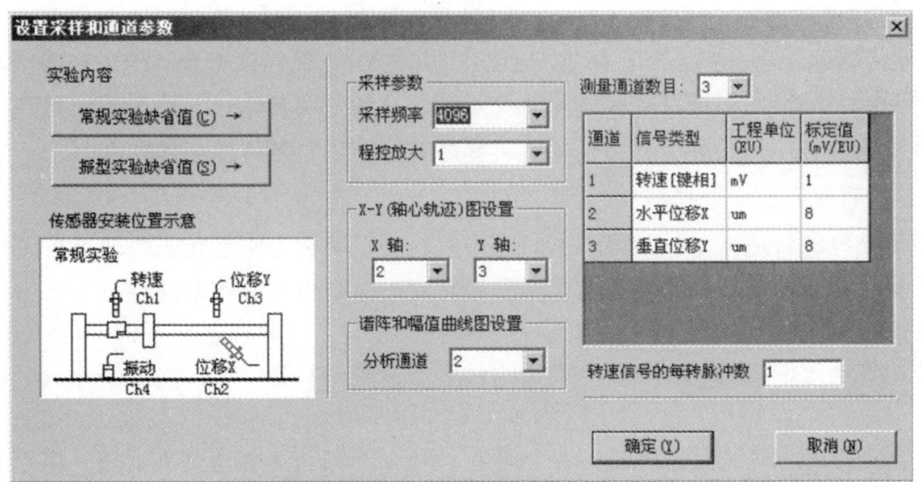

图 6-62　转子轴心轨迹提纯实验参数设置

（3）数据采集。

① 启动电机，匀速调节电机调速旋钮，使转速匀速上升，直至约 2 000 r/min 的转速时，使其稳定运转；点击波形显示中的 *X-Y* 图。

② 在“数字跟踪滤波[F]”栏分别选择“不滤波”和“基频 1×带通”，观察轴心轨迹图的不同。

③ 选择“不滤波”方式，然后继续升高转速，直到油膜涡动发生，此时分别选择“不滤波”“基频 1×带通”“0～1×低通”和“0～2×低通”滤波方式，观察不同滤波方式下轴心轨迹的不同。点击存盘，存储数据。注意：不要长时间使转子处于油膜涡动状态，以免损坏系统。

5）实验数据记录与分析

调出数据，通过选择不同的数字跟踪滤波方式，观察转子系统在 2 000 r/min 左右和油膜涡动发生时的转速下，不同滤波方式得到的轴心轨迹特性。

（1）绘制 2 000 r/min 时的“不滤波”方式下的轴心轨迹；

（2）绘制 2 000 r/min 时的“基频 1×带通”方式下的轴心轨迹；

（3）绘制油膜涡动时的“不滤波”方式下的轴心轨迹；

（4）绘制油膜涡动时的“基频 1×带通”方式下的轴心轨迹；

（5）绘制油膜涡动时的“0～1×低通”方式下的轴心轨迹；

（6）绘制油膜涡动时的“0～2×低通”方式下的轴心轨迹。

4. 转子动平衡实验实验

1）实验目的

理解掌握引发转子不平衡的机理，掌握转子进行动平衡的原理，学习单面、多面转子动平衡的方法，认识系统不平衡引起的危害。

2）实验器材

INV1612 平台系统包含硬件和软件两大部分。硬件系统包含直流电机 1 台（额定功率 300 W）、数显式调速器、转动轴 1 套、油膜滑动轴承 2 套、光电传感器 1 套、电涡流传感器 2 套、振动传感器 1 套、4 路并行 16 位 ADINV306U-5164 采集仪 1 台、INV 多功能滤波放大器、支架若干、动平衡配重钉等部件。软件系统包括转子实验软件、动平衡实验软件、旋转机械的启停机分析软件、阶次分析软件、全息谱分析软件。系统结构见图 6-55。

3）实验原理

当转子系统的转速低于一临界转速时，可以将转子简化为刚性转子，即进行刚性转子的动平衡实验，而当转子系统的转速高于一临界转速时，则可以看作柔性转子。

对于 INV1612 型转子实验台，安装一个圆盘时，其一临界转速在 3 000～4 000 r/min 范围内。若使其稳定于 2 000 r/min，可视为刚性转子；若使其稳定于 5 000 r/min，可视为柔性转子。

做 n 个面的现场动平衡，需要 $n+1$ 个通道，第 1 个通道为相位基准通道，其余 n 个通道用来测量 n 个平面的振动。

共需进行 $n+1$ 次测量，每次测量必须在同一转速下进行，第一次各面都不加配重，测出各个平面的振动矢量为 V_{10}、V_{20}、V_{30}、…、V_{n0}。

第二次，在第 1 面加试重 Q_1（矢量），测得各个平面的振动矢量为 V_{11}、V_{21}、V_{31}、…、V_{n1}。

第三次，卸掉以前所加试重，在第 2 个面加试重 Q_2（矢量），测得各个平面的振动矢量为 V_{12}、V_{22}、V_{32}、…、V_{n2}。

……

第 $n+1$ 次，卸掉以前所加试重，在第 n 个面加试重 Q_n（矢量），测得各个平面的振动矢量为 V_{1n}、V_{2n}、V_{3n}、…、V_{nn}。

每次所加试重大小由式确定：

$$m=\frac{150MG}{\pi\cdot n\cdot r}\text{（}m\text{ 的单位为 g）}$$

式中，r 为半径，m；G 为转子系数，风机为 6.5，汽轮机为 1.2，通常取 4.0 即可；n 为转速，单位为 r/min；M 为转子质量，单位为 kg。

每个面的修正质量 P_1、P_2、…、P_n（矢量），由下面复数方程组求解：

$$\frac{V_{11}-V_{10}}{Q_1}P_1+\frac{V_{21}-V_{20}}{Q_2}P_2+\cdots+\frac{V_{n1}-V_{n0}}{Q_n}P_n=-V_{10}$$

$$\frac{V_{12}-V_{10}}{Q_1}P_1+\frac{V_{22}-V_{20}}{Q_2}P_2+\cdots+\frac{V_{n2}-V_{n0}}{Q_n}P_n=-V_{20}$$

$$\frac{V_{1n}-V_{10}}{Q_1}P_1+\frac{V_{2n}-V_{20}}{Q_2}P_2+\cdots+\frac{V_{nn}-V_{n0}}{Q_n}P_n=-V_{n0}$$

式中各量都为矢量。相位角以转子转动方向为正方向。

在进行动平衡试验时，建议传感器信号经过抗混滤波器，以减少混迭的影响，增加不平衡量的测试精度。

4）实验步骤和过程

（1）硬件连接。

① 首先检查转子实验台，然后安装传感器，连接测试实验仪器，做好实验的准备工作。

② 传感器数量根据所要做动平衡的面数来决定。

③ 键相信号传感器必须接到 INV306U 数据采集仪的第一通道。

④ 测量振动量的传感器安装在测量转子需平衡的面的振动方向。

⑤ 检查连线连接无误后，先将转子调速旋钮调至最小，然后开车，逐渐调整转速，让转子低速转动。

（2）操作概述。

① 首先设置动平衡参数，然后测量。先通过对话条设定目前的测量状态，以及试重的大小及相位，不平衡振动量的大小可直接设定，也可通过测量获得。测量可采用在线测试和离线分析两种方式。在线测试立即得到测试结果。离线分析先采样，再对采样存盘数据进行分析，好处是可得到原始波形，用于其他原件包的分析。测量完毕，按下对话条的确认键，则完成一种测量状态。

② 当不加配重以及各面加试重的状态都测量完毕时，即可进行动平衡计算。

③ 动平衡测试完毕后，可测量动平衡以后的振动，进行再次平衡。再次平衡完毕后，仍可进行测量，检查平衡的效果。

④ 单面动平衡，也可采用单面平衡三次测量法，即单面动平衡时，将同一试重分别加在三个不同的相位角，或者在同一相位角加三次不同的试重，只要测量这三次不平衡量的大小，不需要测量相位信息，即可求出配重的大小和相位。

⑤ 动平衡进行的过程当中，可用配重合成功能，将一个配重分解成两个配重，也可将同一面的两个配重合成为一个。对于配重只能加在固定位置的情况，可选择固定位置配重合成，孔数可选，输入配重后，只要输入孔的序号，即可得到每个孔应加的配重。当配重固定时，选择固定配重，输入最小固定配重单位和允许最大配重，即可自动算出应加配重的孔的序号和配重的大小。

⑥ 平衡结果可通过“输出报告”输出。也可将动平衡过程的界面以位图的形式存盘。如果平衡结果已经存在，通过打开文件命令可调入以前的结果。

（3）INV1612 型软件参数设置。

每次进行动平衡实验都应先设置动平衡参数，然后进行测量。点击程序菜单栏参数设置（P）按钮将弹出设置动平衡参数对话框，如图 6-63 所示，其中各参数设置意义如下：

试验名：标识实验数据，建议每次实验起不同的实验名，便于实验存档。

数据路径：用来存放采样数据、配重数据、不平衡量及动平衡结果等所有存盘文件的路径。

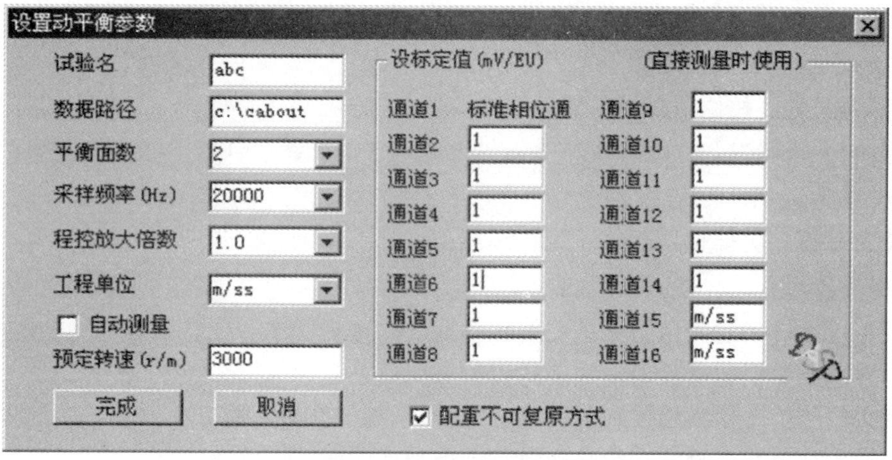

图 6-63　动平衡参数设置

平衡面数：本程序最大允许做 15 个面的动平衡。

采样频率：进行不平衡量测量时所用的采样频率。为了提高相位的分析精度，采样频率应为平衡转速对应频率的 40～100 倍，如在 2 000 r/min 进行平衡，采样频率可为 1 000 Hz 或 2 000 Hz。

程控倍数：程控倍数的选择对标定值的设置不产生影响。标定值的设置按程控倍数为 1 时设置，改变程控倍数，标定值不用改变。

工程单位：除第一通道以外，其他各通道的工程单位要一致。

标定值：只要对测量不平衡量用得上的通道输入标定值即可。如两面平衡，只要设置 2、3 通道的标定值即可。

自动测量：当选择自动测量，在直接测量时，经过预定转速，程序可从测量状态自动转换到读数状态。预定转速即为要进行动平衡的转速，进行刚性转子动平衡时可以设置 2 000 r/ min 。

配重不可复原方式：在此方式下，所加试重或配重都不可复原，即配重或试重加上后就不可卸除，加试重时一定要按先后次序，所计算求得的配重结果也是指在已加试重或配重不卸除的情况下。

（4）在线测量。

设置好动平衡参数后，点击程序菜单栏的在线测量（M）按钮，将进入动平衡在线测量界面，在线测量界面进入示波状态，可以观察波形是否正常，如图 6-64 所示。按测量菜单进行测量，再按任意键停止读数。可根据实时显示的转速，在合适的转速下停止读数。如果在参数设置中选择了自动测量，当经过预定的转速时，程序会自动从测量状态转到读数状态。

按[K]键可在时域和频域之间进行切换。拖动鼠标左键可选择图形横向拉开的区间，然后松开鼠标按钮完成图形拉开。按鼠标右键可还原已经横向拉开的图形。

在时域状态按[R]键，将在列表框和对话条中列出测量结果，如果满意，在对话条中按确认按钮即可结束本次状态的测量。时域求转速的原理：在第一道以最大值和最小值的平均值画一条水平直线，根据直线和波形的交点，可以算出平均周期直线。测量状态时显示的转速也是如此求得。

如果交点少于三点，需要降低采样频率，可在参数设置中将采样频率降低。

在频域状态按[R]键，将以光标所在位置附近的第一通道主峰（经过校正）为工频，在列表框和对话条中列出测量结果，如果满意，在对话条中按确认按钮即可结束本次状态的测量。在有些情况下最高的主峰对应的不是工频，这可从测量得的转速来判别，这时可将光标移到其他主峰附近，按[R]键重新测量。

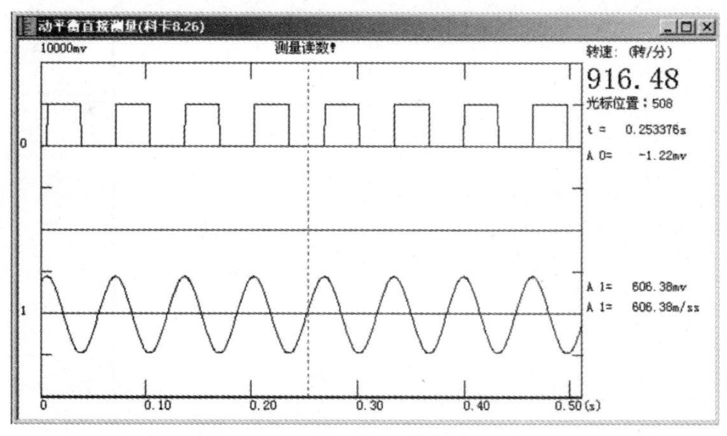

图 6-64　动平衡在线测量界面

① 不加配重振动量测量：在右侧测试状态工具条中选择测量状态测试不加试重。

点击工具条中向右箭头开始进入数据采集状态，调整调速器，使转子升到指定转速。到达转子预平衡转速，转子测试系统会自动进行采样并停止；完成不加配重不平衡量测试。

按快捷键“R”或点击工具条上的按钮，即进行振动量的计算，计算结果将在一个弹出的窗口中显示，同时右部对话条中的相应数据也将随之改变。

若认为当前计算的结果正确，则需要进行确认，即点击右部测量状态旁的“确定”按钮来确认测量计算结果。

② 加试重测试：将调速器打到暂停状态，并在转盘任意位置加一配重螺钉，在此位置做好标记。

改变测量状态：测量 1 面加试重；填入所加试重大小及相位信息，如图 6-64 所示。

打开调速器，调节转速并同时点击工具条中的按钮，进入软件测量状态。调节转速到平衡转速，达到预定转速时，测试系统会自动进行采样并停止。

按快捷键“R”或点击工具条上的按钮，即进行振动量的计算，计算结果将在一个弹出的窗口中显示，同时右部对话条中的相应数据也将随之改变。

若认为当前计算的结果正确，则需要进行确认，即点击右部测量状态旁的“确定”按钮来确认测量计算结果。

③ 如果在参数设置中，选择配重不可复原方式，可以直接进入下一步，否则应将试重块取下。如果是多面平衡，依次在需平衡面上加试重测试，重复步骤（2）、（3）。

（5）平衡计算。

关闭“动平衡直接测量”子窗口，点击菜单栏中的“平衡计算”，软件将自动进行平衡量的计算，并在 DASP 动平衡窗口中显示平衡结果，如图 6-65 和图 6-66 所示。得到平衡结果后，还要对配重进行合成计算，通过对配重的合成或分解可以达到使用现有配重和预留孔来减小振动的效果。点击菜单栏配重合成（W），可选择合成或分解或固定位置来计算，如图 6-67 ~ 图 6-69 所示。

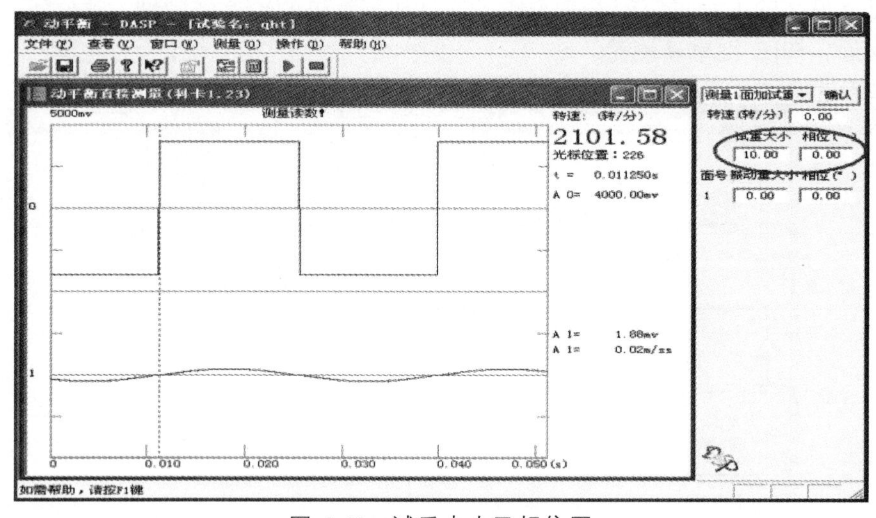

图 6-65　试重大小及相位图

配重的合成或分解用来进行配重矢量合成和分解的辅助计算。

通过单选框可选择合成和分解，中间圆形图形只反映配重矢量的相位，右边图形为矢量合成图。

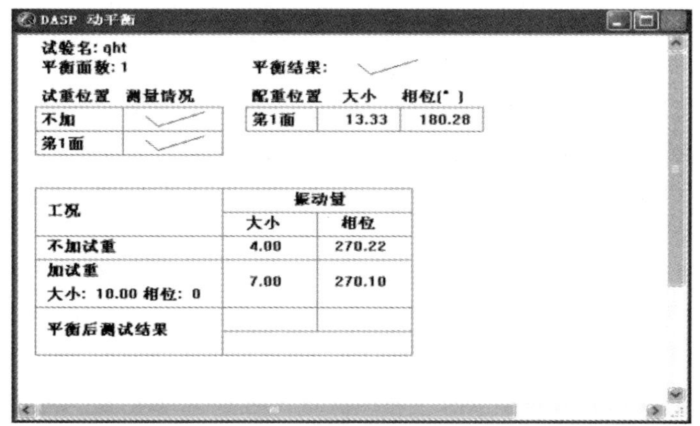

图 6-66　平衡计算指示图

选择“+”号可进行配重合成，选择“-”可进行配重分解。4 个数字任何一个改变后，结果也立即改变。

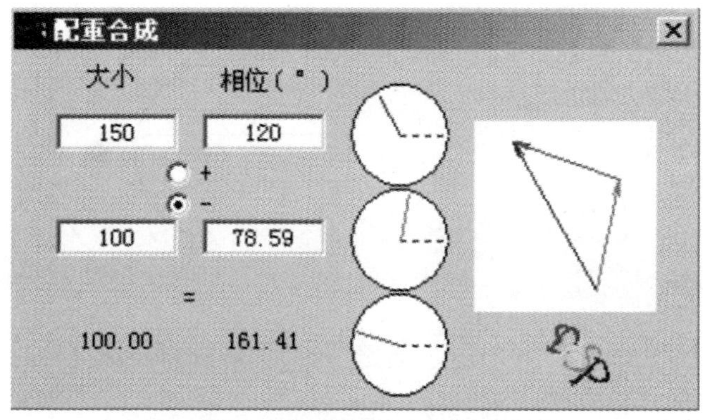

图 6-67　配重合成或分解计算框

如固定位置配重合成时，转盘上已打好孔，配重只能加在固定的位置，需要通过选择合成孔数得到需要的配重。如图 6-68 所示，首先选择等份数，即孔的数量，所有的孔沿同半径一周均匀分布。

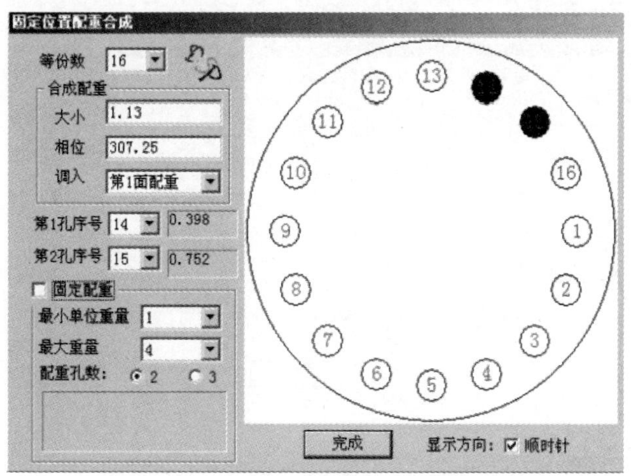

图 6-68　固定位置配重的合成示意图

输入需要合成的配重大小和相位。当有动平衡计算结果时，可通过调入直接设置配重的大小和相位。

再输入两个孔的序号，即可算出在两个孔上需加配重的大小。

按前面所设，转盘示意图第一个孔的位置为第一次加配重时配重所在的位置。示意图中孔的读数方向可以顺时针也可以反时针方向显示，但是必须要与实际的转盘旋转方向相一致。涂黑的孔表示需要加配重的孔。

如果没有天平，现有可选配重的重量固定时，可选择固定配重的方式进行配重的分解。如图 6-69 所示，首先输入最小单位重量和最大重量（也可以是重量比值，取决于前面添加试重时选取的输入方式），所能加的配重只能是最小单位重量的整数倍，所加配重不能超过最大重量。再选择配重的孔数，可得到应加配重的孔的最佳位置和大小，此时的配重和单位配重的误差之和最小。当选择 2 孔得不到结果时，可选择 3 孔。如选择 3 孔仍得不到结果，可能是最大重量较小，无法得到满意结果。

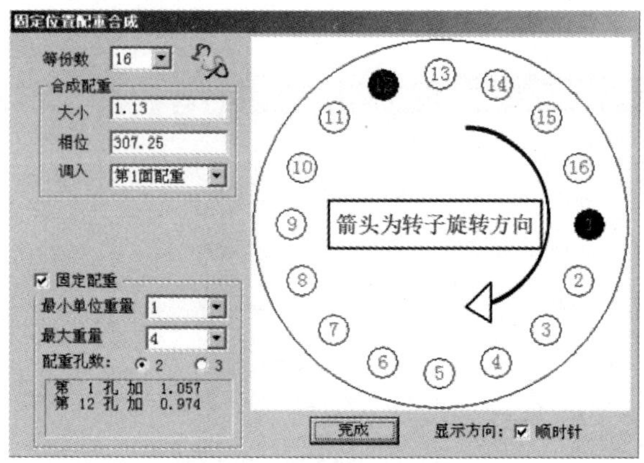

图 6-69　固定配重的合成

配重合成或分解计算后，在转盘的相应位置添加所需配重。

（6）再次平衡。测量平衡后结果的振动，可得到修正配重。再次平衡可进行多次，直到得到满意的结果为止。平衡后的结果如图 6-70 所示。

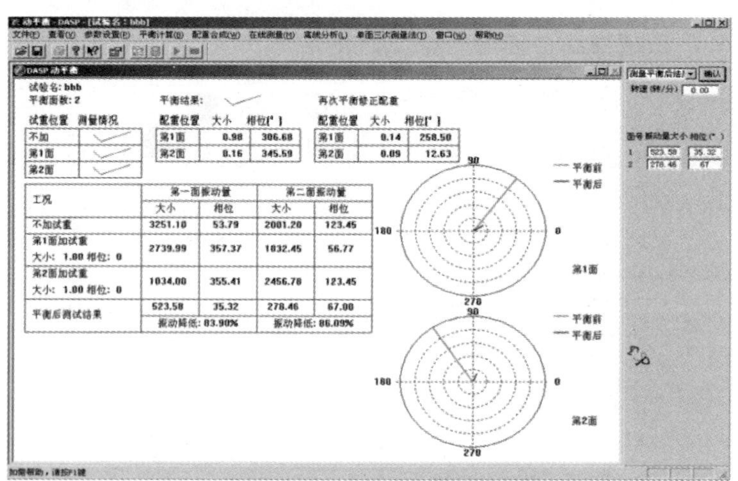

图 6-70　双面平衡结果示意图

5）实验数据记录与分析

（1）动平衡实验数据：用 INV1612 型多功能系统自动生成测试报告，输出相关参数设置和实验数据。

（2）以位图格式输出实验有关图形。

（3）输出平衡前后测试结果。

5. 转子启停机波 Bode 实验

1）实验目的

掌握波德图的定义，学习通过波德图和极坐标图识别转子系统动态特性，通过波德图和极坐标图了解转子启停机过程中转子基频特征。

2）实验器材

INV1612 平台系统包含硬件和软件两大部分。硬件系统包含直流电机 1 台（额定功率 300 W）、数显式调速器、转动轴 1 套、油膜滑动轴承 2 套、光电传感器 1 套、电涡流传感器 2 套、振动传感器 1 套、4 路并行 16 位 ADINV306U-5164 采集仪 1 台、INV 多功能滤波放大器、支架若干、动平衡配重钉等部件。软件系统包括转子实验软件、动平衡实验软件、旋转机械的启停机分析软件、阶次分析软件、全息谱分析软件。系统结构见图 6-55。

3）实验原理

波德图是描绘基频振动的幅值 A 及相位 ϕ 随转速变化的曲线，是以转速为横坐标，分别以基频振幅 A 和相位 ϕ 为纵坐标的两条曲线。

极坐标图则是以各转速下基频幅值 A 为向量的模，以相位 ϕ 为向量的相位，在极坐标平面上显示的曲线，所以极坐标图实际上就是基频振动的复数振幅随转速变化的向量端图。

波德图和极坐标图虽然都包含基频振动的全部信息，但是各有特点。波德图以转速为横坐标，因此通过基频振幅 A 的曲线可以很容易确定临界转速，并且在临界转速的位置上相位 ϕ 也会有明显的变化。极坐标图突出振幅与相位的相互变化关系，很容易确定转子上不平衡质量分布的方位角，但是却不能包含转速信息，只能在图中用数字进行临界转速数值的标注。此外对于幅值较小的临界转速，有时在波德图上没有明显峰值，而极坐标图却可以清晰地反映。

4）实验步骤和过程

（1）硬件连接。

① 传感器的安装：将光电传感器安装在电机侧面支架位置测量转速，再将涡流传感器安装于转子支架上，用于测量垂直或水平方向的振动量。

② 按照电涡流传感器的安装说明将连接线与电源、前置器等设备连接。

③ 取下台体上圆盘托件；然后检查油杯中的油、所有固定锁紧装置是否拧紧及硬件之间的线路连接是否正常。

（2）INV1612 型软件参数设置。

① 进入 INV1612 型机床转子诊断仪实验系统，点击“旋转机械”进入旋转机械分析软件，如图 6-71 所示。

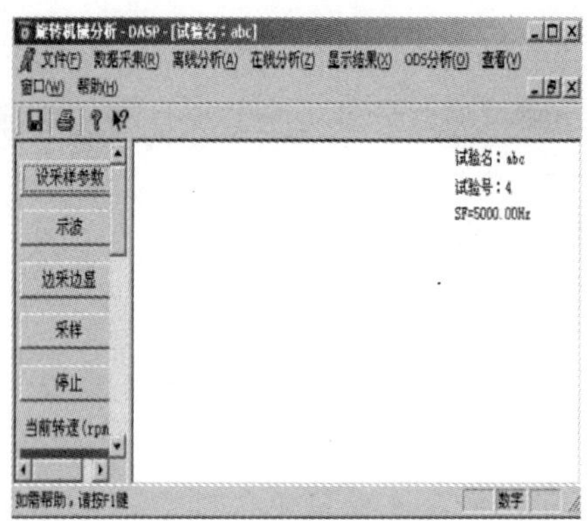

图 6-71　测试界面

② 点击“数据采集”菜单，采样参数设置如图 6-72 所示，设置为适当数值，通道数为 2。

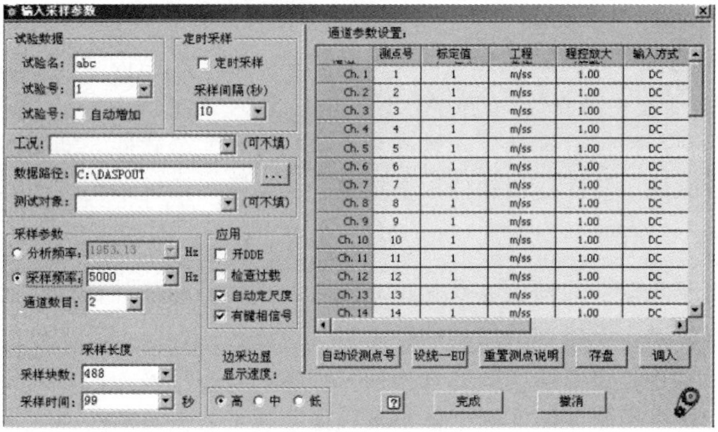

图 6-72　参数设置

（3）数据采集。

① 启动电机，使转子系统在低速状态下旋转。

② 点击边采边显按钮进行数据采集；然后匀速调节电机调速器旋钮，先将转速升至 8 000 r/min 后再匀速降低至停止，完成启停机实验过程。

③ 实验完毕，点击停止按钮，整理实验设备。

5）实验数据记录与分析

点击菜单“离线分析”中的“调入数据”；进入调入数据窗口，选择相对应的数据路径浏览，填入文件名、实验号，将已有测点添加到选中测点中，再将键相测点添加到键相测点中，点击“完成”，完成数据的调入。

点击菜单“离线分析”中的“波德图”，进入后通过选择不同的显示方式可以观测波德图、极坐标和同时显示。移动光标左边四个键分别为左移一点、右移一点、左移十点、右移十点。右边四个键分别幅值向左跳极大值、向右跳极大值、向左跳极小值、向右跳极小值。

当分析参数发生变化，如谱线条数、FFT 点数、起始或截止的分析转速，按“开始计算”命令键才能得到新的分析结果。计算完毕，“开始计算”命令键自动变灰，只有当分析参数发生变化需要计算时，此键又变回可用状态。

转速变化显示的是整个采样过程转速的变化，为选择分析区间提供依据，一般过程有升速、降速、升速后再降速、降速后再升速四种。如选择的分析区间起始转速小于截止转速，分析升速的过程，反之，分析降速的过程。

选择起始转速和截止转速可以直接输入，也可以通过移动滚动条得到。FFT 点数可选 512 点、1 024 点或 2 048 点。谱线条数可以直接输入，也可通过移动滚动条得到。从图中可读出转速、幅值及相位。

（1）输出转子波德图标注图。

（2）输出转子极坐标标注图。

6. 转子阶次谱阵分析实验

1）实验目的

掌握阶次分析的意义并学会识别阶次分析频谱图，通过阶次谱阵的三种显示方式（彩图、瀑布图和切片图）分析转子系统的基频、倍频和半频的振动特性。

2）实验器材

INV1612 平台系统包含硬件和软件两大部分。硬件系统包含直流电机 1 台（额定功率 300 W）、数显式调速器、转动轴 1 套、油膜滑动轴承 2 套、光电传感器 1 套、电涡流传感器 2 套、振动传感器 1 套、4 路并行 16 位 ADINV306U-5164 采集仪 1 台、INV 多功能滤波放大器、支架若干、动平衡配重钉等部件。软件系统包括转子实验软件、动平衡实验软件、旋转机械的启停机分析软件、阶次分析软件、全息谱分析软件。系统结构见图 6-64。

3）实验原理

频谱图是以频率为横坐标的，随着转速的变化，旋转机械的各阶分量对应的频率是变化的，因此在时间谱阵和转速谱阵中的各阶成分都是随转速变化而在频率轴上移动。

阶次谱则是以阶次为横坐标，即基频阶次总是为 1，2 倍频阶次总是为 2……以此类推，不论转速是否变化，阶次总是不改变的，因此在阶次谱上各阶分量在横坐标上是保持不变的。以转速为第三维绘制的阶次谱集合就可以得到阶次谱阵，如图 6-73 所示。

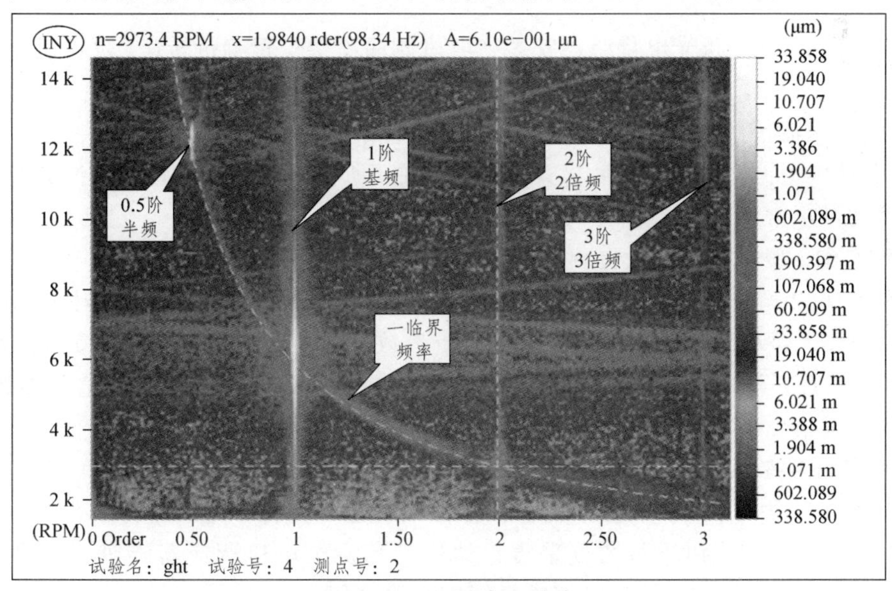

图 6-73　识别阶次谱阵

阶次谱阵上的各个阶次分量是在与转速坐标平行的直线上，因此在转速变化的情况下，可以方便地检测各阶倍频分量的变化，并通过阶次切片图直接提取各阶次振动量随转速变化的曲线，如图 6-74 所示。

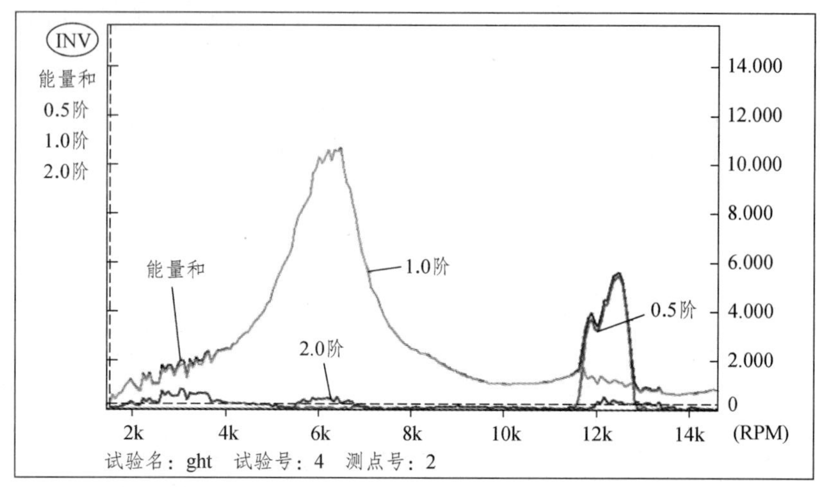

图 6-74 阶次切片

阶次分析可以通过两种方式进行：一种为传统的等相位采样，即通过硬件装置保证转子每一转的时间内总是进行固定次数的采样，但这种等相位采样得到的数据，由于不是等时间间隔的，不能用于其他各种时域和频谱分析；另一种方法则是使用普通的等时间间隔采样方式，然后通过先进的数据重构（数字重采样）技术获得阶次谱，这种方法使用起来更加方便，其采样的数据波形也可以应用于其他各种分析中。

本实验采用第二种分析方法，即按常规的等时间间隔采样方式，采集数据波形，然后使用数字重采样得到阶次谱阵。

4）实验步骤和过程

（1）采集系统安装布置。

① 传感器的安装：将光电传感器安装在电机侧面支架位置测量转速，再将涡流传感器安装于转子支架上，用于测量分垂直或水平方向的振动量。

② 按照电涡流传感器的安装说明将连接线与电源、前置器等设备连接。

③ 取下台体上圆盘托件，然后检查油杯中的油、所有固定锁紧装置是否拧紧及硬件之间的线路连接是否正常。

（2）INV1612 型软件参数设置。

进入 INV1612 型机床转子诊断仪实验系统，点击“旋转机械”进入旋转机械分析软件，点击“数据采集”菜单进入数据采集。首先进行参数设置，点击设采样参数按钮，如图 6-75 所示进行参数设置，完成如试验名、试验号、路径、采样频率、通道数和标定值等参数的设置。

（3）数据采集。

① 启动转子实验系统

接通电源线，拨动启动开关；然后，调节微调旋钮，使转子处于旋转状态。

② 点击边采边显按钮进行数据采集；然后匀速调节电机调速器旋钮，先将转速升至 8 000(r/min)，再匀速降低至停止，完成启停机实验过程。

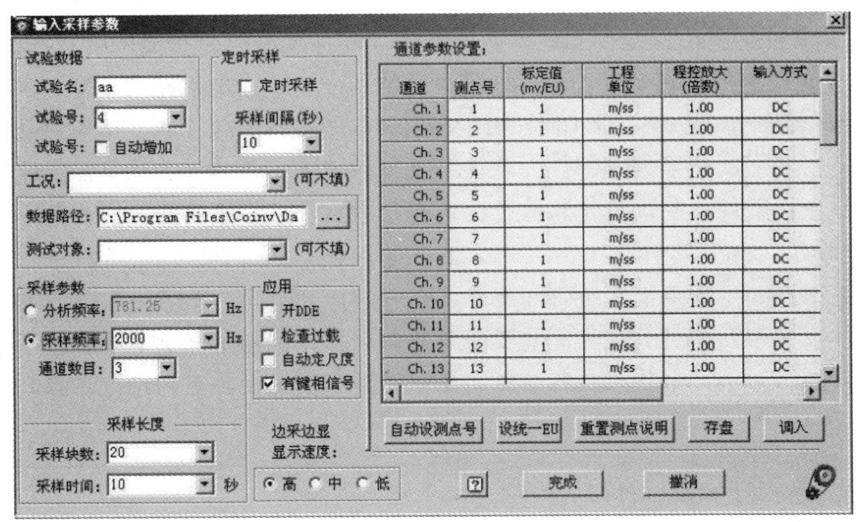

图 6-75　参数设置

③ 实验完点击停止按钮。

④ 整理实验设备。

5）实验数据记录与分析

点击菜单“离线分析”中的“调入数据”；进入调入数据窗口，选择相对应的数据路径浏览，填入文件名、实验号，将已有测点添加到选中测点中，再将键相测点添加到键相测点中，点击“完成”，完成数据的调入。

点击菜单“离线分析”中的“阶次谱阵”项，进入阶次分析窗口，软件自动进行阶次分析，也可以重新选择显示方式、FFT 点数和谱线条数等分析参数，然后，点击开始计算按钮进行阶次计算分析，通过选择不同的显示方式可以观测到彩图、瀑布图和阶次图，识别图中的各种有用信息。

从图中读出基频和半频的振幅最大的转速和幅值并填入表 6-18 中。

表 6-18　转子阶次谱阵分析振幅转速

倍频特性	最大幅值处的转速	最大幅值
1/2×		
1×		
2×		

6）实验数据输出与切片

（1）输出阶次谱阵图。

（2）输出包含总能量、0.5 阶次、1 倍阶次、2 倍阶次的阶次切片图。

7. 转子二维全息谱分析实验

1）实验目的

了解二维全息谱分析的意义并学习识别二维全息分析图，学习掌握分析振动信号各倍频及次谐波的相位、频率和幅值特性。

2）实验器材

INV1612 平台系统包含硬件和软件两大部分。硬件系统包含直流电机 1 台（额定功率 300 W）、数显式调速器、转动轴 1 套、油膜滑动轴承 2 套、光电传感器 1 套、电涡流传感器 2 套、振动传感器 1 套、4 路并行 16 位 ADINV306U-5164 采集仪 1 台、INV 多功能滤波放大器、支架若干、动平衡配重钉等部件。软件系统包括转子实验软件、动平衡实验软件、旋转机械的启停机分析软件、阶次分析软件、全息谱分析软件。系统结构见图 6-55。

3）实验原理

二维全息谱是同一支承面内垂直和水平两个方向振动信号各倍频及次谐波准确的幅值、频率和相位，如图 6-76 所示。二维全息谱分解出各阶振动的轴心轨迹，得到转子振动各阶倍频下的旋转方向、大小、形状以及各倍频间相互关系等信息，是更为细致、深入的轴心轨迹分析手段。

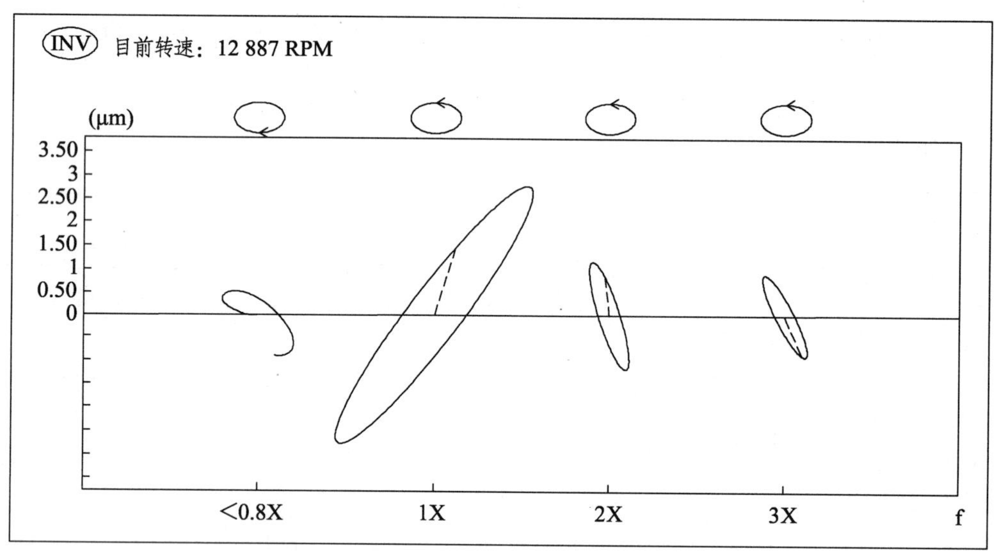

图 6-76　二维全息谱提取各阶振动的轴心轨迹

4）实验步骤和过程

（1）硬件连接。

① 传感器安装布置。

将光电传感器和电涡流传感器安装布置于转子实验系统的支架上，第 1 通道接光电传感器的键相信号，第 2、3 通道连接两电涡流传感器测量转子系统轴的振动信号。

② 按照电涡流传感器的安装说明将连接线与电源、前置器等设备连接。

③ 取下台体上圆盘托件，然后检查油杯中的油、所有固定锁紧装置是否拧紧及硬件之间的线路连接是否正常。

（2）INV1612 型软件参数设置。

进入 INV1612 型机床转子诊断仪实验系统，点击“旋转机械”进入旋转机械分析软件，点击“数据采集”菜单进入数据采集。首先进行参数设置，点击设采样参数按钮，如图 6-77 所示进行参数设置，完成如试验名、试验号、路径、采样频率、通道数和标定值等参数的设置。

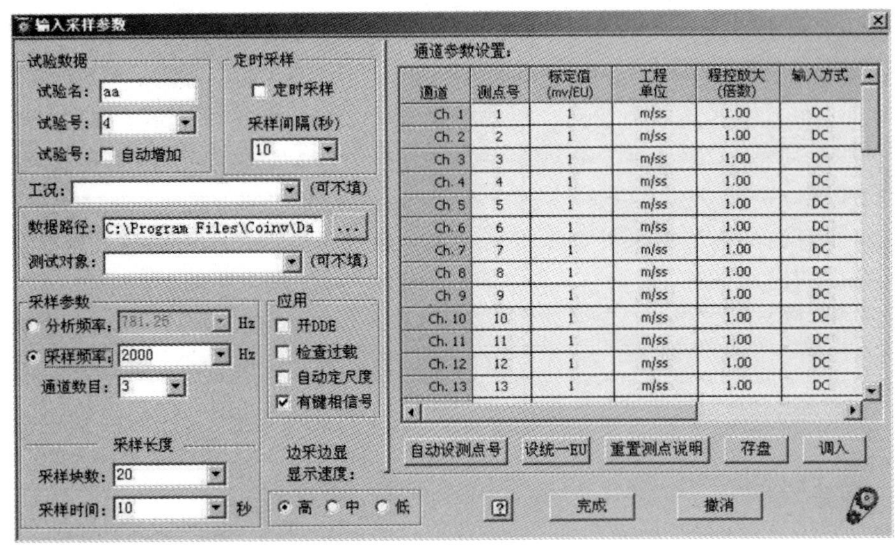

图 6-77　实验参数设置

（3）完成数据采集。

① 启动转子实验系统接通电源线，拨动启动开关；然后，调节微调旋钮，使转子处于旋转状态。

② 点击示波按钮进行波形观察；波形正常，点击采样或边采边显按钮开始进行振动信号采集。然后，匀速调节转子调速旋钮，使转子转速匀速变化。

③ 实验完，点击停止按钮，整理实验仪器。

5）实验数据记录

点击菜单“离线分析”中的“调入数据”；进入调入数据窗口，选择相对应的数据路径浏览，填入文件名、实验号，将已有测点添加到选中测点中，再将键相测点添加到键相测点中，点击“完成”，完成数据的调入。

点击菜单“离线分析”中的“二维全息谱”项，进入二维全息谱分析窗口，窗口上方有滚动条，拖动滚动条到不同位置，可以显示不同时刻不同转速下的二维全息谱图。

点击“波形滚动”下的按钮，滚动显示二维全息谱图的同时，注意观察各倍频轴心轨迹及相位的变化。

6）实验数据分析

（1）输出临界转速前某转速下的二维全息图。

（2）输出临界转速下的二维全息图。

（3）输出临界转速后某转速下的二维全息图。

8. 转子三维全息谱分析实验

1）实验目的

掌握振动位移、速度、加速度之间的关系。学习用压电传感器测量简谐振动位移、速度、加速度幅值。

2）实验器材

INV1612 平台系统包含硬件和软件两大部分。硬件系统包含直流电机 1 台（额定功率

300 W）、数显式调速器、转动轴 1 套、油膜滑动轴承 2 套、光电传感器 1 套、电涡流传感器 2 套、振动传感器 1 套、4 路并行 16 位 ADINV306U-5164 采集仪 1 台、INV 多功能滤波放大器、支架若干、动平衡配重钉等部件。软件系统包括转子实验软件、动平衡实验软件、旋转机械的启停机分析软件、阶次分析软件、全息谱分析软件。系统结构见图 6-55。

3）实验原理

掌握三维全息谱分析的意义并学习识别三维全息谱分析图，学习通过三维全息谱分析转子系统不同截面的振动特性。

三维全息谱分析轴系中数个支承截面上同一阶分量的振动轨迹，得到它们之间的相位关系，以及轴心线上的节点等特性。如图 6-78 所示，根据轴系上多轴心轨迹形成的三维全息谱可以用来确定轴系的扭转振动和弯曲振动等特性。

注意：此实验要在轴系的多个截面上布置 X 和 Y 向测点，因此需要较多的涡流传感器以及更多通道的 INV306U 采集仪。

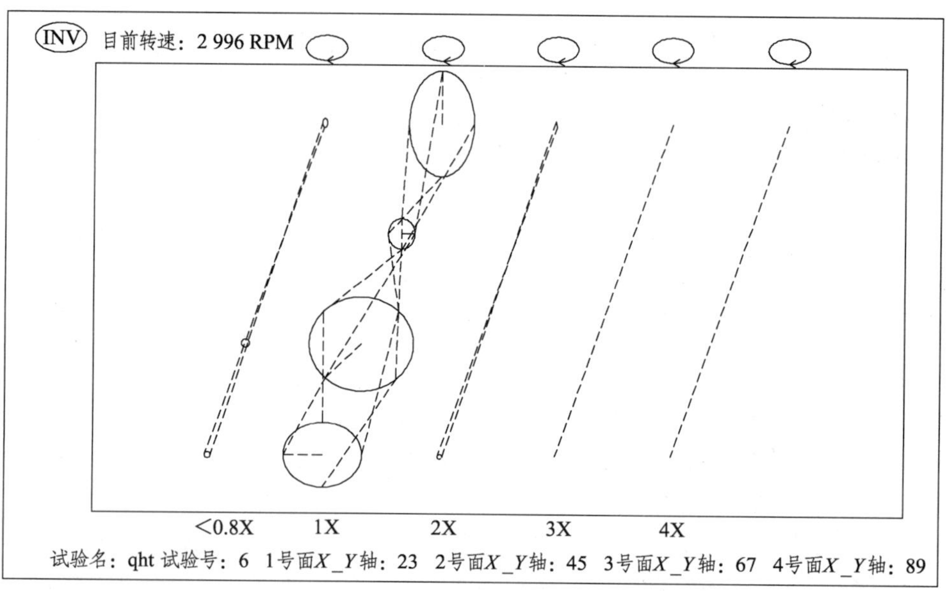

图 6-78 测量 4 个截面的三维全息谱

4）实验步骤和过程

（1）硬件连接。

① 传感器安装布置。

将光电传感器和电涡流传感器安装布置于转子实验系统的支架上，第 1 通道光电传感器接键相信号，其他 $2N$ 个电涡流传感器分别布置到轴系的 N 个截面的 X 和 Y 向，测量 X 和 Y 向的振动信号。

② 连接实验仪器及电源。

③ 取下台体上圆盘托件，然后检查油杯中的油、所有固定锁紧装置是否拧紧及硬件之间的线路连接是否正常。

（2）INV1612 型软件参数设置。

进入 INV1612 型机床转子诊断仪实验系统，点击“旋转机械”进入旋转机械分析软件，点击“数据采集”菜单进入数据采集。首先进行参数设置，点击设采样参数按钮，如图 6-79 所示进行参数设置，完成如试验名、试验号、路径、采样频率、通道数和标定值等参数的设置。

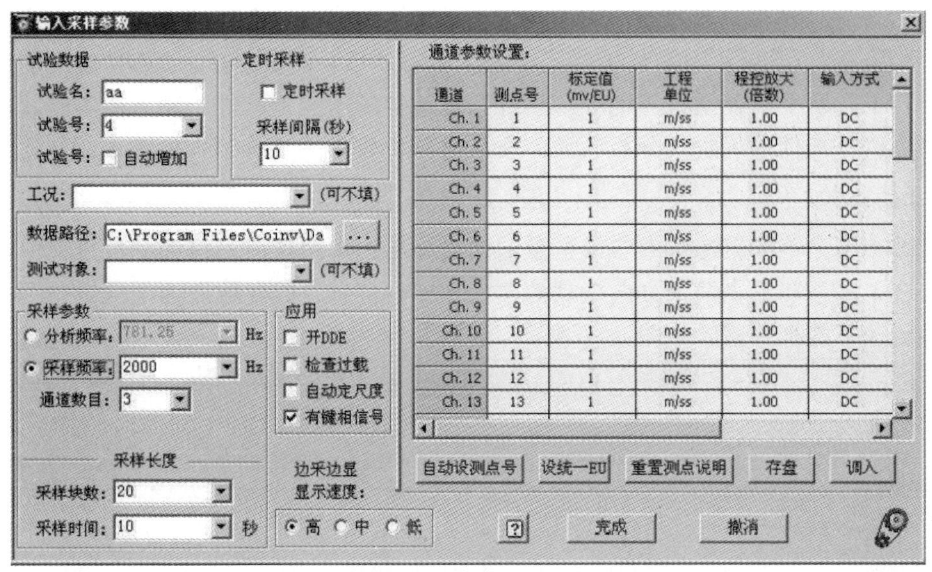

图 6-79　转子三维全息谱分析实验参数设置

（3）数据采集。

① 启动转子实验系统。

接通电源线，拨动启动开关，然后，调节微调旋钮，使转子处于旋转状态。

② 点击示波按钮进行波形观察，波形正常，点击采样或边采边显按钮开始进行振动信号采集。然后，匀速调节转子调速旋钮，使转子转速匀速变化。

③ 实验完，点击停止按钮，整理实验仪器设备。

5）实验数据记录与显示

点击菜单“离线分析”中的“调入数据”；进入调入数据窗口，选择相对应的数据路径浏览，填入文件名、实验号，将已有测点添加到选中测点中，再将键相测点添加到键相测点中，点击“完成”，完成数据的调入。

点击菜单“离线分析”中的“三维全息谱”进入全息谱分析窗口，进行信号全息谱分析。选择截面数和 X、Y 轴测点对应的截面号及截面间距等分析参数，然后，点击波形滚动按钮进行转子系统三维全息谱阵的观察。可以同时显示多阶的三维全息谱，也可仅显示其中的一阶。显示一阶时，可选择阶数。

6）实验数据分析与输出

输出三维全息谱阵图。

9. 转子全息瀑布图分析实验

1）实验目的

了解全息瀑布图分析的意义并学习识别全息瀑布图，通过全息瀑布图分析转子系统 X、Y 方向的振动特性。

2）实验器材

INV1612 平台系统包含硬件和软件两大部分。硬件系统包含直流电机 1 台（额定功率 300 W）、数显式调速器、转动轴 1 套、油膜滑动轴承 2 套、光电传感器 1 套、电涡流传感器 2 套、振动传感器 1 套、4 路并行 16 位 ADINV306U-5164 采集仪 1 台、INV 多功能滤波放大器、支架若干、动平衡配重钉等部件。软件系统包括转子实验软件、动平衡实验软件、旋转机械的启停机分析软件、阶次分析软件、全息谱分析软件。系统结构见图 6-55。

3）实验原理

全息瀑布图为不同转速下的二维全息谱同时画出，可用在启停机的分析过程中。一张瀑布图上综合了水平和垂直两个方向振动的幅值和相位信息，因此称之为全息瀑布图，可以全面得到各转速下的全息谱，如图 6-80 所示。

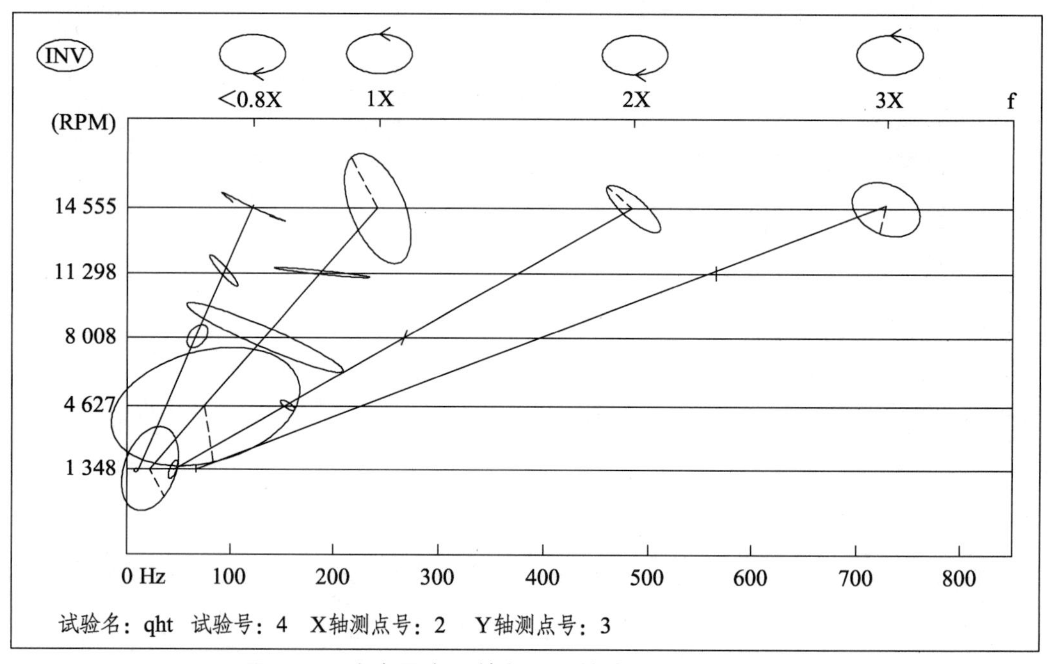

图 6-80　全息瀑布图绘制不同转速下的二维全息谱

4）实验步骤和过程

（1）硬件连接。

① 传感器安装布置。

将光电传感器和电涡流传感器安装布置于转子实验系统的支架上，第 1 通道接光电传感器的键相信号，第 2、3 通道连接 2、3 号电涡流传感器测量转子系统轴的振动信号。

② 按照电涡流传感器的安装说明将连接线与电源、前置器等设备连接。

③ 取下台体上圆盘托件，然后检查油杯中的油、所有固定锁紧装置是否拧紧及硬件之间的线路连接是否正常。

（2）INV1612 型软件参数设置。

进入 INV1612 型机床转子诊断仪实验系统，点击“旋转机械”进入旋转机械分析软件，单击“数据采集”菜单进入数据采集；首先进行参数设置，点击设采样参数按钮进行参数设置，完成如试验名、试验号、路径、采样频率、通道数和标定值等参数的设置。

（3）数据采集。

① 启动转子实验系统。

接通电源线，拨动启动开关，然后调节微调旋钮，使转子处于旋转状态。

② 点击边采边显按钮进行数据采集；然后匀速调节电机调速器旋钮，先将转速升至 8 000 r/min 后再匀速降低至停止，完成启停机实验过程。

③ 实验完，点击停止按钮，整理实验设备。

5）实验数据记录与显示

点击菜单“离线分析”中的“调入数据”；进入调入数据窗口，选择相对应的数据路径浏览，填入文件名、实验号，将已有测点添加到选中测点中，再将键相测点添加到键相测点中，点击“完成”，完成数据的调入。

点击菜单“离线分析”中的“全息瀑布图”进入全息瀑布图分析窗口，进行信号全息瀑布图分析。

选择 X、Y 轴对应的测点、比例因子和谱线条数等分析参数，然后点击“开始计算”按钮。

6）实验数据分析与输出

输出全息瀑布图。

10. 转子非线性分岔图实验

1）实验目的

掌握转子非线性分岔原理以及分岔图测量方法，学习观察、识别转子分岔图。

2）实验器材

INV1612 平台系统包含硬件和软件两大部分。硬件系统包含直流电机 1 台（额定功率 300 W）、数显式调速器、转动轴 1 套、油膜滑动轴承 2 套、光电传感器 1 套、电涡流传感器 2 套、振动传感器 1 套、4 路并行 16 位 ADINV306U-5164 采集仪 1 台、INV 多功能滤波放大器、支架若干、动平衡配重钉等部件。软件系统包括转子实验软件、动平衡实验软件、旋转机械的启停机分析软件、阶次分析软件、全息谱分析软件。系统结构见图 6-55。

3）实验原理

非线性动力系统中复杂现象的发展，使人们不断地把新的观点和方法引入动力系统的研究中，逐步形成了以分岔、稳定及混沌理论为代表的非线性动力系统现代理论及分析方法。分岔问题对于轴承-转子系统的非线性研究至关重要，通过实验测试的方法让人们对分岔能有更深入的了解。

分岔图是计算各转速下的转子振动庞加莱（Poincare）截面图，并将各幅庞加莱截面图按转速为横坐标排列起来得到的图形。当转子系统运转处于线性振动状态时，庞加莱截面图中仅会出现一个截点，而当转子系统出现非线性成分时，庞加莱截面图将会发生变化，具体地讲，一般情况下若出现 $1/n$ 倍频成分，庞加莱截面图中将会出现 n 个截点。最常见的半频油膜涡动是由 1/2 倍频引起的，此时庞加莱截面图中将会出现 2 个截点。在以转速为坐标的庞加莱截面图排列成的分岔图，则可以全面清晰地反映出各转速下会出现何种线性或非线性运动状态，如图 6-81 所示。

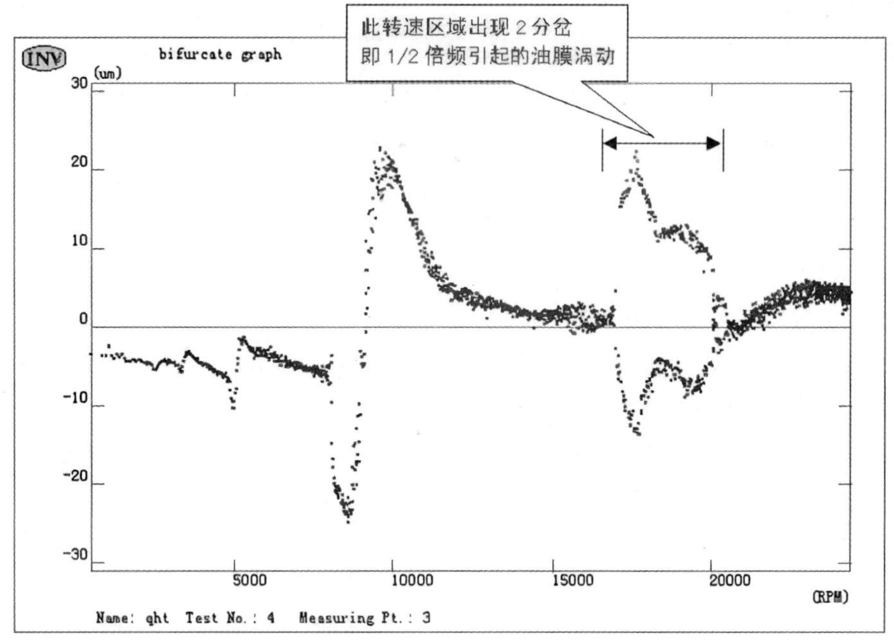

图 6-81 分岔图直观反映系统非线性分岔特性

4）实验步骤和过程

（1）硬件连接。

① 传感器测点安装布置：将光电传感器安装在电机侧面支架位置测量转速，再将涡流传感器安装于转子支架上，用于测量垂直或水平方向的振动量。

② 按照安装说明将连接线与电源、前置器等设备连接。

③ 取下台体上圆盘托件，然后检查油杯中的油、所有固定锁紧装置是否拧紧及硬件之间的线路连接是否正常。

（2）INV1612 型软件参数设置。

进入 INV1612 型机床转子诊断仪实验系统，点击“旋转机械”进入旋转机械分析软件，点击“数据采集”菜单进入数据采集。首先进行参数设置，点击设采样参数按钮，如图 6-82 所示进行参数设置，完成如试验名、试验号、路径、采样频率、通道数和标定值等参数的设置。

（3）数据采集。

① 启动转子实验系统。

接通电源线，拨动启动开关，然后调节微调旋钮，使转子开始转动。

② 点击示波按钮进行波形观察；波形正常，点击采样或边采边显按钮开始进行振动数据采集。匀速调节转子调速旋钮，使转子转速匀速变化，升至最高转速，然后匀速降至最低转速。注意：要进行分岔图分析，则必须使转速达到 2 倍临界转速以上，并确认已经发生半频涡动，这样的分岔图中才会出现分岔图像。

③ 实验完，点击“停止”按钮，将数据存盘。

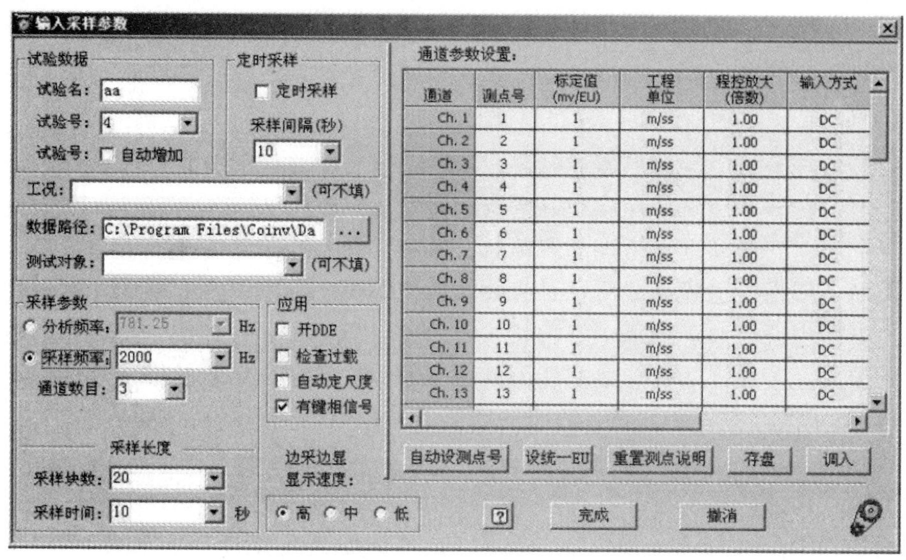

图 6-82　参数设置

5）实验数据记录与显示

点击菜单“离线分析”中的“调入数据”；进入调入数据窗口，选择相对应的数据路径浏览，填入文件名、实验号，将已有测点添加到选中测点中，再将键相测点添加到键相测点中，点击“完成”，完成数据的调入。

点击菜单“离线分析”中的“时间转速幅值曲线”进入分析窗口，进行振动信号时间转速幅值曲线，在窗口左侧的“显示方式”栏中选择“分岔图”，即可显示转子系统的非线性分岔图。

选择测点通道、时间段、FFT 点数、谱线条数和显示方式等分析参数；然后，点击开始计算按钮进行时间转速幅值及非线性分岔分析。通过调整起止时间段，可以观察此时间段中转子的振动特性。

6）实验数据分析与输出

（1）输出幅值转速曲线。

（2）输出分岔图。

11. 转子基频、倍频和半频测试实验

1）实验目的

掌握油膜涡动、油膜振荡的基本概念；观察转子系统在旋转过程中的频谱特性；学习基频、半频及倍频对转子振动系统的幅值影响。

2）实验器材

INV1612 平台系统包含硬件和软件两大部分。硬件系统包含直流电机 1 台（额定功率 300 W）、数显式调速器、转动轴 1 套、油膜滑动轴承 2 套、光电传感器 1 套、电涡流传感器 2 套、振动传感器 1 套、4 路并行 16 位 ADINV306U-5164 采集仪 1 台、INV 多功能滤波放大

器、支架若干、动平衡配重钉等部件。软件系统包括转子实验软件、动平衡实验软件、旋转机械的启停机分析软件、阶次分析软件、全息谱分析软件。

3）实验原理

转子故障特征分析中，可以通过基频、半频及倍频等频谱成分来区分转子系统的故障。所以本实验对分析转子故障特性有很好的指导意义。

油膜涡动：对于滑动轴承受到动载荷时，轴颈会随着载荷的变化而移动位置。移动产生惯性力，此时，惯性力也成为载荷，且为动载荷，取决于轴颈本身的移动。轴颈轴承在外载荷作用下，轴颈中心相对于轴承中心偏移一定的位置而运转。当施加一扰动力，轴颈中心将偏离原平衡位置。若这样的扰动最终能回到原来的位置或在一个新的平衡点保持不变，即此轴承是稳定的；反之，是不稳定的。后者的状态为轴颈中心绕着平衡位置运动，称为“涡动”。涡动可能持续下去，也可能很快地导致轴颈和轴承套的接触。

油膜振荡：高速旋转机械的转子常用流体动压滑动轴承支承，设计不当，轴承油膜常会使转子产生强烈的振动，这种振动与共振不同，它不是强迫振动，而是由轴承油膜引起的旋转轴自激振动，所以称为油膜振荡。“油膜振荡”现象可产生与转轴达到临界转速时同等的振幅或更加激烈。油膜振荡不仅会导致高速旋转机械的故障，有时也是造成轴承或整台机组破坏的原因，应尽可能地避免油膜振荡的产生。

4）实验步骤和过程

（1）硬件连接。

① 电涡流传感器的安装。按照 INV1612 型多功能柔性设置中常规实验缺省值中传感器的安装位置安装电涡流传感器。将传感器 1 安装在 1 号位置测量转速，再将 2、3 传感器分垂直和水平方向安装于转子支架上，用于测量 X、Y 方向的振幅。

② 按照电涡流传感器的安装说明将连接线与电源、前置器等设备连接。

③ 取下台体上圆盘托件，然后检查油杯中的油、所有固定锁紧装置是否拧紧及硬件之间的线路连接是否正常。

（2）INV1612 型多功能柔性参数设置。

① 将采样参数设置为适当数值，如图 6-83 所示，通道数为 3，选好工程单位，设置标定值。

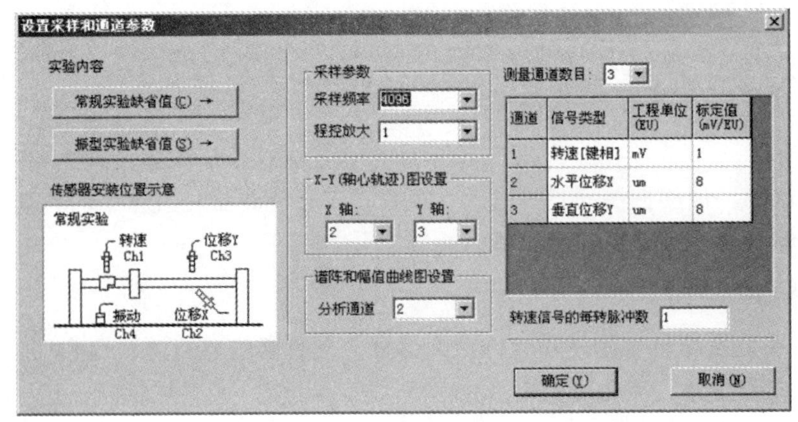

图 6-83 转子基频、倍频和半频测试实验参数设置

② 将显示类型调到频谱显示，并设置频谱分析中的阶次标注等参数，如图 6-84 所示。

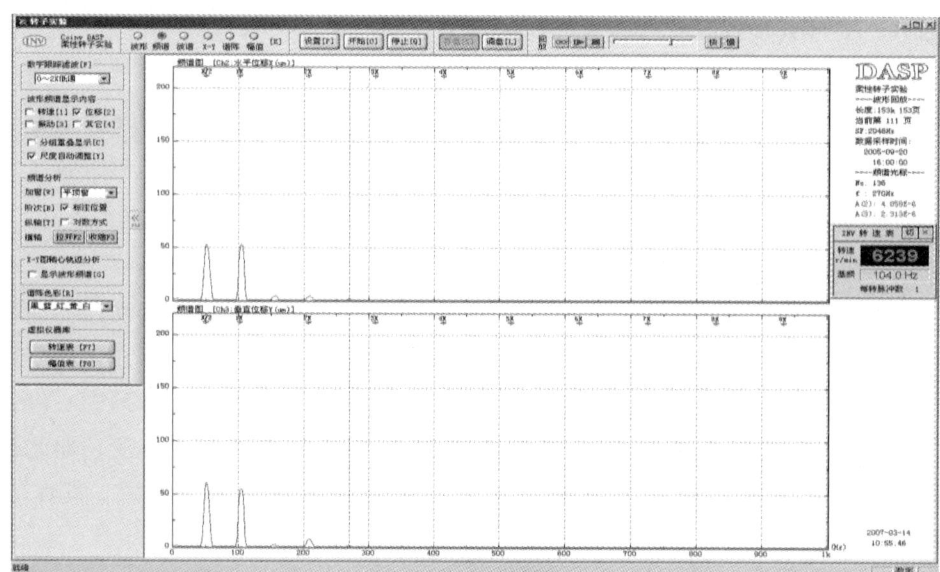

图 6-84　频谱

（3）完成数据采集。

① 点击“开始”按钮，并匀速调节电机调速旋钮，观察频谱的变化。

② 转速调到10 000 r/min 后将所测数据保存。

③ 将转子转速降至最低，关闭电源；再将圆盘托件加到圆盘下面支撑。

5）实验数据记录与分析

将数据保存，记录 *X*、*Y* 向临界前某转速、一临界、半频油膜涡动及涡动后某转速的基频、倍频和半频的幅值，并填入表 6-19 中。

表 6-19　振动幅值数据

频率 转速	临界前	一临界	半频涡动	涡动后
1/2×倍频				
基频				
2×倍频				

6）分析与思考

分析频率成分出现故障的原因。

12. 滑动轴承油膜涡动和油膜振荡实验

1）实验目的

认识滑动轴承发生油膜涡动、油膜振荡的现象，观察转子发生油膜涡动、油膜振荡振动幅值和相位以及轴心轨迹的变化情况，分析转子系统发生油膜涡动、油膜振荡的规律及特点；认识系统发生油膜涡动、油膜振荡的危害。

2）实验器材

INV1612 平台系统包含硬件和软件两大部分。硬件系统包含直流电机 1 台（额定功率 300 W）、数显式调速器、转动轴 1 套、油膜滑动轴承 2 套、光电传感器 1 套、电涡流传感器 2 套、INV 多功能滤波放大器、振动传感器 1 套、4 路并行 16 位 ADINV306U-5164 采集仪 1 台、支架若干、动平衡配重钉等部件。软件系统包括转子实验软件、动平衡实验软件、旋转机械的启停机分析软件、阶次分析软件、全息谱分析软件。

3）实验原理

油膜涡动：对于滑动轴承受到动载荷时，轴颈会随着载荷的变化而移动，移动产生惯性力，惯性力也成为载荷，且为动载荷，取决于轴颈本身的移动，轴颈轴承在外载荷作用下，轴颈中心相对于轴承中心偏移一定的位置而运转，当施加一扰动力时，轴颈中心将偏离原平衡位置。若这样的扰动最终能回到原来的位置或在一个新的平衡点保持不变，即此轴承是稳定的；反之，是不稳定的。后者的状态为轴颈中心绕着平衡位置运动，称为“涡动”。涡动可能持续下去，也可能很快地导致轴颈和轴承套的接触。

油膜振荡：高速旋转机械的转子常用流体动压滑动轴承支承，设计不当，轴承油膜常会使转子产生强烈的振动，这种振动与共振不同，它不是强迫振动，而是由轴承油膜引起的旋转轴自激振动，所以称为油膜振荡。“油膜振荡”现象可产生与转轴达到临界转速时同等的振幅或更加激烈。油膜振荡不仅会导致高速旋转机械发生故障，有时也是造成轴承或整台机组破坏的原因，应尽可能地避免油膜振荡的产生。

油膜振荡的特点：

（1）发生于转轴一阶临界转速两倍以上，其甩动方向与转轴旋转方向一致。

（2）油膜振荡时，轴心涡动频率通常为转子一阶固有频率，振型为一阶振型。

（3）一旦产生，转子的振动将加剧，轴心轨迹变化范围剧烈增大，也从原来的“椭圆形”变得不稳定，呈紊乱状态；振荡产生后，转速继续增大，振动并不减小，也不易消除。

（4）转子速度降低时，油膜振荡常常在其开始出现的转速以下仍继续存在，至转速降低到一定程度后油膜振荡才消失，即升速时产生油膜振荡的转速与降速时油膜振荡消失的转速不相同，这种现象称为“惯性效应”。

（5）转速在一阶临界转速的两倍以下时可能产生半速涡动，涡动频率为转速的一半。半速涡动的振幅较小，若再提高转速则会发展成为油膜振荡，半速涡动通常在高速轻载轴承情况下发生。

发生油膜涡动和油膜振荡时的典型轴心轨迹如图 6-85 和图 6-86 所示。

4）实验步骤和过程

（1）查看实验注意事项，做好实验准备工作。抽出配重盘橡胶托件，油壶内加入适量的润滑油。

（2）连接测试系统。电涡流传感器的前置器由 – 24 V 直流电源供电。电涡流传感器的感应面与被检测物体的表面距离应在 1 mm 左右，使间隙电压调整到检定证书中的标准值。连接传感器、抗混滤波器、INV306U 数据采集仪及计算机 DASP 测试软件。

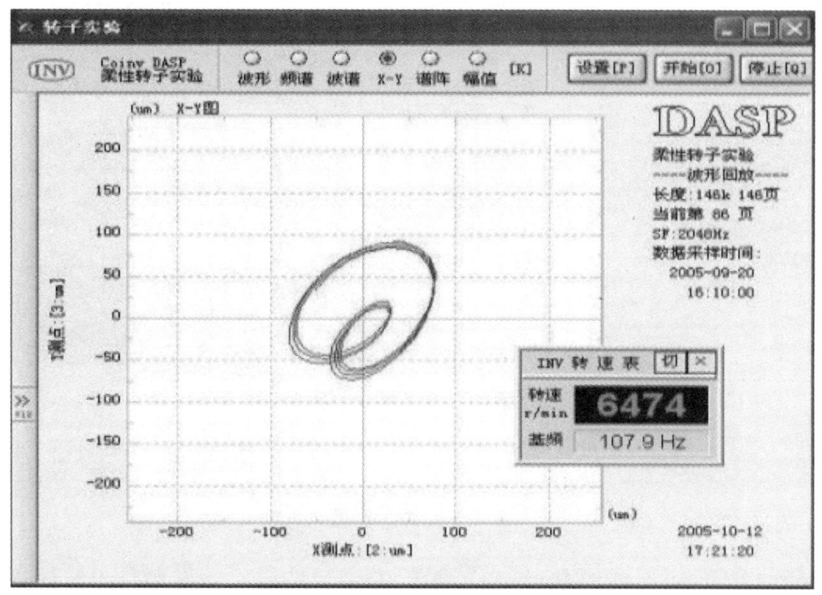

图 6-85　油膜涡动的轴心轨迹

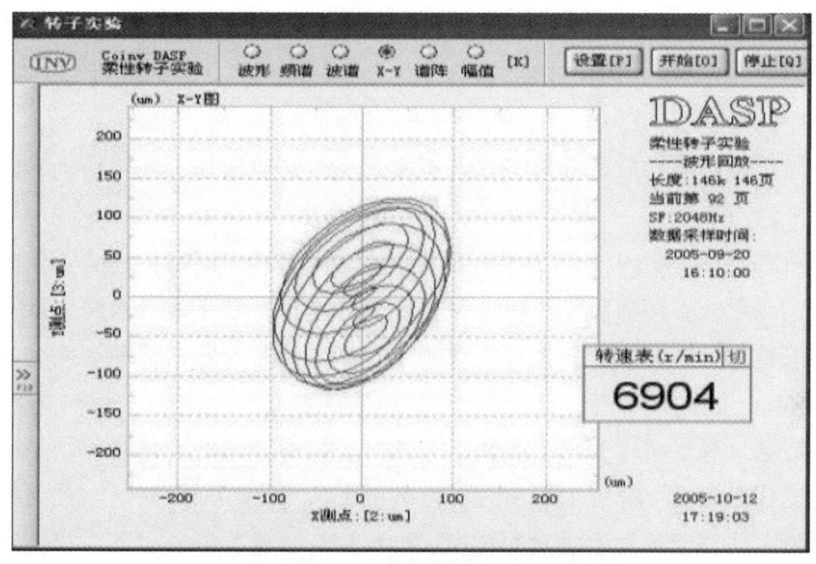

图 6-86　油膜振荡的轴心轨迹

（3）采样参数设置。进入 INV1612 型机床转子诊断仪实验系统的转子实验模块，选择转子实验按钮，进入转子实验模块界面。

点击程序设置[P]按钮，参照图 6-87 所示设置常规实验缺省的采样和通道参来分配传感器信号的通道。采集仪的 1 通道接转速（键相）信号，2 通道接水平位移 X 向信号，3 通道接垂直位移 Y 向信号；对于 0 ~ 10 000 r/min 的转子实验装置，为兼顾时域和频域精度，一般采样频率应设置在 1 024 ~ 4 096 Hz 较为合适；程控放大可以将信号放大，但注意不要太大，以免信号过载；X-Y 轴心轨迹图设置在转轴同一位置的水平和垂直两个位移测点（实验中，因为转轴较细，为了避免传感器磁头发生磁场交叉耦合引起的误差，所以 X、Y 向传感器不要安装在同一平面内）。

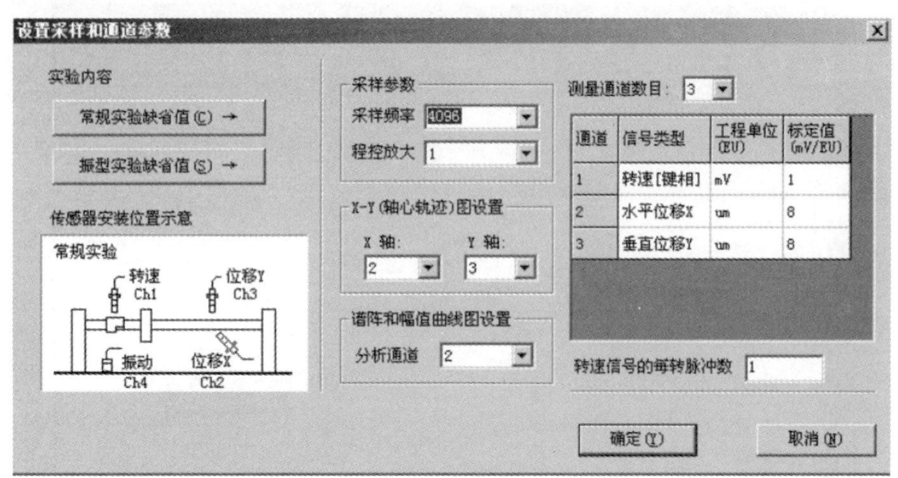

图 6-87　采样和通道参数设置

在数字跟踪滤波方式[F]选择 0 ~ 1 × 低通或 0 ~ 2 × 低通。如果选择 0 ~ 2 × 低通滤波，则能观察到更有价值的图形。

油膜振荡现象观察；在虚拟仪器库栏下打开转速表[F7]和幅值表[F8]，转速表和幅值表都可以拖到屏幕适当的位置；图谱曲线选择 *X-Y*（在曲线界面上方，可按热键[K]进行各种测量的快速切换）。

（4）检查连线连接无误后，开启各仪器电源。点击开始按钮并同时启动转子。

（5）数据采集。

① *X-Y* 图：将显示调到 *X-Y* 图方式，逐渐提高转子转速，同时要注意观察转子转动速度和振幅的变化，接近临界转速时，可以发现振幅迅速增大，转子运行噪声也加大，转子通过临界转速后，振幅又迅速变小，由此可大致确定转子系统基频所在转速区间，系统临界转速大约在 3 000 r/min。

继续升高转速，观察轨迹变化，当转速大约升至临界转速的两倍时，转子的振动剧烈增加，轴心轨迹也从原来的“椭圆形”变为“双椭圆形”，如图 6-85 所示。此时的现象表明转子系统发生油膜涡动，记录发生涡动的转速。继续提高转速，轴心轨迹变得更加紊乱，且很不稳定，如图 6-86 所示。此时表明油膜振荡开始发生，记录转速。

观察基频、半频振幅-转速曲线，逐渐调整转速，基频振幅最大时即为系统的一阶临界转速。半频出现最值即为涡动现象；在临界、涡动转速附近运转时要快速通过，以避免长时间剧烈振动对系统造成大的破坏。

② 幅值-转速曲线图：改变软件设置，选择幅值，查看在经过临界转速和油膜涡动时基频幅值和半频幅值的变化。在临界转速处，基频振幅出现共振峰，而在油膜涡动和油膜振荡处，半频幅值出现峰值，说明油膜涡动的一个重要特点是出现明显的半频成分。

③ 阶次频谱：将显示方式调到频谱，再将左侧频谱分析中阶次标注位置选上。通过观察 1/2*X* 倍频的变化可以判断油膜涡动现象。实验完毕，数据存盘。

5）实验数据记录

（1）将油膜涡动、振荡-转速关系记录到表 6-20 中。

表 6-20　油膜涡动、振荡-转速关系

	升速过程		降速过程	
	发生/（r/min）	消失/（r/min）	发生/（r/min）	消失/（r/min）
涡动				
油膜振荡				

（2）绘制涡动时轴心轨迹图。

6）实验数据记录与分析

（1）绘制油膜振荡时轴心轨迹图。

（2）绘制涡动时频谱图，并标注基频、半频及对应幅值。

6.3　模态分析专用软件程序

INV1601 型振动与控制模态教学实验系统（以下简称 INV1601 型软件）是用于振动力学和模态实验的教学实验软件系统，可进行多通道信号采集和实时分析。它主要包括 DASP 单通道、DASP 双通道、DASP 多通道和 DASP 模态教学四大基本部分，以及可以选择的扩展模块和工程测试模块。下面主要介绍 DASP 单通道软件和 DASP 模态软件的使用。DASP 双通道和 DASP 多通道的使用可以参考单通道和相关说明书。

INV1601 型振动与控制模态教学实验系统具有以下特征。

（1）采样频带宽：在非实时采样下，一次采样点数从 1 024 到 32 000 可调，对应频谱分析的谱线数最大为 16 384 条。可以连续不间断地进行信号采样，并同时进行频谱分析和结果显示，实现了采样、分析和显示示波的同步进行。

（2）频谱分析有 4 种频谱形式可选，有 7 种窗函数可选。

（3）频谱结果有多种方式可供选择：线性平均或者指数平均方式，也可选择不平均方式。

（4）精度高。利用频率计技术对 FFT 频谱结果进行快速实时校正，频率精度可达万分之一。

（5）具备多种互功率谱分析和传递函数分析结果显示方式：幅频曲线、相频曲线、相干谱、实频曲线、虚频曲线、自功率谱、奈奎斯特图、相干互谱（相干传函）等，可以随意选择同时显示一种或几种谱线。

（6）多踪信号分析可以进行多路信号的时域分析和频谱分析，并进行时域数值统计和频谱峰值的自动收取和读数，多踪李萨如图分析可以同时显示多个李萨如图，各李萨如图可以随意设计。

（7）功能不断地增加，目前已具有倒谱分析和小波（包）分析。通过读数光标，对任意一条显示的曲线上的所有点，都可以准确读数，并且具有自动跳极值功能，方便用于读取曲线上的各峰值点。

（8）操作简便。INV1601 型软件设计了美观的界面，色彩鲜艳，各种参数调节直观方便，操作简捷。

（9）多种报告形式。可以直接输出图文并茂的分析报告，并保存为 Word 格式的.doc 文件，实现了现场输出报告的功能。也可输出十进制方式的数据列表，显示的图形可以直接通过打印机打印，或者保存到标准的 BMP 位图文件，也可以复制到 Windows 的系统剪贴板。

（10）系统带有多种信号发生器，可以仿真发生高达 32 路信号，各路信号的参数可随意调节，可以生成各种类型的随机信号、标准信号和合成信号，标准信号的初始相位、扫描方式、扫描周期、阻尼衰减等多种参数可调，可为教学和科研提供各种需要的信号。

（11）以虚拟仪器技术为基础提供了多种虚拟仪器库的功能，包括频率计、阻尼计、谐波失真度计、索力计、转速表、应变计、应力计、频谱泄漏演示仪、频谱混叠演示仪等。

（12）整个系统适合教学演示、现场测试和科学研究等多种用途。

6.3.1 系统的环境要求和软件的安装

1. INV1601 型振动与控制模态教学实验软件系统运行环境

操作系统：Windows XP/Windows 7（32 位或 64 位）/Windows 8 中英文版。

建议配置：CPU 为奔腾Ⅲ450 MHz 或更高，内存在 128 MB 以上。

显示卡：SVGA，16 位以上颜色，1 024 × 768 分辨率。

2. INV1601 型振动与控制模态教学实验软件的安装步骤

（1）将 INV1601 型软件安装光盘插入计算机的光驱，则会自动启动安装引导程序，如图 6-88 所示，在其右侧有若干个安装选项，点击“安装 INV1601 振动教学系统”项即可开始安装 INV1601 型软件。

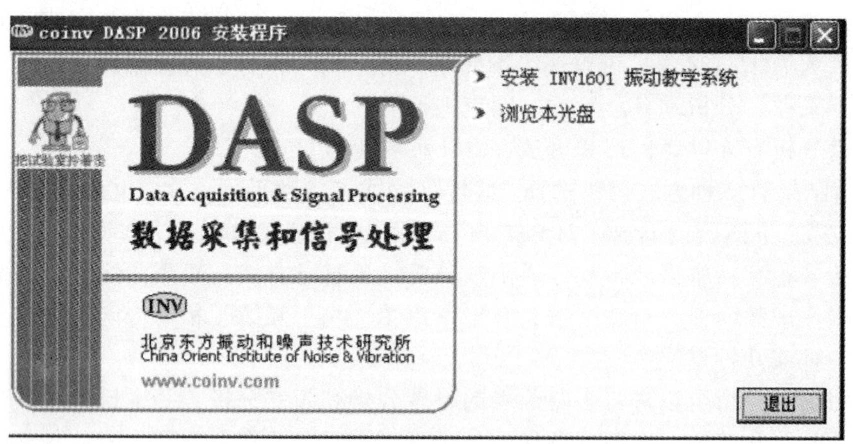

图 6-88　INV1601 振动模态教学系统软件安装引导界面

（2）若插入光盘后计算机没有自动启动安装引导程序，则可以通过资源管理器找到光盘根路径上的 Setup.exe，双击执行该程序，即可启动安装引导程序。

（3）安装过程中，根据提示按“下一步”或者“是”便可一步步进行下去。

（4）当要求输入“用户信息”时，可以输入姓名、单位名称和软件序号。注意：软件序号印在光盘背面的标签纸上，务必正确输入，若输入的序号与光盘背面的序号不同，则 INV1601 型软件在安装后将不能正确运行，此时需要将软件卸载后重新安装。

6.3.2　INV1601 型软件的运行

软件安装完后，可以通过以下步骤运行 INV1601 型软件。

（1）通过 Windows 左下方的“开始”菜单的“程序”中，其中将会出现“Coinv DASP V10”程序组，运行其中的“INV1601 振动教学系统”项即可。

（2）在 Windows 的桌面上，将会有名为“INV1601 振动教学系统”的图标，用鼠标双击该图标即可运行 INV1601 型软件。

（3）INV1601 型软件运行后，将会出现程序主界面，其中有若干个按钮“单通道”“双通道”和“多通道”，点击后分别可以进入 INV1601 型软件的三个主模块软件以及扩展模块软件。

（4）INV1601 型软件有两种工作状态：测试状态和演示状态。测试状态下，INV1601 型软件将通过采样卡等硬件进行实际的信号采样，此时要求采样卡等必须已经正确安装；在演示状态下，则通过 DASP 信号发生器发生各种信号（参见附录一），不需要任何采样卡，而是仿真采 DASP 信号发生器的信号，由于 DASP 信号发生器可以发生各种标准信号，因此可以用于教学和科研，也可用于练习 INV1601 型软件的操作。

6.3.3　INV1601 型软件的卸除

INV1601 型振动与控制模态教学实验软件提供了完善的自动卸除功能，可以方便地从计算机中卸除软件的所有文件、程序组和快捷方式。具体步骤：从“开始”菜单的“程序”中的“Coinv DASP V10/V11”程序组中，运行其中的“INV1601 振动教学系统卸除”，可开始卸除功能，按照屏幕提示即可快速、安全、方便地卸除 INV1601 型振动与控制模态教学实验软件及其组件。

6.3.4　DASP 单通道软件

DASP 单通道模块（即单踪虚拟仪器库）为一套完善的单通道信号示波、采样以及实时频谱分析软件，多种采样分析参数可任意调节，并具有强大的结果输出功能。

1. DASP 基本操作

从主界面中点击“单通道”按钮，即可进入单通道软件，其界面如图 6-89 所示，其中右上部最大的区域为图形显示区域，显示信号的波形、频谱、读数等信息，其左边部分由多种按钮、旋钮组成，为参数设置区，可以调节各种采样分析和显示参数，并显示统计数据的列表；在图形显示区的下部，有几排按钮，为功能操作区，可以完成各项功能操作，并可以调节采样参数和系统设置。

DASP
199.999895

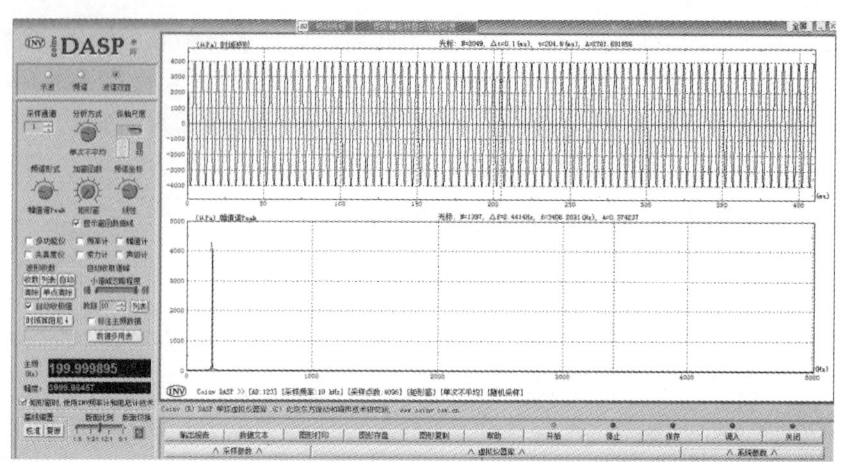

图 6-89　单通道软件界面

（1）开始、停止、数据存取与软件关闭功能。

在右下方有一排按钮，如图 6-90 所示，从左到右分别为“开始”“停止”“保存”“调入”和“关闭”。

开始
停止
保存
调入
关闭

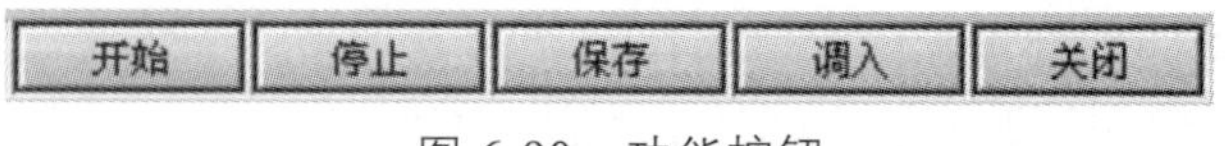

图 6-90　功能按钮

开始测试：单击“开始”按钮，DASP 将开始进行数据采样、示波和频谱分析，同时将数据的波形和频谱显示在图形显示区。

停下读数：单击“停止”按钮，将停止示波和采样，频谱图形不再变化，而进入读数状态，此时用鼠标在图形上任意位置单击左键，即可将图形上的光标定位到鼠标点击处，并在图形上部显示光标处的读数文字。

存盘：单击“保存”按钮，可以将当前的结果保存下来，该保存的结果以后可以通过“调入”功能将结果调出。在保存时，将弹出“保存分析结果”对话框，如图 6-91 所示，可以为当前的结果设置一个试验名、试验号、测点号以及文件在硬盘上的存盘路径，以后该结果将使用设置的试验名、试验号和测点号进行标识，并保存在存盘路径中。按存盘路径右边的“…”按钮，将弹出选择路径对话框，可以方便地从计算机中选择一个路径。设置完毕后，按“确定”按钮进行保存，按“取消”按钮则不进行任何保存，直接返回。

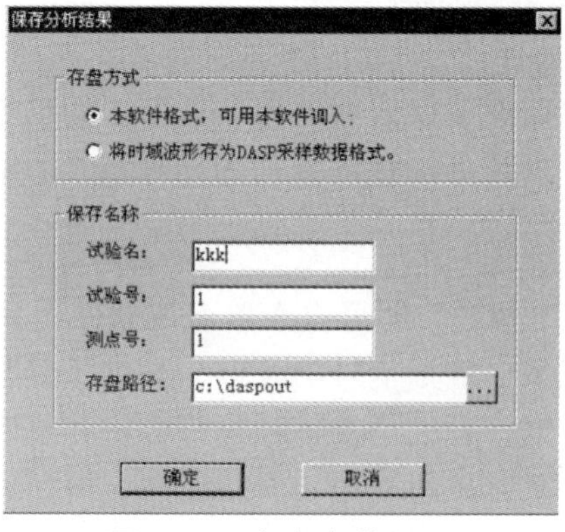

保存分析结果
存盘方式
本软件格式，可用本软件调入；
将时域波形存为DASP采样数据格式。
保存名称
试验名：
kkk
试验号：
1
测点号：
1
存盘路径：
c:\daspout
确定
取消

图 6-91　存盘参数设置

调出结果：单击“调入”按钮，则可以将以前保存的结果调出，此时弹出“调出分析结果”对话框，如图 6-92 所示，其中的设置与存盘时的设置一一对应，正确输入后将调出结果数据，并在图形显示区显示出来，此时 DASP 处于读数状态，可以通过单击鼠标进行读数。

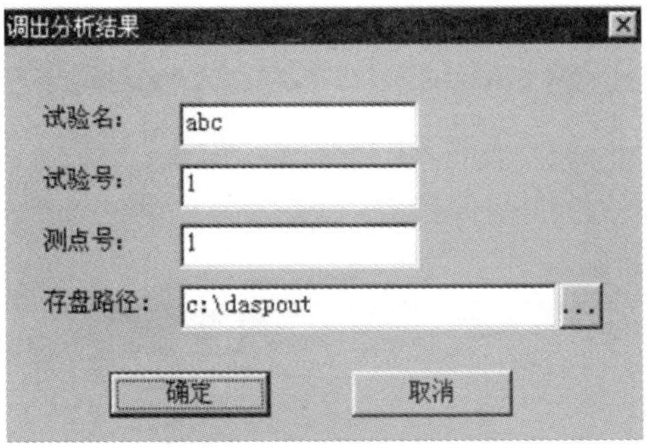

图 6-92　调盘参数设置

软件关闭：点击“关闭”按钮，将退出软件，并回到 INV1601 型软件主界面。

（2）输出报告、数据文本、图形打印功能。

在图形显示区的下方有一排按钮，如图 6-93 所示，从左到右分别为“输出报告”“数据文本”“图形打印”“图形存盘”和“图形复制”。这些功能可以将当前的分析结果以多种方式输出，以便操作者使用 DASP 的分析结果。

图 6-93　多种结果输出功能按钮

① 输出图文报告：按“输出报告”按钮，DASP 将根据当前的采样分析参数和结果，自动输出图文并茂的报告。报告以三种方式之一进行输出，分别是网页格式、Word 格式、文本格式，如图 6-94 所示。

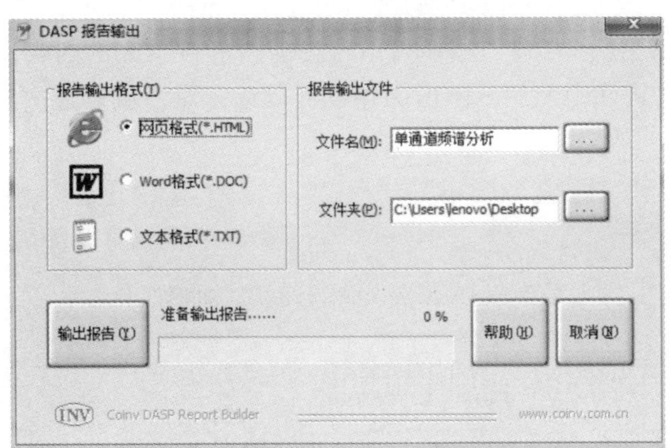

图 6-94　DASP 输出图文报告的格式

报告由 DASP 自动生成，主要包括 4 项内容：被分析数据的各种参数和信息、分析方法和分析计算参数、结果图形和图形简要说明、结果数据列表。但是实际使用中可能需要报告中包含其他内容和结论，因此操作人员可以根据自己的需要对报告进行任意的修改和增加内容。报告保存时可用的格式有 3 种：网页格式（后缀为.HTML）、Word 格式（后缀为.DOC）和文本文件格式（后缀为.TXT）。

其中，网页格式不能在线编辑；Word 格式为 Microsoft Word 的标准文档格式，可以方便地使用 Microsoft Word 软件打开，而 TXT 格式的文件比较简单，只能含有文字，会丢失格式信息和图形等内容。

② 输出数据文本：按“数据文本”按钮可以将当前的结果数据以十进制的 ASCII 码方式保存到一个文本文件中。十进制方式是可以直接阅读的格式，此时将弹出“输出数据到文本文件”对话框，如图 6-95 所示。其中，可以选择输出的内容，包括数据参数、时域波形数据和频谱数据，并设定输出文件的路径和文件名，按“确定”按钮完成保存，按“取消”按钮则不进行保存。

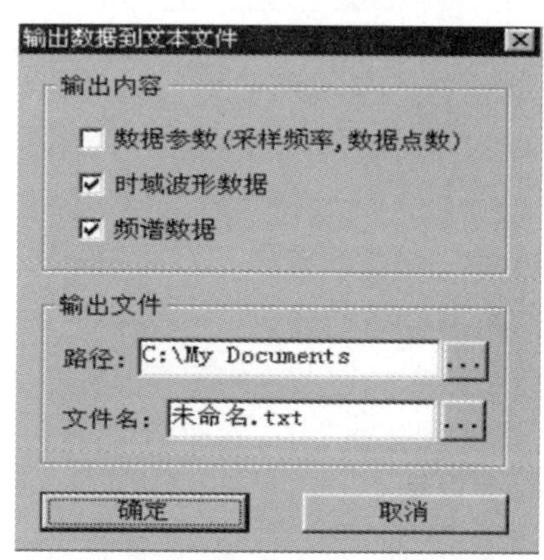

图 6-95　数据文本存盘参数设置

③ 图形打印：按“图形打印”按钮可以将图形显示区的内容通过计算机连接的打印机打印出来，此时将显示打印预览效果，在上方的一排按钮中，按“打印”按钮即可进行打印。打印图形时默认使用黑白图形，这样可以适合普通的黑白打印机，也可以选择彩色打印方式。可以通过“系统设置”改变打印时的色彩为黑白还是彩色。

④ 图形保存：按“图形存盘”按钮可以将当前图形显示区的内容保存成图 6-96 所示的 6 种格式，以便在其他软件中使用。图形保存也可以选择黑白或彩色方式，通过“系统设置”即可改变。

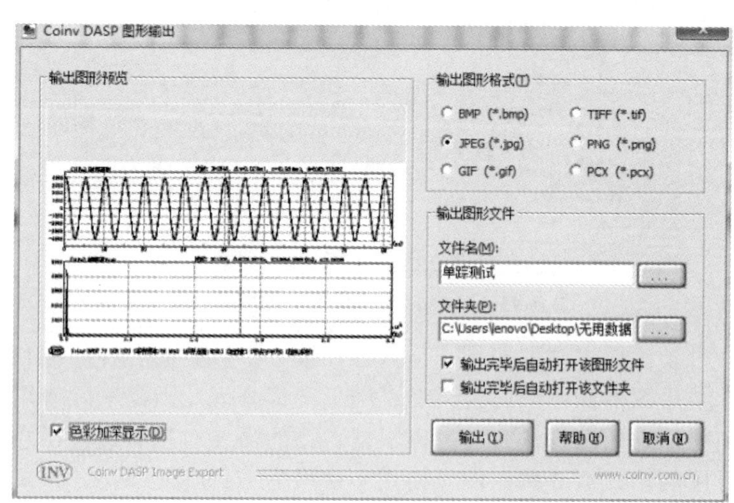

图 6-96　图形保存到 BMP 文件中

（3）系统参数设置。

在右下方有一个名为“系统参数”的抽屉式按钮，点击后将拉出“系统参数”抽屉式对话框，如图 6-97 所示，其中可以进行一些系统参数的设置，设置完毕后可以单击其右上方的按钮完成设置。

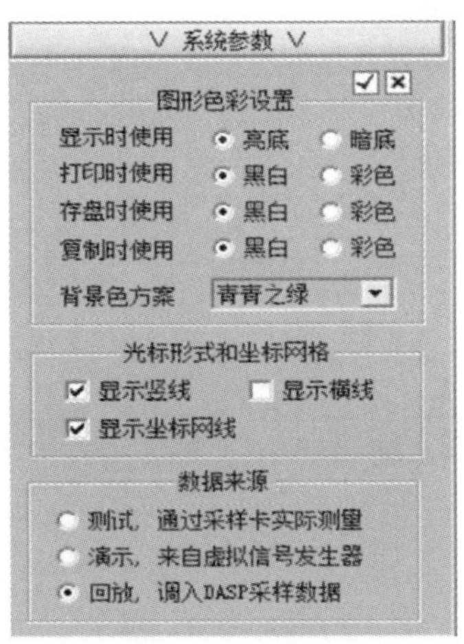

图 6-97　系统参数设置

① 图形色彩设置：在该栏中可以设置图形显示区的显示色彩为亮底还是暗底，以及设置图形打印、图形存盘和图形复制时使用黑白图形还是彩色图形。

② 光标形式和坐标网络：读数光标由两条虚线组成，包括竖线和横线，是否选中，可以设定是否使用竖线或横线，可以设置是否在波形图和频谱图中显示坐标网格线。

③ 测试或者演示选择：在“数据来源”项中有 3 个选项，即测试、演示及回放。选择测试，DASP 将通过采样卡采集连接在采样卡上的实际信号；若选择演示，则将自动调出“DASP 信号发生器”，该发生器仿真发生各种类型的信号，DASP 采样该仿真信号，并同样进行各种示波分析工作。“DASP 信号发生器”几乎可以发生任意需求的标准信号，可以非常方便地用于教学、科研等方面。若选择回放，则将 DASP 已采集并保存为“DASP 采样数据格式”的数据进行回放，并可通过“数据回放控制器”选择待回放数据及数据回放形式。

（4）采样参数设置。

在下方的另一个抽屉式按钮名为“采样参数”，点击后将拉出“采样参数”抽屉式对话框，如图 6-98 所示，可以进行有关采样和标定的各种参数设置。设置完毕后单击其右上方的按钮完成设置。

① 设置采样频率：在“频率”栏右边的编辑框中可以直接输入频率值，输入方式为数字，数字后面可以加上“Hz”“kHz”“MHz”等单位；若不加任何单位，则表示输入数字的单位为 Hz。例如，输入 10 kHz 则为 10 × 1 000 Hz，输入 10 MHz 则表示 10 × 1 000 000 Hz。

频率编辑框的右边有一个下拉按钮，点击后出现下拉列表，可以从中直接选择一些常用的频率数值。

② 采样点数设置：在“采样点数”栏中的旋钮可以改变一次采样的采样点数，图形显示时将显示相应点数的波形和频谱。其中的 1 K 代表 1 024，例如选择采样点数为 2 K，则表示 2 × 1 024 点，最大可以选择 32 K 数据点数。较大的数据点数可以使频谱分析的频率分辨率提高。

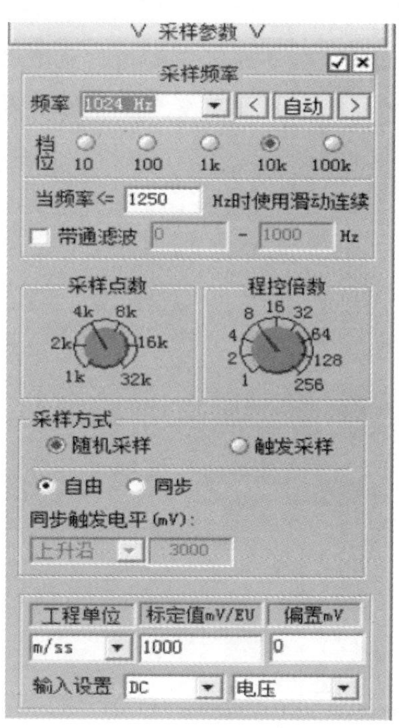

图 6-98　采样参数设置

③ 程控放大倍数设置：有时采样的信号幅度非常小，比起采样卡量程要小很多，这样就不利于信号的读取、分析和显示，此时可以将信号进行放大，在“程控倍数”栏的旋钮可以设置不同的程控放大倍数。注意：程控放大仅仅用于信号的放大采样，最后读数时具体数据不会有任何改变。对于不同型号的采样卡，其最大程控倍数有所不同。

④ 采样方式设置：在“采样方式”栏中有两种方式可以选择：随机采样和触发采样。随机采样：此种方式下，按下“开始”后，DASP 立即进行信号采样，在一次采样完毕后，进行波形和频谱等信息的显示，并连续进行下一次采样，像示波器一样连续工作，直到按“停止”按钮。选择随机采样方式时，在其下方还可以选择信号示波时是否进行同步示波。若选择“自由”方式，则不进行同步示波，选择“同步”方式则将在下方出现“同步触发电平”和触发方式的设置。其中同步触发电平（单位为 mV）表示对简谐信号进行同步示波时的触发电平，而触发方式可以有两种选择：上升沿和下降沿。例如选择上升沿 1 000 mV 触发电平，则在示波时的简谐信号总是从正弦波的上升阶段的 1 000 mV 大小处开始。在对简谐信号进行示波时，使用同步示波方式可以使信号总是从同一个相位处开始，从而能够将信号稳定地进行示波。

触发采样：此种方式下，还需要选择触发电平（单位为 mV）和滞后点数。按“开始”按钮后，DASP 将监测信号的幅值是否达到触发电平的大小（注意此处为判别信号幅值的绝对值是否超过触发电平），直到信号幅值达到触发电平则开始进行采样，采样完毕后随即停止。停止后可以再次按“开始”按钮进行下一次采样，否则不再自动进行下一次采样。滞后点数为信号达到触发电平时，保留之前若干点的信号，使得触发信号更加完整。

⑤ 工程单位和标定值设置：在“工程单位”中可以输入信号的工程单位 EU，在“标定值”栏中则可以输入信号的标定值（mV/EU）。实际信号一般会是各种各样的，如位移、加速度、力、应变等，工程单位 EU 可能为 m、m/s^2、N 等，最后都要转化为电压信号，单位为 mV，才能进行采样。因此，实际工程信号转化为电压信号时，就会有转化系数，也称为标定值。

（5）虚拟仪器库。

在下方的另一个抽屉式按钮名为“虚拟仪器库”，点击后将拉出“虚拟仪器库”抽屉式对话框，从中可以选择不同的虚拟仪器功能。各种虚拟仪器功能的使用请参考软件使用说明。

2. 时域波形与频谱分析

DASP 单通道软件可以对单踪信号进行时域分析和 FFT 频谱分析，界面如图 6-99 所示，其中左边的各种旋钮、按钮可以调节各种分析参数，并显示信号主频和主频的幅值。图形显示区则显示时域波形图和频谱图，可进行读数操作。

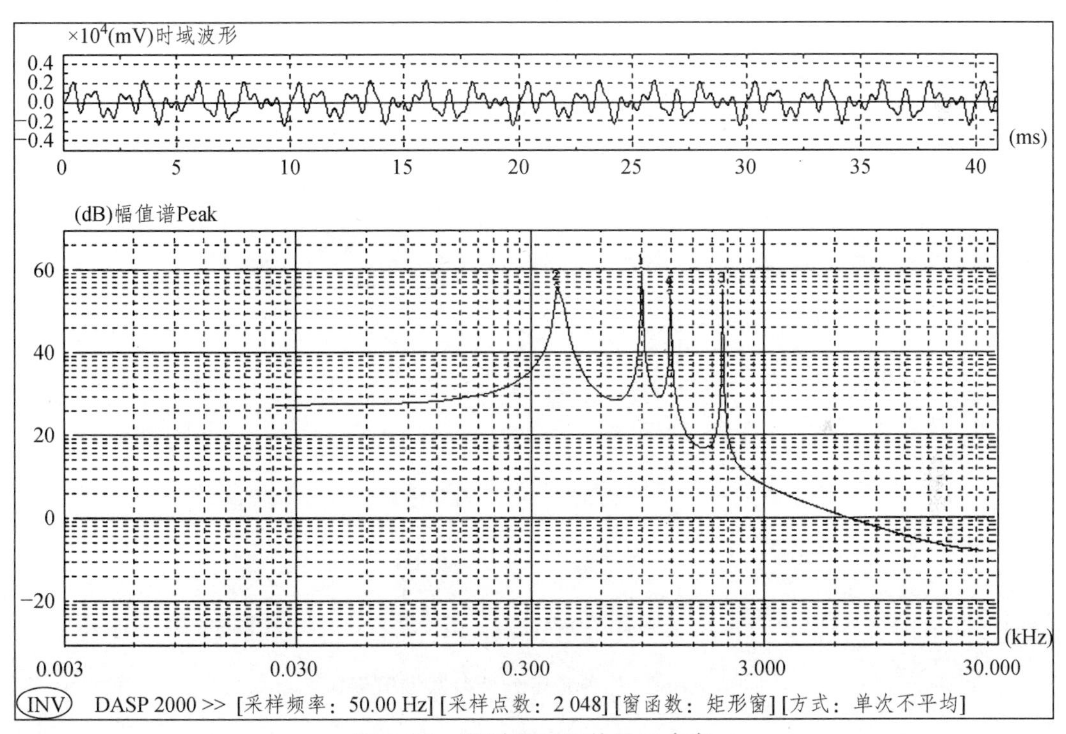

图 6-99　图形显示区的显示内容

图形显示区可能显示一条或两条曲线，分别为时域波形图和 FFT 频谱图。最下方的一行文字显示当前的主要采样参数和频谱分析参数或状态信息。

单通道软件的操作和使用：

（1）改变信号采样通道号：DASP 配套的 INV 信号采集分析仪具有多通道信号采集功能，因此可以选择任意通道的采样信号，在左边的“采样通道号”栏（见图 6-100）中可以输入或者选择不同的采样通道。

（2）显示版面调整：当同时显示波形和频谱时，默认情况下波形图在上边，频谱图在下边，两图分别占 1/2。在左下方的“版面比例”和“版面切换”栏中可以改变显示区的版面方案，如图 6-101 和图 6-102 所示，按位置切换按钮，可以上下调换波形图和频谱图的位置。若要改变两个图所占图幅的比例，可以通过“版面比例”中的滑动条改变两个图的图幅比例，该比例可以从 1 : 5 调节到 5 : 1。

（3）纵坐标尺度调整方式：图形的纵坐标最大尺度的选定有两种方式，即固定方式和自动方式，在“纵坐标尺度调整”栏中可以进行选择，如图 6-103 所示。若选择固定方式，则纵坐标的最大尺度是固定不变的，即可观察信号幅度大小的变化。若选择自动方式，则系统自动调节一个合适的尺度。因此，最大尺度是根据信号幅值的大小而随时变化的，使得比较小的信号也能以较大比例绘制出来。

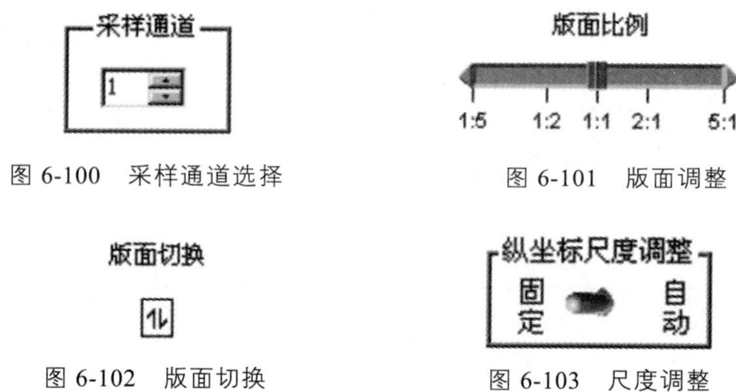

图 6-100　采样通道选择

图 6-101　版面调整

图 6-102　版面切换

图 6-103　尺度调整

（4）选择分析方式：在“分析方式”栏的旋钮（见图 6-104）可以选择 5 种不同的分析方式。

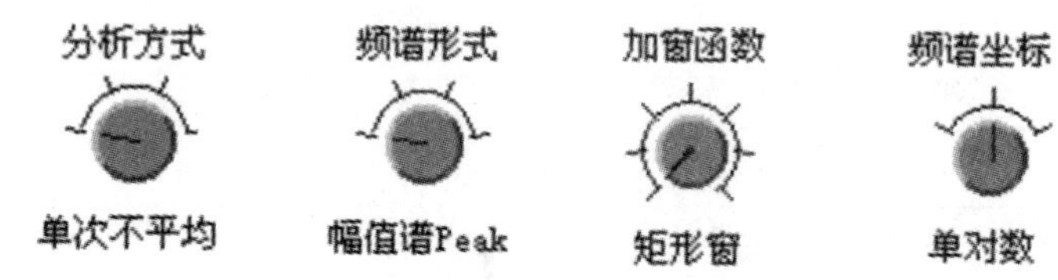

图 6-104　几种频谱分析参数调节旋钮

单次方式：此方式在采样一段信号后，进行 FFT 频谱分析，然后采样下一段信号，再分析，每次分析仅仅使用刚刚采样的数据，与以前的数据无关，即不进行平均运算。

线性平均：此方式在每次 FFT 分析后，都要将结果与以前的各次 FFT 结果进行平均，在平均过程中每次 FFT 计算结果占有相等的比例，这种方式也称为线性平均。

指数平均：此方式在每次 FFT 分析后，也要将结果与以前的各次 FFT 结果进行平均，但是平均过程中每次 FFT 计算结果占有不相等的比例，越往前的 FFT 计算结果占有比例越小，越后面的数据在 FFT 结果中占有比例越大，即指数平均。

实时、线性平均：通常采样方式下，每两次相邻的采样数据可能不是连续的，也就是说两次采样过程中可能会有一段较长的时间间隔，而实时分析方式下，则所有相邻的两次采样数据都保证一定是连续的，这就实现了 DASP 的一个主要特点——大容量数据连续采集。在该实时分析方式下，频谱结果使用线性平均。

实时、峰值保持：同样为实时分析方式，但是频谱结果使用峰值保持，即频谱上各点的数据在平均过程中总是保持各次频谱的最大值。

（5）改变频谱形式：在“频谱形式”栏下的旋钮可以选择 4 种不同的频谱形式。

幅值谱 Peak：此方式反映信号各谐波分量的单峰幅值。

功率谱：此方式反映信号各谐波分量的能量。

幅值谱 Rms：此方式反映信号各谐波分量的有效值幅值。

功率谱密度：此方式反映信号各谐波分量的能量分布情况。

（6）选择 FFT 分析的加窗函数：由于 FFT 存在频率泄漏问题，有时可以通过加窗函数来修正频谱的幅值，不同的窗函数具有不同的效果。在“加窗函数”栏的旋钮可以选择不同的窗函数，包括矩形窗、指数窗、汉宁（hanning）窗、哈明（hamming）窗、平顶窗、Kaiser 窗和余弦矩形窗等多种形式。

注意：汉宁窗、哈明窗和余弦矩形窗适合稳态随机信号的分析处理，而且可以减小泄漏，指数窗适合衰减信号可以提高信噪比。若希望提高单个频率的谱峰幅值精度，则可以选择平顶窗。使用矩形窗时，可以选择 DASP 提供频率和幅值的校正功能（INV 频率计校正功能）。在“加窗函数”旋钮下方有一个“窗函数曲线”的选择项。若选中该项，则当选择某一种窗函数时，在时域波形图上将以红色绘出窗函数的曲线，如图 6-105 所示；若不选中该项，则不显示红色窗函数曲线。

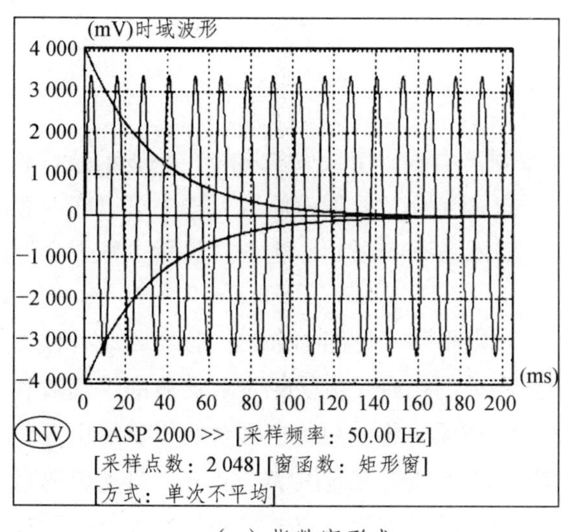

（a）指数窗形式

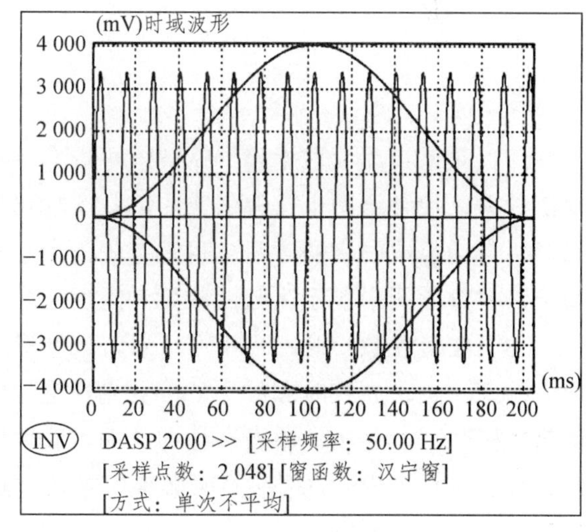

（b）hanning 窗形式

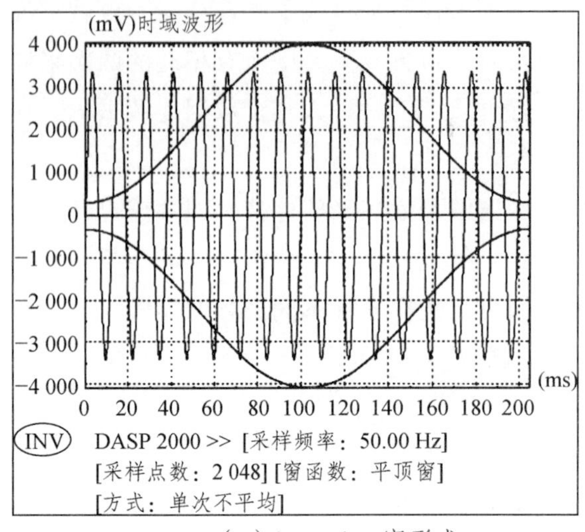

（c）hamming 窗形式

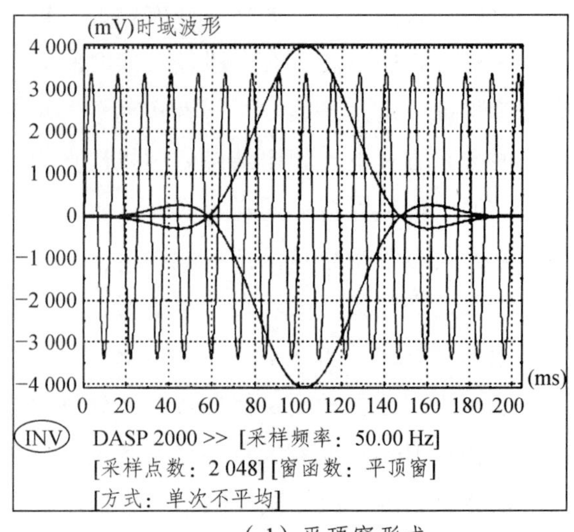

（d）平顶窗形式

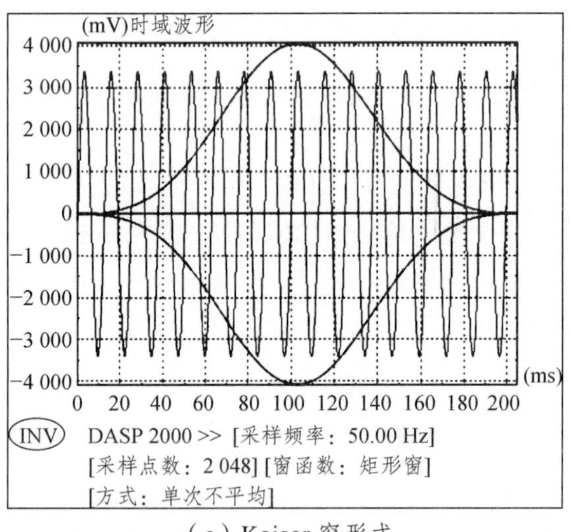

（e）Kaiser 窗形式

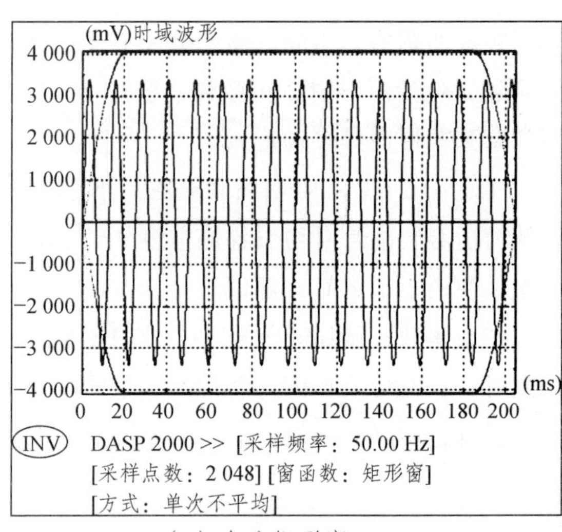

（f）余弦矩形窗

图 6-105　各种窗函数的曲线形式

（7）频谱自动收取谱峰：DASP 可以自动收取频谱中若干个最大的谱峰，并显示频率和幅值数据，在频谱图上按幅值大小以数字标出各个谱峰。在“收取谱峰数”栏中可以输入和选择要自动收取的谱峰数目，可选范围为 0 ~ 10，如图 6-106 所示。选中“显示主频数据”项可以在频谱图中显示主频的频率和阻尼比。

（8）波形收数：此栏目中可以对时域波形进行收数操作（见图 6-107）。若要收取时域波形中的某一点，先将时域波形的读数光标定位到要收取的位置（方法见本节最后的“读数和移动光标”），然后按“收数”按钮，即可收取该点，在图中将使用红色实竖线标识给位置，并以数字序号标出（收取多点时数字序号从左向右自动排号）。若选中其下方的“自动收取极值”项，则在收取数据时，自动收取距离当前光标位置最近的极值点（可能为极大值或者极小值）。按“清除”按钮，则可以清除所有在波形上收取的数据标识。

图 6-106　自动收取谱峰

图 6-107　波形收数

时域算阻尼：时域波形收数的主要目的是计算波形阻尼比。时域法计算阻尼比的方法：使用松弛释放法、瞬间敲击法等，测量结构的自由衰减振动波形，然后收取自由衰减波形中相邻若干波峰和波谷，最后按“时域算阻尼”按钮，即可计算出阻尼比，并显示在其下方和波形图中，为百分比形式。

注意以下几点：

① 时域计算阻尼的方法适用于单一频率的自由衰减振动波形，若信号中含有多个频率成分，则应该使用频域方法，如图 6-109 中的阻尼比即为频域法的计算结果。

② 收数时，一定要收取相邻的若干波峰和波谷，数目在 3 个以上。

③ 可以仅仅收取若干相邻的波峰或者相邻的波谷。建议使用同时收取波峰和波谷的方法，此方法可消除波形中直流漂移的影响，如图 6-108 所示。

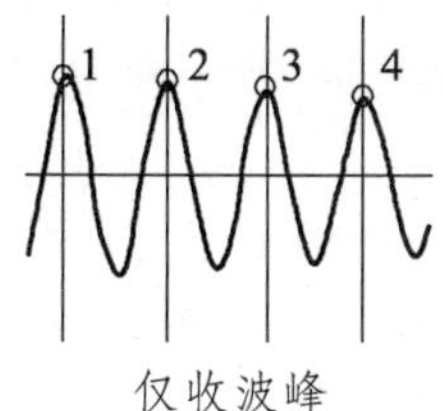

仅收波峰

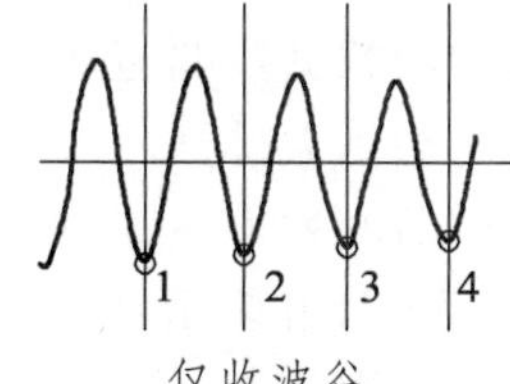

仅收波谷

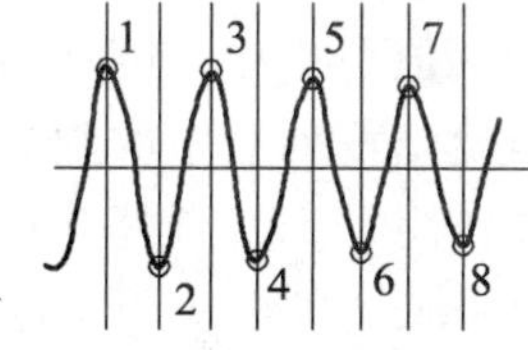

同时收取波峰和波谷（推荐）

图 6-108　时域法计算阻尼比的收数方法

选择 INV 频率计和阻尼计使用方法：在“信号主频”的读数下方有一个选择栏，名为“矩形窗时，使用 INV 频率计和阻尼计技术”。当选中该项时，若当前使用矩形窗，则对信号主频的读数以及峰值列表中的读数都将自动使用 INV 频率计技术进行校正，各谱峰的阻尼比也使用 INV 阻尼计技术进行校正。由于 FFT 具有频率分辨率的限制，当信号频率不在谱线频率位置上时，就会发生频率泄漏，使得光标读数的谱峰频率和幅值具有一定的误差。使用 INV 频率计功能可以快速有效地校正频谱的频率和幅值，但只有在选择“矩形窗”时该功能才有效。

当 DASP 处于 INV 频率计和阻尼计计算状态时，在谱图上收取的各个谱峰处，用红色竖线显示了频率计的计算结果，即该红色竖线的频率位置和谱线高度，表示频率计计算结果的精确频率和幅值。

（9）信号时域统计和谱峰列表：通过“数据多用表”按钮可以拉出“数值统计和多功能数据列表”对话框，如图 6-109 所示。其中列出了一些时域的数值统计结果和频谱谱峰列表。时域数值统计的内容包括最大值、最小值、峰峰值、平均值、有效值、方差、波形因数、脉冲因数、峰值因数以及裕度因数。频谱的谱峰列表列出了若干个最大的谱峰的频率和谱值。

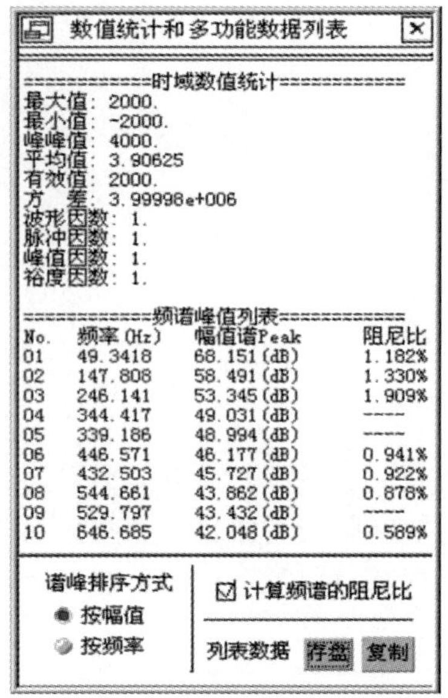

图 6-109　数值统计和峰值列表

最小化读数窗口：在图 6-109 左上角的按钮，可以使读数对话框最小化。再次单击该按钮，可以恢复原来的大小。

关闭读数对话框：在图 6-109 右上角的按钮，可以关闭读数对话框。

选择谱峰排序方式：在图 6-109 下方的“谱峰排序方式”栏中可以选择两种排序方式。一种为“按幅值”排序，则使谱峰列表中的数据按幅值从大到小排列；另一种为“按频率”排序，可以使谱峰列表中的数据按频率从小到大排列。

计算频谱阻尼比：选择此项，在频谱谱峰列表中，将显示每个谱峰的阻尼比数值。对阻尼比的计算方法，则取决于“选择 INV 频率计和阻尼计”项是否选中。若选中，则使用 INV 阻尼计技术进行精确计算；若未选中，则使用普通的半功率带宽法计算。

列表数据操作：在图 6-109 下方的“列表数据操作”栏中有两个按钮。按“存盘”按钮可以将当前列表中的文字数据保存到磁盘上的文本文件中；按“复制”按钮则将这些内容复制到 Windows 系统剪贴板中，以便在其他应用程序中通过“粘贴”功能使用。

（10）读数和移动光标：按“停止”按钮或者鼠标左键单击图形显示区，可以进入读数状态，此时图形区的上部将出现一个“移动读数光标”工具条，如图 6-110（a）所示，其中各按钮的功能如图 6-110（b）所示，通过点击各按钮，可以完成光标的移动和自动跳极值等操作。若此时图形显示区中有多条曲线，则光标移动的功能同时只能针对一条曲线。若要移动某条曲线的光标，可以用鼠标左键单击该条曲线所在的图形区域。

（a）“移动光标”工具条

左移一点　右移一点　左跳极大值　右跳极大值

左移十点　右移十点　左跳极小值　右跳极小值

（b）各按钮对应的光标移动功能

图 6-110　移动读数光标的工具条及其使用

对于波形图，光标读数文字的内容依次为 N（光标点号）、t（光标时间位置）、Δt（时间间隔）、A（光标点的波形幅值）；对于频谱图，光标读数文字的内容依次为 N（光标点号）、f（光标频率位置）、Δf（频率间隔）、A（光标点的频谱幅值）。在读数状态时，若要继续进行采样和分析，可以按“开始”按钮继续进行示波和分析。

3. 谐波失真度检定计算

（1）失真度计算模块的操作。

在左侧的操作按钮区域，有一个“失真度仪”的选择框，选中“失真度仪”后，将在屏幕的上方出现“INV 谐波失真度计”对话框，通过该对话框可以进行失真度的实时计算，如图 6-111 所示。再次点击“失真度”选择框，将去掉该选择框的选中状态，“INV 谐波失真度计”对话框也将关闭。

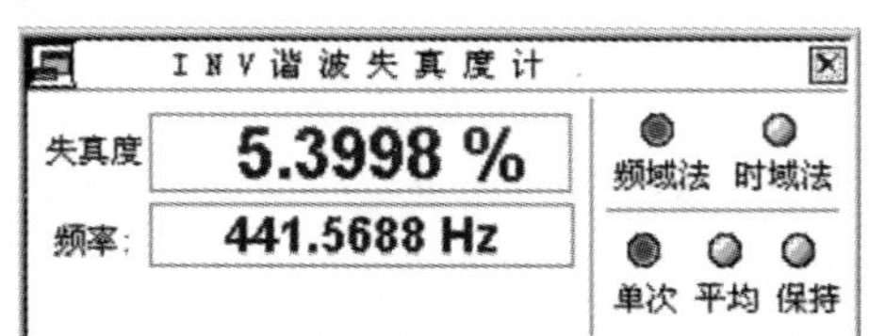

图 6-111　失真度计算结果显示窗口

在图 6-111 所示的失真度计算结果的显示窗口中，失真度的值就是当前测量的失真度结果。频率值为当前测量的主频精确频率。

（2）失真度计算的操作方法。

调出“失真度计算”对话框，如图 6-107 所示。按左上角的按钮，可以最小化对话框，再次按该按钮，可以恢复原来的大小。按右上角的按钮，可以关闭失真度计算对话框。按右侧的“单次”按钮，将设置为单次不平均状态；按右侧的“平均”按钮，将设置为平均状态，显示的失真度数值为各次计算的平均结果，此时下方还将显示平均次数等信息；按右侧的“保持”按钮，将设置为最大值保持状态，此时显示的失真度为各次计算的最大值。

4. 转速表

1）转速表的原理

对于旋转机械，其旋转频率 f 和转速 p 之间的关系为

$$p = 60f$$

式中，f 的单位为 Hz；转速 p 的单位为 r/min。

通常对轴系结构测量的振动信号中主频就是旋转频率，但是当轴系结构中还存在齿轮等部件时，则测量的振动信号的主频常常为齿轮的啮合频率，齿轮的啮合频率等于旋转频率乘以齿轮轮齿数目。当轴系结构中存在叶片部件时，也属于同样的情形。

INV 转速表通过测量振动信号的主频，并利用 INV 频率计技术计算主频 f 的精确值，然后计算出转速 p，并通过转速表仪盘和数字形式表示出来。

2）转速表模块的调出

在左侧的操作按钮区域，有一个“转速表”选择框，选中“转速表”后，将在屏幕的上方出现“INV 转速表”对话框，通过该对话框可以进行转速表的实时计算，如图 6-112 所示。再次点击“转速表”选择框，将去掉该选择框的选中状态，“INV 转速表”对话框也将关闭。

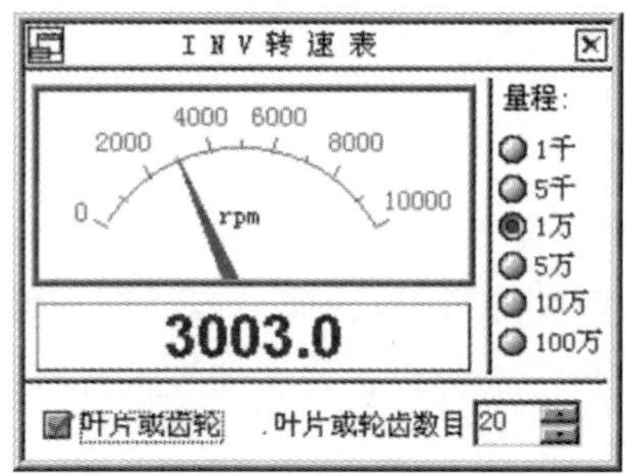

图 6-112　转速表显示窗口

3）转速表的操作

调出“INV 转速表”对话框，如图 6-112 所示。按左上角的按钮，可以最小化对话框，再次按该按钮，可以恢复原来的大小。按右上角的按钮，可以关闭转速表对话框。在右侧的“量程”栏中，可以选择不同的转速量程，该量程即为转速表盘的最大刻度值，当实际测量计算的转速大于该量程时，指针将停在该量程的最大刻度位置上。注意：在表盘下方的转速数字不受量程的限制，总是显示计算得到的转速数据。

当轴系结构中存在叶片或者齿轮时，测量的振动信号的主频可能为叶片或者齿轮的频率，这种情况下可以选中转速表下方的“叶片或齿轮”选项，此时在转速表右下方将出现“叶片或轮齿数目”项，可以输入叶片的数目或齿轮轮齿数目。

5. 阻尼计

1）阻尼计的工作原理

计算阻尼比的一种常用方法是半功率带宽法，但是由于 FFT 具有频率分辨率的误差和泄漏等问题，使得阻尼比的计算常常具有较大的误差，尤其对于小阻尼情形。INV 阻尼计技术，可以快速实时地得到阻尼比的精确数值，阻尼误差小于 1%。

2）阻尼计模块的调出

从下方的“虚拟仪器库”中可以选择“阻尼计”，将在屏幕的上方出现“INV 阻尼计”对话框，通过该对话框可以进行阻尼计的实时计算，如图 6-113 所示。在图 6-113 所示的阻尼计计算结果的显示窗口中，阻尼的值就是通过 INV 阻尼计技术得到的当前主频的精确阻尼比，频率为当前计算的主频的精确频率。

图 6-113　阻尼计计算结果显示窗口

3）阻尼计的操作

调出“INV 阻尼计”对话框，如图 6-113 所示。按左上角的按钮，可以最小化对话框，再次按该按钮，可以恢复原来的大小。按右上角的按钮，可以关闭阻尼计对话框。按右上方的按钮，可以切换仪器显示方式为图中表格标注方式，在表格方式下再按“切换”按钮可以回到窗口方式。按右侧的“单次”按钮，将设置为单次不平均状态；按右侧的“平均”按钮，将设置为线性平均状态，显示的数值为各次计算的平均结果。注意：平均状态下，计算结果为各次阻尼计算结果的平均，因此平均方式仅适用于定频定阻尼比的简谐信号。

6. 温度测量

1）温度计模块的调出

从下方的“虚拟仪器库”中可以选择“温度计”，将调出“INV 温度计”窗口，如图 6-114 所示。

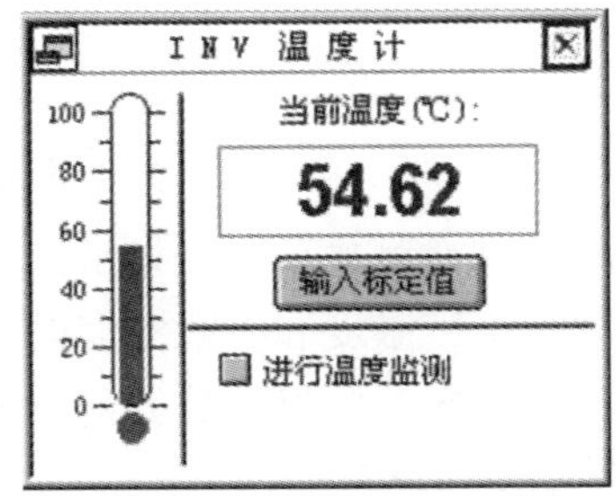

图 6-114　INV 温度计界面

2）温度计的内容和基本操作

左侧是温度计的外观，形象显示当前测量的温度值。在右侧上方的当前温度显示值，显示当前测量的温度值（°C）。按“输入标定值”按钮，可以输入温度测量系统的标定值，如图 6-115 所示。选中“进行温度监测”，可以对温度进行实时监测。按左上角的按钮，可以最小化对话框，再次按该按钮，可以恢复原来的大小。按右上角的按钮，可以关闭温度计对话框。

3）输入温度测量的标定值

按“输入标定值”按钮可以直接输入温度测量的标定值，此时出现如图 6-115 所示的对话框，输入两组对应数据即可。注意：电压值的单位为毫伏（mV）。

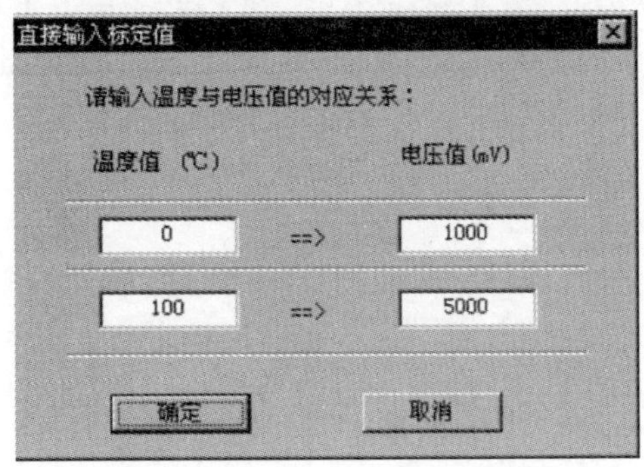

图 6-115　输入温度计标定值

4）温度监测

选中“进行温度监测”，可以对温度进行实时监测，监测时可以输入一个温度范围（上限温度和下限温度）。若实测温度在此范围之内，则显示绿灯（左侧温度计的颜色也将为绿色），表示正常，如图 6-116 所示；若实测温度超出这个范围，将进行红灯报警（左侧温度计的颜色也将变为红色），如图 6-117 所示。

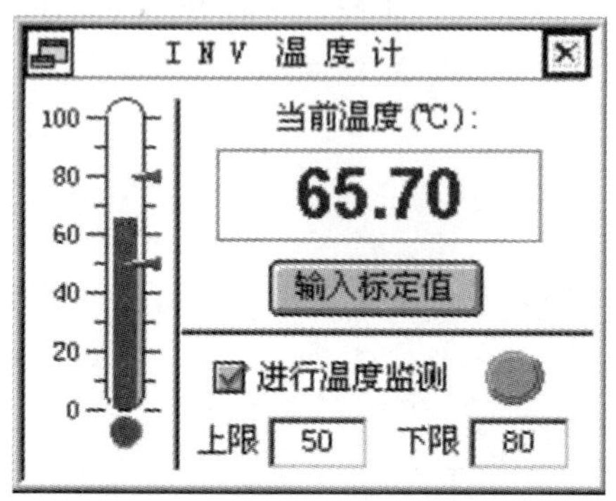

图 6-116　温度监测正常情形

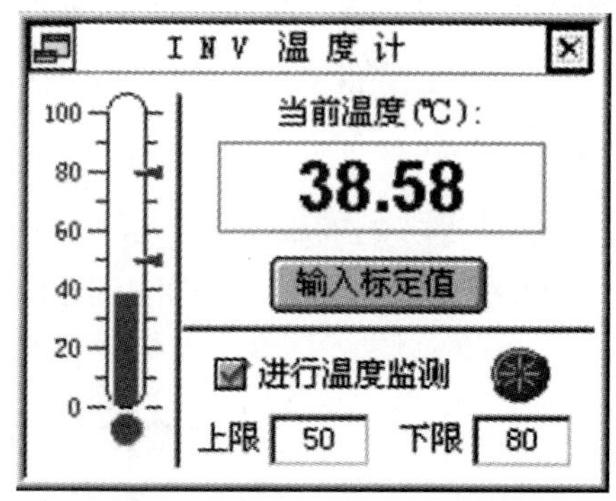

图 6-117　温度监测报警情形

选中“进行温度监测”后，将在其右侧显示一个指示灯，指示灯为红色表示报警，指示灯为绿色表示正常。在下方还将出现上限温度和下限温度的输入框，从中就可以输入正常温度范围的上下限。在进行温度监测时，在左侧温度计的右刻度处，将出现两个红色指针，分别处于正常温度范围的上、下限位置处。

7. 应力测量

1）应力计模块的调出

从下方的“虚拟仪器库”中可以选择“应力计”，将调出“INV 应力计”窗口，如图 6-118 所示。应力计的使用和操作与应变计基本相同。

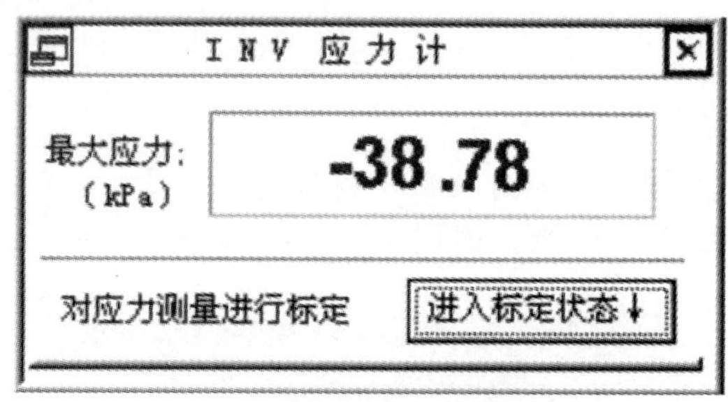

图 6-118　INV 应力计界面

2）应力计的基本操作

在正上方的最大应力显示值，显示当前测量的绝对值最大的应力值。按“输入标定值”按钮，可以输入应力测量系统的标定值。若不能确定标定值，则可以直接进行测量系统的标定，方法为：按“进入标定状态↓”按钮，点击可以进入应力测量的标定过程，如图 6-119 所示。按左上角的按钮，可以最小化对话框，再次按该按钮，可以恢复原来的大小。按右上角的按钮，可以关闭应力计对话框。

图 6-119　INV 应力计标定

3）输入应力测量的标定值

按“输入标定值”按钮可以直接输入应力测量的标定值，此时出现如图 6-120 所示的对话框。方框中可以输入两组对应数据。一组为应力为 0 时对应的电压值，另一组为应力为 1 时对应的电压值。

应力的单位可以在“应力值”后面的选择框中进行选择，或直接输入任意形式的单位。

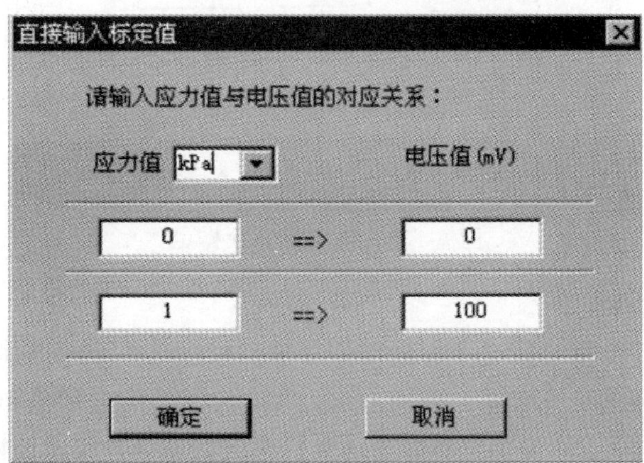

图 6-120　输入应力测量的标定值

若测量系统在应力为 0 时电压基线为 0，则应力为 0 时对应的电压值可以输入为 0。应力为 1 时对应的电压值，表示应力为 1 时，经过应变片、应变仪、放大器等变换后，变为多少毫伏的电压，进入 AD 采样卡。

8. 压力测量

1）压力计模块的调出

从下方的“虚拟仪器库”中可以选择“压力计”，将调出“INV 压力计”窗口，如图 6-121 所示。压力计的使用和操作与应力计基本相同。

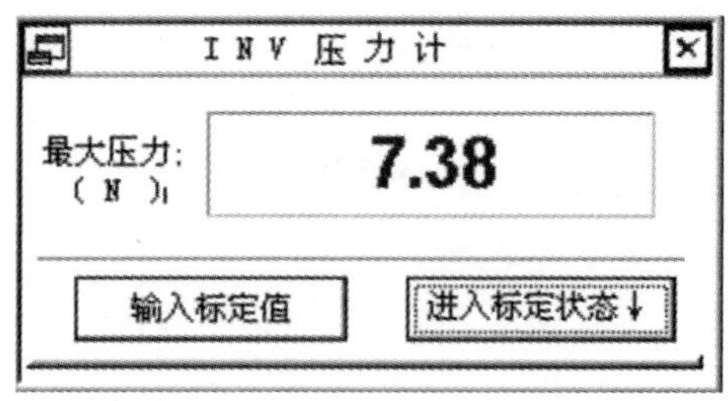

图 6-121 INV 压力计界面

2）压力计的内容和基本操作

在正上方的最大压力显示值，显示当前测量的绝对值最大的压力值。按“输入标定值”按钮，可以输入压力测量系统的标定值。若不能确定标定值，则可以直接进行测量系统的标定，方法为：按“进入标定状态↓”按钮，点击可以进入压力测量的标定过程，如图 6-122 所示。

图 6-122 INV 压力计标定

3）输入压力测量的标定值

按“输入标定值”按钮可以直接输入压力测量的标定值，此时出现如图 6-123 所示的对话框，从中可以输入两组对应数据，分别是压力为 0 时对应的电压值和压力为 1 时对应的电压值。压力的单位可以在“压力值”后面的选择框中进行选择，或直接输入任意形式的单位。

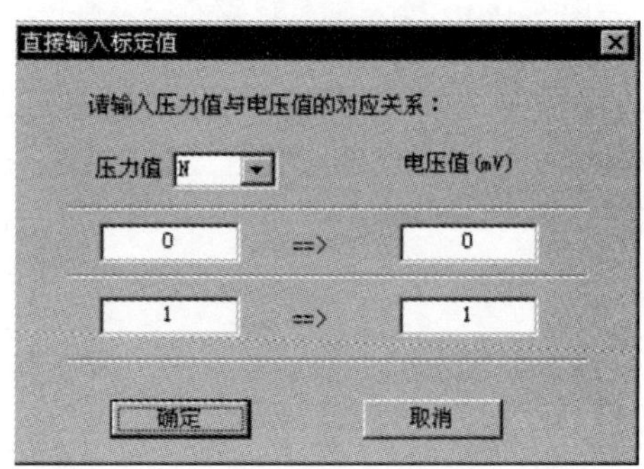

图 6-123 输入应力测量的标定值

若测量系统在压力为 0 时电压基线为 0，则压力为 0 时对应的电压值可以输入为 0。压力为 1 时对应的电压值，表示压力为 1 时，经过压力传感器、放大器等变换后，变为多少毫伏的电压，进入 AD 采集卡。

4）压力计的标定过程

压力计的标定可以对压力测量系统的标定值进行计算，还可以计算 0 压力对应的基线位置。标定结果为如下公式：

$$B(\mathrm{N}) = K_\mathrm{a} + K_\mathrm{b} \times A(\mathrm{mV})$$

即测量得到 A(mV) 的电压，可经过上式计算得到实际的压力值 B。其中 K_a 反映了压力为 0 时测量系统的基线位置。注意：压力的单位是可以改变的。

INV 压力计可以进行多点标定，然后使用最小二乘法得到上式中的 K_a 和 K_b，具体方法如下：

（1）在某一个已知压力（如 100 N）下进行测量，在“当前实际压力”项输入该压力值（如 100），然后按“加入↓”按钮即可。此步骤可以重复多次，若此步骤只进行一次，则只能计算 K_b 的值，K_a 的值默认为 0。

（2）在多次进行上述步骤时，每次的测量电压值和对应的实际压力值，都将列在下方的列表中，并都参与标定值的计算。

（3）标定计算的结果显示在“标定结果”栏中。

9. 高精度频率计

1）高精度频率计模块的调出

从下方的“虚拟仪器库”中可以选择“高精频率计”，将在屏幕的上方出现“INV 高精度频率计”对话框，通过该对话框可以进行高精度频率计的实时计算，如图 6-124 所示。在频率计计算结果的显示窗口中，显示了当前测量谐波信号的精确频率、幅值和初始相位。

图 6-124　高精度频率计计算结果显示窗口

2）高精度频率计的操作

调出“INV 高精度频率计”对话框，按左上角的按钮，可以最小化对话框，再次按该按钮，可以恢复原来的大小。按右上角的按钮，可以关闭对话框。按右上方的按钮，可以切换仪器显示方式为图中表格标注方式，在表格方式下再按“切换”按钮可以回到窗口方式。按右侧的“单次”按钮，将设置为单次不平均状态；按右侧的“平均”按钮，将设置为线性平均状态，显示的频率和幅值数值为各次计算的平均结果。注意：平均状态下，频率和幅值计算结果为各次计算结果的平均，因此平均方式仅适用于定频定幅的简谐信号。

相位选择：此处可以选择简谐信号的初始相位方式，是按正弦方式还是余弦方式。

提示：通常按照傅里叶变换得到的相位为余弦方式的相位。

相位范围：可以选择相位数值的范围是 – 180° ~ + 180°还是 0 ~ 360°。

10. 频谱泄漏演示

1）频谱泄漏演示仪的调出

从下方的“虚拟仪器库”中可以选择“泄漏演示”，将调出“INV 频谱泄漏演示仪”窗口，如图 6-125 所示。同时图形显示区中显示的是泄漏演示过程中的频谱变化过程，如图 6-126 所示。

注意：当进入频谱泄漏演示状态时，原来进行的测量将暂时停止；当关闭频谱泄漏演示仪后，DASP 将自动回到原来的测量状态。此外，当 DASP 处于频谱混叠演示状态，必须先关闭混叠演示状态，否则不能进入泄漏演示状态。

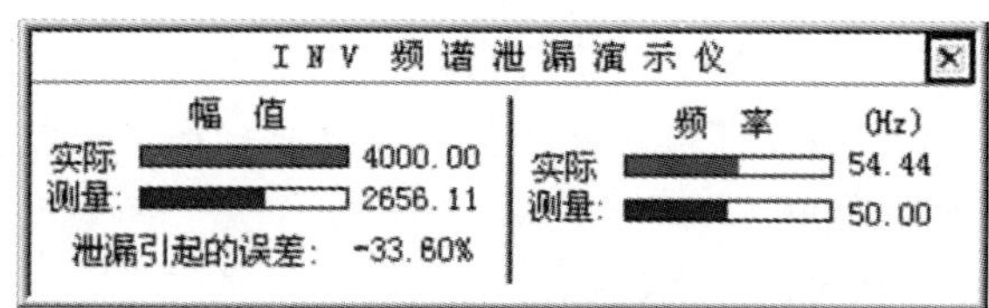

图 6-125 INV 频谱泄漏演示仪

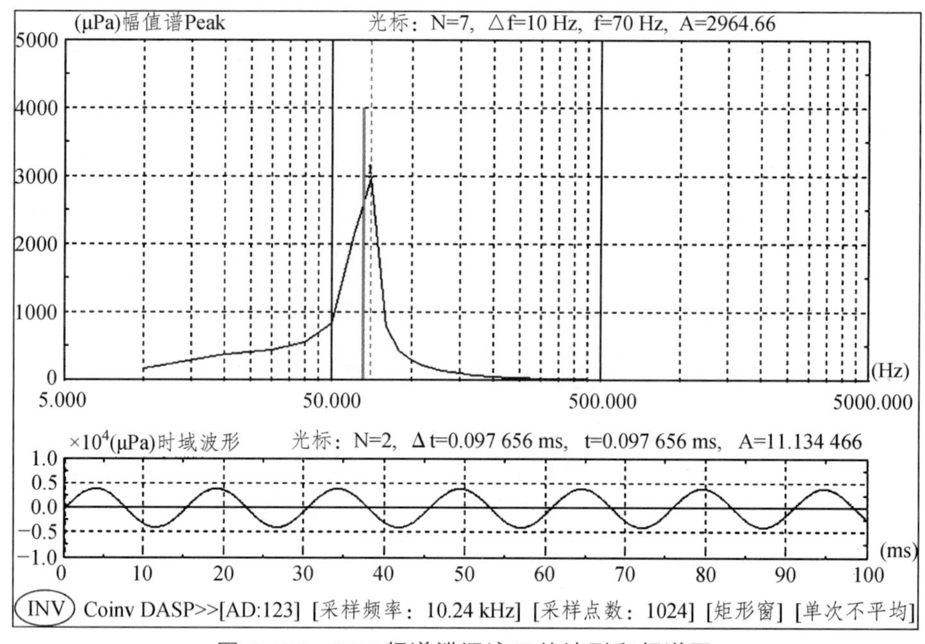

图 6-126 INV 频谱泄漏演示的波形和频谱图

2）频谱泄漏演示仪的内容和操作

在如图 6-125 所示的 INV 频谱泄漏演示仪窗口中，分别用红色横条和蓝色横条显示信号实际幅值频率和 FFT 计算的测量幅值频率。

可以看出，在实际幅值不变化的情况下，FFT 测量幅值不停地变化，并且总是小于或等于实际幅值的大小，右侧显示实际幅值和 FFT 测量幅值的数值，其下方为误差的数据。

提示：FFT 的频率分辨率问题，导致 FFT 测量频率变化的跳跃间隔为 $\Delta f = SF / N$。按右侧的按钮，可关闭 INV 频谱泄漏演示仪的对话框，DASP 也将自动回到原先的测量状态。

注意：为了保证泄漏演示的良好效果，在泄漏演示过程中，采样频率、采样点数、分析方式、频谱形式、加窗函数等项设置将不能被改变。

提示：在 INV1601 型软件中使用 INV 频率计和阻尼计技术，就可以有效地校正由频谱泄漏引起的频率和幅值误差。合理使用 INV 频率计技术可以将频率误差控制在万分之一以内，幅值误差控制在千分之一以内。

11. DASP 模态软件的基本操作

DASP 模态分析软件是一套经过提炼和简化的模态测试和分析软件，包含振教仪提供的几种典型力学结构的选择和节点设置、脉冲激励法的变时基数据采样、变时基传函分析、模态定阶、模态拟合、振型编辑和三维彩色模态振型动画等内容，涉及频域法模态试验和分析的主要内容与过程，各种采样参数和分析参数可任意调节，并具有强大的结果输出功能。

1）打开模态教学软件

在 DASP 软件主界面中点击“模态”按钮，即可进入模态教学模块，其界面如图 6-127 所示，其中右上部的最大的区域为图形显示区域，将显示信号的波形、谱线、读数等信息，其左边参数设置区由多种操作按键组成，可以调节各种采样分析和显示参数；在图形显示区的下部是功能操作区，可以完成各项启停、存取、结果输出等功能操作，并可以调节采样参数和系统设置。

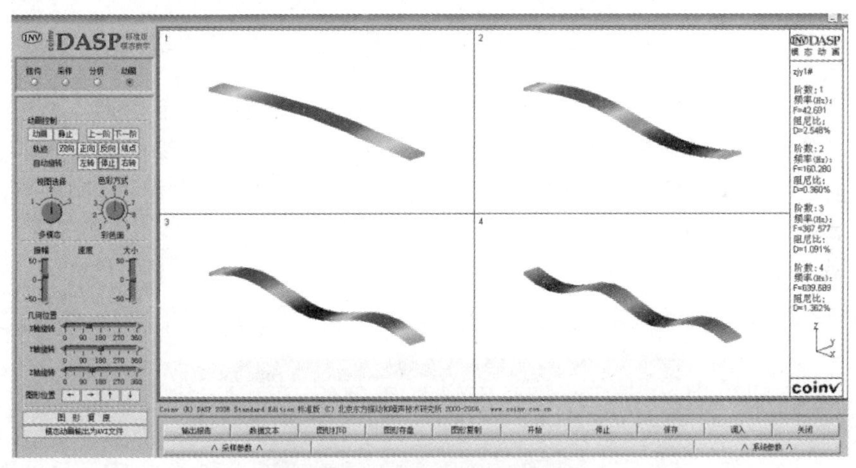

图 6-127　模态教学软件界面

在左上方有一排按钮，分别标有“结构”“采样”“分析”“动画”，如图 6-128 所示。进行一次完整的模态试验（频域法），都需要依次经过以下 4 个步骤，点击不同按钮可以进行如下操作和分析。

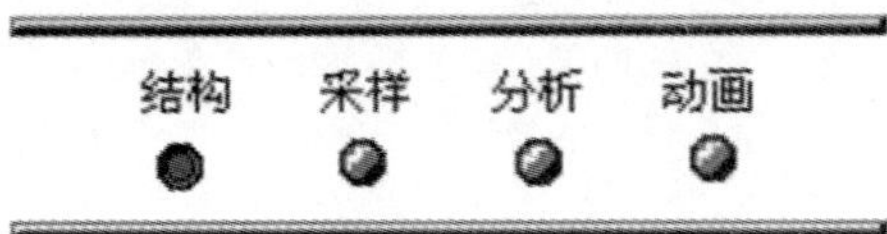

图 6-128　选择模态试验的各个步骤

结构：确定模态试验对象的几何结构和节点划分。

采样：模态测试时对激励和响应信号进行数据采样。

分析：传递函数计算和模态分析（模态定阶、拟合和振型编辑）。

动画：显示各阶模态频率、阻尼等结果，并以彩色三维动画方式动态显示模态振型。

2）试验数据的导入和导出

完成一次完整的模态试验，将会产生很多数据文件，包括几何结构文件、采样数据文件、分析结果文件等，因此该软件模块提供了数据的导出和导入功能，代替一般情况下的存盘和调出功能。

数据导出：当完成一次试验后，点击软件右下角第 3 个按钮，将弹出“数据导出和导入”对话框，如图 6-129 所示。可以选择一个计算机磁盘上的路径，然后按“确定”按钮，能将所有的模态试验数据文件复制到选择的路径下。

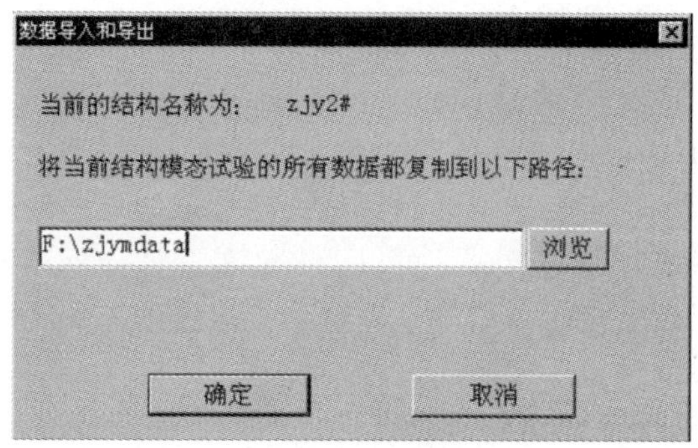

图 6-129　模态数据的导出

若需要调出以前导出的一次模态试验的数据，可以点击软件右下角第 4 个按钮，也将弹出“数据导出和导入”对话框，如图 6-130 所示。可以选择一个计算机磁盘上的路径，然后按“确定”按钮可以将该路径下以提示结构名称为开头的所有数据文件复制到当前使用的数据路径中。

数据例子：DASP 软件还自带了一些模态试验的例子数据，通过点击图 6-130 上的“导入当前结构模态试验的例子数据”按钮，便可以将当前选择的类型的结构的例子数据导入。

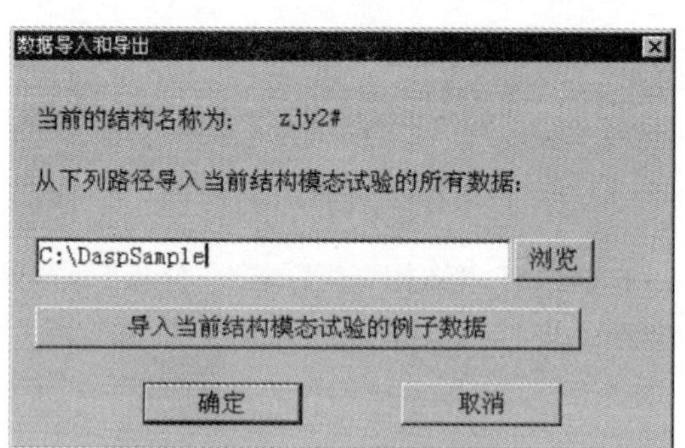

图 6-130　模态数据的导入

12. DASP 构建结构

在图 6-131 所示的分析方式选择中，若选择“结构”项，将进入模态结构设置分析模块。

在该模块中，可以选择不同类型的结构，并进行模态节点划分等操作。当选择该模块时，在下方将拉出相应的参数调节对话框，在图形显示区中显示的内容如图 6-132 所示，其中显示模态结构的几个形状和节点划分。

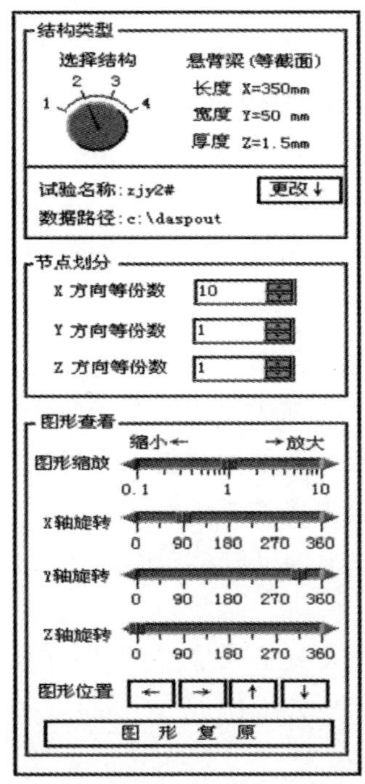

图 6-131　模态结构参数调节

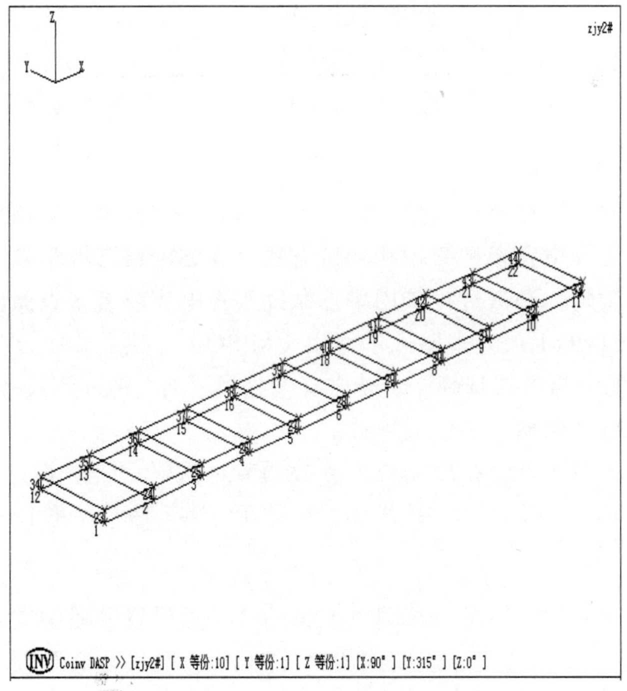

图 6-132　模态结构显示内容

1）选择几何结构类型

软件提供了 4 种基本结构供选择，分别为两端简支梁、等截面悬臂梁、等强度悬臂梁和圆板。在图 6-131 的选择结构旋钮上可以对这几种结构进行选择，选择不同结构时，其右侧显示结构的形式和结构的尺寸。

选择一种结构后就可以对该结构进行模态试验，模态试验将产生大量的数据文件，因此需要给试验起一个名称，并指定数据存储的路径，以后产生的文件的文件名将以试验名称开头进行命名，并保存在指定的路径下。

在图 6-131 中显示了当前的试验名和数据路径，按“更改”按钮将弹出“更改试验名和试验路径”对话框，从中可以更改试验名称和数据保存路径。

2）结点划分

对选定的结构可以进行节点划分，模态教学软件针对梁的结构简单的特点，主要进行梁在 *Z* 方向上的模态试验，并且在 *X* 方向上可以均匀地划分若干等份，设置相应的节点，而在 *Y* 和 *Z* 方向上不再划分更多的等份。对于薄圆板，则可以在半径方向上和圆周方向上进行节点均匀划分，在 *Z* 方向上不再划分更多的等份。

在图 6-131 的“节点划分”栏中可以对结构的 3 个方向进行节点划分，结果将在右边的图形显示区中进行显示。

注意：DASP 专业版软件的模态分析模块中可以完成任意结构的结构设计和模态试验，在教学版本中对于复杂的结构节点划分工作进行了简化，只需简单进行选择即可。

3）结构显示和查看

对选择的结构可以通过不同比例和角度进行查看，在“图形查看”栏中，用鼠标拖动不同的滑动条，可以改变图形显示的大小比例以及 *X*、*Y*、*Z* 轴的旋转角度。

“图形位置”栏中的 4 个按钮可以使图形位置在上下左右 4 个方向上移动。

“图形复原”按钮可以使图形的比例、角度和位置恢复到默认的合适状态。

13. 模态分析测试数据采样

在完成模态结构的选择和节点划分后，就可以进行模态测试，对结构的激励和响应信号进行数据采样。实际工程中有多种激励和测试方法，DASP 模态教学软件针对振教仪结构的特点，使用锤击脉冲激励，测试过程采用单点激励多点响应或者多点激励单点响应的方法也称为单输入多输出（SIMO）或者多输入单输出（MISO）方法。

在图 6-128 所示的分析方式选择中，若选择“采样”项，将进入模态测试数据采样模块。可以按照上述方法进行多次触发的信号采样。

当选择该模块时，在下方将拉出相应的参数调节对话框，如图 6-133 所示，在图形显示区中显示的内容如图 6-134 所示，其中显示采样得到的激励信号波形和响应信号波形。

1）测点设置

首先需要输入测点的设置情况，在图 6-133 的“测点设置”栏中需要选择测取响应信号的“传感器类型”，通常是加速度、速度或位移传感器；“总测点数”项不需输入，在结构和节点确定之后，总测点数就确定了。测点号从 1 开始递增，测点号与结构划分的节点号对应。

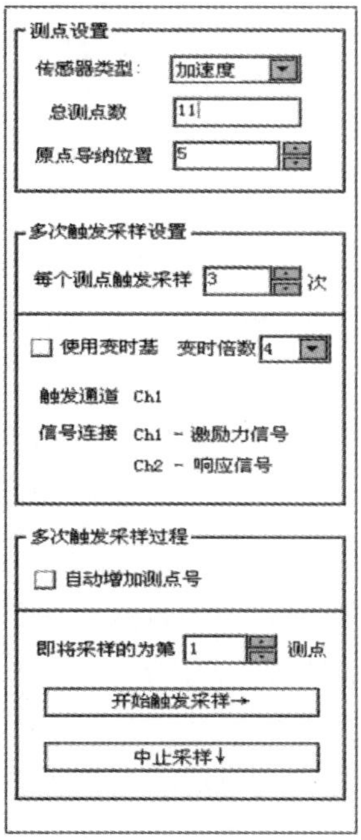

测点设置
传感器类型:
加速度
总测点数
11
原点导纳位置
5
多次触发采样设置
每个测点触发采样
3
次
使用变时基
变时倍数
4
触发通道 Ch1
信号连接 Ch1 - 激励力信号
Ch2 - 响应信号
多次触发采样过程
自动增加测点号
即将采样的为第
1
测点
开始触发采样→
中止采样↓

图 6-133　模态测试采样参数调节

激励信号A1
T=0.0000　A1=0.0000
$\times 10^4$
幅值A1/N
0.5
0.4
0.3
0.2
0.1
0.0
−0.1
−0.2
−0.3
−0.4
−0.5
0.000
0.010
0.020
0.030
0.040
0.050
0.060
时间/s
响应信号
T=0.0000　A2=0.0000
$\times 10^4$
0.00
0.05
0.10
0.15
0.20
0.25
时间/s
INV Coinv DASP >> [zjy2#]　[触发次数：3]　[采样频率：30 000.075 Hz]　[采样点数：2 k]　[变时倍数：4]

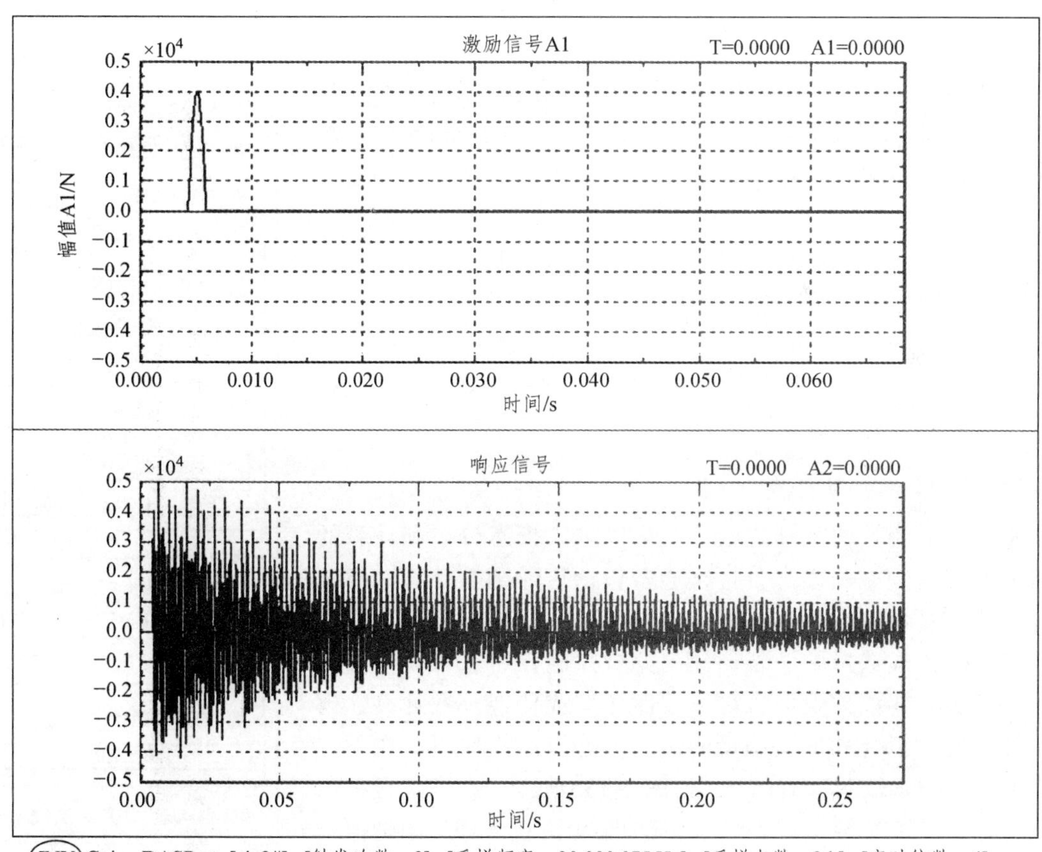

图 6-134　采样过程显示内容

“原点导纳位置”有不同的意义：如果是多点激励单点响应方法，指的是测量响应的传感器位于哪一个测点上；如果是单点激励多点响应方法，指的是固定的锤击激励点位于哪个测点上。

2）触发采样设置

在“多次触发采样设置”栏中进行设置多次触发采样的参数。

“每个测点触发采样次数”决定每个测点上重复采样的次数，重复进行采样可以提高计算的精度，通常取 3 ~ 10 次。

当选中“使用变时基”选项时，还可以选择“变时倍数”，变时倍数就是变时基采样中两个不同采样频率的倍数，可以达到细化效果，通常可以选择 2 ~ 8 倍。

“使用变时基”选项可以选择在采样过程中使用变时基采样技术，该采样技术可以用较大的采样频率对激励信号进行采样，而同时采用较低的采样频率对响应信号进行采样，这样可以同时兼顾高频的激励脉冲和低频的响应信号对于不同采样频率的要求，可以有效提高模态测试和分析精度。

特别说明：对于信号的采样，该模块可以进行两个通道的触发采样，因此对不同测点的测试可以采用激励点或者传感器逐步移位的方法，采样时需要将激励信号接入采样卡的第 1 通道，响应信号接入采样卡的第 2 通道。

3）采　样

在“即将采样的为第 × 测点”选项中可以设定当前要进行采样的测点号，测点号可以同结构输入中的节点号相对应，然后按“开始触发采样”按钮，屏幕将自动提示对第几个测点进行第几次测量。

“中止采样”按键可以立即中止整个采样过程。

“开始触发采样”按钮可以继续进行采样。

选中“自动增加测点号”选项，完成一个测点的采样后，DASP 将自动进入下一个测点的采样过程，这可以减少测试过程中对计算机的操作，提高实验效率。

14. 模态分析与计算

完成所有测点的采样之后，就可以进入模态分析和计算的步骤了。对于频域法模态分析，通常包括传递函数计算、模态定阶、模态拟合和振型编辑四步。

在分析方式选择中，若选择“分析”项，将进入模态分析和计算模块。在该模块中，可以按次序完成传递函数计算、模态定阶、模态拟合和振型编辑四步。当选择该模块时，在下方将拉出相应的参数调节对话框，如图 6-135 所示。在图形显示区中显示的内容如图 6-136 所示，为其中某个测点采样的激励信号波形和响应信号波形。

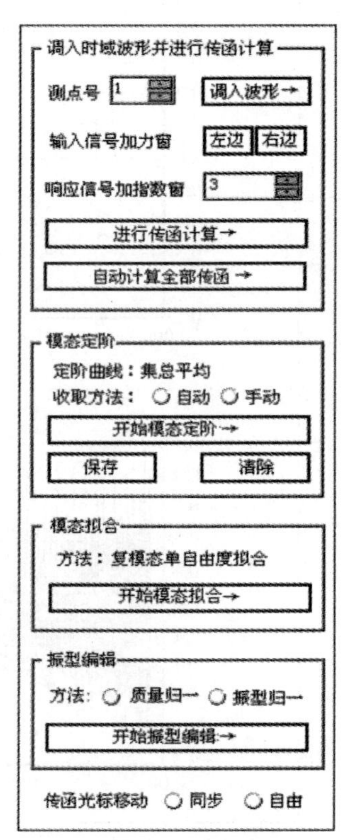

图 6-135　模态分析参数调节

1）传递函数计算

模态分析的第一步就是进行传递函数的计算，在图 6-135 所示的“调出时域波形并进行传函计算”栏中，可以调出各个测点上的采样数据波形。

在“测点号”项中选择要调出哪个测点的波形，然后按“调出波形”按钮，即可调出该测点上的采样数据波形，如图 6-136 所示。

在传函计算之前可以对激励力信号加力窗，用鼠标点击激励波形图上的合适位置，然后按“左边”按钮，则将光标位置设为力窗的左边界；若按“右边”按钮，则将光标位置设为力窗的右边界，力窗的左右边界必须完全包括力脉冲部分。

由于响应信号为衰减信号，为提高波形尾部的信噪比，可以通过“对响应信号加指数窗”栏为响应信号加上一个合适的指数窗。注意：此处输入的为指数窗参数，参数越大则指数窗衰减越快，通常选择 1 ~ 3 即可。

右侧的波形图上分别用红色的曲线表示力窗和指数窗的形式。

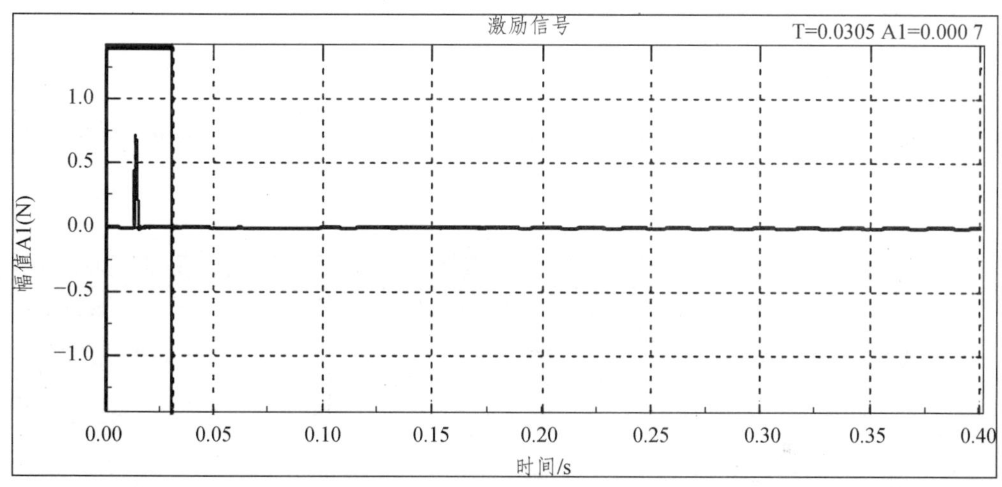

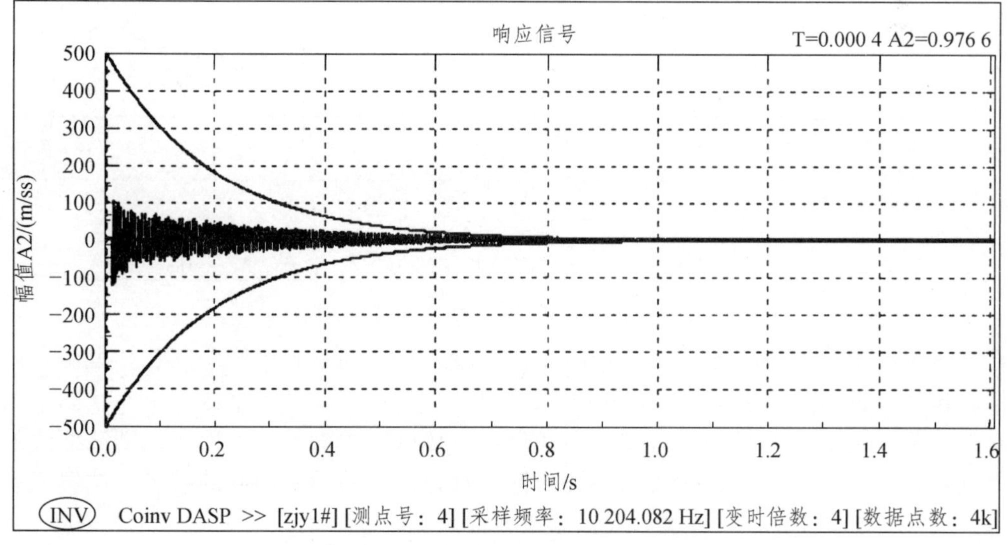

图 6-136　调出采样信号的波形

设置完后就可以进行传递函数的计算，按“进行传函计算”按钮即可进行，计算的结果将在右侧显示区显示，如图 6-137 所示，图中包括三条曲线，分别为传递函数的幅频曲线、相频曲线和相干曲线。用鼠标点击曲线上的任何位置，可以对曲线进行读数，每个曲线的右上方显示当前光标位置的读数。

通常模态试验的测点数目较多，并且必须对每个测点进行传递函数计算。按“自动计算全部传函”按钮，可以按照上面设置的力窗和指数窗，自动对所有测点的数据进行传递函数计算，而不需要逐个进行计算，可以极大提高分析工作的效率。

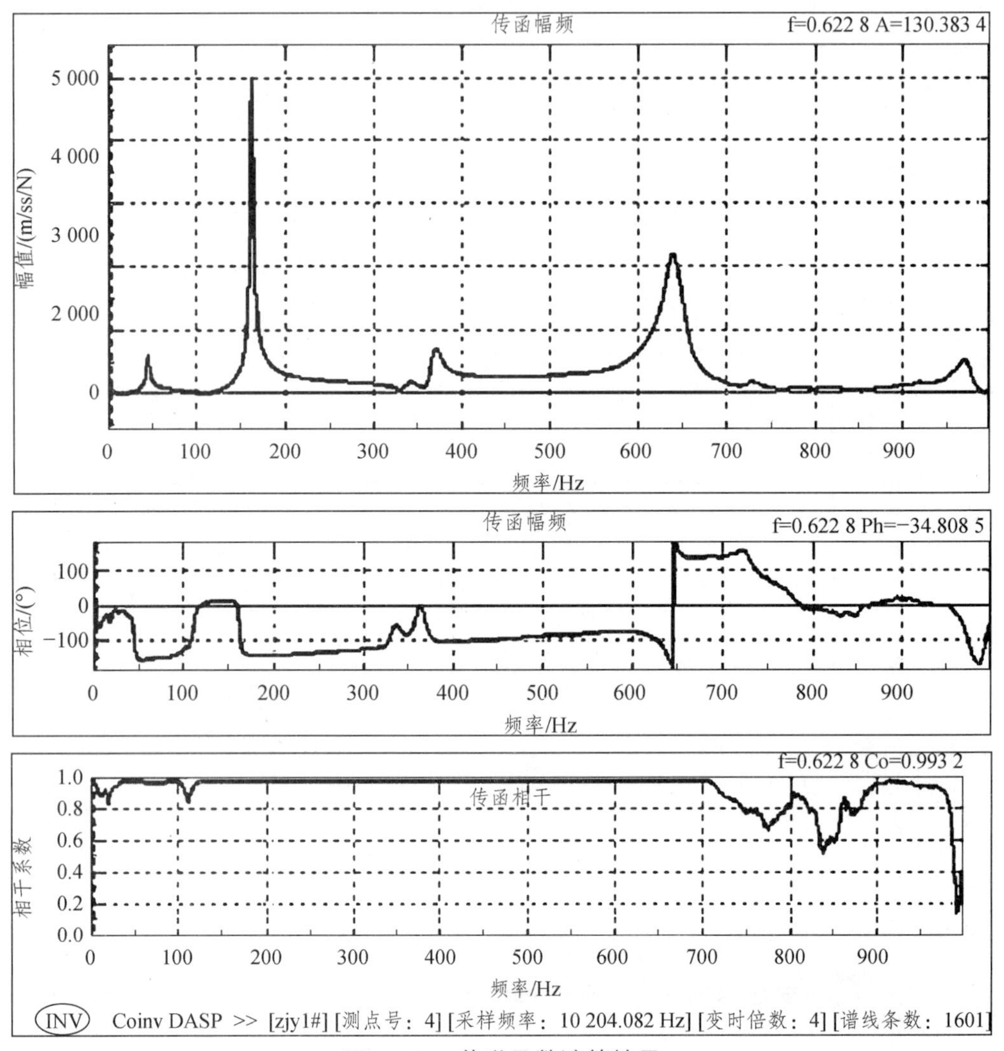

图 6-137　传递函数计算结果

在图 6-135 的最下方，有一个“传函光标移动”选择项，有“同步”和“自由”两种方式可选，该选项的含义是：在传函图的光标读数时，传递函数的两个或三个曲线图中的读数光标是否同步移动。若选择同步方式，则任意点击传函图中的某一条曲线，则该曲线的读数光标移到鼠标点击点，而其他曲线图中的光标位置也同步移动到相同的横坐标位置上。若选择自由方式，则各条曲线图中的读数光标只在鼠标点击时才移动，任一条曲线图的光标位置不随其他曲线图的光标位置移动。“传函光标移动”方式的功能在显示传函和拟合结果时均有效。

2）模态定阶

完成所有测点的传递函数计算后，可以进行模态定阶的操作，在图 6-135 所示的“模态定阶”栏中，按“开始模态定阶”按钮，可以开始模态的定阶工作。此时出现定阶图形，如图 6-138 所示，可以根据图中集总平均的传递函数选择若干阶模态。

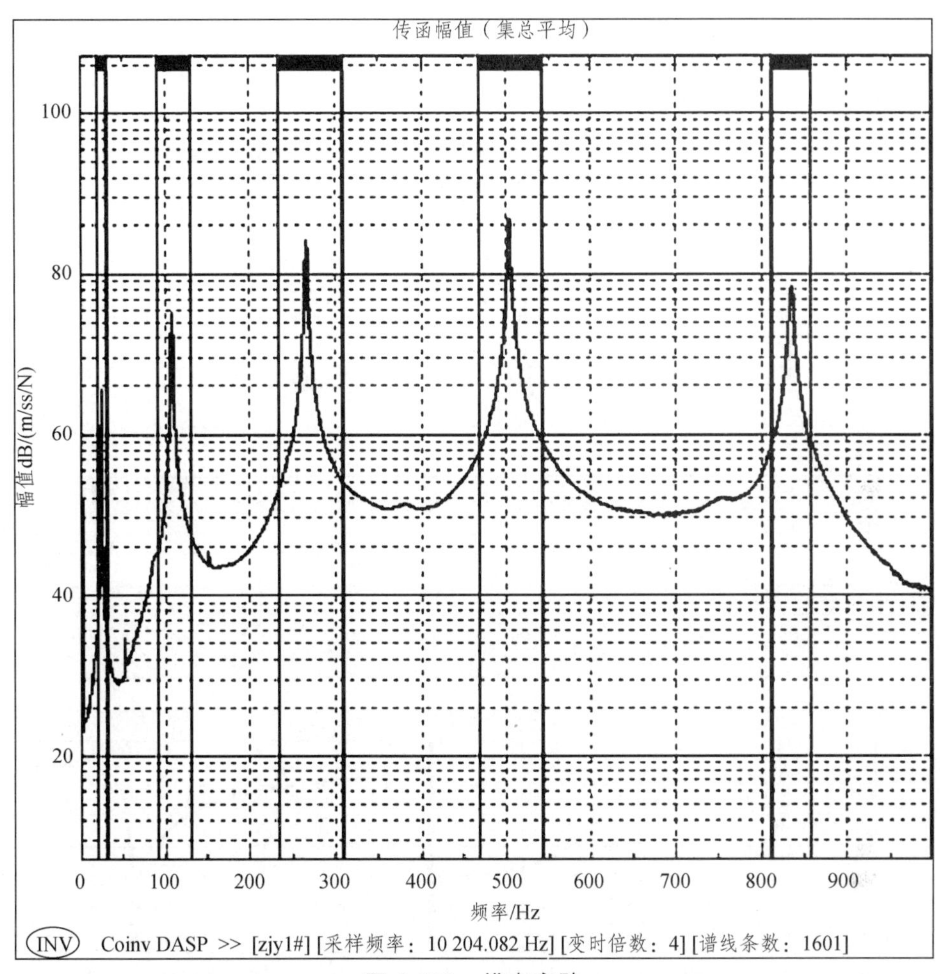

图 6-138　模态定阶

收取模态的方法有两种选择：自动和手动，可以在“收取方法”栏中进行选择。自动收取定阶的方法：用鼠标点击某个较大的峰值，将自动收取该峰值对应的模态，用两条红色的竖线表示，定阶图上曲线的较大的较明显的谱峰一般都对应结构的某一阶模态，收取所有的模态后即可完成定阶，按图 6-135 中的“保存”按钮后便保存所收取的模态定阶结果。

手动收取定阶的方法：用鼠标先点击某个较大的峰值的左边适当位置，出现一条红线，再点击右边的适当位置，又出现另一条红线，两条红线包含的区域就是收取的模态。

若某一阶模态错误地进行了收取，需要删除时，可以用鼠标右键点击收取的模态区域，此时将弹出一个菜单，选择“删除该阶模态”可以进行删除；若选择“删除所有模态”，则将清除所有收取的模态。

DASP 专业版软件中还提供了两种定阶方法——选一点传函法和集总显示法。

3）模态拟合

完成模态定阶后，便可以开始进行模态拟合，在“模态拟合”栏中按“开始模态拟合”按钮，即可进行模态的拟合。

拟合结束后将显示拟合结果，如图 6-139 所示，并显示“模态拟合完毕”的提示信息。

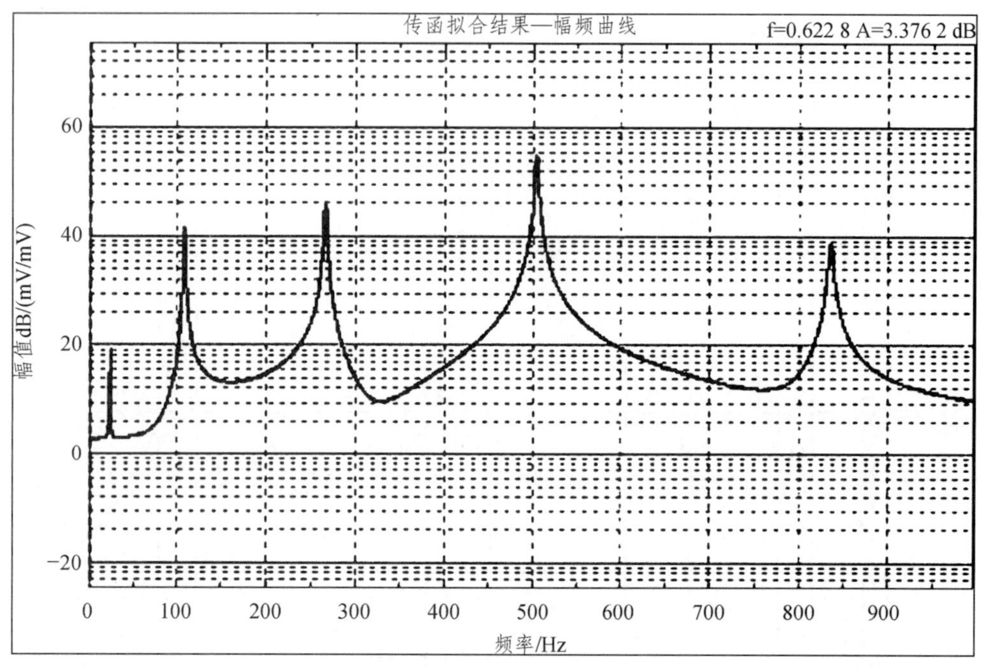

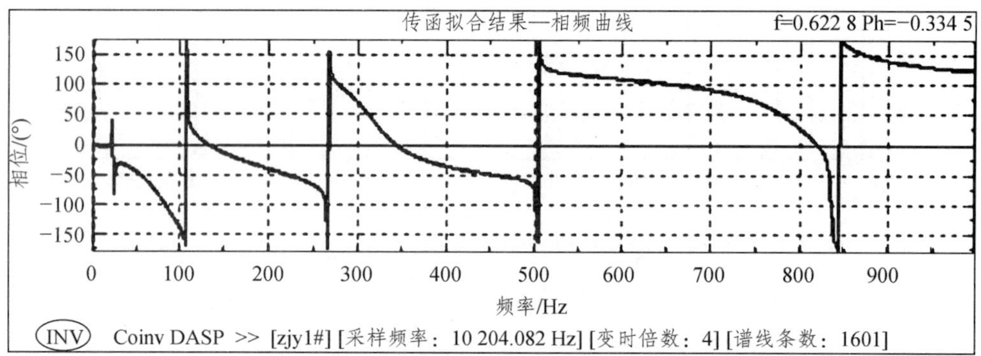

图 6-139　模态拟合结果

说明：对于不同的结构特征，常常需要使用不同的模态拟合方法，以得到最佳结果。DASP 模态教学软件中，仅仅提供一种拟合方法——复模态单自由度拟合方法，该方法比较适合振教仪配套的梁和圆板结构。为适应实际工程中的各种结构特征，DASP 专业版软件则提供了 6 种模态拟合方法，分别为复模态单自由度、复模态多自由度、复模态 GLOBAL（整体）、实模态单自由度、实模态多自由度、实模态导纳圆法，其中的 GLOBAL 拟合方法能识别出模态的重根，是当前最为先进的模态拟合方法之一。此方法同样能够有效识别两个频率非常接近的模态。

4）振型编辑

最后需要进行模态振型编辑，计算模态的各阶振型，在“振型编辑”栏中进行。系统提供两种归一化的方法：质量归一和振型归一。可以根据需要任选一种。按“开始振型编辑”按钮，则进行振型编辑的计算，计算完毕后将在屏幕上显示“振型编辑完毕”的提示信息。

15. 模态结果和振型动画显示

完成所有模态分析和计算之后，便可以显示模态结果，并通过三维彩色动画方式显示模态振型。

选择模态结果和振型动画显示模块时，在下方将拉出相应的参数调节对话框，如图 6-140 所示，在图形显示区中显示的内容如图 6-141 所示。

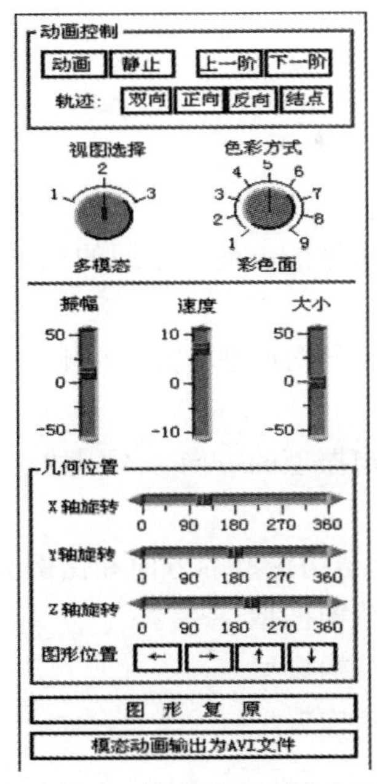

图 6-140　模态动画参数调节

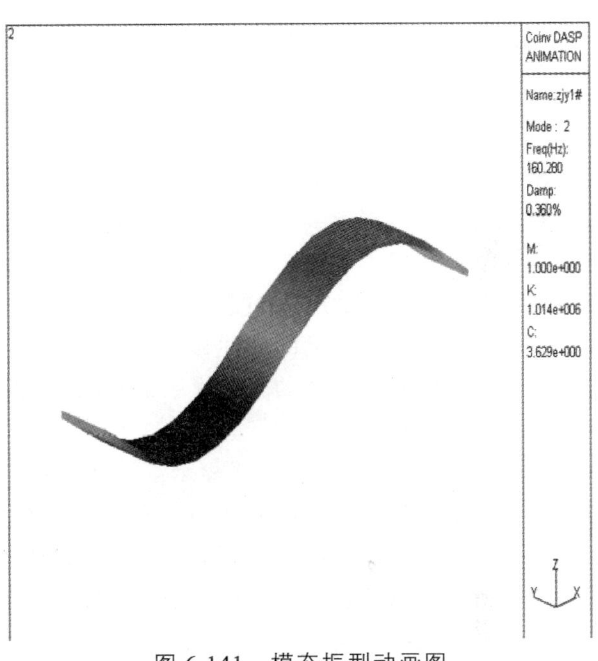

图 6-141　模态振型动画图

若在图形显示区中没有任何显示，或者图形显示不正常（如图形闪烁、色彩错误），则表明计算机不支持增强模式的动画显示，此时可以通过“系统参数”的设置来选择使用安全动画模式。

1）模态结果数据

模态计算的各种结果数据，可以通过按“输出报告”按钮，输出图文报告，其中包括几何图形和各种模态分析结果数据，可以保存为 Word 格式。按“数据文本”按钮，则输出文本数据。

2）振型动画控制

在“动画控制”栏中可以控制动画方式：

动画：使图形处于动画状态，动态显示模态振型。

静止：使图形处于静止状态，静态显示模态振型。

上一阶：显示上一阶模态的振型动画。

下一阶：显示下一阶模态的振型动画。

双向轨迹：双向静态显示模态振型的位置。

正向轨迹：正向静态显示模态振型的位置。

反向轨迹：反向静态显示模态振型的位置。

结点：静态显示模态结构的节点位置。

3）视图方式设置

在“视图选择”旋钮中可以选择三种视图方式：

单视图：显示单个图形，三维立体显示。

多视图：同时显示 4 个图形，为 4 阶模态，三维立体显示。

三视图：显示三维投影图和立体图。

4）选择色彩方式

在“色彩方式”旋钮中可以选择 9 种方式：

（1）单色线条：以单色的线条表示结构的振型。

（2）彩色线条：以彩色的线条显示，不同的色彩表示结构振型的方向，不同的色彩深度则表示结构振型的比例关系。

（3）灰度线条：以灰度方式的线条显示，不同的灰度级别表示结构振型的方向和比例关系。

（4）单色面：以单色的面的方式显示结构振型。

（5）彩色面：以彩色的面的方式显示，不同的色彩表示结构振型的方向，不同的色彩深度则表示结构振型的比例关系。

（6）灰度面：以灰度的面的方式显示，不同的灰度级别表示结构振型的方向和比例关系。

（7）单色面加线条：以单色的面的方式，加以线条，显示结构振型。

（8）彩色面加线条：以彩色的面的方式，加以线条，显示结构振型。

（9）灰度面加线条：以灰度的面的方式，加以线条，显示结构振型。

5）改变动画的幅度、速度和图形大小

（1）拖动“振幅”滑条可以改变图形动画的不同幅度。滑条位于 50 表示最大动画幅度，滑条位于 – 50 表示最小动画幅度，滑条位于 0 则为默认的动画幅度。

（2）拖动“速度”滑条可以改变图形动画的不同速度。滑条位于 10 表示最大的动画速度，滑条位于 – 10 表示最小的动画速度。

（3）拖动“大小”滑条可以改变图形的大小。滑条位于 50 表示最大的图形尺寸，滑条位于 – 50 表示最小的图形尺寸。

6）改变图形的角度和位置

（1）拖动“几何位置”栏的“X 轴旋转”滑条可以改变图形 X 轴的角度。

（2）拖动“几何位置”栏的“Y 轴旋转”滑条可以改变图形 Y 轴的角度。

（3）拖动“几何位置”栏的“Z 轴旋转”滑条可以改变图形 Z 轴的角度。

（4）点击“图形位置”栏的 4 个按钮可以使图形位置在上下左右 4 个方向上移动。

（5）点击“图形复原”按钮，可以使图形的位置、角度等参数恢复到默认的合适状态。

7）输出 AVI 动画文件

模态动画可以输出到一个 AVI 文件，以后可以通过其他各种播放 AVI 动画的软件进行播放。

按“模态动画输出为 AVI 文件”按钮，可以按当前的动画参数将其保存为一个 AVI 文件。首先输入 AVI 文件名，然后选择某一种压缩方式，选择合适的压缩方式后，即可保存下来。

在保存的过程中，鼠标指针变为沙漏形状，表示正在进行保存；当鼠标指针变回为箭头状时，则表明 AVI 文件已经保存完毕，此时，可以通过媒体播放器等软件来播放 AVI 动画文件。

6.4　模态分析专用软件应用实例

6.4.1　连续弹性体悬臂梁模态测试

1. 测试原理

模态分析方法是把复杂的实际结构简化成模态模型，然后进行系统的参数识别（也称为系统识别），从而大大地简化了系统的数学运算。通过实验测得实际响应来寻求相应的模型或调整预想的模型参数，使其成为实际结构的最佳描述。模态分析主要应用于振动测量和结构动力学分析。可测得比较精确的固有频率、模态振型、模态阻尼、模态质量和模态刚度。可用模态实验结果去指导有限元理论模型的修正，使计算模型更趋完善和合理，也可以用来进行结构动力学修改、灵敏度分析和反问题的计算。

工程实际中的振动系统都是连续弹性体，其质量与刚度具有均匀分布的性质，如果需要全面描述系统的振动，必须建立每个质点的受力状况、变形大小和振动情况，只有掌握无限个点在每瞬时的运动情况。因此，理论上工程中的振动问题都属于无限多个自由度的系统，需要用连续模型才能加以描述。但实际上很难，工程中通常采用简化的方法：把问题归结为有限个自由度的模型来分析，即将系统抽象为由一些集中质块和弹性元件组成的模型。如果简化的系统模型中有 n 个集中质量，一般它便是一个 n 自由度的系统，需要 n 个独立坐标来描述它们的运动，系统的运动方程是 n 个二阶互相耦合（联立）的常微分方程。

模态分析是在承认实际结构可以运用“模态模型”来描述其动态响应的条件下，通过实验数据的处理和分析，寻求其“模态参数”，是一种参数识别的方法。

模态分析的实质是一种坐标转换。其目的在于把原在物理坐标系统中描述的响应向量，放到“模态坐标系统”中来描述。这一坐标系统的每一个基向量恰是振动系统的一个特征向量。也就是说在这个坐标下，振动方程是一组互无耦合的方程，分别描述振动系统的各阶振动形式，每个坐标均可单独求解，得到系统的某阶结构参数。

经离散化处理后，一个结构的动态特性可由 N 阶矩阵微分方程描述：

$$M\ddot{x}+C\dot{x}+Kx=f(t)$$

式中，$f(t)$ 为 N 维激振力向量；x、$\dot{x}$、$\ddot{x}$ 分别为 N 维位移、速度和加速度响应向量；C、M、

K 分别为结构的阻尼矩阵、质量矩阵和刚度矩阵，通常为实对称 N 阶矩阵。设系统的初始状态为零，对上式两边进行拉普拉斯变换，可以得到以复数 s 为变量的矩阵代数方程

$$[Ms^2 + Cs + K]X(s) = F(s)$$

上式方括弧中的表达式即 $Z(s) = [Ms^2 + Cs + K]$，反映了系统的动态特性，称为系统的动态矩阵或广义阻抗矩阵，其逆矩阵为

$$H(s) = [Ms^2 + Cs + K]^{-1}$$

广义导纳矩阵，它同时是传递函数矩阵。

可以得到 $X(s) = H(s)F(s)$，如果令 $s = \mathrm{j}w$，即可得到系统在频域中的输入和输出，也分别称为响应向量 $X(\omega)$ 和激振向量 $F(\omega)$。它们具有如下的关系：

$$X(\omega) = H(\omega)F(\omega)$$

式中，$H(\omega)$ 为频率响应矩阵。

$H(\omega)$ 矩阵中第 i 行 j 列的元素

$$H_{ij}(\omega) = \frac{x_i(\omega)}{F_j(\omega)}$$

等于仅 j 坐标激振（其余坐标激振力为零）时，i 坐标响应与激振力之比。

也可以得到阻抗矩阵

$$Z(\omega) = (K - \omega^2 M) + \mathrm{j}\omega C$$

利用实对称矩阵的加权正交性，有

$$\Phi^{\mathrm{T}} M \Phi = \begin{bmatrix} \ddots & & \\ & m_r & \\ & & \ddots \end{bmatrix} \qquad \Phi^{\mathrm{T}} K \Phi = \begin{bmatrix} \ddots & & \\ & k_r & \\ & & \ddots \end{bmatrix}$$

其中，矩阵 $\Phi = [\phi_1, \phi_2, \cdots, \phi_N]$ 称为振型矩阵，假设阻尼矩阵 C 也满足振型正交性关系。代入阻抗矩阵，可以得到

$$Z(\omega) = \Phi^{-\mathrm{T}} \begin{bmatrix} \ddots & & \\ & Z_r & \\ & & \ddots \end{bmatrix} \Phi^{-1}$$

其中 $$Z_r = (k_r - \omega^2 m_r) + \mathrm{j}\omega c_r$$

所以 $$H(\omega) = Z(\omega)^{-1} = Z(\omega)^{-1} = \Phi \begin{bmatrix} \ddots & & \\ & Z_r & \\ & & \ddots \end{bmatrix} \Phi^{\mathrm{T}}$$

$$H_{ij}(\omega) = \sum_{r}^{N} \frac{\varphi_{ri}\varphi_{rj}}{m_r[(\omega_r^2 - \omega^2) + \mathrm{j}2\xi_r\omega_r\omega]}$$

式中，m_r、k_r 分别称为第 r 阶模态质量和模态刚度（有的资料也分别称为广义质量和广义刚度）；ω_r 称为第 r 阶模态频率；ξ_r 称为模态阻尼比；φ_r 称为模态振型。

不难发现，N 自由度系统的频率响应，等于 N 个单自由度系统频率响应的线性叠加。为了确定全部的模态参数 ω_r、ξ_r 和 $\varphi_r(r=1,2,3,\cdots,N)$，实际上只需测量频率响应矩阵的一列或一行即可。实验模态分析或模态参数识别的任务就是由一定频段内的实测频率响应函数数据，确定系统的模态参数 ω_r、ξ_r 和振型 $\varphi_r=(\varphi_{r1},\varphi_{r2},\cdots,\varphi_{rN})^{\mathrm{T}}$，$r=1,2,\cdots,n$，$n$ 为系统的测试频段内的模态数。

2. 仪器设备安装与连接

实验仪器：INV1601 型振动教学实验仪、INV1601T 型振动教学实验台（安装悬臂梁）、加速度传感器、INV9310 力锤。

软件：INV1601 型 DASP 软件。

系统的连接安装如图 6-142 所示。

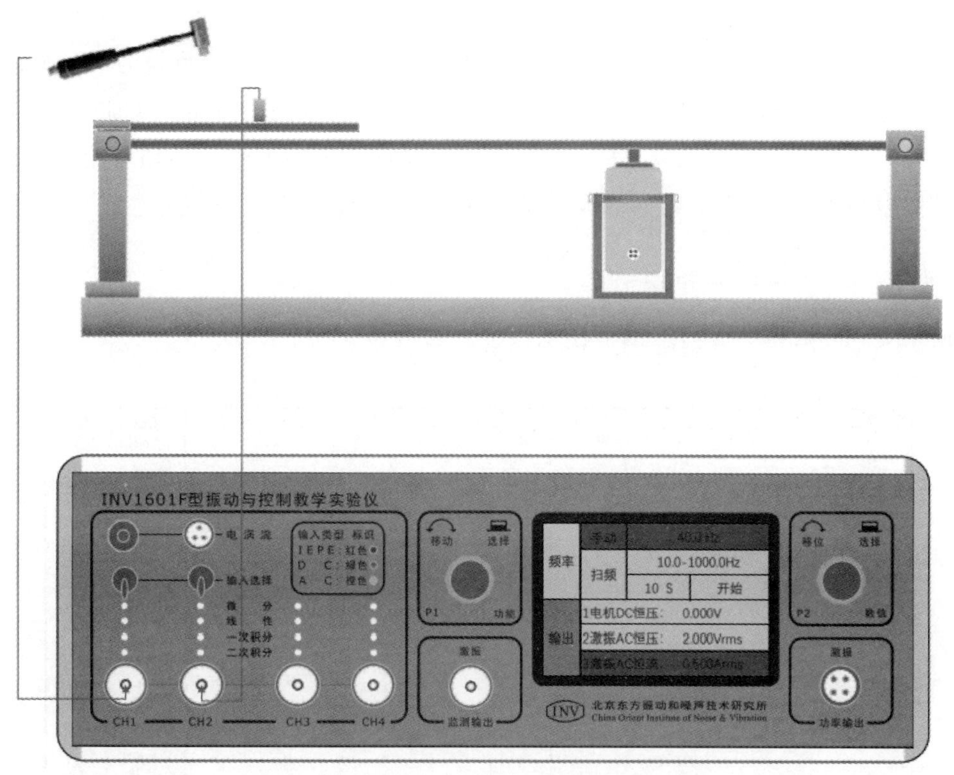

图 6-142　悬臂梁模态测试仪器连接示意图

3. 测试步骤与方法

启动 INV1601 型 DASP 软件，选择“模态教学”按钮，进入模态分析教学系统界面。在左上方的“结构 采样 分析 动画”选择项中选择“结构”，选择并设置结构参数。选择结构 2 为等截面悬臂梁，节点划分 X 向为 10，Y 向和 Z 向均为 1。节点划分如图 6-143 所示。

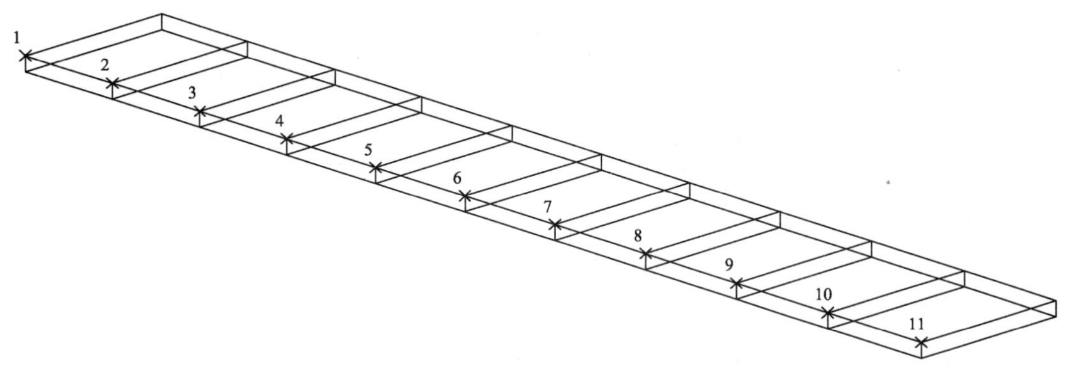

图 6-143　悬臂梁结点分布示意图

设置好参数后，可以在右面窗口中显示出当前悬臂梁的图形和节点分布情况。根据节点分布情况，将梁按图示分布测点。修改采样参数：

本例采样文件名为 ZJY；实验号默认为 1；数据路径为 C：\DASPOUT。分析结果路径和数据路径相同，可按更改来设置文件名和采样数据存储路径；采样类型设为变时基；单位类型，第一通道的工程单位设为 N（牛顿），第二通道的工程单位设为 m/s^2（加速度）。

在“采样参数”设置中选定采样频率（如 8 000 Hz）和变时倍数（如 4 倍），采样长度 2k，增益倍数为 1，传感器安装在靠固定端第 3 个节点处作为原点导纳位置。

4. 得到的模态振型与结论

根据采集到的数据可以显示以下模态振型，如图 6-144 所示。

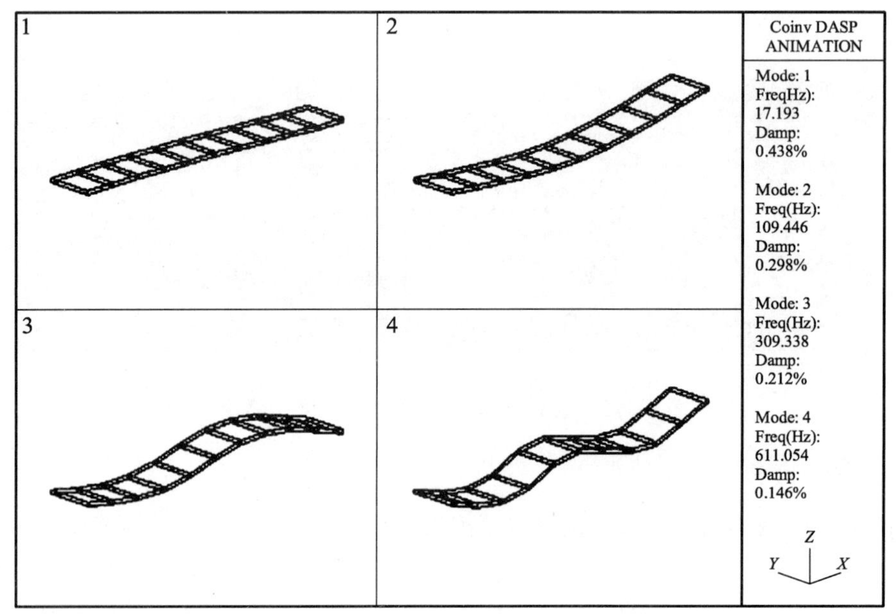

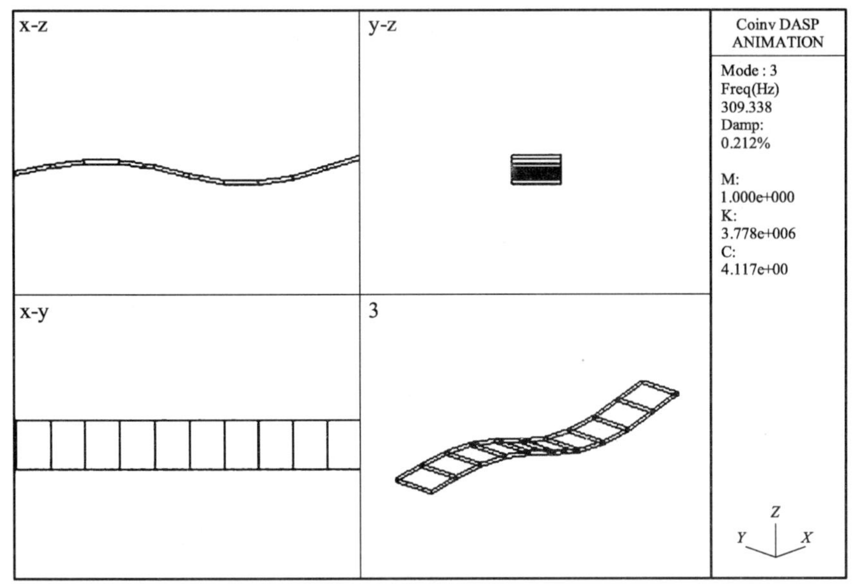

图 6-144　模态振型

6.4.2　连续弹性体等强度梁模态测试

1. 测试原理

其实验原理与连续弹性体悬臂梁模态测试一致，在此不再赘述。

2. 仪器设备安装与连接

测试设备：INV1601 型振动教学实验仪、INV1601T 型振动教学实验台（安装等强度梁）、加速度传感器、INV9310 力锤。

软件：INV1601 型 DASP 软件。

设备的连接如图 6-145 所示。

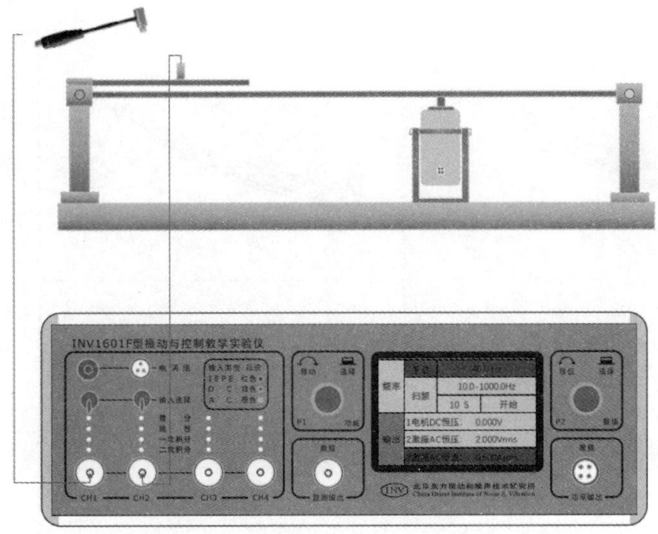

图 6-145　等强度梁模态测试仪器连接示意图

3. 模态测试步骤与方法

连接好设备后即可启动 INV1601 型 DASP 软件，选择“模态教学”按钮，进入模态分析教学系统界面。在左上方的“结构 采样 分析 动画”选择项中选择“结构”，选择并设置结构参数。

选择结构 3 为等强度悬臂梁，节点划分：X 向为 10，Y 和 Z 向为 1，如图 6-146 所示。设置好参数后，可以在右面窗口中显示出当前等强度梁的图形和节点分布情况。根据节点分布情况，将梁按图示分布测点。具体模态分析步骤和简支梁模态实验类似。采样参数修改：

本例采样文件名为 ZJY；实验号默认为 3；数据路径为 C：\DASPOUT。分析结果路径和数据路径相同，可按更改来设置文件名和采样数据存储路径；采样类型设为变时基；单位类型，第一通道的工程单位设为 N（牛顿），第二通道的工程单位设为 m/s^2（加速度）。

在“采样参数”设置中选定采样频率（如 8 000 Hz）和变时倍数（如 4 倍），采样长度 2 k，程控倍数为 1，传感器安装在靠固定端第 3 个结点处作为原点导纳位置。

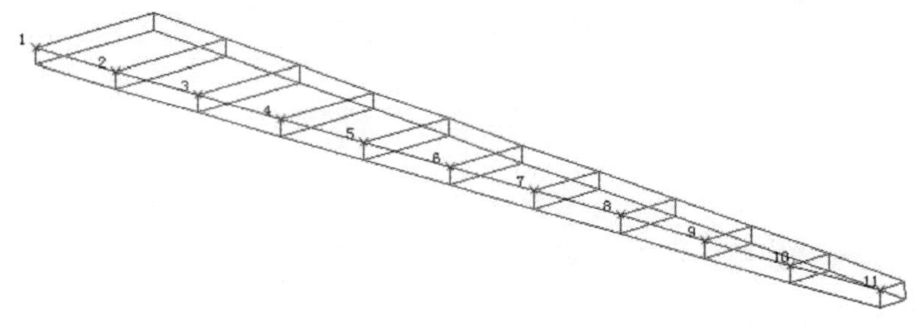

图 6-146　等强度梁结点分布示意图

4. 得到的模态振型与结论

根据采集到的数据可以显示如图 6-147 所示的模态振型。

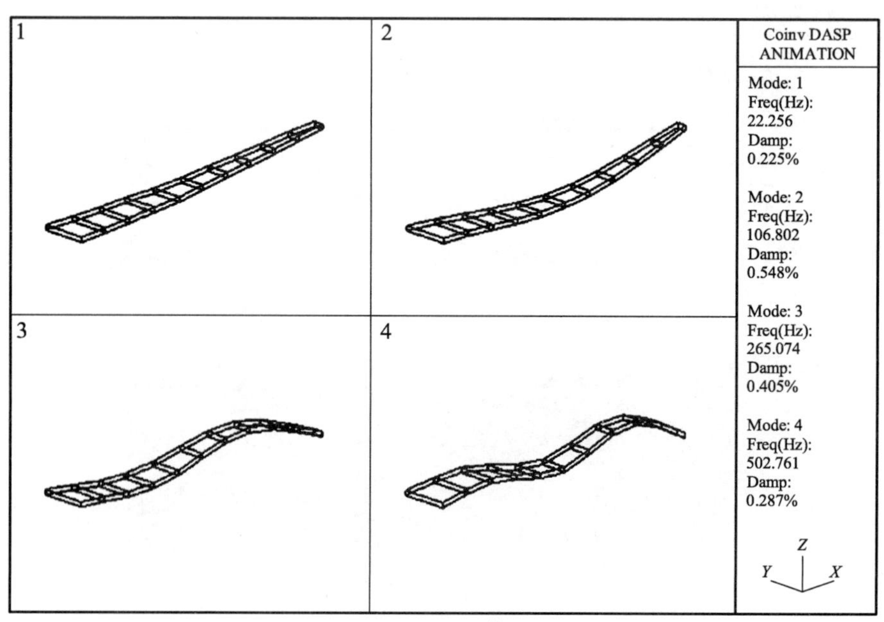

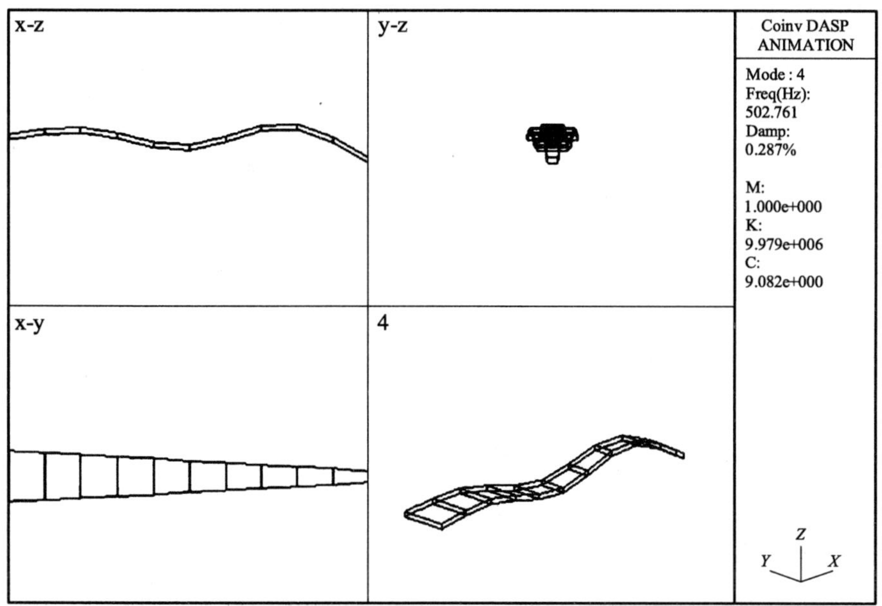

图 6-147　模态振型

习题与思考题

1. 完成连续弹性体等强度梁模态测试实验，在表 6-21 中记录模态参数。

表 6-21　模态参数

模态参数	第 1 阶	第 2 阶	第 3 阶	第 4 阶	第 5 阶
频率					
质量					
刚度					
阻尼					

2. 打印出续弹性体等强度梁模态测试各阶模态振型投影图。

参考文献

[1] 曹树谦，张文德，萧龙翔. 振动结构模态分析[M]. 天津：天津大学出版社，2014.

[2] 彼得. 模态实验实用技术实践者指南[M]. 谭祥军，钱小猛，译. 北京：机械工业出版社，2023.

[3] 张力. 模态分析与实验[M]. 北京：清华大学出版社，2011.

[4] 李德堡，陆秋海. 实验模态分析及其应用[M]. 北京：科学出版社，2001.

[5] 许本文，焦群英. 机械振动与模态分析基础[M]. 北京：机械工业出版社，1998.

[6] 刘保东. 工程振动与稳定基础[M]. 北京：清华大学出版社，2023.

[7] 华宏星，黄修长，张振果. 机械振动[M]. 北京：清华大学出版社，2021.

[8] 陆秋海，李德葆. 工程振动试验分析[M]. 北京：清华大学出版社，2015.

[9] 韩清凯，翟敬宇，张昊. 机械动力学与振动基础及其数字仿真方法[M]. 武汉：武汉理工大学出版社，2016.

[10] 张义民. 机械振动[M]. 2 版. 北京：清华大学出版社，2019.

[11] 威佛. 离散和连续傅里叶分析理论[M]. 王中德，张辉，译. 北京：北京邮电学院出版社，1991.

[12] 白泉，边晶梅，康玉梅. 小波理论在工程结构振动分析中的应用[M]. 北京：清华大学出版社，2018.

[13] 张力. 机械振动实验与分析[M]. 北京：北京交通大学出版社，2014.

[14] 辛格雷苏. 机械振动[M]. 李欣业，杨理诚，译. 北京：清华大学出版社，2016.

[15] 李友荣. 机械振动理论及应用[M]. 北京：机械工业出版社，2020.

[16] 刘习军. 工程振动测试技术[M]. 北京：机械工业出版社，2022.

[17] 沈鹏，牛田野，陈江义. 悬臂梁模态分析与测试技术比较研究[J]. 新乡学院学报，2020，37(9)：54-56.

[18] 傅志方，华宏星. 模态分析理论与应用[M]. 上海：上海交通大学出版社，2000.

[19] 克拉夫，彭津. 结构动力学[M]. 北京：高等教育出版社，2006.

[20] 科尔曼. 试验结构动力学[M]. 北京：清华大学出版社，2012.

[21] 谭祥军. 从这里学 NVH[M]. 北京：机械工业出版社，2020.

[22] 吴成军. 工程振动分析与控制基础[M]. 北京：机械工业出版社，2019.

[23] 周炬，苏金英. ANSYS Workbench 有限元分析实例详解[M]. 北京：人民邮电出版社出版社，2019.